国防科工委"十五"规划教材　核科学与技术

·核科学与技术训练系列教材·

核科学概论

刘庆成　贾宝山　万　骏　编著

U0285488

哈尔滨工程大学出版社

北京理工大学出版社　西北工业大学出版社

哈尔滨工业大学出版社　北京航空航天大学出版社

内容简介

本书主要内容包括核科学基础知识,核技术在地学、工业、农业、医学和卫生等方面的应用,核分析技术,核电和核武器知识,核废料处理,辐射防护及监测技术。

本书可作为高等院校核枝术与工程专业、勘查技术与工程专业、地球科学专业、环境工程专业和水文与水资源专业的教材。也可供核医学,辐射剂量学,辐射防护,环境保护,核安全等专业技术人员及管理人员参考。

图书在版编目(CIP)数据

核科学概论/刘庆成,贾宝山,万骏编著. —哈尔滨:哈尔滨
工程大学出版社,2004(2019.12 重印)
ISBN 7 – 81073 – 627 – 2

Ⅰ.核…　Ⅱ.①刘…②贾…③万…　Ⅲ.核技术 – 概论
Ⅳ. TL

中国版本图书馆 CIP 数据核字(2004)第 112800 号

核科学概论

刘庆成　贾宝山　万　骏　编著
责任编辑　罗东明
哈尔滨工程大学出版社出版发行
哈尔滨市南岗区南通大街 145 号
发行部电话:(0451)82519328　邮编:150001
新华书店经销
哈尔滨市石桥印务有限公司

开本:787×960　1/16
印张:19.25　字数:405 千字
2005 年 1 月第 1 版　2019 年 12 月第 9 次印刷
ISBN 7 – 81073 – 627 – 2　定价:27.00 元

国防科工委"十五"规划教材编委会

总　序

国防科技工业是国家战略性产业,是国防现代化的重要工业和技术基础,也是国民经济发展和科学技术现代化的重要推动力量。半个多世纪以来,在党中央、国务院的正确领导和亲切关怀下,国防科技工业广大干部职工在知识的传承、科技的攀登与时代的洗礼中,取得了举世瞩目的辉煌成就。研制、生产了大量武器装备,满足了我军由单一陆军,发展成为包括空军、海军、第二炮兵和其他技术兵种在内的合成军队的需要,特别是在尖端技术方面,成功地掌握了原子弹、氢弹、洲际导弹、人造卫星和核潜艇技术,使我军拥有了一批克敌制胜的高技术武器装备,使我国成为世界上少数几个独立掌握核技术和外层空间技术的国家之一。国防科技工业沿着独立自主、自力更生的发展道路,建立了专业门类基本齐全,科研、试验、生产手段基本配套的国防科技工业体系,奠定了进行国防现代化建设最重要的物质基础;掌握了大量新技术、新工艺,研制了许多新设备、新材料,以"两弹一星"、"神舟"号载人航天器为代表的国防尖端技术,大大提高了国家的科技水平和竞争力,使中国在世界高科技领域占有了一席之地。十一届三中全会以来,伴随着改革开放的伟大实践,国防科技工业适时地实行战略转移,大量军工技术转向民用,为发展国民经济作出了重要贡献。

国防科技工业是知识密集型产业,国防科技工业发展中的一切问题归根到底都是人才问题。50 多年来,国防科技工业培养和造就了一支以"两弹一星"元勋为代表的优秀的科技人才队伍,他们具有强烈的爱国主义思想和艰苦奋斗、无私奉献的精神,勇挑重担,敢于攻关,为攀登国防科技高峰进行了创造性劳动,成为推动我国科技进步的重要力量。面向新世纪的机遇与挑战,高等院校在培养国防科技人才,生产和传播国防科技新知识、新思想,攻克国防基础科研和高技术研究难题当中,具有不可替代的作用。国防科工委高度重视,积极探索,锐意改革,大力推进国防科技教育特别是高等教育事业的发展。

高等院校国防特色专业教材及专著是国防科技人才培养当中重要的知识载体和教学工具,但受种种客观因素的影响,现有的教材与专著整体上已落后于当今国防科技的发展水平,不适应国防现代化的形势要求,对国防科技高层次人才的培养造成了相当不利的影响。为尽快改变这种状况,建立起质量上乘、品种齐全、特点突出、适应当代国防科技发展的国防特色专业教材体系,国防科工委全额资助编写、出版200种国防特色专业重点教材和专著。为保证教材及专著的质量,在广泛动员全国相关专业领域的专家学者竞投编著工作的基础上,以陈懋章、王泽山、陈一坚院士为代表的100多位专家、学者,对经各单位精选的近550种教材和专著进行了严格的评审,评选出近200种教材和学术专著,覆盖航空宇航科学与技术、控制科学与工程、仪器科学与工程、信息与通信技术、电子科学与技术、力学、材料科学与工程、机械工程、电气工程、兵器科学与技术、船舶与海洋工程、动力机械及工程热物理、光学工程、化学工程与技术、核科学与技术等学科领域。一批长期从事国防特色学科教学和科研工作的两院院士、资深专家和一线教师成为编著者,他们分别来自清华大学、北京航空航天大学、北京理工大学、华北工学院、沈阳航空工业学院、哈尔滨工业大学、哈尔滨工程大学、上海交通大学、南京航空航天大学、南京理工大学、苏州大学、华东船舶工业学院、东华理工学院、电子科技大学、西南交通大学、西北工业大学、西安交通大学等,具有较为广泛的代表性。在全面振兴国防科技工业的伟大事业中,国防特色专业重点教材和专著的出版,将为国防科技创新人才的培养起到积极的促进作用。

党的十六大提出,进入二十一世纪,我国进入了全面建设小康社会、加快推进社会主义现代化的新的发展阶段。全面建设小康社会的宏伟目标,对国防科技工业发展提出了新的更高的要求。推动经济与社会发展,提升国防实力,需要造就宏大的人才队伍,而教育是奠基的柱石。全面振兴国防科技工业必须始终把发展作为第一要务,落实科教兴国和人才强国战略,推动国防科技工业走新型工业化道路,加快国防科技工业科技创新步伐。国防科技工业为有志青年展示才华,实现志向,提供了缤纷的舞台,希望广大青年学子刻苦学习科学文化知识,树立正确的世界观、人生观、价值观,努力担当起振兴国防科技工业、振兴中华的历史重任,创造出无愧于祖国和人民的业绩。祖国的未来无限美好,国防科技工业的明天将再创辉煌。

前　言

　　本书是根据国防科工委重点教材建设规划、核科学与技术评审小组审定的编写提纲编写的。

　　本书是作者在过去多年的教学实践基础上，研究和吸收国内外资料编写而成。编写过程中，贯彻了"教育要面向现代化、面向世界、面向未来"的方针，从培养高级专门人才的需要出发，注意了教材的科学性、启发性。全书内容包括八章：第1章扼要介绍了核科学基本知识，主要介绍了核衰变规律与天然放射性衰变系列；第2章射线与物质相互作用，主要介绍了带电粒子与物质相互作用和 γ 射线与物质作用的三种主要方式；第3章核探测技术及应用，重点介绍了核探测技术在矿产勘查中的应用，扼要阐述了核技术方法在工业、农业及医学领域的应用情况；第4章核分析方法，主要介绍了分析放射性核素铀、镭的核物理分析方法，简要述说了 X 射线荧光分析、中子活化分析以及离子束分析方法；第5章核电站，阐述了核反应堆的主要类型和工作原理，核电站工作流程，核电发展现状与发展趋势；第6章核武器，简要介绍了聚变核武器、裂变核武器的原理和结构以及中子弹和贫铀弹；第7章核废物地质处置，阐述了核废物的分类方法和核废物产生的途径，介绍了核废物地质处置方法原理；第8章辐射防护与辐射环境监测，扼要介绍了辐射防护基本知识、环境辐射监测和评价方法。

　　核科学概论一书可作为核科学与技术学科各专业以及核地质学科各专业的专业课程教材，亦可作为环境工程等专业的教学参考书。

　　本书由东华理工学院和清华大学组织具有丰富教学、科研经验的教师编写。其中，第1章、第2章由刘庆成教授编写；第5章、第6章由贾宝山教授编写；第4章、第8章由万骏副教授编写；第7章由张展适教授编写；第3章由刘庆成教授和杨亚新教授共同编写；全书由刘庆成教授统稿。核科学是当前一个十分活跃的研究领域，新的研究成果与资料不断涌现，应用领域也在不断拓展；鉴于此，欲在本书中将有关材料完整地、十分准确地反映出来，实非作者能力所及，书中不足之处在所难免，恳请读者批评指正。

本书编写过程中,得到了国防科工委人事教育司的大力支持,得到了东华理工学院和清华大学工程物理系、哈尔滨工程大学出版社的支持和帮助。作者在此向他们表示衷心的感谢。

编　者
2004 年 8 月

国防科工委『十五』规划教材

目　　录

第 1 章 核科学基础知识

1.1 原子与原子核

1.1.1 原子

原子是构成自然界各种元素的最基本单位,由原子核和核外轨道电子(又称束缚电子或绕行电子)组成。原子的体积很小,直径只有 10^{-8} cm,原子的质量也很小,如氢原子的质量为 1.673 56 × 10^{-24} g,而核质量占原子质量的 99% 以上。原子的中心为原子核,它的直径比原子的直径小很多。

原子核带正电荷,束缚电子带负电荷,两者所带电荷相等,符号相反,因此,原子本身呈中性。束缚电子按一定的轨道绕原子核运动,当原子吸收外来能量,使轨道电子脱离原子核的吸引而自由运动时,原子便失去电子而显电性,成为正离子。

1.1.2 原子核的组成及其基本性质

1. 原子核的组成

1932 年查德维克(James Chadwick)发现中子后,随即伊凡宁科(А. А. Иваненко)和海森堡(Heisenberg)各自独立地提出了中子及质子作为基本组分的核模型,即核的中子–质子模型。该模型已为大量实验事实证明是正确的,并成为原子核结构研究的基础。

原子核由质子和中子构成。质子和中子统称为核子,质子和中子是核子的两种不同状态。在数值上,质子数 Z 等于原子序数和核电荷数。质量数 A 就等于核子数;中子数为 $N = A - Z$。

基于原子核的中子–质子模型,通常把质量数为 A,质子数为 Z,中子数为 N 的某种原子核或原子,记作 $_Z^A X$,X 为元素符号,也可以简写为 $^A X$。例如,铀 – 238 记作 $_{92}^{238} U$,也可以简写为 $^{238} U$。

根据原子核所含的质子数、中子数及核的能量状态,原子核有以下分类。

核素(Nuclide):核内具有相同的质子数、中子数和核能态的同一类原子,称为核素。例如, $_{92}^{238} U$, $_{92}^{235} U$, $_{92}^{234} U$, $_{38}^{90} Sr$, $_{39}^{91} Y$, $_{27}^{60m} Co$, $_{27}^{60} Co$ 等都是各自独立的核素。

同位素(Isotope):具有相同的质子数(原子序数),而质量数不同的一类核素,它们在元素周期表上处于相同的位置。例如, $_{92}^{238} U$, $_{92}^{235} U$, $_{92}^{234} U$ 。

同量异位素(Isobars):具有相同的核子数(A)而质子数(Z)不同的核素,称为同量异位素。

例如，$^{210}_{81}$Tl，$^{210}_{82}$Pb，$^{210}_{83}$Bi，$^{210}_{84}$Po。

同质异能素(Isomers)：具有相同质量数(A)和相同质子数(Z)而核能态有明显差别的核素，称为同质异能素。例如，$^{234}_{91}$Pa 和 $^{234m}_{91}$Pa，$^{60}_{27}$Co 和 $^{60m}_{27}$Co。同质异能素又称为同核异能素。

原子核的荷电性是原子核的基本特性之一。原子序数为 Z 的原子核，核内有 Z 个质子，核外有 Z 个电子。核内质子所带的总电荷为正电荷。常用电子电量(e)作为电荷基本单位，故原子核正电荷 $q = +Ze$，原子序数等于原子核的电荷数。它是原子核的重要参数之一。原子核所形成的库仑场的大小与核电荷数 Z 有密切关系。至今，已知元素的核电荷数 Z 在 1 至 109 范围内变化。

2.核能级

原子核的能级是原子核能量状态的标志，原子核的不同能量状态就是原子核的能级。通常原子核处于最低能量状态，称为基态。当原子核受某种射线(快速粒子或光子)的轰击或进行核衰变时，产生的子核都可能处于较高能量态，原子核处于较高能量状态称为激发态。一个原子核可具有许多能级，能级是分立不等间隔的。不同核素具有自己各不相同的核能级。

1.1.3 原子核的结合能

1.质能联系定律

质量和能量是物质同时具有的两个属性，任何具有一定质量的物体必然与一定的能量相联系。根据相对论观点，物体质量的大小决定于该物体的运动状态，若物体静止($v = 0$)时的质量为 m_0，则运动速度为 v 时该物体所具有的质量 m 为

$$m = \frac{m_0}{\sqrt{1 - \left(\dfrac{v}{c}\right)^2}} \tag{1.1.1}$$

式中，c 为光速，当 $v = 0$ 时，$m = m_0$；当物体运动速度增大时，其质量也随之增大，物体运动速度接近光速时，其质量变化相当显著，例如，当 $v = 0.98c$ 时，则 $m = 5m_0$。具有一定质量 m 的物体，其相应的能量 E 由相对论公式描述为

$$E = mc^2 \tag{1.1.2}$$

此式称为质能关系式，或称质能联系定律。式中 E 以焦耳为单位，m 以千克为单位，$c = 2.997\,924\,580 \times 10^8$ m/s，为真空中的光速。

根据质能联系定律，可知与 1 g 物质相联系的能量为

$$E = 10^{-3} \text{ kg} \times (2.997\,924\,580 \times 10^8 \text{ m·s}^{-1})^2 = 8.987551781 \times 10^{13} \text{ J}$$

可见 1 g 物质的内部蕴藏着很大的能量。

2.原子核的质量亏损和结合能

原子核由质子和中子组成，而核素的原子是由该核素的原子核与电子组成的。实验证明，所有核素的原子质量都比组成它的原子核和电子的质量总和小，这个差值称为原子质量亏损。

实验发现,所有的原子核的质量亏损都是正值,这表明当自由核子结合成原子核时放出能量,这种能量称为原子核的结合能。当结合能小的核变成结合能大的核时,就会释放出能量。获得能量的途径有两个:一是重核分裂成两个或多个中等质量的核,如原子弹,原子反应堆;另一个是轻核聚变成中等质量的核,如氢弹。所以,所谓原子能,实际上主要指原子核结合能发生变化时释放的能量。

1.1.4 稳定核素和不稳定核素

核素可分为稳定核素和不稳定核素(具有放射性)两类,已发现的天然稳定核素只有 270 余种,而放射性核素约有 2 500 种,其中绝大部分是人工制造的,在原子能工业和一般工、农、医、资源勘探和科学研究中应用的放射性核素有 250 种。

原子序数 $Z \leqslant 82$ 的核元素,每种核素都有一个或几个稳定同位素(除锝和钷外);$Z \geqslant 83$ 的核素只有放射性核素,$Z > 92$ 的核素称作超铀核素。

1.2 核衰变

一种核素的原子核能自发地放出某种射线(粒子)而转变为另一种核素的原子核或另一种能量状态的原子核,这个过程称为核衰变(也称为放射性衰变)。这种核素称为放射性核素。原子核的衰变方式主要有 α 衰变、β 衰变、γ 衰变(γ 跃迁)。

1.2.1 α 衰变

放射性核素的原子核自发地放射出 α 粒子而转变成另一种核素的原子核的过程叫 α 衰变。放出的 α 射线(α 粒子)是高速运动的氦原子核($_2^4\mathrm{He}$),它由两个中子和两个质子组成,带两个正电荷。天然 α 放射性核素绝大部分属于 $Z > 82$ 的核素。

放射性核素经 α 衰变后,它的质量数 A 降低 4 个单位,原子序数 Z 降低 2 个单位,若以 X 表示母核核素,Y 表示子核核素,则 α 衰变式可表示为

$$_Z^A\mathrm{X} \rightarrow _{Z-2}^{A-4}\mathrm{Y} + \alpha + Q_\alpha$$

(1.2.1)

式中,Q_α 代表衰变能,它是母核在衰变过程中所放出的能量,即 α 粒子的动能与子核反冲能之和。

由于绝大多数天然 α 放射性核素均属于 $Z > 82$ 的核素,子核质量比 α 粒子质量大很多,因此,绝大部分衰变能由 α 粒子携带,子核以反冲动能形式仅携带了很小部分的能量。

实验发现,大多数 α 衰变的核素都放出几组不同能量的 α 粒子,而各组 α 粒子能量 E_α 都分别对应着不同的衰变能 Q。同种核素的原子核进行 α 衰变时,放出不同的衰变能,这就使子核处于不同的能量状态。实验表明,核素的 α 射线谱是分立的,这说明原子核的能量状态是分立的,即原子核有不同的能级。研究 α 射线谱,可以获得核能级数据,从而得到核内部结构的

信息。

处于激发态的核若以放射出 γ 光子的形式退激,则 γ 光子能量等于退激前后核能级之差,而各核能级之差等于相应的各 α 衰变能之差。自然界除了少数几个单能的 α 放射性核素外,其余的伴随 α 衰变时一般都会辐射 γ 射线。

常用衰变纲图来表示原子核各种衰变(跃迁)的初始过程。一个完整的衰变纲图包括核素的所有衰变方式,它们的分支比、辐射能量、放出射线的次序以及任何一个中间态可测的半衰期等,见图 1 - 1。

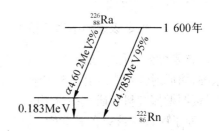

图 1 - 1 $^{226}_{88}$Ra 衰变纲图

1.2.2 β 衰变

放射性核素的原子核自发地放出粒子或俘获一个轨道电子而变成另一种核素的原子核的过程称为 β 衰变。β 衰变分为 β⁻ 衰变、β⁺ 衰变、轨道电子俘获(EC)三种形式。

1. β⁻ 衰变

原子核自发地放射出 β⁻ 粒子,变成另一种核素的原子核,这种物理过程称为 β⁻ 衰变。新生成的核素原子序数增加 1,而质量数不变。

β⁻ 粒子,也称 β 射线。它是来自原子核内部的高速运动的电子,其最大速度可接近光速。原子核进行 β⁻ 衰变放出 β⁻ 粒子的同时,还放出反中微子(记作 $\bar{v}$)。反中微子是中微子的反粒子,是一种静止质量几乎为零的中性粒子。β⁻ 衰变的本质是核内一个中子变为一个质子的过程,该过程可表示为

$$n \longrightarrow p + \beta^- + \bar{v} \tag{1.2.2}$$

β⁻ 衰变式可写成

$$^A_Z X \longrightarrow ^A_{Z+1} Y + ^0_{-1} e + \bar{v} + Q_{\beta^-} \tag{1.2.3}$$

式中,$^A_Z X$,$^A_{Z+1} Y$,$^0_{-1} e$,$\bar{v}$ 分别代表母核、子核、β⁻ 粒子、反中微子;Q_{β^-} 代表 β⁻ 衰变能,并以动能形式由子核、β⁻ 粒子和中微子三种衰变产物分配。

因三种产物发射的方向及构成的角度可以是任意的,所以每种产物所带走的能量是不固定的。因为子核质量比 β⁻ 粒子质量大几倍乃至几十万倍,而且中微子静止质量为零,所以子核携带的能量极微小,衰变能基本上由中微子和 β⁻ 粒子携带。所以 β⁻ 粒子是连续能谱。在连续谱曲线中的 $E_{\beta^-} \approx \frac{1}{3} Q_{\beta^-}$ 处有一最大强度值。

应指出,一般图表给出的 β⁻ 射线的能量是指一组 β⁻ 射线的最大能量 E_m。有些核素由母核基态经 β⁻ 衰变到子核基态时,只有一组 β⁻ 射线放出,且没有 γ 射线伴随,如 $^{204}_{81}$Tl,$^{35}_{17}$Cl,$^{33}_{15}$P,$^{14}_{6}$C等。有许多核素进行衰变时可放出几组能量不同的 β⁻ 射线,每组 β⁻ 射线的最大能量 E_m

都分别对应子核的一个能级;除基态外,任何激发态能级,都会发生 γ 辐射而使子核退激,因而伴随这种 β⁻ 衰变常有 γ 射线放出。如 $^{135}_{53}I$、$^{60}_{27}Co$ 及 $^{137}_{55}Cs$ 等。$^{40}_{19}K$ 的衰变纲图见图 1−2,89% 的 $^{40}_{19}K$ 经 β⁻ 衰变生成 $^{40}_{20}Ca$,11% 经轨道电子俘获方式衰变并放出 γ 射线而生成 $^{40}_{18}Ar$。

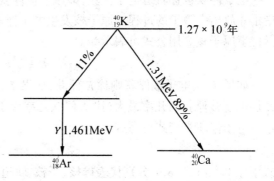

图 1−2 $^{40}_{19}K$ 衰变纲图

2. β⁺ 衰变

放射性原子核自发地放出 β⁺ 粒子变成另一种核素原子核的过程称为 β⁺ 衰变。经 β⁻ 衰变生成的子核与母核有相同的质量数,但原子序数减少 1。

β⁺ 粒子带一个正电荷,其静止质量与电子质量相同。它极不稳定,瞬间便转化为光子(一般放出两个能量为 0.511 MeV 而方向相反的光子)。此过程称为正(阳)电子湮灭。

β⁺ 衰变时在放出 β⁺ 粒子的同时还放出中微子,记为 v,它的静止质量几乎为零。中微子与反中微子的质量、电荷、自旋、磁矩均相同。

β⁺ 衰变的实质是核内一个质子转变为一个中子的跃迁过程。在该过程中产生一个正电子和一个中微子,可以用下式表示为

$$P \rightarrow n + \beta^+ + v \tag{1.2.4}$$

天然放射性核素中没有发现 β⁺ 衰变体,只在人工放射性核素中存在 β⁺ 衰变。β⁺ 衰变式可写成

$$^A_Z X \rightarrow ^A_{Z-1} Y + ^0_{+1}e + v + Q_{\beta^+} \tag{1.2.5}$$

式中,$^A_Z X$、$^A_{Z-1}Y$、$^0_{+1}e$、v 分别表示母核、子核、β⁺ 粒子、中微子;Q_{β^+} 表示 β⁺ 衰变能。

β⁺ 衰变产物有三个:子核、β⁺ 粒子、中微子。衰变能 Q_{β^+} 被这三者携带。因为子核、β⁺ 粒子、中微子运动方向间的夹角是任意的,因而能量也不固定。又因为子核质量较 β⁺ 粒子大许多,故子核携带的能量极少。所以 β⁺ 与 β⁻ 衰变的能谱类似,β⁺ 射线能谱也是连续谱。与 β⁻ 谱不同的是:(1) β⁺ 能谱曲线的最大强度对应于 $0.4E_m$;(2) 衰变能 Q_{β^+} 不是母核与子核静止质量能之差,而是这一差值减去 $2m_0c^2$。β⁺ 衰变纲图如图 1−3 所示。

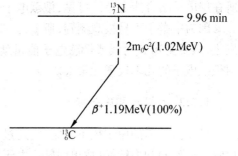

图 1−3 $^{13}_7N$ 的衰变纲图

3. 电子俘获(EC)

电子俘获也称轨道电子俘获,即原子核俘获一个轨道电子,使核内的一个质子转变成一个中子并放出中微子的过程。原子核发生电子俘获后子核原子序数 Z 减少 1,生成母核的同量异位素原子核。用公式可表示为

$$P + {}^{0}_{-1}e \rightarrow n + v \tag{1.2.6}$$

如果 K 层电子被俘获则称 K 俘获,如果 L 层电子被俘获则称 L 俘获……以此类推。但以 K 层电子被俘获的几率最大(比 L 俘获几率大 100 倍),因此也常把电子俘获统称为 K 俘获。

电子俘获衰变式可写成

$$_{Z}^{A}X + {}^{0}_{-1}e \rightarrow {}_{Z-1}^{A}Y + v + Q_k \tag{1.2.7}$$

式中,${}_{Z}^{A}X, {}_{Z-1}^{A}Y, {}^{0}_{-1}e, v$ 分别代表母核、子核、轨道电子和中微子;Q_k 表示电子俘获衰变能。

有些核素能同时发生 β^+、β^-、EC 三种衰变,如 ${}_{29}^{64}Cu, {}_{47}^{106}Ag, {}_{47}^{108}Ag, {}_{79}^{196}Au$,也有些核素能同时发生 α、β 两种衰变,如 ${}_{94}^{241}Pu, {}_{84}^{215}Po, {}_{84}^{216}Po$。

因为电子俘获衰变产物只有子核及中微子,故衰变能几乎完全由中微子带走,因而在 EC 衰变(轨道电子俘获)中放出的中微子能谱是单色的,且 $E_v \approx Q_k$。

EC 衰变纲图如图 1-2(${}_{19}^{40}K$ 衰变纲图)所示。以向左下斜线表示 EC 衰变。若子核处于激发态,则退激时发出 γ 射线。电子俘获后,因内壳层缺少一个轨道电子,原子处于激发态,激发态的原子不稳定,将以放出标识(特征)X 射线或俄歇(Auger)电子方式退激。以 K 层电子被核俘获为例(因 K 层俘获发生几率最大),当 K 层因电子被俘而出现一空穴后,较高能级壳层(例如 L 层)的一个电子跃迁到 K 层空穴,多余能量则以两种可能途径释放。一是以 X 射线形式放出,称标识 X 射线,因为它只与元素的原子序数有关,所以 X 射线能量的大小决定于两电子壳层结合能之差,即 $hv = W_K - M_L$(h 为普朗克常数,v 为 X 射线频率,W_K 为 K 层电子结合能,M_L 为 L 层电子结合能),故为单色;另一途径是将多余能量 hv 传给同层或更高层电子,使其获得能量脱离原子核束缚而成为自由电子,称为俄歇电子。俄歇电子的能量应为 hv 与俄歇电子所在层电子结合能之差。可见,俄歇电子也是单能的。

因为中微子不易被观测到,所以,只要观测到特征 X 射线或俄歇电子,就可知有电子俘获发生,只要测知 X 射线或俄歇电子能量就可知有发生电子俘获的核素。一般地说,轻元素发射俄歇电子的几率较重元素大。

1.2.3 γ 跃迁和内转换

处于激发态的原子核不稳定,它通过直接退激或级联退激回到基态。退激方式有 γ 跃迁(放出 γ 光子)和内转换(放出内转换电子)。原子核处于激发状态的寿命一般都极短暂,多为 $10^{-13}s \sim 10^{-14}s$。有些原子核激发态维持时间较长,其寿命可用仪器测出,因而可作为独立核素。这类具有相同质量数和相同原子序数而能量状态有明显差别的核素,称为同质异能素。

1. γ 跃迁

激发态的原子核不稳定,通过放出 γ 光子的形式,向较低激发态或基态跃迁的过程称作 γ 跃迁,也称 γ 衰变。同质异能素间的 γ 跃迁称为同质异能跃迁。

同质异能跃迁可表示为

$$_{Z}^{Am}X \rightarrow _{Z}^{A}X + \gamma + Q_{\gamma} \tag{1.2.8}$$

例如,$_{27}^{60m}Co \rightarrow _{27}^{60}Co + \gamma$ （ $E_{\gamma} = 1.33\ \text{MeV}, 1.17\ \text{MeV}$ ）。

γ 衰变能 Q_{γ} 就是原子核进行 γ 衰变前后两能级之差,即

$$Q_{\gamma} = E_{n} - E_{l} \tag{1.2.9}$$

式中,E_{n}, E_{l} 分别表示原子核在 γ 衰变前、后的能级。

因为 Q_{γ} 是核能级差,所以 γ 光子能量 E_{γ} 是单色(单能)的。事实上,借助测定 γ 光子能量可以了解核能级状况。多数核素,在衰变时可能发射不止一种能量的 γ 射线,如 $_{27}^{60m}Co$ 等,但不论有多少能量的 γ 射线,其能量都是不连续的,因而 γ 能谱是线状谱(分立谱)。

2. 内转换

内转换是激发态的原子核与壳层电子发生电磁相互作用,把原子核激发能直接传给核外某壳层一电子(以 K 层电子几率最大),使其脱离原子核的束缚而成为自由电子。这种物理过程叫做内转换,记作 IC。释放的电子称为内转换电子。

内转换电子的能量 E_{e} 就是原子核发生跃迁前、后两能级的级差 ΔE 与核外电子结合能 W_{i} 之差值,即

$$E_{e} = E_{n} - E_{l} - W_{i} = \Delta E - W_{i} \tag{1.2.10}$$

因为核能级、电子结合能都是某个定值,所以内转换电子的能量也是某个定值,即能量 E_{e} 是单色的。这与 β 射线谱是连续的有极大区别。通过内转换电子的测定也可测知原子核能级。

3. 穆斯堡尔效应

穆斯堡尔 1958 年发现,将发射 γ 光子的原子核和吸收 γ 光子的原子核分别置入固体晶体,使其尽可能固定,与晶体形成一个整体,因而发射 γ 光子或吸收 γ 光子时的反冲体不是一个原子核,而是整个晶体,故反冲能极小。此无反冲共振散射(吸收)现象被称为穆斯堡尔效应。

处于激发态的原子核进行 γ 跃迁时,原子核的反冲动能 E_{R} 与 E_{γ} 比较,可以忽略不计。若将 E_{R} 与核能级宽度比较,则是不可忽视的能量。

核的激发能级有一定宽度,γ 跃迁时放出的 γ 射线能量也有一定的展宽,称之为 γ 谱的自然展宽。原则上,通过测量 γ 射线的自然展宽可以测定激发能级的宽度。但若直接观测 γ 射线的自然宽度,则要求 γ 谱仪的能量分辨率极高。目前尚不可能直接观测,只能间接观测。方法之一是测量 γ 射线共振吸收。

当入射 γ 射线的能量等于原子核激发能级的能量时,就会发生 γ 射线的共振吸收。但是,

让一种原子核放出的 γ 光子通过同类核素的原子核时,却不易观察到 γ 射线的共振吸收。其原因是发射 γ 光子的原子核反冲动能带走 E_R 能量,使 γ 光子能量比相应的级差 ΔE 低,即

$$E_{re} = \Delta E - E_R \qquad (1.2.11)$$

式中,E_{re} 为发射光子的能量。当同类原子核吸收 γ 光子受激时,原子核也有一个同量的反冲动能。因此,要发生共振吸收,必须提供大于相应级差 ΔE 的能量,即

$$E_{ra} = \Delta E + E_R \qquad (1.2.12)$$

因此实际发射线与吸收线相差 $2E_R$,如图 1 – 4。只有当发射谱与吸收谱重叠时(阴影部分),才能发生 γ 共振吸收。

利用穆斯堡尔效应,可直接观测核能级的超精细结构以及用来验证广义相对论等。穆斯堡尔效应的大量应用工作基于原子核与核外电子的超精细作用,目前已广泛应用于物理学、化学、生物学、地质学、冶金学等学科的基础研究,已发展成为一门重要的边缘学科——穆斯堡尔谱学。

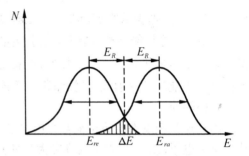

图 1 – 4　γ 射线的发射谱与吸收谱

1.2.4　中子

1932 年 Chadwick 等人发现中子,1938 年发现中子能引起重核裂变释放出核能,从此原子核科学技术得到了迅速发展。中子在释放核能过程中起着关键作用,具有独特性能。几十年来随着对中子的深入研究,已形成一个独立学科——中子物理学。其主要内容是:研究中子的性质,中子与物质的相互作用,中子的探测和应用等几个方面。

目前,对中子的应用已不局限于物理学研究的范围,而是与其他学科相结合、产生了一些有生命力的边缘学科,在工、农、医、国防科学等方面得到了广泛应用,成为一种多用途的科研、生产工具。

1.中子的性质和分类

中子是原子核的基本粒子之一。其静止质量是 1.008 665 20 原子质量单位,中子是电中性粒子。中子的半衰期为 10.60 分钟,衰变式为

$$_0^1 n \rightarrow _{+1}^1 p + _{-1}^0 \beta + \bar{v} \qquad (1.2.13)$$

式中,β 粒子的最大能量是 782 keV;$\bar{v}$ 为反中微子。

由于自由中子平均寿命很短,自然界中几乎不存在自由中子。中子不带电,几乎不受物质电磁作用的影响,当它入射物质时很易与物质发生作用,而且几乎不与核外电子作用,只与原子核发生作用,其作用的方式和几率大小取决于中子的能量和核的性质。为了研究方便,通常按能量将中子分成几大类,见表 1 – 1。

表1-1 中子按能量分类表

名称		能量范围(eV)	名称由来
慢中子	冷中子	$\leqslant 2 \times 10^{-3}$	比热中子能量更低
	热中子	≈ 0.025	相当于分子、原子、晶格热运动平衡的能量
	超热中子	$\geqslant 0.5$	比热中子能量略高
	共振中子	$1 \sim 1\,000$	与原子核作用能发生强烈的共振吸收,此时吸收截面特别大
	中能中子	$1\,000 \sim 5 \times 10^5$	能量在快中子与慢中子之间
	快中子	$5 \times 10^5 \sim 10^7$	
	很快中子	$10^7 \sim 5 \times 10^7$	
	超快中子	$5 \times 10^7 \sim 10^{10}$	
	相对论中子	$> 10^{10}$	

2.中子源

既然几乎不存在天然的自由中子,而中子又大量地存在于物质的原子核内,就采用适当的方法释放原子核内的中子,从而获得大量的自由中子。能产生自由中子的装置称为中子源。所有的中子源都是利用核反应或核裂变过程获得的。依照产生中子的方式可将中子源分为三个类型。

(1)同位素中子源

利用放射性核素的 α 和 γ 射线轰击某些稳定的轻元素物质(靶物质),发生核反应放出中子。核反应有 (γ, n),(α, n) 反应,常用的放射性核素有 ^{226}Ra,^{210}Po,^{241}Am,^{124}Sb 等。靶物质有 B,F,Be 等,而以 Be 最好,产额最高。重核素裂变也可以放出中子,其中以 ^{252}Cf 最好。中子源中的放射性核素的半衰期就是中子源的半衰期。

(2)加速器中子源

利用各类加速器加速带电粒子去轰击某些靶核,引起发射中子的核反应,产生强流、单能中子的装置称为加速器中子源。

用做中子源的加速器主要是低能加速器,有中子发生器、静电加速器、回旋加速器、电子直线加速器等。被加速的粒子主要有质子(P)、氘核(d)。作为靶物质的有 ^{7}Li,^{3}H 等,常用的核反应有 H(p,n)^{3}He,^{2}H(d,n)^{3}He,^{3}H(d,n)^{4}He 等。

加速器中子源的特点是:强度高,可在广阔的能区获得中子;中子强度能准确地确定,还能产生脉冲中子;加速器不运行时没有很强的放射性。

(3)反应堆中子源

反应堆中子源是以 ^{235}U,^{239}Pu 等裂变物质为燃料,以中子为媒介,维持可控制的链式裂变反应的装置。这种装置不仅可提供动力,生产各种放射性核素,进行材料辐射试验,还可提供大量中子。所有的核反应堆都是强大的中子源。目前,一般反应活性区内中子通量可达 10^{12}

~ 10^{14} 中子/(s·cm²),有的高达 $10^{15} \sim 10^{16}$ 中子/(s·cm²),比其他中子源产生的中子通量大几个数量级。

1.3 天然放射性核素

天然放射性核素是指地球本身自然存在的放射性核素,大体可分为三类:宇宙射线产生的放射性核素、中等质量的天然放射性核素(主要是不成系列的放射性核素)、重质量天然放射性核素(主要是三个天然放射性衰变系列)。本节对前两种仅作简介,着重介绍后一种。

1.3.1 宇宙射线产生的放射性核素

宇宙射线产生的放射性核素,主要有 $_1^3H$,$_6^{14}C$ 两种。天然存在的 $_1^3H$ 有四分之一是由宇宙射线中的中子与天然存在的 $_7^{14}N$ 发生反应产生的,如

$$_7^{14}N + n \rightarrow _6^{12}C + _1^3H \tag{1.3.1}$$

其余的 $_1^3H$ 则是宇宙射线中的高能粒子与大气中的原子核撞击后,核碎片的一部分。$_1^3H$ 进行 β^- 衰变,半衰期为 12.3 年,无 γ 辐射,最大 β^- 射线能量 $E_{\beta_{max}} = 0.018\ 6\ MeV$(100%),大气中 $_1^3H$ 的生成率大约为 8×10^6 原子/(厘米³·年),$_1^3H$ 是 $_1^1H$ 的同位素,在雨中 $_1^3H$ 的浓度为 5.6 ~ 11.2 Bq/l,水域中的 $_1^3H$ 的浓度为 0.6 Bq/l。

天然存在的 $_6^{14}C$ 是宇宙射线中的中子轰击 $_7^{14}N$ 引起的另一种核反应产物,$_6^{14}C$ 进行 β^- 衰变,β^- 粒子最大能量 $E_{\beta_{max}} = 0.156\ MeV$(100%),半衰期 5 730 年,反应过程为

$$_7^{14}N + n \rightarrow _6^{14}C + P$$

$$_6^{14}C \rightarrow _7^{14}N + \beta^- \ (0.156\ MeV) \tag{1.3.2}$$

$_6^{14}C$ 的衰变产物,存留于大气中,从古至今循环往复,此反应主要在高空上层大气中进行,使大气中的 $_6^{14}C$ 含量保持不变,$_6^{14}C$ 的丰度也不变,$_6^{12}C$ 与 $_6^{14}C$ 的比为 $10^{12}:1.2$,$_6^{14}C$ 与 $_6^{12}C$ 一样被氧化成 CO_2,在大气中混合所需时间比它的半衰期短得多。

$$CO_2 \xrightarrow{\text{光合作用}} \text{植物} \xrightarrow{\text{食入}} \text{动物} \xrightarrow{\text{呼吸排泄}} \text{排出体外}$$

在动植物的新陈代谢过程中,$_6^{14}C$ 与其他稳定碳相交换而达到平衡状态,例如,人体内 $_6^{14}C$ 的平均浓度为 4.14×10^{-2} Bq/g,在活的生物体内的 $_6^{14}C$ 和 $_6^{12}C$ 比值不变。一旦生物体死亡,新陈代谢终止,$_6^{14}C$ 不能得到补充,只能不断地衰减,因而改变了 $_6^{14}C$ 与 $_6^{12}C$ 的比值,根据这一比值的改变情况,可以推知生物体死亡时间,此为 $_6^{14}C$ 用于考古的理论依据。

由宇宙射线生成的其他放射性核素还有 $_7^{14}N$ 或 $_8^{16}O$ 的裂变碎片,$_4^{10}Be$,$_4^7Be$ 以及 $_{18}^{40}Ar$ 的裂变碎片,$_{11}^{22}Na$,$_{14}^{32}Si$,$_{15}^{33}P$,$_{16}^{35}S$,$_{16}^{36}S$,$_{17}^{36}Cl$ 的裂变碎片等,它们都是 β 衰变体。可见,大气中有许多轻核素是 β 辐射体。

1.3.2 中等质量的天然放射性核素

中等质量的天然放射性核素,已肯定的有 $^{40}_{19}K$、$^{50}_{23}V$、$^{87}_{37}Rb$、$^{115}_{49}In$、$^{138}_{57}La$、,$^{147}_{62}Sm$、$^{176}_{71}Lu$ 和 $^{187}_{75}Re$ 等,它们都是经一次衰变成为稳定核素的,也称不成系列的天然放射性核素。他们的半衰期都很长。只有 $^{147}_{62}Sm$ 是 α 衰变,其他都是 β 衰变。表 1-2 列出了中等质量的天然放射性核素的部分特性。天然钾在地壳内分布很广,它有三个同位素 $^{39}_{19}K$(93.31%)、$^{40}_{19}K$(0.011 8%)和 $^{41}_{19}K$(6.7%),其中只有 $^{40}_{19}K$ 具有放射性,$^{40}_{19}K$ 对放射性勘查最有影响。1 g 天然钾每秒钟放出 28 个能量为 1.314 MeV 的 β^- 粒子和三个能量为 1.46 MeV 的 γ 光子。在富钾岩石区(如黑云母花岗岩等),$^{40}_{19}K$ 对放射性本底的影响不可忽视。

表 1-2 中等质量天然放射性核素

核素	丰度(%)	半衰期(年)	衰变类型及粒子能量(MeV)		射线能量(MeV)		衰变产物
钾 $^{40}_{19}K$	0.011 8	1.27×10^9	β^- 1.314(89.5%) EC 0.483(10.5%)		γ 1.461		$^{40}_{20}Ca$ $^{40}_{18}Ar$
钒 $^{50}_{23}V$	0.25	6.00×10^{15}	β^- 0.245(30%)		γ 0.783 1.554		$^{50}_{24}Cr$
铷 $^{87}_{37}Rb$	27.83	4.88×10^{10}	β^- 0.275(100%)				$^{87}_{38}Sr$
铟 $^{115}_{49}In$	95.72	5.10×10^{14}	β^- 0.480				$^{115}_{50}Sn$
镧 $^{138}_{57}La$	0.089	1.10×10^{11}	β^- 0.210(~30%) EC (~70%)		γ 0.790(30%) 1.426(70%)		$^{138}_{58}Ce$ $^{138}_{56}Ba$
钐 $^{147}_{62}Sm$	15.07	1.05×10^{11}	α 2.23(100%)				$^{143}_{60}Nd$
镥 $^{176}_{74}Lu$	2.6	3.79×10^{10}	β^- 0.430		γ 0.783(15%) 1.554(85%) 0.306(95%)		$^{176}_{72}Hf$
铼 $^{187}_{75}Re$	62.5	4.30×10^{10}	β^- 0.003		e^-		$^{187}_{76}Os$

人体内天然钾的放射性平均浓度约为 6.29×10^{-2} Bq/g。

1.3.3 重质量天然放射性核素

重质量天然放射性核素指 $Z > 80$ 的天然放射性核素。目前发现它们分别属于三个天然放射性系列:铀系(母核素 $^{238}_{92}U$)、钍系(母核素 $^{232}_{90}Th$)、锕铀系(母核素 $^{235}_{92}U$)。因为每次 α 衰变时,

原子质量数 A 都减少 4,而 β 衰变时质量数 A 不变,所以每个放射系中各核素的原子质量数 A 之差值都是 4 的整数倍,即 $\triangle A = 4m(m = 0,1,2,\cdots)$。根据原子质量数 A 的特点,又称铀系为 $4n + 2$ 系,钍系为 $4n$ 系,锕铀系称 $4n + 3$ 系,由于这三个放射系的母核素半衰期都比较长(10^8 ~ 10^{10}年),可与地球年龄(40 亿年)相比拟,至今它们在地球上仍有存留量。据研究,地球形成时,还有 $4n + 1$ 系(称镎系),因系列中没有一个放射性核素的平均寿命可与地球年龄相比拟,所以目前自然界已无存留,都已衰变完。但用人工方法仍可获得。

1.铀系($4n + 2$ 系)

铀系也称铀镭系,母核素$^{238}_{92}$U,半衰期 $T_{\frac{1}{2}} = 4.468 \times 10^9$ 年,经 8 次 α 衰变和 6 次 β 衰变到稳定核素$^{206}_{82}$Pb,全系列有 20 个核素,见图 1 − 5。寿命最长的子核素是$^{234}_{92}$U,半衰期为 2.45×10^5 年。

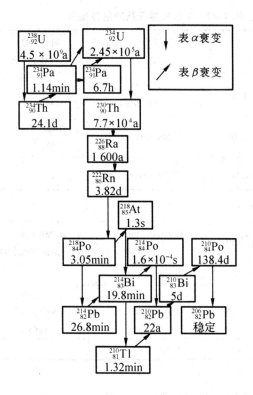

图 1−5 铀系衰变图

铀系中,$^{222}_{86}$Rn 是惟一的气体核素。$^{222}_{86}$Rn 的子体中按半衰期长短分为氡的短寿子体(包括 $^{218}_{84}$Po,$^{214}_{82}$Pb,$^{214}_{83}$Bi,$^{214}_{84}$Po)和长寿子体(包括$^{210}_{82}$Pb、$^{210}_{83}$Bi、$^{210}_{84}$Po)。

铀系核素的质量数服从 $A = 4n + 2$ 规律($n = 51 \sim 59$)。

2.钍系(4n 系)

钍系又称 4n 系,全系列中核素质量数 A 的范围是 $A = 4n(n = 52 \sim 58)$。母核 $_{90}^{232}$Th 半衰期 $T_{\frac{1}{2}} = 1.41 \times 10^{10}$ 年,经 6 次 α 衰变,4 次 β 衰变,最后生成稳定核素 $_{82}^{208}$Pb,Th 的子体核素半衰期都比较短,最长寿子体 $_{88}^{228}$Ra 的半衰期只有 5.76 年。钍系中也有一个气态子体是 $_{86}^{220}$Rn。钍系衰变图见图 1-6。

3.锕铀系(4n + 3 系)

锕铀系又称锕系或 4n + 3 系。因母核 $_{92}^{235}$U 俗称锕铀,因此得名。$_{92}^{235}$U 的半衰期 $T_{\frac{1}{2}} = 7.038 \times 10^{8}$ 年,经 7 次 α 衰变和 4 次 β 衰变,最后到稳定核素 $_{82}^{207}$Pb,系列中也有一个气态子体即 $_{86}^{219}$Rn,俗称锕射气。

锕铀系各核素质量数范围是 $A = 4n + 3(n = 51 \sim 58)$,图 1-7 为锕系衰变图。

三个放射性系列的共同特点:

(1)天然放射性系列各核素均为 $Z > 81$;

(2)每一系列中各核素质量数均遵守各自系列的质量数变化公式;

(3)母核素半衰期都特别长,且为 α 辐射体;

(4)三个系列的核素大部分作 α 衰变,少数作 β 衰变,某些核素具有 α 衰变和 β 衰变分支,一般伴有 γ 辐射;

(5)三个系列各有一个气态子核素,且都是 Rn 的同位素,为 α 辐射体;

(6)三个系列稳定核素都是 Pb 的同位素;

(7)三个系列放射性子体中,凡是 Po 同位素,都是主要 α 辐射体,且 α 粒子能量较大;凡是 Bi 同位素,都是各系列的主要 β 辐射体和 γ 辐射体,且 γ 射线的能量较大;

天然放射性系列中几个常用的放射性核素,是铀、钍、钋、铋、镭、氡、铅的同位素。

4.镎系

1935 年由约里奥 - 居里等人用人工方法获得了镎($_{93}^{237}$Np)系核素。$_{93}^{237}$Np 是超铀核素($Z > 92$),在镎系中寿命最长,$T_{\frac{1}{2}} = 2.25 \times 10^{6}$ 年,是地球年龄的千分之一,在地球的演化过程中已衰变完了,所以自然界中已不存在。

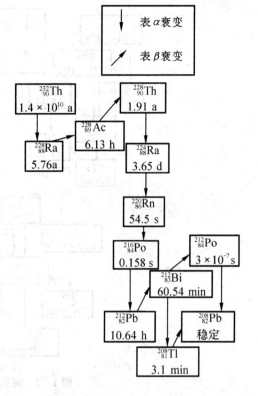

图 1-6 钍系衰变图

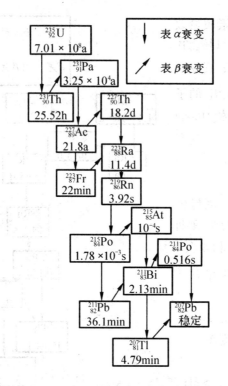

图 1－7 锕系衰变图

1.4 放射性核素衰变规律

放射性核素衰变规律是核科学技术应用的重要基础。本节将分别研究放射性衰变链中各种核素的原子核数及放射性活度的变化规律,并引出一些重要概念。

1.4.1 放射性核素衰变的基本规律

随着放射性核素衰变,其原子核的数量逐步减少。设零时刻原子核的数目为 N_0, t 时刻有 N 个原子核未衰变,实验表明,$t \rightarrow t + \mathrm{d}t$ 的时间间隔内发生衰变的原子核数 $\mathrm{d}N$ 与 N 及 $\mathrm{d}t$ 成正比,即

$$\mathrm{d}N \propto N\mathrm{d}t \tag{1.4.1}$$

原子核在时间间隔 $\mathrm{d}t$ 内衰变的几率为 $\lambda \cdot \mathrm{d}t$($\lambda$ 为衰变常数,量纲为 s^{-1}),则

$$-\frac{\mathrm{d}N}{N} = \lambda \cdot \mathrm{d}t \tag{1.4.2}$$

式中　N——在时间 t 时存在的原子核数；

　　　dN——在时间 $t \to t+dt$ 的时间间隔内衰变的原子核数,因原子核数减少,故取负号；

　　　λ——衰变常数。

对式(1.4.2)两边积分,并设起始条件 $t = 0$ 时,有 N_0 个原子核,则到时间 t 时,尚存的原子核数 N 应为

$$\int_{N_0}^{N} -\frac{dN}{N} = \int_0^t \lambda dt$$

$$\ln N = \ln N_0 - \lambda t \quad 即 \quad N = N_0 e^{-\lambda t} \tag{1.4.3}$$

如图 1 - 8 所示为单一放射性核素的原子核衰变规律。

放射性原子核衰变是一个随机过程,从统计观点看,每个原子核在单位时间里衰变的几率就是衰变常数 λ,即

$$\lambda = -\frac{\dfrac{dN}{N}}{dt} \tag{1.4.4}$$

可以看出,λ 的物理意义是:特定能态的放射性核素的每一个原子核在单位时间里衰变的几率。λ 常数在核物理中是一个重要参数,每一种放射性核素都有其特有的 λ。λ 的数值标志着核素的衰变速度,λ 愈大,衰变速度愈大;反之,λ 愈小,衰变速度也小。

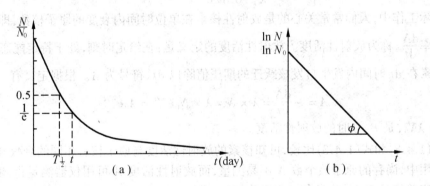

图 1 - 8　核衰变规律示意图

其中(b)图采用对数坐标,直线的斜率为衰变常数 λ

人们也常用半衰期来描述放射性核素衰变速度。半衰期定义为:特定能态的放射性核素原子核数目衰减一半所需要时间的期望值,记作 $T_{\frac{1}{2}}$。根据定义可导出半衰期 $T_{\frac{1}{2}}$ 与衰变常数 λ 之间的关系为

$$t = T_{\frac{1}{2}}, N = \frac{1}{2}N_0 = N_0 e^{-\lambda t}$$

所以
$$T_{\frac{1}{2}} = \frac{\ln\frac{1}{2}}{\lambda} = \frac{0.693}{\lambda} \tag{1.4.5}$$

常用到某放射性核素"衰变完了"的概念。在理论上说,当 $N \to 0$ 时,需 $t \to \infty$。但实际上从测量角度或实用看,当 $N = \dfrac{N_0}{1\,000}$ 时,可以认为已衰变完了,即在 0.1% 精度下,由式(1.4.3)得

$$N = \frac{N_0}{1\,000} = N_0 \mathrm{e}^{-\lambda t}$$

$$t = \frac{\ln\dfrac{1}{1\,000}}{\lambda} \approx \frac{6.91}{\lambda} \approx 10 \times T_{\frac{1}{2}} \tag{1.4.6}$$

即任何一种放射性核素,经过它的 10 倍半衰期后,可以认为衰变完了,镎系母核素 $^{237}\mathrm{Np}$ 半衰期为 2.14×10^6 年,是地球年龄的千分之一,作为镎系,在地球的演化历史中早已衰变完了。

有时人们亦用平均寿命来表示某核素的衰变速度,平均寿命的定义是:处于特定能态的一定量放射性核素平均生存的时间,即放射性原子核的数目减少到原来数目的 $1/\lambda$ 所需时间的期望值,以 τ 表示。根据定义,可推算平均寿命与衰变常数及半衰期的关系为

$$\tau = \frac{1}{\lambda} = \frac{T_{\frac{1}{2}}}{0.693} = 1.44 \times T_{\frac{1}{2}} \tag{1.4.7}$$

在实际工作中,人们常常关心的是放射性核素在单位时间内衰变的原子核数,即放射性核素的衰变率 $\dfrac{\mathrm{d}N}{\mathrm{d}t}$,称为放射性活度。放射性活度的定义是:在给定时刻,处于特定能态的一定量放射性核素在 $\mathrm{d}t$ 时间内发生自发核跃迁的期望值除以 $\mathrm{d}t$,符号为 A。根据定义有

$$A = -\frac{\mathrm{d}N}{\mathrm{d}t} = \lambda \times N = \lambda \times N_0 \mathrm{e}^{-\lambda t} = A_0 \mathrm{e}^{-\lambda t} \tag{1.4.8}$$

式中,$A_0 = \lambda N_0$,是 $t = 0$ 时的放射性活度。

由式(1.4.8)和式(1.4.3)比较,可知核素的放射性活度与原子核有相同的衰减规律。

在应用中,尚存的原子核个数 N 不易测量,而放射性活度 A 可用仪器测量得知。放射性活度的法定单位是 Bq(贝克勒尔),定义为

$$1\mathrm{Bq} = 1 \ \mathrm{s}^{-1}$$

即放射性物质每秒作一次衰变,其放射性活度为 1Bq。放射性活度的非法定单位 Ci(居里)定义为

$$1\mathrm{Ci} = 3.7 \times 10^{10}\,\mathrm{Bq}$$

因 Ci 单位太大,故常用其派生单位:

$$1\mathrm{mCi} = 10^{-3}\,\mathrm{Ci}$$

$$1\mu\mathrm{Ci} = 10^{-6}\,\mathrm{Ci}$$

$$1\mathrm{nCi} = 10^{-9}\,\mathrm{Ci}$$

比活度也是实际工作中常用的概念。比活度的定义是:样品的放射性活度除以该样品的总质量,记作 a,所以比活度表示了单位质量放射性物质的放射性活度,即

$$a = \frac{A}{m} \quad \text{Bq/kg}$$

比活度单位是贝克(勒尔)每千克,即 Bq/kg。以前还用居里/千克(Ci/kg),比活度用于固态物质,其数值大小表明放射性物质纯度之高低。

放射性浓度则用于液体或气体,指单位体积的物质中含有的放射性物质活度,单位是贝克/立方米(Bq/m^3)或居里/升(Ci/l)。

需要注意的是,放射性活度与放射性强度是两个不同的概念。射线强度指放射源在单位时间内放出的某种射线的粒子或光子数。一般地放射性活度不等于射线强度,只有在每次核衰变时只放射一个粒子的条件下,它们在数值上才相等。

1.4.2　两个放射性核素相继衰变和积累规律

这里研究的是放射性衰变链中第二代放射性(子体)核素 B,在与母体核素 A 不分离状况下,子体核素 B 的衰变与积累规律。这与 B 的子体 C 是否具有放射性无关,也与 C 是否分离无关。在这些情况下,B 核素原子核数的变化有两个因素:其一是子体核素 B 因自身衰变而减少;其二是因母核素 A 的衰变而使核素 B 原子核数增加,在 t 时刻的瞬间间隔 dt 内 B 核素的原子核数变化率应为

$$\frac{dN_2}{dt} = \lambda_1 N_1 - \lambda_2 N_2 \tag{1.4.9}$$

已知 $t = 0$ 时,核素 A 的原子核数为 N_{01},且有关系式

$$N_1 = N_{01} e^{-\lambda_1 t}$$

将该式代入式(1.4.9)并移项,则有

$$\frac{dN_2}{dt} + \lambda_2 N_2 = \lambda_1 N_{01} e^{-\lambda_1 t} \tag{1.4.10}$$

此为一阶线性非齐次微分方程,给定初始条件 $t = 0$ 时,$N_2 = N_{02}$,解式(1.4.10),可得

$$N_2 = N_{02} e^{-\lambda_2 t} + \frac{\lambda_1 N_{01} (e^{-\lambda_1 t} - e^{-\lambda_2 t})}{\lambda_2 - \lambda_1} \tag{1.4.11}$$

也可写成

$$N_2 = N_{02} e^{-\lambda_2 t} + \frac{\lambda_1 N_{01}}{\lambda_2 - \lambda_1} e^{-\lambda_1 t} \left[1 - e^{-(\lambda_2 - \lambda_1)t} \right] \tag{1.4.12}$$

很明显,N_2 由两部分组成,第一部分是 $(N_{02} \times e^{-\lambda_2 t})$,记作 N_{2a},它是 $t = 0$ 时,B 核素衰变到 t 时尚存的原子核数;第二部分是 $\dfrac{\lambda_1 N_{01} e^{-\lambda_1 t} \left[1 - e^{-(\lambda_2 - \lambda_1)\cdot t} \right]}{\lambda_2 - \lambda_1}$,记作 N_{2b},它是当 $t = 0$ 时母核素

N_{01}个原子核衰变到 t 时,积累的子体核素 B 的原子核数,在时间 t 过程内,B 核素边产生边衰减,N_2,N_{2a},N_{2b} 三者之关系,示于图1-9。

为了便于研究子体核素 B 的积累变化规律,以后将假设 $t = 0$ 时,$N_{02} = 0$,此时式(1.4.12)可简化为

$$N_2 = \frac{\lambda_1 N_{01} e^{-\lambda_1 t} \left[1 - e^{-(\lambda_2 - \lambda_1)t} \right]}{\lambda_2 - \lambda_1}$$

(1.4.13)

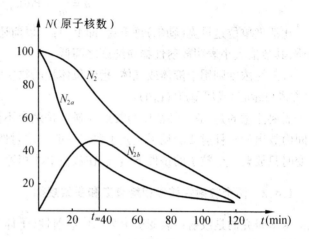

图1-9 第二代(子体)核素原子核数的变化规律

此为起始时没有子核素 B 的状况下,由母核素 A 衰变而积累核素 B 的一般规律,由式(1.4.13)可知,子核素 B 的原子核数变化与 λ_1,λ_2 及其差值($\lambda_2 - \lambda_1$)有关,基于式(1.4.13),下面将分三种情况讨论。

1. $\lambda_1 \ll \lambda_2$ 时

母核素 A 的衰变速度比子核素 B 的衰变速度慢得多,$\lambda_1 \ll \lambda_2$ 或 $T_1 \gg T_2$,若满足这些条件,则式(1.4.13)可简化为

$$N_2 = \frac{\lambda_1 N_{01} e^{-\lambda_1 t} \left[1 - e^{-\lambda_2 t} \right]}{\lambda_2} = \frac{\lambda_1 N_{01} \left[1 - e^{-\lambda_2 t} \right]}{\lambda_2} \qquad (1.4.14)$$

式(1.4.14)是长寿母核素的子体核素积累规律的一般公式,当 t 足够大时,可达到 $e^{-\lambda_2 t} \ll 1$,则有 $1 - e^{-\lambda_2 t} \approx 1$,式(1.4.14)可进一步简化成

$$N_2 \approx \frac{\lambda_1}{\lambda_2} N_{01}$$

在一定精度下,就可以写成

$$N_2 \approx \frac{\lambda_1 N_1}{\lambda_2} \qquad (1.4.15)$$

当母核素的半衰期比子体核素半衰期长很多,即 $T_1 \gg T_2$ 或 $\lambda_1 \ll \lambda_2$,在观察时间内,母核素原子核数或放射性活度的变化可忽略不计,子体核素的原子核数和放射性活度达饱和值,而且子体核素与母体核素的放射性活度相等时,这种衰变关系称放射性长期平衡,也称久平衡,简称放射性平衡,如式(1.4.15)描述的规律。

在 0.001 的精度下,由长期平衡的起止时间 t_1 和 t_2,可以定出母核和子核素发生长期平衡的先决条件 $\lambda_1 \ll \lambda_2$ 的定量关系,因为若有长期平衡现象出现,必有 $\Delta t = t_2 - t_1 > 0$,即

$$1.444 \times 10^{-3} T_1 - \frac{-\ln\left(0.001 + 0.999\frac{\lambda_1}{\lambda_2}\right)}{\lambda_2 - \lambda_1} > 0$$

解此不等式,可得

$$\frac{T_1}{T_2} > 6\ 771, \frac{\lambda_2}{\lambda_1} > 6\ 771 \tag{1.4.16}$$

2. $\lambda_1 < \lambda_2$ 时

如果母核素比子体核素半衰期长,但相差倍数不是很多($T_1 > T_2$),则在观察时间内母核素放射性也随时间有显著变化。当子体核素积累到相当长时间后,子体核素与母核素建立了特殊关系,即它们的原子核数之间或放射性活度之间分别建立固定比值,子体核素的原子核数及放射性活度按母核素的衰变规律而变化,称之为暂平衡。

暂平衡时,母核素与子体核素的衰变有如下关系

$$N_2 = \frac{\lambda_1 N_1}{\lambda_2 - \lambda_1} \tag{1.4.17}$$

或

$$\frac{N_2}{N_1} = \frac{\lambda_1}{\lambda_2 - \lambda_1} \tag{1.4.18}$$

式(1.4.17)或式(1.4.18)表明了暂平衡时,子核素与母核素的关系。

按照考察长期平衡的思路和 0.001 测量精度的要求,对暂平衡现象作进一步考察,可得 $\lambda_1 < \lambda_2$ 的定量关系为

$$\lambda_2 > 2\lambda_1 \quad 或 \quad T_1 > 2T_2 \tag{1.4.19}$$

所以,出现暂平衡的前提条件是母核素半衰期需大于子体核素半衰期的两倍。

3. $\lambda_1 > \lambda_2$ 时

当母核素半衰期比子体核素半衰期更短,即 $T_1 < T_2$ 或 $\lambda_1 > \lambda_2$ 时,不可能出现任何形式的放射性平衡。但是,可指望在某种条件下,子核素积累到足够长时间后,母核素"全部衰变完",只剩下子体核素按照自己的衰变规律变化。

在实际应用中,有时采用"冷置"一段时间的方法让短寿命母核素"衰变完",从而使母子核素分离。

1.4.3 放射性衰变链中第三代放射性子体积累规律

衰变链 A→B→C 中第三代(子体)核素 C 的变化率取决于第二个放射性核素 B 的衰变率(也是 C 的生成率)和放射性核素 C 自身的衰变率,在时间 $t \to t + \mathrm{d}t$ 的瞬间间隔内,有

$$\frac{\mathrm{d}N_3}{\mathrm{d}t} = \lambda_2 N_2 - \lambda_3 N_3 \tag{1.4.20}$$

式中, $N_2 = \frac{\lambda_1 N_{01} e^{-\lambda_2 t}\left[1 - e^{-(\lambda_1 - \lambda_2)t}\right]}{\lambda_1 - \lambda_2} + N_{02} e^{-\lambda_2 t}$; λ_2, λ_3 为核素 B 和核素 C 的衰变常数; $\lambda_2 N_2$

是 t 的已知函数,所以(1.4.20)式是一阶线性非齐次微分方程,给出初始条件 $t=0$ 时,$N_3 = N_{03}$,$N_2 = N_{02}$ 可解得

$$N_3 = N_{03}\mathrm{e}^{-\lambda_3 t} + \frac{\lambda_2 N_{02}\left[\mathrm{e}^{-\lambda_2 t} - \mathrm{e}^{-\lambda_3 t}\right]}{\lambda_3 - \lambda_2} + \lambda_1\lambda_2 N_{01}\left[\frac{\mathrm{e}^{-\lambda_1 t}}{(\lambda_2 - \lambda_1)(\lambda_3 - \lambda_1)} + \right.$$
$$\left.\frac{\mathrm{e}^{-\lambda_2 t}}{(\lambda_1 - \lambda_2)(\lambda_3 - \lambda_2)} + \frac{\mathrm{e}^{-\lambda_3 t}}{(\lambda_1 - \lambda_3)(\lambda_2 - \lambda_3)}\right] \tag{1.4.21}$$

第一项记为 N_{33},表示核素 C 在 t 时残留的原子核数,第二项记为 N_{32},第三项记为 N_{31},分别表示由核素 B 和核素 A 衰变而积累的核素 C 的原子核数,故式(1.4.21)可写成

$$N_3 = N_{33} + N_{32} + N_{31}$$

如果初始条件给定为 $t=0$ 时,$N_{02} = N_{03} = 0$,即开始时不存在核素 B 和核素 C,则式(1.4.21)将简化为只有第三项,t 时放射性核素 C 的原子核数为

$$N_3 = \lambda_1\lambda_2 N_{01}\left[\frac{\mathrm{e}^{-\lambda_1 t}}{(\lambda_2 - \lambda_1)(\lambda_3 - \lambda_1)} + \frac{\mathrm{e}^{-\lambda_2 t}}{(\lambda_1 - \lambda_2)(\lambda_3 - \lambda_2)} + \frac{\mathrm{e}^{-\lambda_3 t}}{(\lambda_1 - \lambda_3)(\lambda_2 - \lambda_3)}\right]$$
$$\tag{1.4.22}$$

核素 C 的积累曲线见示意图 1−10,图中当 $t < t_a$ 时,N_3 可视为 0。

在 $t \to t + \mathrm{d}t$ 的瞬间间隔内,衰变链中第 n 个放射性核素原子核数的变化率取决于它的产生率(即前面的第 $n-1$ 个核素的衰变率)和第 n 个核素的衰变率,即

$$\frac{\mathrm{d}N_n}{\mathrm{d}t} = \lambda_{n-1}N_{n-1} - \lambda_n N_n \tag{1.4.23}$$

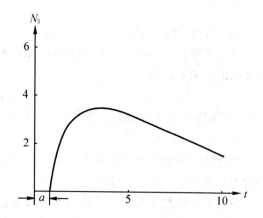

图 1−10 衰变链中第三个核素的积累规律

式(1.4.23)仍为一阶线性非齐次微分方程,采用类似解核素 C 的方法去解此方程,并设起始条件 $t=0$ 时,

$$N_{0n} = N_{0(n-1)} = N_{0(n-2)} = \cdots = N_{02} = 0$$

而若 $N_1 = N_{01} \neq 0$,则微分方程式(1.4.23)的解只有后一项,此时有

$$N_n = \lambda_1\lambda_2\cdots\lambda_{n-1}N_{01}\left[\frac{\mathrm{e}^{-\lambda_1 t}}{(\lambda_2 - \lambda_1)(\lambda_3 - \lambda_1)\cdots(\lambda_n - \lambda_1)} + \right.$$
$$\left.\frac{\mathrm{e}^{-\lambda_2 t}}{(\lambda_1 - \lambda_2)(\lambda_3 - \lambda_2)\cdots(\lambda_n - \lambda_2)} + \cdots + \frac{\mathrm{e}^{-\lambda_n t}}{(\lambda_1 - \lambda_n)(\lambda_3 - \lambda_n)\cdots(\lambda_{n-1} - \lambda_n)}\right] \tag{1.4.24}$$

或写成

$$N_n = N_{01} \prod_{i=1}^{n-1, i=1} \lambda_i \sum_{j=1}^{n} \frac{e^{-\lambda_j t}}{\prod_{i=1, i \neq j}^{n} (\lambda_i - \lambda_j)} \tag{1.4.25}$$

式中，$n = 2, 3, 4 \cdots$。

N_n 的变化曲线与图 1–10 中的核素 C 的情况类似，都是在开始 t_a 一段时间内 N_n 为 0，而后上升到最大值，然后下降，t_a 的长短与该子核素及其前面所有核素的衰变常数有关。在同一衰变链中，愈靠后面的子体核素积累曲线中的 t_a 段愈长。

思 考 题

1. 什么是原子核结合能，核聚变的能量来源于哪里？

2. 何谓核素和同位素？试写出铀–238、铀–235、铀–234 和钍–232 的表示符号。

3. 何谓 α 衰变、β 衰变、γ 跃迁？简述三种衰变的差异。

4. 简述中子的性质与分类。

5. 自然界存在哪几个天然的放射性核素衰变系列，为什么天然的镎系核素在自然界不存在？

6. 自然界氢有几种同位素，氢同位素性质的最大差异是什么？

7. 简述放射性核素半衰期和衰变常数的物理意义以及两者之间的关系。

8. 放射性核素衰变的基本规律是什么？

9. 衰变常数 λ 的物理意义是什么？

10. 在实验室现有 1 mg 的 $^{210}_{84}\text{Po}$，求三个月能生成多少 $^{206}_{82}\text{Pb}$？

第 2 章 射线与物质相互作用

研究射线与物质的相互作用,在原子物理、核物理、固体物理、核辐射生物效应、辐射剂量、辐射防护、核辐射探测、核技术应用、核能利用等许多领域中有着重要的意义。对许多物理现象的分析、解释及实际应用都要以射线与物质的相互作用为基础。

所谓射线泛指核衰变、核反应,或核裂变放出的粒子、光子,以及由加速器加速的各种粒子。常见的带电粒子和不带电粒子见表 2-1,各种光子见表 2-2。本节主要介绍重带电粒子(以 α 为代表)、轻带电粒子(以 β 为代表)、部分电磁辐射(以 γ,X 光子为代表)以及中子与物质相互作用时主要的物理效应,着重研究它们穿过物质时的能量损失,角度偏转和在物质中的吸收以及物质原子发生的主要变化。

表 2-1 常见的各种粒子

粒子种类		符号	电荷 e	质　　量					平均寿命 s
				$\times 10^{-27}$ kg	u	mc^2 (MeV)	m/m_e	m/m_p	
轻子	中微子	ν	0	~0	0	0	0	0	稳定
	电子 正电子	e^- e^+	-1 +1	9.109×10^{-4} 同上	5.486×10^{-4} 同上	0.511 同上	1 1	5.446×10^{-4} 同上	稳定
介子	μ 介子	$\mu^{\pm}$	±1	0.188 346	0.113 432	105.659	206.9	0.112 612	2.2×10^{-6}
	π 介子	κ^+ κ^0	±1 0	0.248 812	0.149 848	139.58	273.1 264.4	0.148 765	2.6×10^{-8} 0.83×10^{-16}
	κ 介子	$\pi^{\pm}$ π^0	±1 0	0.880 204	0.530 104	493.78	967 975	0.526 274	1.2×10^{-8} $0.89 \times 10^{-10}, 5.18 \times 10^{-8}$
核子	质子	p	+1	1.672 52	1.007 276	938.256	1 836.1	1.000 000	稳定
	中子	n	0	1.674 95	1.008 665	939.767	1 836.7		9.2×10^2
轻核	氘核	$d(D)$	+1	3.343 38	2.013 554	1 875.581	3670	1.999 076	稳定
	氚核	$t(T)$	+1				5 497		10^9
	α 粒子	α	+2	6.644 252	4.001 506 4	3 727.315	7 294	3.972 599	稳定

注:m 为粒子质量;m_e 为电子静止质量;m_p 为质子质量。

表2-2　各种类型的光子

电磁辐射(光子)类型	频率(Hz)	真空中的波长(cm)	能量(MeV)
无线电波	$1.0 \times 10^{5} \sim 3.0 \times 10^{12}$	$3.0 \times 10^{5} \sim 1.0 \times 10^{-2}$	$4.13 \times 10^{-16} \sim 1.24 \times 10^{-8}$
红外线	$3.0 \times 10^{12} \sim 3.9 \times 10^{14}$	$3.0 \times 10^{-2} \sim 7.7 \times 10^{-5}$	$4.13 \times 10^{-9} \sim 1.61 \times 10^{-6}$
可见光线	$3.9 \times 10^{14} \sim 7.5 \times 10^{14}$	$7.7 \times 10^{-5} \sim 4.0 \times 10^{-5}$	$1.61 \times 10^{-6} \sim 3.10 \times 10^{-6}$
紫外线	$7.5 \times 10^{14} \sim 5.0 \times 10^{16}$	$4.0 \times 10^{-5} \sim 6.0 \times 10^{-7}$	$3.10 \times 10^{-6} \sim 2.06 \times 10^{-4}$
软 X 射线	$3.0 \times 10^{16} \sim 3.0 \times 10^{18}$	$1.0 \times 10^{-6} \sim 1.0 \times 10^{-8}$	$1.24 \times 10^{-4} \sim 1.24 \times 10^{-2}$
诊断用 X 射线	$3.0 \times 10^{18} \sim 3.0 \times 10^{19}$	$1.0 \times 10^{-8} \sim 1.0 \times 10^{-9}$	$0.0124 \sim 0.124$
深部治疗用 X 射线	$3.0 \times 10^{19} \sim 3.0 \times 10^{20}$	$1.0 \times 10^{-9} \sim 1.0 \times 10^{-10}$	$0.124 \sim 1.24$
γ 射线	$2.0 \times 10^{18} \sim 2.5 \times 10^{21}$	$1.5 \times 10^{-8} \sim 1.2 \times 10^{-11}$	$8.0 \times 10^{-3} \sim 10$

2.1　带电粒子与物质相互作用

2.1.1　带电粒子与物质相互作用的主要形式

带电粒子与物质相互作用,主要是指带电粒子的库仑场与物质原子的核库仑场或核外电子库仑场的相互作用。这种库仑场间的相互作用称为碰撞,又可分为弹性碰撞和非弹性碰撞。经过作用后,如果改变了原子或原子核的内能或者将粒子的动能转变成其他形式能,则动能不能守恒,称非弹性碰撞。如果碰撞后没有发生原子或原子核的内能改变或转变成其他形式的能量,因而遵守动能守恒和动量守恒定律,则称弹性碰撞。下面将分别叙述带电粒子与物质的四种主要相互作用:①与原子核的弹性碰撞;②与核外电子的弹性碰撞;③与原子核的非弹性碰撞;④与核外电子的非弹性碰撞。

1.与原子核的弹性碰撞

入射的带电粒子靠近靶物质的原子核时,因库仑场相互作用,使带电粒子偏离原来的运动方向,即散射。同时带电粒子将小部分动能转移给原子核,使原子核获得一个反冲能,从而可使原子核在晶体中位移,使晶体形成辐射损伤。带电粒子在物质中可发生多次弹性碰撞。

与靶原子核发生弹性碰撞引起入射粒子的能量损失,称为弹性碰撞能量损失,或核碰撞能量损失。对靶物质而言,因核碰撞使入射粒子能量损失,则称为核阻止作用或核阻止本领。核碰撞能量损失只在很低能量的带电粒子和重离子入射时才重要。

2.与核外电子的弹性碰撞

入射带电粒子运动在原子附近,受到靶物质核外电子的库仑力作用,使入射粒子运动方向偏转,并损失比原子中电子的最低激发能还小的很小一部分能量,因此核外电子的能量状态不变。实际上这种作用可看成入射粒子与整个靶原子的相互作用。这种作用只是对能量小于100 eV 的轻带电粒子才有意义。

3.与原子核的非弹性碰撞

入射带电粒子高速运行,靠近靶原子核时受核库仑场作用而获得加速度,会导致带电粒子在库仑场中改变运动状态(方向和速度的突减),使其部分或全部动能转变为连续的电磁辐射(即韧致 X 射线),称为韧致辐射。带电粒子通过物质时,因产生韧致辐射而引起的能量损失称为辐射损失。相应地,靶物质使入射带电粒子因韧致辐射而失去动能的本领称为辐射阻止本领。

重带电粒子质量较大,在库仑场中不易改变运动状态,轻带电粒子质量小,与原子核碰撞后能显著改变运动状态,所以 α 粒子韧致辐射几率很小,而高能的 β^+,β^- 粒子与物质作用时,辐射损失是重要的损失能量的方式之一。

带电粒子与核的非弹性碰撞还可使靶原子核激发或发生核反应,但几率更小。

4.与核外电子的非弹性碰撞

入射带电粒子运行在靶物质原子附近,与原子的轨道电子发生库仑力相互作用,入射的带电粒子损失一部分能量,从而改变运动状态(速度大小和方向),而靶原子核外的轨道电子则获得部分能量,产生加速度,从而改变原子的能量状态。这种碰撞被称为非弹性碰撞,入射粒子的散射被称为非弹性散射。

当轨道电子获得的能量大于该电子的结合能时,就会脱离原子核的束缚成为自由电子。最外层电子受核束缚最弱,最易被击出。内层电子也会被击出,当外层电子填补内层电子留下的空穴时会发射特征 X 射线或俄歇电子。被击出的电子称为次级电子,一般仍具有足够能量使靶原子电离,这种次级电子又称 δ 电子(或称 δ 射线)。由原入射带电粒子直接与靶原子相互作用产生的电离被称为直接电离或初级电离,由 δ 电子与靶原子作用产生的电离被称为次级电离。

当轨道电子获得的能量不足以脱离原子核的束缚而只能跃迁到较高能级时,原子呈激发态。激发态原子不稳定,当原子退激回到基态时,以发射 X 射线、紫外线或可见光的形式释放多余能量,此为受激原子的发光现象。

带电粒子与核外电子的非弹性碰撞会导致原子的电离或激发,是使带电粒子损失动能的主要方式。不论电离还是激发所引起的带电粒子的能量损失,统称电离损失。对靶物质而言,因电离、激发作用使入射带电粒子损失动能是由靶原子中的电子引起的,这种本领称为碰撞阻止本领。粒子在气体中生成一个离子对所消耗的平均能量与粒子的性质和能量无关,而与靶物质的性质有关。

当带电粒子在物质中运行时,可连续地使其轨迹上的靶物质原子电离、激发,从而在其轨迹周围留下许多离子对。每厘米径迹中产生的离子对数称为电离比度,也称比电离。电离比度与带电粒子的电荷数及速度有关,速度大,电离比度小;反之,速度小,电离比度大。入射带电粒子电荷数愈多,电离比度也愈大。

上述各种作用形式发生的几率及遵守的规律,与入射带电粒子的质量、电荷数、能量及靶物质原子序数有密切关系。为讨论问题方便,以下分重带电粒子(如 α 粒子)和轻带电粒子(如 β 粒子)两种情况讨论。

2.1.2 重带电粒子与物质相互作用

重带电粒子通过物质时与靶物质的原子碰撞逐渐失去动能,当动能损失很多而运动速度很低时,可俘获靶物质中的一个电子形成中性原子,停留在靶物质中,即入射粒子被吸收。当重带电粒子运动能量较大时,失去动能的主要方式是与靶原子的轨道电子做非弹性碰撞产生电离、激发。当能量极低时,可与靶原子核发生弹性碰撞和电子交换现象。重带电粒子与靶原子核的非弹性碰撞产生韧致辐射的几率很低,可以忽略不计。

1. 电离和激发

电离和激发是重带电粒子与物质相互作用导致能量损失的主要方式。当重带电粒子通过介质时在每单位长度路径上因电离、激发而损失的平均动能称为电离能损失率,也称传能线密度,以 $\left(\dfrac{-\mathrm{d}E}{\mathrm{d}X}\right)_{\text{ion}}$ 表示,负号表示随路程的增加而粒子能量减小。

$\left(\dfrac{\mathrm{d}E}{\mathrm{d}X}\right)_{\text{ion}}$ 称为靶物质对入射粒子的线碰撞阻止本领。与此相对应,$\dfrac{1}{\rho}\left(\dfrac{\mathrm{d}E}{\mathrm{d}X}\right)_{\text{ion}}$ 称质量碰撞阻止本领,这在实用上更为方便、常用,因为它不受靶物质密度的影响。

根据量子理论并考虑到相对论及其他修正因子,对于重带电粒子的电离能量损失率,由 Bether Block 公式表达为

$$\left(\frac{-\mathrm{d}E}{\mathrm{d}X}\right)_{\text{ion}} = \frac{4\pi z^2 e^4 NZ}{m_0 v^2}\left[\ln\left(\frac{2mv^2}{I}\right) + \ln\frac{1}{1-\beta^2} - \beta^2 - \frac{C}{z} - \frac{\delta}{2}\right] \text{MeV/cm} \qquad (2.1.1)$$

式中　z——重带电粒子的电荷(以电子电荷倍数表示);

$\quad\quad Z$——靶物质的原子序数;

$\quad\quad e$——电子电荷;

$\quad\quad N$——靶物质原子密度;

$\quad\quad m_0$——电子静止质量;

$\quad\quad \beta$——相对速度($\beta = v/c$,v 为带电粒子速度,c 为光速);

$\quad\quad I$——靶物质原子的平均激发电位(也称平均激发能);

$\quad\quad C$——壳层修正项,$C = C_K + C_L + C_M \cdots$;

$\quad\quad \delta$——密度效应修正项。

式(2.1.1)是重带电粒子电离损失率的精确表达式。方括号内的第二、第三两项是相对论修正值;第四项是壳层修正项,在入射粒子速度很低时尤为重要;$\dfrac{\delta}{2}$ 是密度修正项,当入射粒子

能量非常高时，该项将起作用。

天然 α 射线初始能量一般为 4～8 MeV。由式(2.1.1)可见，电离损失率的大小与以下因素有关：

(1)与重带电粒子的电荷 z^2 成正比，因为 z 大，库仑作用力大，转移给电子的能量也更大；

(2)与入射带电粒子速度 v 有关，而与它的质量无关；

(3)与靶物质的电子密度成正比，即在原子序数高的靶物质中电离损失率大。

图 2-1 表示几种带电粒子在空气中的 $\left(\dfrac{\mathrm{d}E}{\mathrm{d}X}\right)_{\mathrm{ion}}\sim E$ 关系曲线。

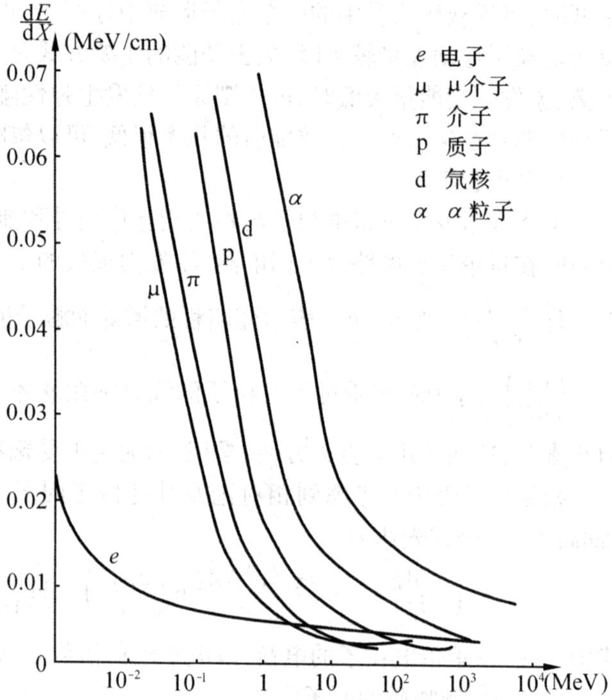

比电离描述了电离能力的强弱，它是指带电粒子在单位路径上所产生的离子对总数。根据比电离的定义，比电离可由线碰撞阻止本领计算，有

$$比电离 = \frac{\left(\dfrac{\mathrm{d}E}{\mathrm{d}X}\right)_{\mathrm{ion}}}{W}\quad(离子对/毫米)$$

(2.1.2)

式中，W 为靶物质平均电离能。这说明比电离不仅与靶物质的原子序数 Z、平均电离能 W 有关，而且与入射粒子的速度 v 和电荷有关，所以重带电粒子在其行程的各个段落的比电离值并不相同。α 粒子在空气中的比电离范围大约为 $10^4\sim7\times10^4$ 离子对/厘米。

图 2-1 几种带电粒子在空气中的线碰撞阻止本领与能量的关系

式(2.1.2)给出了重带电粒子在其行程的各点距离上的比电离值。离子对～距离关系图形被称为布拉格曲线，图 2-2 表明两种不同能量的 α 粒子的比电离曲线。

由图 2-2 可见，当入射粒子到达行程的末端时，由于动能很小，速度很低，比电离值达到最大值。当速度接近零时，入射粒子的其他效应如弹性散射、电子交换(使粒子有效电荷降低)等明显，比电离值迅速下降到零。在同一介质中，带电粒子的比电离峰值大小只与带电粒子种类有关(如在标准状况下的空气中，α 粒子为 6 600 对/毫米，p 为 2 750 对/毫米)，而与它们的初始能量无关。

2.弹性散射与辐射损伤

重带电粒子(包括重离子)在物质中因不断地使靶原子、分子电离,激发而损失动能,从而逐渐慢化,当运行速度降到与入射到各壳层的电子轨道速度(由内层向外层递次减小)相当时,就接连地逐次俘获电子,其顺序是先在 K 层俘获电子,然后是 $L,M,N\cdots$ 各层。当入射重带电粒子(重离子)速度比束缚得最松的轨道电子速度还小时,该入射粒子变为中性原子。此时失去电离能力,转移给靶原子的核外电子的

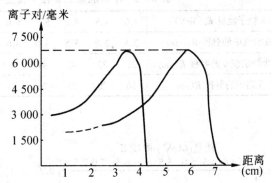

图2-2 不同能量的 α 粒子在空气中各点的比电离

能量很小,主要是因为与靶原子核的弹性碰撞而损失能量(即核阻止作用),最后停留在靶物质中,即被物质吸收。

总而言之,低能重带电粒子与靶核发生弹性碰撞后,不仅使重带电粒子的能量损耗,而且使其运动方向偏离,使一束重带电粒子在靶物质中的射程歧离;同时,使靶核获得反冲能,破坏其结晶格架,增大化学活动性,因而形成靶物质辐射损伤。1967 年后发展的卢瑟福背散射分析技术,就是利用重带电粒子与靶核的弹性碰撞,测量散射粒子能谱,从而测定固体薄膜厚度,分析物质成分的相对含量,以及在某些半导体器件制造中,测量氯离子在二氧化硅中的深度分布等。20 世纪 60 年代发展起来的固体核径迹探测技术,则是利用核辐射损伤,制成固体径迹探测器记录重带电粒子。这种核辐射探测技术已在核物理、固体物理、天体物理、考古学、辐射环境、地质年代鉴定及放射性勘查等许多领域得到广泛应用。

3.重带电粒子在物质中的射程

带电粒子穿过物质时与物质发生各种相互作用,逐渐耗尽其动能而停留在物质中的过程,称之为被物质吸收。粒子在物质中运行沿着入射方向所能达到的最大直线距离,叫做入射粒子在该物质中的射程。

因为重带电粒子的质量大,轨迹基本上是直线,只是在末端稍有弯曲,所以重带电粒子的平均射程与它的轨迹平均值是一致的。

通常用实验曲线或简单的经验公式来表达重带电粒子能量 E 与平均射程 $\overline{R}$ 的关系。人们也常用图形或表格来表示射程 – 能量关系,如表 2 – 3、图 2 – 3。由这些图、表可知,重带电粒子的电离能力很强,但在物质中的射程很小。天然放射性核素的 α 射线在空气中的最大射程为 8.62 cm($_{84}^{212}$Po),在固体、液体中约为空气中的千分之一,一张纸就可以阻挡,所以对 α 等重带电粒子的防护,主要应注意防止其进入人体内发生内照射。

表2-3 不同能量的α粒子在空气,生物组织和铝中的射程

α粒子能量 E_α(MeV)	4.0	4.5	5.0	5.5	6.0	6.5	7.0	7.5	8.0	8.5	9.0	9.5	10.0
在空气中的射程 R_0(cm)	2.5	3.0	3.5	4.0	4.6	5.2	5.9	6.6	7.4	8.1	8.9	9.8	10.0
在生物组织中的射程 R(μm)	31	37	43	49	56	64	72	81	91	100	110	120	130
在铝中的射程 R(μm)	16	20	23	26	30	34	38	43	48	53	58	64	69

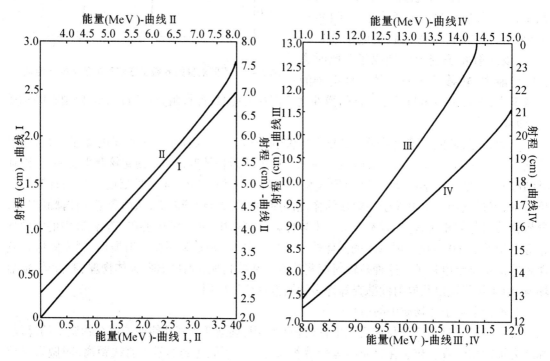

图2-3 α粒子在空气(15 ℃,标准大气压)中的能量与射程关系曲线

2.1.3 轻带电粒子与物质的相互作用

轻带电粒子(β,电子)与物质的相互作用形式主要有:①电离、激发(与靶原子轨道电子发生非弹性碰撞)是一般能量的轻带电粒子损耗动能的主要形式;②韧致辐射(与靶原子核发生非弹性碰撞),是高能轻带电粒子损耗动能的重要形式之一;③弹性散射(与靶原子核或核外电子发生弹性碰撞),入射粒子改变方向,是很低能的轻带电粒子的主要作用形式。

当有一定动能时,β^+(e^+)在物质中的行为及其与物质作用的主要形式、能量损失规律,与β^-(e^-)大体相似,当其动能近于零时,β^+(e^+)与自由电子结合,发生正电子湮没辐射即光化

辐射。

1.电离、激发

β粒子与靶原子的轨道电子发生非弹性碰撞,使之电离或激发。贝特(Bether)推得的电子的电离损失率(也是电子阻止本领)为

$$\left(\frac{-\mathrm{d}E}{\mathrm{d}X}\right)_{\mathrm{ion}} = \frac{z\pi e^2 NZ}{m_0 v^2}\left[\ln\frac{m_0 v^2 E}{2I^2(1-\beta^2)} - (2\sqrt{1-\beta^2} - 1 + \beta^2)\ln 2 + (1-\beta^2) + \frac{1}{8}(1-\sqrt{1-\beta^2})^2 - \delta\right]$$

(2.1.3)

式中　Z——靶物质原子序数;

N——1 cm^3 靶物质中的原子核数目;

E——入射 β 粒子的相对论动能(MeV);

m_0——电子静止质量;

$\beta = v/c$;其他符号意义同前。

由式(2.1.3)可以看出:

(1)β粒子的电离损失率与靶物质的电子密度 NZ 有关,重元素密度大,碰撞阻止本领大;

(2)β粒子的电离损失率与入射电子(β粒子)的速度平方成反比,所以在能量相同的情况下,β粒子或电子比 α 粒子速度大得多,因而 β 粒子比 α 粒子的电离损失率小得多。由于电子线碰撞阻止本领 $\left(\frac{\mathrm{d}E}{\mathrm{d}X}\right)_{\mathrm{ion}} = \left(\frac{-\mathrm{d}E}{\mathrm{d}X}\right)_{\mathrm{ion}}$,因此相应地电子的质量阻止本领为

$$\frac{1}{\rho}\left(\frac{\mathrm{d}E}{\mathrm{d}X}\right)_{\mathrm{ion}} = \frac{1}{\rho}\left(\frac{-\mathrm{d}E}{\mathrm{d}X}\right)_{\mathrm{ion}}$$

图 2 - 4 表明 β 粒子比 α 粒子的电离损失率小。

由于在能量相同情况下 β 粒子的碰撞电离损失率比重带电粒子的碰撞电离损失率小得多,因此 β 射线的比电离比重带电粒子的比电离小得多。如在标准状态下(15 ℃,标准大气压),在空气中 α 粒子比电离最大值为 6 600 对/毫米,而 β 粒子最大值为 770 对/毫米。在水中,当 $E_\alpha = 4$ MeV 时,α 粒子比电离为 3 000 对/微米,而 β 射线当 $E_\beta = 1$ MeV 时,比电离只有 5 对/微米。

2.韧致辐射和辐射损失

韧致辐射对重带电粒子并不重要,但对于轻带电粒子,尤其是在高能入射状态下则不可忽视。在韧致辐射过程中,入射电子的方向改变,动能减小(可以部分或全部失去动能),发生韧致辐射(韧致 X 射线);其能谱为连续谱($0 \sim E_0$)。

带电粒子在物质中通过单位路径时因产生韧致辐射而损失的能量称为辐射损失率。记作 $\left(\frac{-\mathrm{d}E}{\mathrm{d}X}\right)_{\mathrm{rad}}$。根据贝特(Bether)公式

$$\left(\frac{-\mathrm{d}E}{\mathrm{d}X}\right)_{\mathrm{rad}} = \frac{N(E + m_0 c^2)Z \cdot (z+1)e^4}{137 m_0^2 c^4}\left(4\ln\frac{z(E + m_0 c^2)}{m_0 c^2} - \frac{4}{3}\right) \quad (\mathrm{MeV/cm}) \quad (2.1.4)$$

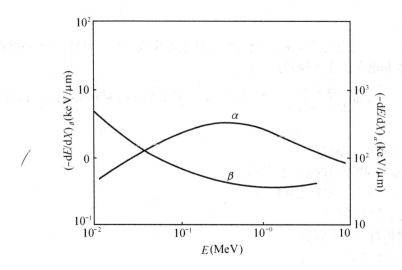

图 2 - 4　电子和 α 粒子在硅中的电离损失率

式中，E 为电子动能或 β 粒子的最大动能（MeV）。其他符号意义同前。

辐射损失率与入射带电粒子质量的平方成反比，因此重带电粒子引起的辐射损失比电子引起的辐射损失小得多，可以忽略不计。而辐射损失率与介质的原子序数的平方成正比。因此，在重元素物质中的韧致辐射作用比在轻元素物质中大得多。在实际测量工作中，为了减少韧致辐射对测量的干扰，往往在屏蔽材料内层衬一层轻元素物质（如铝、有机玻璃等）。

3. 弹性散射

入射 β 粒子或电子通过物质时，受核库仑场作用或核外电子库仑场作用，使入射粒子改变运动方向（散射），将部分动能传递给核或核外电子，但损失能量很小，不足以使核或轨道电子激发，也不能产生韧致辐射，从而使碰撞前后入射 β 粒子（或光子）与核或与整个原子保持总动能不变，称之为弹性散射。与核碰撞称为核弹性散射，与核外电子碰撞称为核外电子弹性散射。对于具有一定能量的 β 粒子（电子），它对靶原子核及其轨道电子的散射几率之比为

$$\frac{P_{核}(\theta)}{P_{电子}(\theta)} \approx Z \tag{2.1.5}$$

所以，对一般物质，轻带电粒子的弹性散射主要是核弹性散射。

对比 β 粒子与重带电粒子的散射作用，显然 β 粒子的散射作用比重带电粒子的散射作用大得多。由于物质的散射作用可使 β 粒子或电子束在入射方向上的能注量率（射线强度）降低，因此反散射现象（散射角为 180°的散射）可使探测器周围物质（如托架，防护屏等）上的反散射 β 射线（电子）进入探测器中，使测量计数增大，形成测量工作中的干扰因素。但也可以合理利用反散射，使低含量放射源计数率增高，提高测量精度，也可以利用反散射测量金属薄层（如

镀层)厚度。

当入射电子能量为 $E(\mathrm{MeV})$,靶物质原子序数为 Z 时,入射电子(β 粒子)在靶物质中的辐射损失和电离损失之比为

$$\frac{\left(\dfrac{-\mathrm{d}E}{\mathrm{d}X}\right)_{\mathrm{rad}}}{\left(\dfrac{-\mathrm{d}E}{\mathrm{d}X}\right)_{\mathrm{ion}}} \approx \frac{Z \cdot E}{800} \tag{2.1.6}$$

式(2.1.6)说明在介质中发生的电离损失和辐射损失以哪种为主,取决于入射射线的能量和介质的种类。天然放射性核素放出的 β 射线能量范围在 3 MeV 以下,通常韧致辐射作用较小,但在高原子序数物质中仍不可忽视,如:$^{214}_{83}\mathrm{Bi}$ 的 β 粒子($E = 3.17$ MeV),当通过铅和铝时,两种能量损失之比分别为

在铅介质中:

$$\frac{\left(\dfrac{-\mathrm{d}E}{\mathrm{d}X}\right)_{\mathrm{rad}}}{\left(\dfrac{-\mathrm{d}E}{\mathrm{d}X}\right)_{\mathrm{ion}}} = \frac{82 \times 3.17}{800} \approx 32.5\%$$

在铝介质中:

$$\frac{\left(\dfrac{-\mathrm{d}E}{\mathrm{d}X}\right)_{\mathrm{rad}}}{\left(\dfrac{-\mathrm{d}E}{\mathrm{d}X}\right)_{\mathrm{ion}}} = \frac{13 \times 3.17}{800} \approx 5\%$$

由此可见,在高原子序数物质中的韧致辐射现象严重,因此,在一些测量装置的铅屏内衬上一层低原子序数的物质(通常为有机玻璃),目的是减少韧致辐射对测量的干扰。

4. β 射线在物质中的吸收、射程

β 射线等轻带电粒子与重带电粒子在物质中运动时情况不同,重带粒子射程可直接用平均路径长度来度量,而 β 射线等轻带电粒子,由于它们质量轻,在与物质作用时散射程度大,在物质中的运动路径呈折线形式,实际轨道长度一般是该轨道在入射方向上投影长度的 1.2 ~ 1.4 倍。又因轻带电粒子与物质作用时,单次碰撞可发生大的能量转移,所以轻带电粒子的能量和射程涨落都比较严重。射程涨落可达射程值的 10% ~ 15%,目前还不能由理论推算 β 粒子(或电子)的射程,通常是用实验方法来测定 β 射线在物质中的吸收曲线来确定 β 粒子的射程。

(1)β 射线的吸收

射线通过物质后强度减弱的现象叫做吸收。测定 β 射线(或电子束)吸收曲线的装置如图2 – 5。

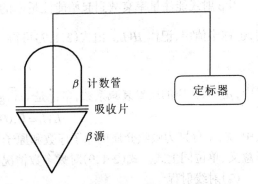

图 2 – 5　β 射线吸收现象的测量装置

用 I_0 表示没有 β 吸收片时 β 射线计数率,I 表示通过厚度为 d（单位:cm 或 g/cm^2）的吸收片后,β 射线计数率。改变吸收片厚度 d,相应地测出 I,则可做出 $I/I_0 - d$ 曲线。该曲线称为 β 射线衰减曲线,或 β 射线吸收曲线。β 射线和单能电子束的曲线形态显著不同,见图 2 - 6。单能电子束衰减曲线近似于直线,其斜率与电子束的能量有关。将直线部分延长,与横轴的交点为 R,称之为该电子束的射程——外推射程。它表示该电子束中没有一个电子能穿越这种物质的 R 厚度。对于 β 射线,因为能量是 $0 \sim E_{max}$ 连续分布,所以在即使很薄的吸收层中也会有相当数量的低能 β 粒子被散射或因丧失动能而被吸收。各种能量成分

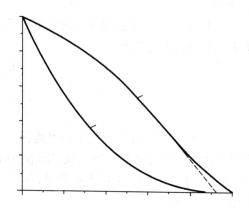

图 2 - 6　β 射线吸收曲线

曲线 1——单能电子　$E_e = 1.9$ MeV
曲线 2——β 射线　$E_{max} = 1.9$ MeV

的 β 粒子按自己的规律衰减(对应于各种斜率的近似直线),叠加的结果从总体上看,大致按指数规律衰减,如图 2 - 6 曲线 2。对比曲线 1 和曲线 2 可以看到,β 射线最大能量与单能电子束能量相同时,β 射线衰减比单能电子快。

　　β 射线衰减规律可粗略地描述为

$$I = I_0 e^{-\mu d} \quad 或 \quad I = I_0 e^{-\mu_m d_m} \tag{2.1.7}$$

式中　I, I_0——分别为有吸收片和无吸收片时的 β 射线计数率;

　　　　μ, μ_m——分别为吸收片衰减系数(单位 cm^{-1})和质量衰减系数(单位 cm^2/g);

　　　　d, d_m——分别为吸收片线厚度(单位 cm)和质量厚度(单位:g/cm^2)。

　　当 β 射线能注量率衰减到起始能注量率的一半时(即 $\frac{I}{I_0} = \frac{1}{2}$ 时)的介质厚度称为半吸收厚度,也称半值层,记作 HVL。由式(2.1.7)可得

$$HVL = \frac{0.693}{\mu_m} \tag{2.1.8}$$

式中,μ_m 为介质的质量衰减系数,单位是 cm^2/g;HVL 单位是 g/cm^2,对于 HVL 另有一经验公式

$$HVL = 0.095(Z/A) E^{3/2} \tag{2.1.9}$$

式中,Z, A 分别为吸收介质的原子序数和原子量;E 为 β 射线最大能量,单位是 MeV。其他符号意义、单位同上式。式(2.1.9)对大多数情况都是可靠的。

　　(2)射线射程

　　将图 2 - 6 曲线 2 顺势推到本底计数,与横轴的交点 R 则为该 β 射线束最大能量 β 粒子在

该物质中的最大射程,即通常所说的 β 射线射程。所以,当某一能量的 β 粒子通过介质时,几乎被完全吸收时的介质厚度,称为 β 粒子射程(R)。与 β 射线最大能量相等的单能电子束在相同介质中有相同的射程。

β 射线的射程因尚无理论能精确推导,多根据实验得到,因而相应地有不少射程 – 能量曲线(如图 2 – 7)和经验公式。β 粒子的最大射程 R(单位 g/cm²)与最大能量 E(单位 MeV)有以下经验公式:

当 $0.15 < E < 0.8$ 时　　　　　　　　$R = 0.407E^{1.38}$

当 $E > 0.8$ 时　　　　　　　　$R = 0.542E - 0.133$ 　　　　　(2.1.10)

卡茨(Katz)和彭福尔德(Penfld)做了进一步修正:

当 $0.01 < E < 2.5$ 时　　　　　　　$R = 0.412E^{1.265 - 0.095\,4\ln E}$

当 $E > 2.5$ 时　　　　　　　　$R = 0.530E - 0.106$ 　　　　　(2.1.11)

根据 β 射线在物质中射程的定义,由式(2.1.7)也可计算,若 $\dfrac{I}{I_0} = 0.001$ 时 β 射线完全被吸收,则相应的 d_m 即为射程,此时 $R = d_m = 6.9 \ \text{g/cm}^2 \approx 10HVL$。

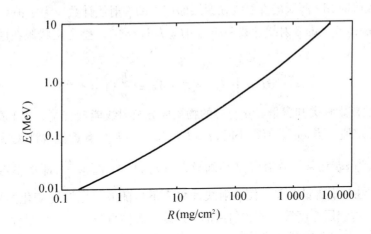

图 2 – 7　β 粒子在 Al 中的最大射程与能量的关系

(3)放射层的 β 射线自吸收

放射源放出的 β 射线在穿过自身源体时也会因各种相互作用损失动能,改变方向或被吸收,这种现象称为 β 放射源的自吸收。自吸收现象使源的能注量率与源的质量(或体积、厚度)之间的线性关系被破坏。对于层状源而言,源层面的 β 射线能注量率不会随源层厚度的增加呈线性增长。

保持 β 探测器与 β 源层面的几何条件不变,依次增加 β 源厚度,测出 β 源在各厚度条件下

的 β 射线净计数率 I(不含本底计数),可绘制 $I-h$ 曲线,如图 2-8。$I-h$ 关系也可以由公式推导出来。

设 I_0 为没有自吸收时单位厚度放射层的 β 射线计数率;μ 为 β 放射层自吸收系数;h 为 β 放射层总厚度;dx 为放射层中任一薄层;x 为 dx 薄层到源层面的距离,如图 2-9 所示。

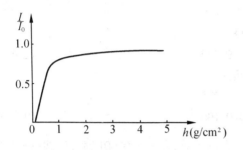

图 2-8 铀矿粉末 β 射线饱和曲线

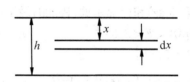

图 2-9 β 射线层自吸收公式推导图

当没有自吸收时,dx 薄层的 β 射线在源层面产生的 β 射线计数应为 $I_0 dx$。在经过源体的 x 厚度后,在源层面产生的 β 射线计数率应为 $dI = I_0 dx \cdot e^{-\mu x}$。整个层状源在层面的总 β 射线计数率应为

$$I = \int_0^h dI = \int_0^h I_0 \cdot e^{-\mu x} \cdot dx = \frac{I_0}{\mu}(1 - e^{-\mu h}) \tag{2.1.12}$$

I_0 取决于放射性核素种类和含量。μ 与源的物质成分及射线能量有关。对于具体的 β 放射源而言,I_0,μ 都是定值。当 μh 数值很小时,$I \approx I_0 h$,即 I 与 h 具有近似线性关系;当 μh 再增大时,I 缓慢增长,当 μh 达某一数值后,I 达到极大值 I_∞,此时 $I_\infty \approx \frac{I_0}{\mu}$,即 I 不再随 h 变化而变化,I_∞ 只与放射性核素含量有关。使 β 射线计数率不再随放射层厚度变化的那一厚度值,称为饱和层厚度。饱和层厚度等于该放射层的 β 射线在源体自身中的最大射程。

对于铀矿石,因铀系最大 β 粒子能量为 3.17 MeV,射程为 1.54 g/cm^2,当矿粉密度为 1.54 g/cm^3 时,β 射线饱和层为 1 cm。对于钍矿石,钍系 β 射线最大能量为 2.25 MeV(ThB),射程为 1.02 g/cm^2,矿粉密度为 1.54 g/cm^3 时,β 饱和层厚度为 0.66 cm。

在放射性分析工作中,依据 β 射线进行对比测量时,放射层厚度均选择 β 射线饱和层,以免因放射层厚度不同而产生分析误差。

2.2 X,γ 射线与物质的相互作用

所有的粒子流本质上都是电磁辐射,它们因波长(或相应的频率、能量)范围不同而各具专

门名称,如表 2-2,波长短者能量高,贯穿本领强。电磁辐射可与物质发生多种形式的相互作用,各种相互作用的几率与入射光子的能量以及介质的性质有关。

X,γ 射线或电磁辐射与物质作用失去动能的过程不同于带电粒子在物质中失去动能的过程。光子与物质作用时,一次可失去其能量的全部(如光电效应,电子对效应)或大部分(如康-吴效应),并将失去的能量转移给电子。而带电粒子则需多次碰撞后,才能失去其全部动能。

从宏观上看,带电粒子似乎是在其路径上连续地失去动能,故可用单位路程上的平均能量损失(物质的阻止本领)来描述。而 X,γ 射线则不能采用这种方法。

2.2.1　X,γ 射线与物质相互作用程度的描述方法

因为 X,γ 射线具有作用次数少,单次作用中能量损失大的特点,以及各种相互作用具有随机性,并且每个入射光子与特定靶体(原子、电子或原子核)只是以某一几率发生相互作用,所以 X,γ 射线与物质相互作用程度采用几率来描述。几率的大小取决于入射光子的能量和靶体性质。

描述相互作用几率大小的物理量在微观上是各种截面(多以 δ 为符号)。截面的定义是:靶体与特定类型和能量的入射粒子(光子)发生特定反应或过程的几率 P 除以入射粒子的注量,即 $\delta = \dfrac{P}{\varphi}$;粒子注量 φ 被定义为在空间一给定点处射入以该点为中心的小球体的粒子数 dN 除以该球体的截面积 da,即 $\varphi = \dfrac{dN}{da}$,所以粒子注量就是进入单位截面积小球体的粒子数。由此可见,截面 δ 就是单位粒子注量的入射辐射与一个靶体(原子核、电子、原子)发生一次相互作用的几率,而不是靶体的几何截面。它是反映入射射线与靶物质相互作用程度的一个标志。截面的量纲是 cm^2,单位是 b(靶恩)。

$$1b = 10^{-28}\ m^2 = 10^{-24}\ cm^2$$

依照靶体性质的不同和作用方式的各异,又有一些具体的截面,分别以截面符号加脚注方式相区别,如 X,γ 射线微观截面,光电效应原子截面 $_a\tau$、康普顿电子截面 $_e\delta$、康普顿原子截面 $_a\delta$、电子对效应原子截面 $_a\kappa$ 等。

描述各种相互作用的宏观物理量是各种宏观截面,也称之为衰减系数。宏观截面 Σ(又称截面密度)的定义是:在给定的体积内,所有原子发生某种特定类型的反应或过程的截面总和除以该体积。这就是说,宏观截面表示的是某种特定能量的入射射线在单位体积的靶物质中发生某种类型的相互作用的总几率。对于单纯介质,每个原子对同一类型的相互作用有相同的原子截面,所以 $\Sigma = n \cdot \delta$。n 代表单纯介质的原子密度,δ 代表原子截面。对于复杂介质,则 $\Sigma = n_1\delta_1 + n_2\delta_2 + \cdots + n_i\delta_i + \cdots$。$\delta_i$,$n_i$ 分别代表第 i 种元素的原子截面和原子密度。所以,宏观截面(截面密度)Σ 的单位是 cm^{-1}。可以将它理解为入射的单位粒子注量在单位长度(cm)的物质内通过时,发生某种特定形式的相互作用的几率。从物质使射线衰减的角度来

看,每一入射射线只要与靶体发生任何一次任何形式的相互作用,该射线就不会再作为原入射射线存在(改变了方向和能量),即被衰减掉了。所以宏观截面又是一束入射射线因某种相互作用而衰减的线衰减系数,即单位注量的入射射线通过单位厚度(cm)的靶物质时,因某种形式的相互作用而衰减的几率。例如,光电效应线衰减系数 τ,康 – 吴效应线衰减系数 σ,电子对效应线衰减系数 κ。

为了表明射线通过靶物质时,发生某种相互作用的程度,用宏观总截面(又称总截面密度)ΣT 来表示。它被定义为:在给定的体积内,所有原子发生各种类型反应或过程所对应的截面的总和除以该体积。由此可以理解为:宏观总截面是一束特定能量的射线在靶物质中的线衰减系数,记作 μ,它表明单位注量的入射射线通过一单位距离厚度的靶物质时,因发生各种相互作用而被衰减的几率。

在应用中,质量衰减系数 μ_m 使用更广泛,更方便。因为它不受靶物质的物理状态的影响。质量衰减系数 $\mu_m = \dfrac{\mu}{\rho}$,其定义是单位注量的入射射线,通过一单位质量厚度($1 \ \mathrm{g/cm^2}$)的靶物质时,因发生各种相互作用而被衰减的几率。

2.2.2 X,γ 射线与物质相互作用的主要形式

1.光电效应

能量为 $h\nu$ 的光子通过物质时,与原子中的一个轨道电子相互作用,光子将全部能量转移给这个轨道电子,使之脱离原子核的束缚成为自由电子,而光子本身消失,这种过程叫做光电效应(图 2 – 10)。光电效应中发射出来的电子称为光电子,光电效应有以下特点:

(1)参与光电效应过程的是入射光子、原子核、内层轨道电子;

(2)相互作用后,光子能量全部转移(给光电子),因而光子消失;核获得极小的反冲能,光子的很小一部分能量用做电离能,光子的绝大部分能量由光电子带走;

(3)光电效应可发生在原子各个壳层的电子上,但光子能量必须大于该层电子的结合能;由于能量守恒的要求,自由电子不能产生光电效应;

(4)光电效应必须有原子核参加,而愈内层的电子受核的影响愈大,所以光子能量必须满足大于内层电子结合能的条件;

(5)内层电子发生光电效应的几率总要大于外层电子的几率。

光电效应发生时,原子内层电子出现空位——原子处于激发态。随之发生退激效应,放出特征 X 射线(荧光)或者俄歇电子。

从能量转换的角度看,在光电效应及其以后一系列的次级效应中,除特征 X 射线及次级电子的韧致 X 辐射相应的能量未被物质吸收外,原入射光子能量的其他部分已转移给介质——被吸收。次级 X 射线的能量都比原入射光子的能量低得多,很容易再次发生光电效应,所以入射光子若发生光电效应,则其能量几乎全部转移给介质并被吸收。

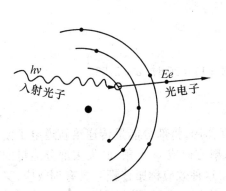

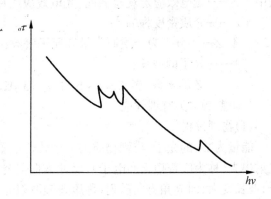

图 2-10　光电效应示意图　　　　　图 2-11　$_a\tau$—$h\nu$ 示意曲线

描述光电子作用几率(微观截面)的是光电原子截面$_a\tau$,其总的趋势是光电子原子截面$_a\tau$随入射光子能量的增大而下降,随靶物质原子序数 Z 的增大而迅速增加,当 $h\nu > W_K$(K 层电子结合能)时,光电原子截面近似地正比于$\dfrac{Z^n}{(h\nu)^3}$(n 值因观测者而异,从 3.94 到 4.4)。在低能光子入射时,当光子能量相当于某一壳层电子的结合能时,光电吸收截面会突然增高(此时对应的能量称为该壳层的吸收限),然后随光子能量的上升,光电子原子截面平缓地下降,当入射光子能量达到内层电子的结合能时,光电原子截面再次陡然上升,而后又平缓下降。因而$_a\tau$—$h\nu$ 曲线明显地呈锯齿状。这在铀、铅、钨等重物质的$_a\tau$—$h\nu$ 曲线上很明显。图 2-11 为$_a\tau$—$h\nu$ 关系示意图。当 $h\nu > W_k$ 时,原子的所有轨道电子都可能被击出,但以 K 层发生光电效应的几率最大。

在实际中往往需要用到光电效应宏观截面 τ(光子入射物质后,在 1 cm 厚度的物质中发生光电效应的几率,即单位注量的光子通过 1 cm 厚度的物质后,因光电效应衰减的百分数),只要把介质的原子密度乘以光电效应原子截面即可求得 τ。即

$$\tau = \frac{\rho}{M} \cdot N_A \cdot {}_a\tau \tag{2.2.1}$$

式中　ρ, M——分别为介质的密度和摩尔质量;

　　　N_A——阿伏加德罗常数;

　　　τ——光电效应宏观总截面,也称光电效应线衰减系数。

在天然放射性核素放射的 γ 射线能量范围($n \times 10$ keV ~ $n \cdot$MeV)内,光电效应宏观总截面可用 D·E·Lea 经验公式近似计算,即

$$\tau = 0.089 \frac{\rho}{A} \cdot Z^{4.1} \cdot \lambda^n \tag{2.2.2}$$

式中　τ——光电效应宏观总截面(光电效应线衰减系数，cm^{-1})；

　　　　ρ——介质密度，g/cm^3；

　　　　A,Z——分别为介质原子量和原子序数；

　　　　λ——光子的波长；

　　　　n——Z 的函数，当 $Z=5\sim6$ 时，$n=3.05$；当 $Z=11\sim26$ 时，$n=2.85$。

　　2.康普顿–吴有训效应

　　(1)物理过程

　　能量为 hv 的光子，与靶物质的一个轨道电子相互作用，将部分能量传递给轨道电子使其发射出去(称为康普顿反冲电子)，反冲方向与光子入射方向成 φ 夹角，而失去部分能量的光子，波长变大，向 θ 角方向散射(称康普顿散射光子)。这种效应称康普顿–吴有训效应，又称康普顿效应。康–吴效应是光子与物质原子的轨道电子相互作用，因电子被打出时，光子总有一小部分能量用于电子的电离能，所以本质上是光子与原子的非弹性碰撞。只是因为电离能相对于入射光子能量小得可以忽略不计，所以将康–吴效应中光子与核外电子的碰撞被当作弹性碰撞处理，由此可根据动量守恒定律，导出散射光子能量和反冲电子能量为

$$hv' = \frac{hv}{1+\frac{hv}{m_0 c^2}(1-\cos\theta)} = \frac{hv}{1+\frac{hv}{0.51}(1-\cos\theta)} \qquad (2.2.3)$$

反冲电子的动能为

$$E_e = hv - hv' = \frac{hv}{1+\frac{m_0 c^2}{hv(1-\cos\theta)}} + \frac{hv}{1+\frac{0.51}{hv(1-\cos\theta)}} \qquad (2.2.4)$$

θ 角与 φ 角的关系是

$$\cot\varphi = \left(1+\frac{hv}{m_0 c^2}\right)\cdot\tan\left(\frac{\theta}{2}\right) \qquad (2.2.5)$$

式中　hv,hv'——分别为入射光子和散射光子的能量；

　　　　m_0——电子的静止质量；

　　　　c——光速；

　　　　v,β——分别为反冲电子的速度和相对速度($\beta=v/c$)；

　　　　θ——散射光子的散射角；

　　　　φ——反冲电子的反冲角。

　　由式(2.2.3)知，在一定的散射角 θ 方向上散射光子能量 hv' 随入射光子能量增大而增大，但当 $hv\gg m_0 c^2$ 时，hv' 超过某一定值。当入射光子能量一定时，散射角 θ 愈大，散射光子能量愈小。在 $\theta=0°$ 时，散射光子与入射光子能量相等，实际上是未发生康普顿效应。在 $\theta\geqslant60°$ 时，散射光子能量 $hv'\leqslant1.02$ MeV，在 $\theta=90°$ 时，$hv'\leqslant0.51$ MeV，当 $\theta=180°$时(称反散射)，光子有最小能量，$hv'_{mm}<0.255$ MeV。散射光子可在 $0°\sim180°$ 区间分布，散射光子的能量随散射角

不同而在 $\dfrac{hv}{1+\dfrac{2hv}{0.511}} \sim hv$ 区间连续变化。

由式(2.2.4)可知,反冲电子的动能随入射光子能量 hv 的增大而增大,随散射光子散射角 θ 的减小而减小。在 $\theta =$ 180°时,即光子作 180°的反散射时,反冲电子向前反冲($\varphi = 0$),同时有最大反冲动能

$$E_{emax} = \frac{hv}{1+\dfrac{m_0 c^2}{2hv}} \qquad (2.2.6)$$

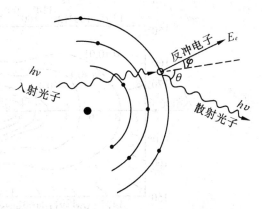

图 2－12 康普顿效应示意图

在 $\theta = 0$°时,反冲电子的反冲角 $\varphi =$ 90°,动能为 0。由式(2.2.4)可知,康普顿电子动能依反冲角不同在 $0 \sim E_{emax}$ 间连续变化,因而 E_{emax} 被称为康普顿边缘。

(2)康普顿散射截面

描述一个入射光子与一个"自由"电子(相应于入射光子能量而言,结合能可忽略不计的轨道电子)发生康普顿效应时,散射光子空间分布状况的物理量是康普顿效应单位立体角的电子微分截面 $\dfrac{\mathrm{d}(_e\sigma)}{\mathrm{d}\Omega}$,根据量子力学推算

$$\frac{\mathrm{d}(_e\sigma)}{\mathrm{d}\Omega} = r_0 \frac{1+\cos^2\theta}{2}\left[\frac{1}{[1+\alpha(1-\cos\theta)]^2} + \frac{\alpha^2(1-\cos\theta)^2}{(1+\cos^2\theta)[1+\alpha(1-\cos\theta)]^3}\right] \qquad (2.2.7)$$

式中 $\mathrm{d}\Omega$——散射角从 θ 到 $\theta + \mathrm{d}\theta$ 范围内对原点(电子)所张的立体角($\mathrm{d}\Omega = 2\pi\sin\theta\mathrm{d}\theta$);

$\mathrm{d}(_e\sigma)$——光子与电子作用散射到 θ 方向上立体角 $\mathrm{d}\Omega$ 内的康普顿微分截面;

r_0——电子的经典半径

$$r_0 = \frac{e^2}{m_0 c^2} = 2.818 \times 10^{-13} \text{ cm};$$

α——以电子静止质量能为单位的入射光子能量,$\alpha = \dfrac{hv}{m_0 c^2}$;

θ——光子散射角。

图 2－13 是用式(2.2.7)的极坐标图形来表示的,由该图形可知,入射光子能量愈高,散射光子越向前散射。

当 $\alpha \approx 0$ 时,即入射光子能量很小时,

$$\frac{\mathrm{d}(_e\sigma)}{\mathrm{d}\Omega} = \frac{r_0^2}{2}(1+\cos^2\theta) \qquad (2.2.8)$$

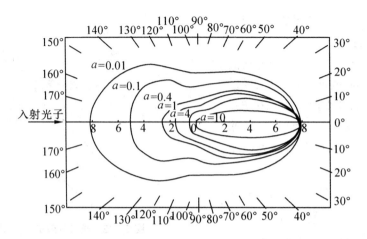

图 2－13　单位立体康普顿电子微分截面 $\dfrac{\mathrm{d}(_e\sigma)}{\mathrm{d}\Omega}$

所以光子向前和向后散射几率相等。由式(2.2.3)知,这时, $h\nu' = h\nu$,光子不损失能量,称之为汤姆逊散射。

在 $\theta = 90°$ 时,散射几率最小, $\dfrac{\mathrm{d}(_e\sigma)}{\mathrm{d}\Omega} = 4.97 \times 10^{-26} \mathrm{cm}^2$/每个电子。

在 $\theta = 0°$ 和 $180°$ 时,散射几率最大, $\dfrac{\mathrm{d}(_e\sigma)}{\mathrm{d}\Omega} = 7.94 \times 10^{-26} \mathrm{cm}^2$/每个电子。

一个光子的康普顿效应电子总截面 $_e\sigma$ (即康普顿效应电子衰减系数 $_e\sigma$)是这个光子的康普顿效应单位立体角的电子微分截面对全立体角范围的积分,即将式(2.2.7)在全立体角范围内积分。

在康普顿效应中,对光子而言,可认为靶原子的核外电子是自由的,因而在不同物质中,电子对同一能量的入射光子的康普顿散射截面 $_e\sigma$ 都一样,所以各物质的康普顿原子截面 $_a\sigma$,就是核外电子截面 $_e\sigma$ 的叠加。

在康普顿效应中,电子截面 $_e\sigma$ 由描述入射光子向反冲电子转移能量的康普顿效应电子吸收截面 $_e\sigma_a$ 和描述入射光子向散射光子转移能量的光子散射截面 $_e\sigma_s$ 两部分组成,即

$$_e\sigma = {}_e\sigma_a + {}_e\sigma_s \tag{2.2.9}$$

在实际应用中,常需知道一束光子通过某一厚度的物质时,光子衰减情况和光子能量转移情况,这就需要宏观截面的描述。

单位注量的光子通过单位厚度物质时发生康普顿效应的几率,称为康普顿效应宏观截面。当物质厚度为 1 cm 时,该宏观截面称为康普顿效应线衰减系数,记作 σ 。康普顿效应是光子与电子的相互作用,当光子在物质中经过 1 cm 路径时,发生康普顿效应的几率,应当是康普顿

电子总截面与每立方厘米物质中所含电子数的乘积,故

$$\sigma = {}_e\sigma \frac{\rho \cdot N_A \cdot Z}{A} \qquad (2.2.10)$$

式中　ρ——介质密度;

　　　N_A——阿伏加德罗常数;

　　　Z——原子序数;

　　　A——介质质量数。

单位注量的光子发生康普顿效应后作为原光子(原能量、原方向)便不复存在,即被衰减掉。故 σ 称为康普顿线衰减系数。

描述单位注量的光子在物质中通过 1 cm 路径时,因康普顿效应将能量转移给反冲电子的份数,记作 σ_a,称为康普顿线能量转移系数,又称康普顿真吸收系数。所以

$$\sigma_a = \sigma \cdot \frac{E_e}{h\nu} \qquad (2.2.11)$$

类似地,单位注量的光子在物质中通过 1 cm 路径时,将能量转移给康普顿散射光子的份数,记作 σ_s,称为康普顿线散射系数。

$$\sigma_s = \sigma \cdot \frac{h\nu'}{h\nu} \qquad (2.2.12)$$

显然,

$$\sigma = \sigma_a + \sigma_s \qquad (2.2.13)$$

因为物质的质量厚度与它的密度及所处的物理状态无关,所以在应用上,物质厚度常采用质量厚度(g/cm^2),相应康普顿质量衰减系数为

$$\sigma_m = \frac{\sigma}{\rho} = {}_e\sigma \cdot \frac{N_A}{A} \cdot Z \qquad (2.2.14)$$

式中　Z——介质的原子序数;

　　　A——原子的质量数;

　　　N_A——阿伏加德罗常数;

　　　ρ——介质的密度。

由(2.2.14)式可知,σ_m 和 $\frac{Z}{A}$ 成正比,对一般造岩元素而言,$\frac{Z}{A} \approx \frac{1}{2}$。所以当入射光子能量一定时,$\sigma_m \approx \frac{1}{2} N_A \cdot {}_e\sigma =$ 常数。即对于一定能量的 γ 射线而言,各种岩石的康普顿质量衰减系数近似相等。

3.形成电子对效应

在原子核库仑场或核外电子库仑场作用下,一个能量超过阈值的入射光子转化成一对正、负电子的过程,称作电子对效应,见图2－14。电子对效应要求:(1)必须有核库仑场或电子库仑

场的参加;(2)要求入射光子能量达到阈值,才能发生电子对效应,当核库仑场参与时,阈值为 $1.02\ \mathrm{MeV}(2m_0c^2)$,当电子库仑场参与时,阈值为 $2.04\ \mathrm{MeV}(4m_0c^2)$。

正、负电子在物质中的行为如同普通 β^+、β^- 射线的行为一样,可多次发生电离碰撞和韧致辐射,逐渐损失动能,电子则被物质吸收成为自由电子;而正电子在完全失去动能前则与物质中的自由电子结合发生阳电子湮灭辐射(正电子寿命一般为 $10^{-10} \sim 10^{-7}\ \mathrm{s}$)。

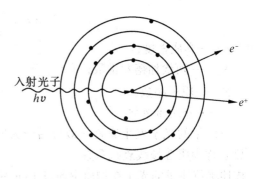

图 2-14 形成电子对效应示意图

因为电子对效应的介质参与者是核库仑场或核外电子库仑场,所以微观截面用原子截面表示。电子对效应的原子截面与入射光子能量和物质原子序数有关。当入射光子能量大于阈值($h\upsilon > 2m_0c^2$)但又不太高时,电子对效应原子截面为

$$_aK = C_1 Z^2 (h\upsilon - 1.02) \tag{2.2.15}$$

当能量较高($h\upsilon \gg 2m_0c^2$),即超过 4 MeV 时,

$$_aK \approx C_2 Z^2 \ln h\upsilon \tag{2.2.16}$$

式中,C_1,C_2 是常数,Z 是介质原子序数,由此可知:(1)对同一介质,当 $h\upsilon$ 稍大于 $2m_0c^2$ 时,电子对效应原子截面 $_aK$ 与入射光子能量 $h\upsilon$ 近似呈线性关系,当入射光子能量较大($h\upsilon \gg m_0c^2$)时,$_aK$ 随 $h\upsilon$ 增大的速度减慢,呈对数关系;(2)对于一定能量的入射光子,电子对效应的原子截面与介质原子序数 Z^2 成正比。

电子对效应的线衰减系数 K 是指单位注量的光子在物质中穿过 1 cm 距离时发生电子对效应的几率,从而也是光子因电子对效应衰减的百分数。它等于电子对效应原子截面 $_aK$ 与物质的原子密度(原子核数/cm^3)的乘积。

$$K = {_aK} \cdot \frac{\rho \cdot N_A}{A} \tag{2.2.17}$$

4.其他效应

当入射光子能量很低时,相干散射,瑞利散射明显,这是一种弹性散射,光子不损失能量(波长不变)只改变方向。

2.2.3 X,γ 射线在物质中的总衰减系数

描述入射射线中参与相互作用的比例(对一束射线而言)或几率(对一个光子而言)的物理量,就是线衰减系数 μ 和质量衰减系数 μ_m($=\mu/\rho$)。因为各种形式的相互作用是完全独立

的,所以线衰减系数和质量衰减系数为各种作用的衰减系数之和,即

$$\mu = \sigma_{相干} + \sigma + \tau + K + \cdots \approx \sigma + \tau + K \tag{2.2.18}$$

或

$$\frac{\mu}{\rho} = \frac{\sigma_{相干}}{\rho} + \frac{\sigma}{\rho} + \frac{\tau}{\rho} + \frac{K}{\rho} + \cdots \approx \frac{\sigma}{\rho} + \frac{\tau}{\rho} + \frac{K}{\rho} \tag{2.2.19}$$

　　各种效应的几率与入射光子能量及物质性质有关。表 2 - 4 列出了 X,γ 射线在几种物质中的主要作用范围。

表 2 - 4　铝、铜、铅中各种效应相对为主的光子能量范围[1]

元素	主要作用区(MeV)			起始作用区(MeV)		
	光电	康 - 吴	电子对	光电	康 - 吴	电子对
铝	< 0.05	0.05 ~ 15	> 15	< 0.15		> 3.0
铜	< 0.15	0.15 ~ 10	> 10	< 0.4		> 2.0
铅	< 0.5	0.5 ~ 5	> 5	< 5.0		> 2.0

注:主要作用区指该作用占总效应的 50% 以上;起始作用区指该作用占总效应的 5% 以上。

　　由图 2 - 15 和表 2 - 4 可知,一般地说,低能光子与物质(尤其是重元素物质)作用的主要形式是光电效应,中能光子与物质作用(不论原子序数作用大小)都是以康普顿效应为主,高能光子对物质(尤其重物质)作用以电子对效应为主。对于低原子序数物质,例如碳(可代表生物学、剂量学中所关心的那类低原子序数物质),在25 keV ~ 25 MeV 的能量范围内康 - 吴效应是 X,γ 射线衰减的主要原因。对于原子序

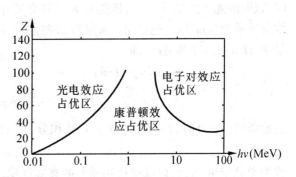

图 2 - 15　光子的三种效应主要作用区

数较小的 Al(岩石的有效原子序数接近 Al),当光子能量在 0.3 ~ 3 MeV 范围内时,主要作用也是康 - 吴效应。所以天然放射性核素产生的 γ 射线在岩石中的衰减,主要是康 - 吴效应。光电效应在重元素中比在轻元素中重要,所以闪烁探测元件除考虑透明度外,尽量选择 Z 大的物质。

　　化合物的分子中,各原子间的化合结合能很小,所以可把化合物作为混合物来处理。对于化合物或混合物的各种衰减系数,都是按照各元素在物质中的重量百分比加权平均计算。如混合物(化合物)的质量衰减系数

$$\frac{\mu}{\rho} = \left(\frac{\mu}{\rho}\right)_1 W_1 + \left(\frac{\mu}{\rho}\right)_2 W_2 + \cdots + \left(\frac{\mu}{\rho}\right)_i W_i \tag{2.2.20}$$

式中，$\left(\dfrac{\mu}{\rho}\right)_1$，$\left(\dfrac{\mu}{\rho}\right)_2$，$\left(\dfrac{\mu}{\rho}\right)_i$等，分别为该物质中所含各元素的质量衰减系数；$W_1$，$W_2$，$W_i$等为相应元素的重量百分比。

2.3　X,γ 射线在物质中的衰减

2.3.1　单色、窄束 γ(X)射线在物质中的衰减

所谓单色，是指一束光子的能量单一。所谓窄束(X,γ)射线是指不包含散射成分的(X,γ)射线束，通常采用准直器获得这种不含散射射线的细小射线束。准直装置如图2－16所示。

单色窄束光子在物质中的衰减规律比较简单，可以根据实验总结，也可进行理论推导。

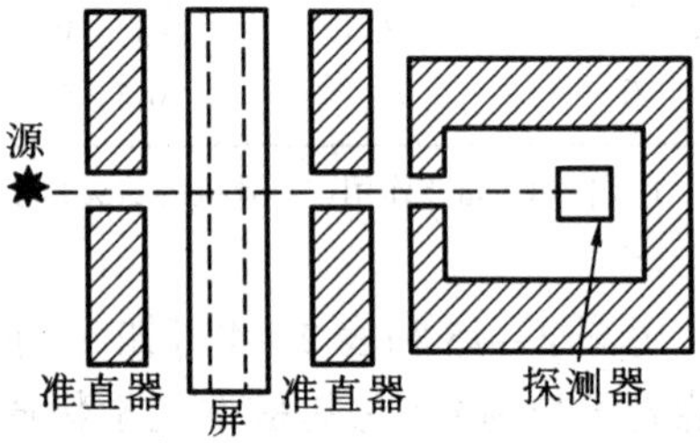

设：I_0 为单色窄束光子未通过介质时光子注量率；I 为该束光子进入介质深度为 x 处尚存的光子注量率；dx 为介质的薄层厚度；dI 为光子束通过 dx 时，减弱的光子注量率；μ 为该能量光子在介质中的线衰减系数（cm^{-1}）。通过 dx 薄层被减弱的光子注量率 dI 正比于 I 和 dx。即

$$-\,dI = \mu \cdot I \cdot dx$$

图 2－16 窄射线束测量装置

$$-\frac{dI}{I} = \mu dx \tag{2.3.1}$$

初始条件：$x = 0$ 时，$I = I_0$，对(2.3.1)式积分，得 $x = d$ 时

$$I = I_0 e^{-\mu d} \tag{2.3.2}$$

此为单色窄束(X,γ)射线通过物质时的衰减规律。若用质量厚度 $d_m = d \cdot \rho$ 表示物质的厚度，式(2.3.2)可改写成

$$I = I_0 \cdot e^{\frac{\mu}{\rho} d \cdot \rho} = I_0 \cdot e^{-\mu_m \cdot d_m} \tag{2.3.3}$$

式中，μ_m 为质量衰减系数（cm^2/g），$d_m = d \cdot \rho$ 为质量厚度（g/cm^2）。

用图 2－16 所示的准直装置测量射线经过不同厚度吸收屏后的计数率，可作出 $\dfrac{I}{I_0} \sim d_1$ 曲线，如图2－17，与公式(2.3.2)、(2.3.3)规律相同。图中画出了三种能量光子的衰减曲线。

平均自由程是一束光子通过物质时，各光子从进入物质到与原子核发生第一次任何相互作用所通过的路程（称各光子的自由程）的平均值。可用类似推导核衰变平均寿命的方法推导平均自由程。

设：起始光子注量率为 I_0，通过物质 x 厚度后尚存光子注量为 $I_0 e^{-\mu x}$，在通过物质为 $x +$

dx 厚度后,尚存 $I_0 e^{-\mu(x+dx)}$,光子注量率变化 $-dI$,即自由程为 x 的光子注量率为 $-dI$,根据公式(2.3.1)、(2.3.2), $-dI = \mu \cdot I \cdot dx = \mu \cdot I_0 e^{-\mu x} \cdot dx$。光子自由程的分布范围是 $0 \sim \infty$,所以注量率为 I_0 的光子的平均自由程 L 应为该注量中所有光子自由程的平均值,即

$$L = \frac{1}{I_0} \int_0^\infty I_0 \cdot e^{-\mu x} \cdot \mu x \cdot dx = \frac{1}{\mu} \quad (2.3.4)$$

$\gamma(X)$ 射线通过物质的一个平均自由程厚度时,注量率减小 e 倍。半吸收厚度 $D_{\frac{1}{2}}$ 是使 $\gamma(X)$ 射线注量率减弱一半的物质厚度。根据定义和(2.3.2)式,有

$$D_{\frac{1}{2}} = \frac{\ln 2}{\mu} = \frac{0.693}{\mu} = 0.693 \cdot L \quad (2.3.5)$$

平均自由程 L,半吸收厚度 $D_{\frac{1}{2}}$,衰减系数 μ(或 μ_m)都是衡量一束光子在物质中衰减难易程度的物理量。

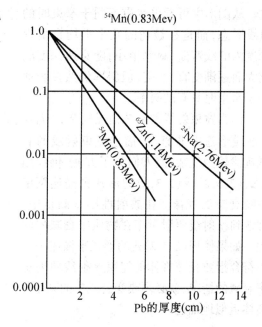

图 2 – 17　窄束 γ 射线在铅中的衰减

2.3.2　宽束 γ(X)射线在物质中的衰减

所谓宽束 γ(X)射线是指在原始能量射线中还包含散射射线的 γ(X)射线束。在实际工作中,遇到的大多是 γ(X)射线的宽束辐射。在没有准直条件下进行测量时,探测器接受的都是宽束辐射。

宽束射线和窄束射线的关键性区别就在于射线束中是否包含散射射线。不难理解,宽束条件下测量时,射线在物质中的衰减比窄束时慢,因为前者有散射射线的补充,如图

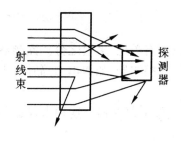

图 2 – 18　宽束射线测量示意图

2 – 18 所示,宽束射线在物质中的衰减系数可写成

$$\mu = \tau + \sigma_a + q\sigma_s + k \quad (2.3.6)$$

式中,q 为修正系数,$0 < q < 1$。在理想窄束条件下 $q = 1$,此时 $\sigma_a + q\sigma_s = \sigma$(康普顿线衰减系数)。当宽束射线通过很厚介质时,$q \to 0$,此时 $\mu \approx \tau + \sigma_a + k$。

对同一介质同一能量的光子,宽束射线与窄束射线的线衰减系数有以下关系

$$\tau + \sigma_a + k < \mu_{宽} < \mu_{窄}(\approx \tau + \sigma + k)$$

图 2 – 19 是平面源 ^{60}Co 的 γ 射线($h\nu = 1.25$ MeV)在宽束条件下通过平面钢板时的衰减曲

线。从图形中可看出宽束不同于窄束时的直线形态,而是在最初的几个平均自由程深度内曲线弯曲,斜率很小,随穿透深度的增大而逐渐变直、变陡,但斜率仍然显著地小于窄束时具有的斜率。

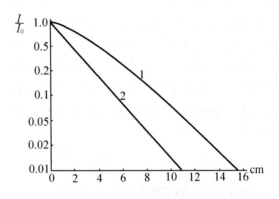

图2-19 宽束γ射线衰减曲线
源:各向同性平面源^{60}Co;介质—钢板;
曲线1—宽束,实测;曲线2—窄束,理论计算

因为宽束射线的衰减情况复杂,$I/I_0 \sim d$ 曲线形态并非直线,描述宽束射线的衰减规律较为复杂,但人们为了方便,仍借用公式(2.3.2)或(2.3.3)的形式去描述宽束射线衰减的规律。在放射性勘查测量中,常遇到γ射线照射量率在物质中衰减的问题。如果使用(2.3.2)式的形式来描述一个不符合指数衰减规律的宽束γ射线照射量率衰减的情况,就必须改变公式中的某个物理量,以求适应。可进行分段、较精确地描述,也可整体近似地描述。

2.4 γ射线仪器谱

2.4.1 γ射线仪器谱基本概念

γ射线能谱仪由两部分组成:探测器和电子仪器。电子仪器有单道、多道之分。探测器种类繁多,用于γ射线能谱仪的探测器基本上分为两大类型:闪烁探测器,如 NaI(Tl)晶体;半导体探测器,如 Ge(Li)探测器等。

γ射线原始能谱是线状谱,而γ谱仪测得的能谱曲线是连续的复杂谱。这种由仪器测量而变得复杂化了的γ谱称为γ射线仪器谱。

γ射线的测量实际上是对γ射线与探测元件相互作用产生的次级电子的测量,这些次级电子在探测元件中损耗的能量与γ能谱仪产生的脉冲幅度成正比,因而脉冲幅度分布的情况基本上反应了次级电子能量分布的情况。次级电子能量的分布是复杂的,康–吴效应在各种散射情况下,形成康普顿反冲电子能量的连续分布,而各种次级效应产生的电子、X射线、湮没γ光子不同程度地逃离闪烁晶体,则形成 $0 \sim h\nu$ 的连续谱,同时又可能形成某些峰值。因而使γ谱仪测得的脉冲幅度分布——γ射线仪器谱,呈复杂的连续谱。

下面以^{137}Cs源的单能(0.661 MeV)γ射线和^{24}Na源双能(1.37 MeV 和 2.75 MeV)γ射线的仪器谱为例来说明形成仪器谱复杂化的过程以及某些术语的含意。

1.全能峰(光电峰)

γ光子与探测器(闪烁体或半导体)发生相互作用,产生各种次级电子,若入射光子能量全部转变为次级电子能量并被探测器全部吸收,则可形成一个脉冲幅度与入射光子能量 hv 相对应的输出脉冲,称之为全能脉冲。全能脉冲的幅度有一定的起伏,因而形成一个对称于光子特征能量 hv 的谱峰,此峰被称为全能峰,如图 2-20 中的 T。

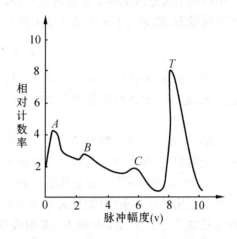

图 2-20　^{137}Cs 的 γ 射线能谱[NaI(Tl)]

在形成电子对效应中,电子对能量 $Ee = hv - 1.02\ \text{MeV}$,若生成的正、负电子能量全部消耗在闪烁晶体中(或半导体探测器中),且正电子湮灭生成的两个光子(其能量为 $0.51\ \text{MeV} \times 2$)全部被晶体光电吸收,产生光电子,其能量 $E_{光电子} \approx 0.51\ \text{MeV} \times 2$,因该过程相隔时间比闪烁光从产生到衰减时间短很多,形成的光脉冲,其幅度相应于入射光子能量 hv,这个脉冲计数将累计在全能峰内。所以,全能峰主要包括光电峰,并累计了部分其他效应产生的全能脉冲。由于入射光子在闪烁体内消耗能量转成荧光光子,这些荧光光子传输到光电倍增管的光阴极,又打击出光电子而后被倍增,形成一个输出脉冲,因而闪烁谱仪就使一个单色 γ 射线输出的脉冲幅度有一定的起伏,形成具有某一宽度的脉冲计数分布。全能峰一般呈高斯分布形状。

全能峰在 γ 射线的能谱测量和照射量率测量中具有特别重要的意义。一个好的探测器应当能突出全能峰的测量。

2.康普顿散射坪台

康普顿效应中常有一些散射光子或反冲电子逸出闪烁晶体,带走的能量未被晶体吸收,因而形成的脉冲幅度将小于全能脉冲的幅度。带出能量的多少是不定的,与晶体的大小和形成 γ 射线的能量等因素有关。但共同的特点是在康普顿效应中被记录的能量是连续分布的,而且形成一个较为平坦的连续分布的谱,称为康普顿散射坪台。

反冲电子的动能 E_e 依散射光子的散射角不同而呈连续分布。

$$E_e = \frac{hv}{1 + \dfrac{0.51}{hv(1 - \cos\theta)}}$$

最小值 $E_{e,\min} \approx 0$,最大值为 $E_{e,\max} = \dfrac{hv}{1 + \dfrac{0.51}{2hv}}$,$0 \sim E_{,\max}$ 的连续谱段为康普顿散射坪台。$E_{e,\max}$ 所对应的谱线位置称康普顿边缘,如图 2-20 中的 C 点。

3.反散射峰

部分 γ 射线穿过闪烁晶体没有发生损耗,它与光电倍增管的光阴极发生康-吴效应而被反向散射后又进入晶体发生光电效应;或者 γ 射线打在周围物质(如托盘、支架、屏蔽物等)上被反向散射,散射光子进入晶体发生光电效应而被记录,反散射光子能量为

$$hv' = \frac{0.51\,hv}{0.51 + 2\,hv} \approx \frac{hv}{1 + 4\,hv}$$

对于 ^{137}Cs 的 γ 源(0.661 MeV)反散峰能量为 184 keV。反散射光子能量随入射光子能量 hv 变化不大,通常 γ 射线反散射峰在 200 keV 左右出现,如图中的 B。

4. K - X 峰

K - X 峰主要由 γ 放射源产生。许多放射源本身放出特征 γ 射线,γ 射线打在周围介质上发生光电效应,介质原子退激发出特征 X 射线,这些 X 射线进入晶体很易发生光电效应形成 K - X 射线峰。例如: ^{137}Cs 衰变形成 ^{137m}Ba,以内转换方式退激后, ^{137}Ba 的 K 层产生空位, ^{137}Ba 原子退激放出特征 X 射线(能量为 32.2 keV),该 X 射线进入晶体发生光电效应,因而在康普顿坪台上叠加了一个 32.2 keV 的 K - X 射线峰,如图中 A。如果探测器用铅室做屏蔽物,源的 γ 射线打在铅室上发生光电效应,则可形成 Pb 的 K - X 射线,能量为 75 keV。

如果 γ 射线能量 $hv > 2m_0 c^2$,除可能发生光电效应,康普顿效应外,还可发生电子对效应,形成的仪器谱则更为复杂。除上述诸峰和坪台外,还可形成单逃逸峰和双逃逸峰。

5. 单逃逸峰和双逃逸峰

当光子进入晶体发生电子对效应时,产生的正、负电子动能为

$$E_{e^+} + E_{e^-} = hv = 2m_0 c^2 = hv - 1.02 \text{ MeV}$$

正、负电子动能可能全部消耗在晶体内用于产生闪光。当它们失去全部动能时,负电子作为自由电子存在,而正电子则与晶体内的自由电子结合发生湮没辐射,转化为两个能量为 0.51 MeV 的湮没光子。这两个光子可有三种去向。

(1)两个光子能量全被闪烁晶体吸收发生闪光。因这一次级过程与正负电子对产生的闪光效应时间间隔很短,可叠加在同一个光电脉冲中,形成一个脉冲幅度与 hv 相应的脉冲,

$$E_{e^+} + E_e^- + 0.51 \text{ MeV} = hv$$

因而该脉冲将累计在全能峰内。

(2)有一个湮灭光子逃逸出闪烁晶体,另一个湮灭光子被记录,此时形成的脉冲幅度较小,相应能量为

$$E_{e^+} + E_e^- + 0.51 \text{ MeV} = hv - 0.51 \text{ MeV}$$

在此能量位置上的谱峰称为单逃逸峰。

(3)两个湮灭光子皆逃出闪烁晶体,只有正、负电子对被记录,此时形成的脉冲幅度更小,对应能量为

$$E_{e^+} + E_e^- = hv - 1.02 \text{ MeV}$$

此处形成的峰为双逃逸峰。

图 2 - 21 中 ^{24}Na 的 γ 能谱曲线中的 T_1, T_2 分别为 1.38 MeV 和 2.76 MeV 的全能峰, C_1, C_2

为两个能量形成的康普顿坪台, B 为反散射峰, D 为单逃逸峰, S 为双逃逸峰。

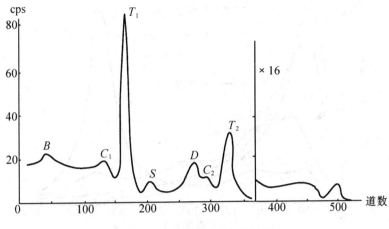

图 2 - 21　^{24}Na 的 γ 射线能谱

γ 射线通过屏蔽物质时不仅照射量率会衰减,而且谱成分也将发生变化。发生光电效应和电子对效应使原入射光子消失,而产生特征 X 射线和湮没辐射,次级电子能量大时也可能产生韧致 X 射线。发生康 – 吴效应时,会使原入射光子成为散射光子,其能量低于原来能量并偏离入射方向。可以想象,随着屏蔽物质厚度的增大,发生多次效应的几率也增大,经屏蔽后透射出的射线中所含原光子的成分愈少,而多次散射光子或其他次级光子成分增加。因为低能成分光子易发生光电效应,从而降低低能成分;而康 – 吴效应使低能成分增加。这是两种效果相反的效应,随着屏厚的增大,特征光电峰逐渐降低乃至消失,能量向低能处聚集,当屏蔽物质达到一定厚度后,谱成分保持一定,即达到谱平衡。不论对单色源或复杂 γ 射线源都有这一物理过程,其结果是:达到谱平衡时,原 γ 射线仪器谱失去特征光电峰(全能峰)而在低能处出现多次散射峰。

图 2 - 22 是点状 ^{51}Cr 源单能 γ 射线(0.323 MeV)通过不同厚度的砂介质后谱成分变化曲线,砂密度 ρ 为 1.6 g/cm^3, ^{51}Cr 源与探测器间距离 d(即砂介质厚度)为 5,35,80,90 cm,分别相当于 γ 射线在该介质中的自由程的 0.83,5.83,11.7 和 73.3 倍。从图上看出,当 d = 5 cm(即 0.83L)时,谱曲线上尚可见到已被减弱了的光电峰,在 0.205 MeV 处有一个一次散射峰;在 0.07 MeV 处有一较宽大的峰,为多次散射峰。当 $d \geqslant 35$ cm($5L$)后,各谱曲线上已不见光电峰,只有能量为 0.05 MeV 的多次散射峰,谱形已经稳定,不再依砂层厚度的增大而变形。

在放射性测量中,散射射线有其利、弊两种作用。

广义的反散射射线是指散射角 $\theta > 90°$ 的散射射线,本节称之为反散射射线。狭义的反散射射线是指 $\theta = 180°$ 的散射射线,本节称之为 180° 反散射射线。如果放射源与探测器在介质的

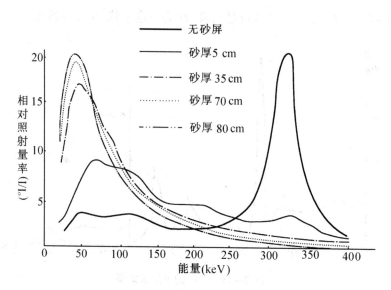

图 2-22 ^{51}Cr 的 γ 射线经砂质屏蔽后的能谱曲线

同一侧,则可记录到反散射射线。图 2-23 是记录 180°反散射射线的装置示意图。

根据公式(2.2.3)已知,当 $\theta > 90°$时,不论入射光子能量 $h\nu$ 的值有多大,反散射光子能量总是小于 0.5 MeV;当 $\theta = 180°$时,不论入射光子能量 $h\nu$ 有多大,180°反散射光子能量总是小于 0.25 MeV。所以反散射($\theta > 90°$)光子能量总是在低能段。γ 射线仪器谱常出现反散射峰,通常峰位在 200 keV 左右。反散射射线的能量(反散射峰位)、照射量率,与入射光子的能量、散射介质原子的 $\frac{Z}{A}$ 比值,介质厚度、测量时的几何条件等因素有关。

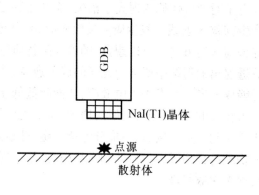

图 2-23 反散射测量装置示意图

从上述几个问题的讨论中,已看出有许多因素可能影响仪器谱的结构和形态。γ 射线仪器谱的主要影响因素如下。

①探测元件的类型。常用的 NaI(Tl)晶体和 Ge(Li)半导体探测器,对同一 γ 源的探测结果不同,主要因为它们的分辨能力不同。半导体探测器能量分辨率很高,测得的 γ 射线仪器谱各种峰窄而突出,如图 2-24。NaI(Tl)探测器测得的谱曲线许多小峰不能分辨。

②探测元件的尺寸、形状的影响。同一类型探测元件如 NaI(Tl),尺寸、形状不同时,γ 射线

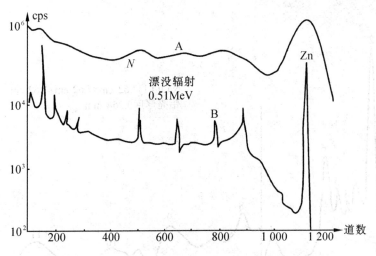

图 2-24 NaI(Tl)闪烁谱仪(A)和 Ge(Li)半导体谱仪(B)
测得的放射性样品 γ 谱曲线

仪器谱也有差异。用大晶体测量时,γ 光子在晶体中能量损耗多,穿透晶体的光子少,即累计效应大。晶体直径与长度之比接近于 1 时,累计效应更易发生。凡累计效应大的晶体测得的 γ 仪器谱全能峰更突出,康普顿散射坪台低。各种光子的逃逸峰,反散射峰也不易出现。

③放射源的形状,大小也会影响仪器谱。显然点状源与大体积源的散射射线、韧致辐射以及特征 X 射线等次级辐射状况不同,主要在低能谱段二者有差异。

④探测器几何条件的影响。放射源在晶体表面或晶体中间(井型晶体),几何关系不同时,γ 射线仪器谱有差异,主要因为用井型晶体测量时,分辨率变差,而且源、探测器、支架、屏蔽物或环境不同时,主要因反散射、特征 X 射线、韧致辐射影响不同,在低能段影响谱曲线形态。

⑤仪器工作状态。主要是道宽影响能量分辨率,道宽愈大,能量分辨率愈差(但计数率高);稳定性不好,会发生谱"漂移"。

2.4.2 铀、钍矿的 γ 射线仪器谱

1.小称量铀矿样的 γ 射线仪器谱

在室内进行 γ 能谱分析样品时常用小称量样品,不仅因为小称量样品在采样、运输、加工方面经济方便,而且在室内测量条件下小样还有它特有的能谱基础。

图 2-25 是铀镭平衡的沥青铀矿用 NaI(Tl)探测器测得的 γ 射线仪器谱,其主要谱峰对应的辐射体见表 2-5。显然该能谱曲线是在纯铀源的谱曲线基础上的进一步加强和补充。铀镭系 γ 射线主要是镭组贡献,其主要辐射体是 $^{214}_{82}Pb(RaB)$, $^{214}_{83}Bi(RaC)$,而铀组贡献的 γ 射线都

在 1 MeV 以下。在能谱测量中,低能 γ 射线受散射干扰大。

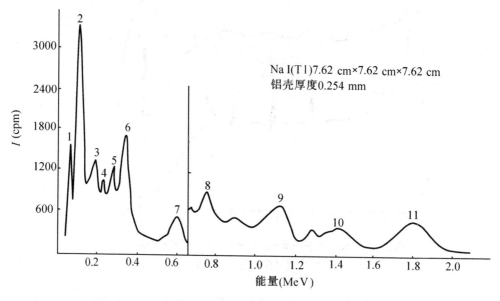

图 2 - 25　沥青铀矿 γ 射线仪器谱

2.大矿体的 γ 射线仪器谱

在放射性勘查中,常用到无限大矿体和半无限大矿体的术语。它们是指放射性测量的意义,而不是几何体积的意义。所谓无限大矿体(或半无限大矿体)是指矿体对探测器所张的立体角,等于或近似地等于 4π(或 2π)立体角,在此立体角范围内每个矢径在矿体上所经过的距离都达到该矿体辐射的 γ 射线饱和层的距离。

图 2 - 26、图 2 - 27 分别是用 NaI(Tl)探测器在无限大和半无限大平衡铀矿体上测得的 γ 射线仪器谱。由于大矿体 γ 射线的自吸收、自散射作用明显地不同于小称量样品,因此二者的 γ 射线仪器谱也明显地不同,集中表现在低能谱段(400 keV 以下的低能区)。图 2 - 25 示出了小称量的沥青铀矿 γ 射线仪器谱中清晰可见的几个特征峰,在图 2 - 26 无限大矿层或图 2 - 27 半无限大矿层的 γ 射线仪器谱曲线上不可辨。所有的光电特征峰、K - X 射线峰均被多次散射峰所湮没。这是因为无限大矿体的 γ 射线自身的多次散射结果导致大量的多次散射低能光子的产生,而 NaI(Tl)晶体对低能 γ 射线探测效率高,因而形成很强的散射背景,在其计数的统计涨落中湮没了原有的特征射线峰值,从而形成一个较宽大的多次散射峰。多次散射峰的能量位置及峰值依矿石的有效原子序数 $Z_{有效}$ 而异,$Z_{有效}$ 值从 10.9 增至 22.1,相应地散射峰能量从 75 keV 增至 125 keV,而峰值却逐渐降低。主要原因是随着 Z 有效数值的增大,光电效应几率增加,因而使得能够散射出来的光子不仅数量减少(致使照射量率的计数降低,即峰值变低)而

且需要具有较大的能量(致使谱峰能量增加,即峰位右移)。

表 2-5 沥青铀矿 γ 射线仪器谱主要谱峰

峰号	能量(MeV)	性质	辐射体
1	0.075	K-X 射线	铅室
2	0.093 0.095	0.093 光电峰 0.093,0.095 K-X 射线	$^{234}_{90}\text{Th}(ux_1)$ 铀钍的 K-X 射线
3	0.184 0.185	光电峰 光电峰	$^{226}_{88}\text{Ra}$ $^{235}_{92}\text{U}(AcU)$
4	0.242	光电峰	$^{214}_{82}\text{Pb}(RaB)$
5	0.295	光电峰	$^{214}_{82}\text{Pb}(RaB)$
6	0.352	光电峰	$^{214}_{82}\text{Pb}(RaB)$
7	0.609	光电峰	$^{214}_{83}\text{Bi}(RaC)$
8	0.769	光电峰	$^{214}_{83}\text{Bi}(RaC)$
9	1.120	光电峰	$^{214}_{83}\text{Bi}(RaC)$
10	1.403	光电峰	$^{214}_{83}\text{Bi}(RaC)$
11	1.764	光电峰	$^{214}_{83}\text{Bi}(RaC)$

从图 2-25、图 2-26、图 2-27 三图的对比中可知,在高能谱段(> 400 keV),三个曲线谱形基本相同,无论是无限大还是半无限大矿体,仍能明显地看到 $^{214}_{83}\text{Bi}(RaC)$ 的 0.609,1.120, 1.403,1.764 和 2.204 MeV 等几个主要能量的光电峰。

至于无限大和半无限大矿体的 γ 射线仪器谱之差异,仅在照射量率的大小方面不同,而谱形并无明显的差异。可以认为:在高能段无限大矿层与半无限大矿层 γ 射线照射量率之比值等于 2;在低能段,这一比值则大于 2。

无限大矿体可被看成由两个半无限大矿体耦合而成,这两个半无限大矿体互为反散射体,无限大矿体的 γ 射线照射量率等于半无限大矿体照射量率的二倍与半无限大矿体的反散射线照射量率之和;而半无限大矿体的照射量率仅等于半无限大矿体自身的 γ 射线照射量率与空气反散射射线照射量率之和。显然,矿体比空气的反散射率大。又因反散射射线为低能光子,故只在低能段明显地表现出差异。

如果将无限大矿体 γ 射线照射量率与半无限大矿体 γ 射线照射量率二倍之差依能量绘制成曲线,可得无限大矿体的反向散射 γ 能谱曲线,如图 2-28。该图形明显地表现出两个特点:①能量分布仅在 0～600 keV 范围内;②随矿体 $Z_{有效}$ 值的增大,反散射峰幅度变低,而峰位能量变高:$Z_{有效}$ 从 10.9 增到 22.1,峰位能量从 75 keV 增到 125 keV。

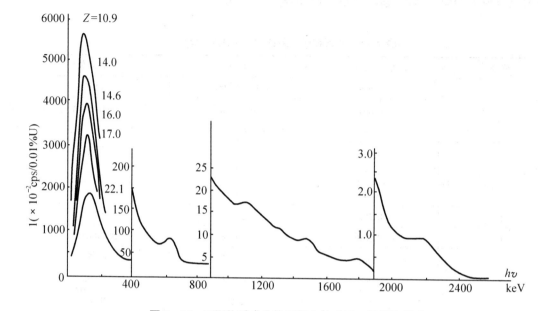

图 2-26 不同物质成分的无限大铀矿层 γ 射线仪器谱

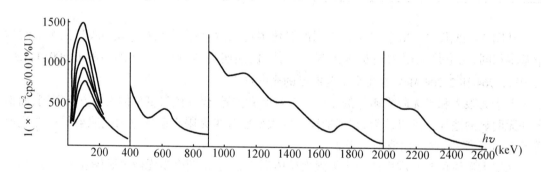

图 2-27 不同物质成分的半无限大铀矿层 γ 射线仪器谱

从上述铀矿 γ 射线仪器谱的分析情况可看出:①铀矿石的主要 γ 射线谱具有很大差异,此为依据 γ 射线能谱分析铀含量的物理基础;②室内铀矿石定量分析,可选用低能谱(400 keV以下),野外现场进行铀钍定量分析时,需选用高能谱段。

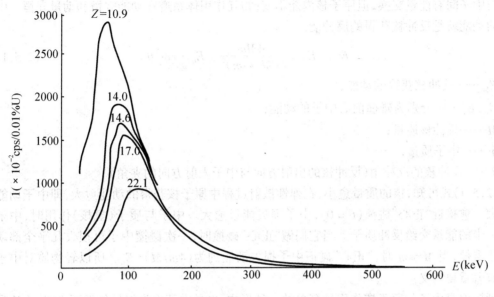

图 2 – 28 不同物质成分矿层反向散射射线仪器谱

2.5 中子与物质的相互作用及衰减规律

中子因不带电荷,所以在与物质相互作用时与原子核或核外电子没有库仑力的相互作用,因中子有磁矩,与电子及核作用时有磁相互作用。与电子间的磁相互作用很小,不能引起原子的电离,激发,而且几率很小。所以中子与电子间的相互作用在中子能量损失和慢化方面的贡献,比起中子与原子核之间的作用来可以忽略不计。可以认为只是与核的相互作用。中子与核的作用形式主要归纳成散射及核反应两大类。各种作用的几率与中子能量及原子核性质有关。

2.5.1 散射

中子与原子核相互作用后,中子不消失但改变运动方向和动能。散射分弹性散射和非弹性散射。

1.弹性散射(n, n)

弹性散射又分为两种情况:①势散射,即中子受核力场作用而发生的散射,中子不进入核内,只发生在核的外表面;②复合核弹性散射,这种散射发生时,中子进入核内形成复合核,复合核处于激发态,发射一个中子而回到基态。

不论处于上述的哪一种情况,从力学观点看,它们都是弹性散射。因为在作用过程中虽然原子核与中子间有能量交换,但原子核内能不变,相互作用体系遵守动能守恒和动量守恒。中子损失的动能就是反冲核获得的反冲能。

$$E_M = E_n - E'_n = \frac{4Mm}{(M+m)^2} \cdot E_n \cdot \cos^2\theta \qquad (2.5.1)$$

式中　　E_M——反冲核获得的动能;

E_n, E'_n——分别为碰撞前后中子的动能;

M——反冲核质量;

m——中子质量;

θ——反冲核的反冲角(反冲核的出射方向与中子入射方向的夹角)。

由(2.5.1)式可知,核的质量愈小,在弹性散射过程中原子核获得的动能愈大,即中子动能损失愈大。愈接近"正心"碰撞($\theta = 0$),中子损失能量愈大。中子与质子(氢核)作用时,中子平均将一半的能量交给反冲质子。当它们做"正心"碰撞时,一次碰撞中子可损失几乎全部动能。对于重核,当 $M \gg m$ 时,"正心"碰撞中子损失动能约为$(4m/M) \cdot E_n$。所以轻物质对中子的慢化有着重要意义。

弹性散射是中子与原子核作用最简单的一种形式,也是中子损失能量的重要方式,无论哪种能量的中子,也不论与之碰撞的是轻核还是重核,弹性散射都可发生。但对于快中子和中能中子,弹性散射是中子能量损失的主要方式,当中子能量 $E_n > 0.5$ MeV 时,开始发生非弹性散射。

2.非弹性散射

在非弹性散射过程中,中子将部分动能交给原子核,使其不仅获得反冲动能,而且获得激发能,因而改变了内能,核从激发态退激时放出一个或几个 γ 光子回到基态。

中子在非弹性散射中比在弹性散射中损失的能量更大。在非弹性散射中,中子必须提供核激发能,因而发生非弹性散射有阈能。

$$E_阈 = h\upsilon \cdot \frac{M+m}{M} \qquad (2.5.2)$$

式中,$h\upsilon$ 为核退激时放出的 γ 光子能量。

只有能量大于阈能的中子才能发生非弹性散射。核的第一激发能重核一般为 100 keV 以上,轻核为 3～4 MeV。所以快中子在所有重原子核上的散射都为非弹性散射。而 $E_n < 1$ MeV 的中子作用于轻原子核或 $E_n < 100$ MeV 的中子作用于重原子核,通常只能进行弹性散射。

2.5.2 吸收反应(又称俘获)

吸收反应是中子与原子核发生作用形成复合核,复合核不稳定,放出 γ 光子或 p、α 等带电粒子的反应。这种现象的特点是:作用后,中子消失,而原子核也发生质的变化。

1.(n,γ)反应,又称辐射俘获

辐射俘获反应是原子核吸收一个中子形成激发态的复合核,而后放出一个或几个γ光子回到基态的过程。

(n,γ)反应的生成物是靶核的同位素,质量增大 1,中子 – 质子比增大,故多具 β 放射性。例如:$_1^1H(n,\gamma)_1^2H$;$^{50}Cr(n,\gamma)^{51}Cr$;$^{59}Co(n,\gamma)^{60}Co$;$^{202}Hg(n,\gamma)^{203}Hg$ 等。

在慢中子作用下,几乎所有的原子核都可发生辐射俘获反应。(n,γ)反应是生产人工放射性核素的重要方法之一。利用(n,γ)反应可使非放射性物质产生放射性,故又叫做激活或活化。中子活化分析就是基于这种反应。

2.(n,p)、(n,α)带电粒子发射反应

原子核俘获一个中子后,立即放出一个 α 粒子或质子而变成另一种性质的原子核。

(n,α)、(n,p)反应有 θ<0 的吸热反应和 θ>0 的放热反应,吸热反应有阈能。

慢中子的(n,α)和(n,p)反应是放热反应,且放出的能量必须足够大才能使 α 或 p 粒子穿透库仑势垒而放出。因此,慢中子只能引起几种轻元素的这种反应,因为核库仑势垒高度随 Z(核电荷)的增多迅速增高。重要的反应如:$^{14}N(n,p)^{14}C$;$^{32}S(n,p)^{32}P$;$^{35}Cl(n,p)^{35}S$;$^6Li(n,\alpha)^3H$ 等。

快中子能引起大多数核的(n,α)、(n,p)反应。一般地说,(n,p)反应要求中子提供 1 ~ 3 MeV能量,(n,α)则要求提供更高的能量。

利用(n,α)、(n,p)反应可生成新的放射性核素(β 放射体),用于示踪研究。此外,为中子的探测提供一个重要途径。

2.5.3　(n,f)反应(即核裂变反应)

原子核俘获一个中子后,裂变成几个碎片,产生几种新的核素并放出某一种或几种射线,如 α,n,p 等。

慢中子被某些重核(如^{233}U、^{235}U、^{239}Pu、^{241}Pu等)俘获可发生核裂变。它们俘获一个中子后可裂变为两个较轻的原子核,而且一半以上的裂变碎片具有放射性(如^{90}Sr,^{137}Cs等),伴随裂变的发生放出 2 ~ 3 个中子和 200 MeV 左右的巨大能量。如果裂变发生后 10^{-8} s 内发射中子,称瞬发中子;或经过更长时间后发射的中子,则称缓发中子。缓发中子与裂变碎片有关。目前已用缓发中子法测定铀含量。

快中子($E_n > 9 ~ 10$ MeV)可使某些在慢中子作用下不发生裂变的重核发生裂变,如^{238}U,^{232}Th(需 $E_n > 1.5$ MeV)。极高能量的中子($E_n > 100$ MeV)可使稳定核 Bi,Au,Hg,TL 等裂变。

高能中子可使碳原子核碎裂成一个中子和三个 α 粒子,即 C(n,3α),或者只放出 2 个中子即$^{12}C(n,2n)^{11}C$。

总之,中子与核作用的形式及几率与中子能量及核的性质有关。热中子与所有的核作用都以(n,γ)反应为主;慢中子对轻核作用以(n,n)反应为主;对重核作用则以(n,γ)反应为主。

中能中子和快中子对重核作用主要发生(n,n')反应,(n,f)反应则主要在与重核作用时发生,轻原子核发生裂变的可能性很小。不同的核发生裂变反应要求中子的能量也不同。

2.5.4 中子在物质中的衰减规律

中子在物质中运行,可与原子核发生某种反应,散射或吸收(俘获),因而使中子束强度减弱。一个中子与一个靶核发生某种作用的几率,称中子进行该作用的微观截面,而一个中子与靶核发生作用的各类微观截面之和称微观总截面,并记作 σ_T。

强度为 I_0 的均匀平行窄束中子射线垂直入射厚度为 x 厘米的靶物质,因各种相互作用过程将其强度减弱到 I,不难证明 I 与 I_0 之间有以下关系

$$I = I_0 e^{-\sigma_T \cdot n \cdot x} \tag{2.5.3}$$

式中,n 为靶物质的原子密度(原子核数/cm³),通常 $\sigma_T \cdot n$ 以符号 Σ_T 代表,即 $\Sigma_T = \sigma_T \cdot n$。$\Sigma_T$ 叫做宏观截面,其物理意义为中子在靶物质内穿过单位长度路径时,与靶物质发生各种核反应的几率。因此(2.5.3)式又可写成

$$I = I_0 \cdot e^{-\Sigma_T \cdot x} \tag{2.5.4}$$

相应地,还可定义不同的宏观截面,如:宏观吸收截面 $\Sigma_a = \sigma_a \cdot n$ 和宏观散射截面 $\Sigma_s = \sigma_s \cdot n$。应当指出,不同能量的中子与不同物质作用时,各类反应的微观截面差别很大,因而宏观截面 Σ_T 也有很大差别。在引用截面数据时,需注意给出数据的使用条件。

2.6 辐射探测器原理简介

人们必须借助于辐射探测器探测各种辐射,以确定辐射的类型、强度、能量以及时间等特性。

辐射探测器的定义:利用辐射在气体、液体,或固体中引起的电离、激发效应,及其他物理、化学变化进行核辐射探测的器件称为辐射探测器。

辐射探测的基本过程:

(1)辐射粒子射入探测器的灵敏体积;

(2)入射粒子通过电离、激发等效应而在探测器中沉积能量;

(3)探测器通过各种机制将沉积的能量转换成某种形式的输出信号。

探测器按其探测介质类型及作用机制主要分为气体探测器、闪烁探测器和半导体探测器三种。

2.6.1 气体探测器

气体探测器是以气体为工作介质,由入射粒子在其中产生的电离效应引起输出信号的探

测器。

入射带电粒子通过气体时,由于与气体分子中轨道电子的库仑作用而逐次损失能量,最后被阻止下来。同时使气体分子电离或激发,并在粒子通过的径迹上生成大量的由电子和正离子组成的离子对和激发分子。

入射粒子直接产生的离子对称为初电离。初电离产生的高速电子(称 δ 电子)使气体产生的电离称为次电离。总和称为总电离。

带电粒子在气体中产生一离子对所需的平均能量 W 称为电离能。对不同的气体,W 大约在 30 eV 上下。若入射粒子的能量为 E_0,当其能量全部损失在气体介质中时,产生的平均离子对数

$$\bar{N} = \frac{E_0}{W} \tag{2.6.1}$$

如 ^{210}Po 的 α 粒子的能量为 5.3 MeV,在空气中的射程为 3.8 cm,其总电离为 $\bar{N} = \frac{E_0}{W} = 1.56 \times 10^5$ (个)

气体探测器的典型圆柱型结构如图 2 - 29 所示。在中央阳极和外壳阴极分别加上正、负电压时,沿入射粒子径迹产生的电子—离子对在外电场的作用下产生定向漂移,引起电极上发生感应电荷的变化,与此同时,在外回路上就产生电流信号,或流过负载电阻产生输出电压信号。

当在两电极上所加电压不同时,就造成气体探测器的不同工作状态。

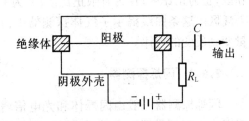

图 2 - 29　气体探测器的典型圆柱型结构

当外加工作电压过低时,电子—离子对由于互相碰撞而发生复合,发生复合的区域称为复合区,复合的程度与外加电压和离子对数的密度有关,一般不作为气体探测器的工作区域。

当外加工作电压较高时,电子与正离子的复合可以忽略而进入饱和区,这时,产生的离子对数正比于入射粒子在灵敏体积损失的能量,工作于这种工作状态的探测器就是电离室。电离室是使用最早的探测器,1898 年居里夫妇在发现和提取钋和镭的过程中,用电离室鉴别这一过程的产物。

随着工作电压的升高,在中央阳极附近很小的区域内,电场强度足够强,以至电子在外电场的加速作用下,能发生新的碰撞电离,我们称之为气体放大或雪崩过程。由于此时阳极附近的场强还不是太强,雪崩过程仅发生在沿阳极附近很小的区域内,在一定的工作电压下,气体放大倍数是一定的。此时,形成的总离子对数 $\bar{N}'$,仍正比于入射粒子能量,即

$$\bar{N}' = A\bar{N} = A\frac{E_0}{W} \tag{2.6.2}$$

式中,A 为气体放大倍数。相应的工作区域称为正比区。正比计数器就工作于这一区域。

工作电压进一步提高就进入有限正比区。此时,雪崩过程已不仅发生在沿阳极很小的区域内,且全部正离子被阴极收集是很慢的过程,因此,在探测器的灵敏体积内,积累了相当多的由正离子组成的"空间电荷",这些空间电荷减弱了阳极附近的电场强度。在一定工作电压下 A 不再保持常数,初电离小的入射粒子的 A 可能会大一点,该区称之为有限正比区。一般没有工作于这一区域的探测器。

随着工作电压的进一步提高,雪崩过程很快传播到整个阳极。而且,雪崩过程形成的正离子紧紧地包围了阳极丝,称为正离子鞘。由于正离子鞘的电荷极性与阳极电荷相同而起到电场减弱的作用,当正离子鞘的总电荷量达到一定时,使雪崩过程终止。因此,最后的总离子对数与初电离无关。这时,入射粒子仅仅起到一个触发作用,输出脉冲信号的大小与入射粒子的类型和能量均无关,这就是 G - M 区,盖革计数器即工作于此区。

上述过程可以用图 2-30 形象地表示,图中纵坐标为产生的离子对数 N,横坐标为外加电压 V。其中Ⅰ为复合区;Ⅱ为饱和区;Ⅲ为正比区;Ⅳ为有限正比区;Ⅴ为 G - M 区。这条曲线揭示了气体探测器中由量变到质变的规律。

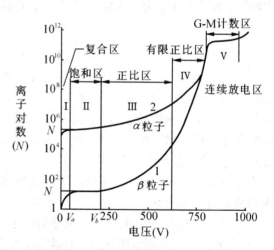

图 2-30 气体探测器的离子对数
与外加电压的关系

2.6.2 闪烁探测器

闪烁探测器一般由闪烁体和光电倍增管组成。闪烁体是一种发光器件,当入射带电粒子使探测介质的原子电离、激发而退激时,发出的可见光光子,称为荧光光子。以最常用的 NaI(T1) 晶体为例,1 MeV 的 β 粒子,在其全部能量都损失在晶体中时,产生 4.3×10^4 个荧光光子,其峰值波长为 410 nm。

这样强度的光用肉眼是看不见的,必须借助于高灵敏的光电倍增管(PMT)才能探测到这些光信号。PMT 的光阴极将收集到的荧光光子转变为光电子,光电子通过聚焦被光电倍增管的第一联极收集,并在其后的联极倍增形成一个相当大的脉动电子流,在输出回路上形成输出信号。图 2-31 为闪烁探测器的示意图。

比较理想的闪烁体应具有以下的性质:

(1)将带电粒子动能转变成荧光光子的效率高,即高的发光效率;

(2)入射带电粒子损耗的能量与产生的荧光光子数具有良好的线性关系;

(3)闪烁体介质对自身发射的光是透明的,即其发射谱与吸收谱不应该有明显的重叠,如常用的 NaI(T1)晶体中加入的激活剂 T1 就是为了这个目的;

　　(4)入射粒子产生的闪光持续时间,即闪烁体的发光衰减时间要尽量短,以便能更快产生输出信号,获得好的时间响应;

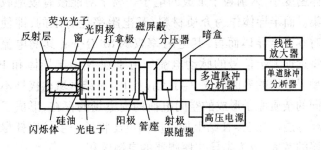

图 2－31　闪烁探测器的示意图

　　(5)合适的折射率和良好的加工性能。

　　现在,使用频率较高的闪烁体有两大类:一类是无机闪烁体,如 NaI(T1),CsI(T1),BGO(锗酸铋/$Bi_4Ge_3O_{12}$),$CdWO_4$ 等,这些材料的密度大,原子序数高,适合于探测 γ 射线和较高能量的 X 射线;另一类为有机闪烁体,如塑料和有机液体闪烁体,主要用于 β 粒子和中子的探测。表 2－6 给出了几种最常用的闪烁体的主要性能。

表 2－6　几种最常用的闪烁体的主要性能

材　　料	最强发射波长(nm)	发光衰减时间(ms)	折射率	密度(g/cm³)	相对闪烁效率
NaI(T1)	410	0.23	1.85	3.67	100%
CsI(T1)	565	1.0	1.80	4.51	45%
BGO	480	0.30	2.15	7.13	8%

　　光电倍增管(PMT)是一种光电器件,主要由光阴极、聚焦极、打拿极(联极)和阳极组成,密封于玻璃壳内并带有各电极引出。光电倍增管的产品很多,但主要应注意:光阴极的光谱响应与闪烁体的发射光谱是否相匹配;是否具有较高的阴极灵敏度和阳极灵敏度;是否具有较低的暗电流或噪声脉冲;是否具有良好的工艺性和稳定性。

2.6.3　半导体探测器

　　半导体探测器是在 20 世纪 60 年代发展起来的一种新型探测器,与气体探测器不同的是它的探测介质不是气体,而是半导体材料。入射带电粒子在探测介质内通过电离损失能量的同时,形成电子—空穴对,同样,电子—空穴对向电极的定向漂移过程中,在输出回路上形成输出信号。

　　图 2－32 是半导体探测器结构示意图。由于纯净、干燥的气体是绝缘的,其电阻率可以看成无限大,因此,当在两电极之间加工作电压时,不会在两极板间形成定向的漏电流。由于气

体密度小,入射粒子形成的电子—离子对能被有效地收集。而半导体作为介质材料,其电阻率是有限的,即使对本征半导体而言,其电阻率仅为 $10^5\ \Omega\cdot cm$,其漏电流将远远大于信号的脉动电流。由于在 N 型半导体和 P 型半导体的界面形成 P-N 结,且 P-N 结区域内极性不同的杂质原子形成的空间电荷的内电场的存在,形成了耗尽层。在 P-N 结上加上反向电压将进一步扩展耗尽层的宽度,成为半导体探测器的灵敏体积。

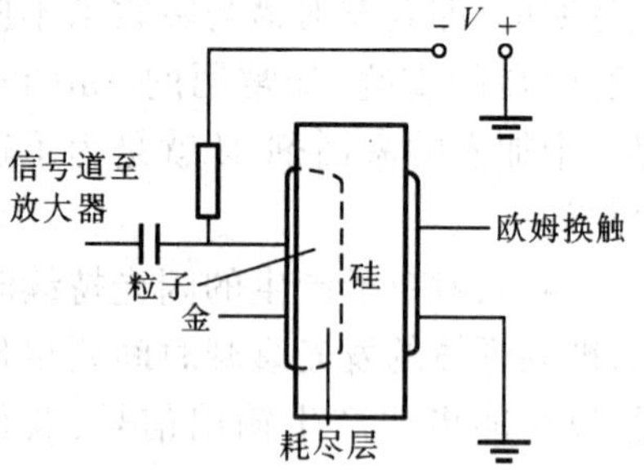

为保证电离生成的电子—空穴对能被有效地收集,必须选用那些载流子(即电子或空穴)在半导体材料中寿命长的材料,以使载流子在探测介质中的漂移长度大于结区的宽度,因此,性能优异的半导体硅和锗就成为理想的半导体探测器的介质材料。

图 2-32 半导体探测器结构示意图

由一般高纯材料做成的探测器,由于 P-N 结区的宽度受限制,仅为 $0.1\sim1.2$ mm,只适合于 α 粒子或其他重带电粒子的探测。

随着材料和工艺的发展,出现了锂漂移探测器 Si(Li) 和 Ge(Li) 半导体探测器,以锗为主的极高纯半导体材料,称为高纯锗半导体探测器(一般表示为 HPGe),灵敏体积可以达到几立方厘米,当灵敏体积超过 100 cm³ 以上,对 γ 射线的探测效率就可产生与无机闪烁体相比拟的效果。

在半导体材料中,形成一个电子—空穴对所需的能量仅为 3 eV,即电离能 $W=3$ eV,而气体探测器中形成一个电子—离子对为 30 eV,对闪烁探测器而言,形成一个被光电倍增管第一倍增极倍增的光电子则需 300 eV。这样,对同样能量的入射粒子在半导体探测器中形成的、对输出信号有决定作用的电子—空穴对数将大于前两种,从而获得最好的能量分辨率,比前两种探测器能区分能量差更小的不同的入射粒子。这种进展对探测 γ 射线更为重要,从而形成了现代的 γ 谱学。

思 考 题

1. 带电粒子与物质相互作用的主要形式有哪些,各有什么特点?
2. γ 射线与物质相互作用的三种效应是什么,作用的对象和次级粒子各是什么?
3. 比较 α、β 粒子、γ 射线与物质相互作用的差异和特点。
4. 何谓窄束 γ 射线和宽束 γ 射线?
5. 能量相同的电子束和 β 射线通过相同介质时的衰减规律有什么差异,为什么?
6. 何谓 γ 射线仪器谱? 试分析采用 NaI(Tl) 探测器测得的 ¹³⁷Cs 的 γ 射线能谱。
7. 简述中子与物质相互作用的主要形式。
8. 简述气体探测器、闪烁探测器、半导体探测器的工作原理。

第 3 章　核探测技术及应用

核技术方法具有经济、直观、便于测量等优点,广泛应用于生产实践和科学研究中。善于利用核技术,将对经济建设、医疗、环境保护和科学研究起重大作用。目前已知的核技术应用领域很广泛,有利用天然放射性核素性质——核技术勘查;有利用辐射易探测性能——示踪技术;有利用辐射穿透性能——透视和自动控制;有利用辐射的生物效应——治癌、灭菌、杀虫、培育动植物新品种;有利用辐射的化学效应——辐射化工;还有利用辐射的能量——放射性同位素能源等。本章将主要介绍核探测技术在地学、工业、农业和医学领域的应用。

3.1　核探测技术在地学中的应用

核探测技术在地学中主要应用于放射性勘查。放射性勘查是一种地球物理找矿方法,它是以岩石或矿石在一定的几何空间造成的放射场的差异为基础的。通过专门的核探测仪器测量射线强度和放射性核素含量,以达到寻找矿产资源和地质工程勘探的目的。

放射性勘查方法很多,按其测量对象不同,可分为 γ 测量、Rn 及其子体测量。其中 γ 测量又分航空 γ 测量、航空 γ 能谱测量、地面 γ 测量和地面 γ 能谱测量。Rn 及其子体测量又分射气测量、径迹测量、α 卡测量、活性炭测量和 ^{210}Po 法测量等等。本节将对地面 γ 测量、射气测量和径迹测量等放射性勘查方法给予介绍。

放射性勘查对象是天然地质体,如岩石(或土壤)的放射性元素的分布和迁移。因此,在讨论各种勘查方法之前,了解铀、镭、钍、钾等天然放射性核素,在岩石、土壤、水和大气中的分布特点及某些地球化学性质是必要的。

3.1.1　放射性核素在自然界的分布

自然界里,除了成系列的铀、镭、钍等放射性核素外,还有不成系列的钾、铷等放射性核素。它们广泛地分布于岩石、水和空气中。地球上任何一种岩石都含有一定数量的放射性核素,这称为岩石的放射性核素正常含量或称克拉克值。

1.放射性核素在岩石中的分布

放射性核素在不同岩石中的正常含量是不同的。同一类岩石生成的时代不同,其放射性核素含量也不相同。具体情况见表 3 – 1 和表 3 – 2。

表3-1 岩石中放射性元素的含量(重量%)

岩 性			U	Th	K	Th/U	Ra	Rn
岩浆岩	酸性岩	花岗岩、花岗闪长岩、流纹岩	3.5×10^{-4}	1.8×10^{-3}	3.34	5.1	1.2×10^{-10}	7.6×10^{-16}
	中性岩	闪长岩、安山岩、正长岩	1.8×10^{-4}	7.0×10^{-4}	2.31	3.9	6.0×10^{-11}	3.9×10^{-16}
	基性岩	玄武岩、辉长岩、辉绿岩	5.0×10^{-5}	3.0×10^{-4}	0.83	6.0	2.7×10^{-11}	1.7×10^{-16}
	超基性岩	纯橄榄岩、橄榄岩、辉岩	3.0×10^{-7}	5.0×10^{-7}	0.03	1.7	1.0×10^{-11}	5.6×10^{-18}
沉积岩	页岩、粘土		4.0×10^{-4}	1.1×10^{-3}	3.20	2.8	–	6.5×10^{-16}
	砂岩		3.0×10^{-4}	1.0×10^{-3}	1.20	3.3	–	–
	石灰岩		1.4×10^{-4}	1.8×10^{-4}	0.30	1.3	–	–
	石膏、硬石膏、岩盐		1.0×10^{-5}	4.0×10^{-5}	0.10	4.0		
变质岩	长英岩类		$0.2 \sim 4.9 \times 10^{-6}$	$0.9 \sim 30.0 \times 10^{-6}$				
	铁镁岩类		$0.5 \sim 1.0 \times 10^{-6}$	$1.7 \sim 4.0 \times 10^{-6}$				
	碳酸盐岩类		$0.7 \sim 1.1 \times 10^{-6}$	$1.8 \sim 3.0 \times 10^{-6}$				
	超变质岩类		$0.8 \sim 5.0 \times 10^{-6}$	$2.3 \sim 30.0 \times 10^{-6}$				

表3-2 华东不同时代花岗岩 U 含量

时代名称	雪峰期	加里东期	印支期	燕山早期	燕山晚期
U(10^{-6} g/g)	0.45	1.82	4.71	6.9	17.0

从表3-1,表3-2的数值可看出铀、钍、钾在岩石中的分布有如下规律。

(1)在三大岩类中,岩浆岩的铀、钍、钾含量高于沉积岩,而变质岩介于岩浆岩和沉积岩之间,其含量取决于变质前母岩是岩浆岩还是沉积岩。

(2)在岩浆岩中,酸性岩的铀、钍、钾含量最高,中性岩约为酸性岩的二分之一,基性岩约为酸性岩的四分之一,超基性岩的含量最低。

(3)在酸性岩中,早期花岗岩的铀含量要比晚期的低,如雪峰期比燕山期花岗岩的铀含量差十几倍。同是燕山期花岗岩,燕山晚期的铀含量比燕山早期的高几倍。说明岩石的时代越新,铀含量就越高。这是由铀的化学性质活泼所决定的。

(4)在沉积岩中,泥质页岩的铀、钍、钾含量为最高。砂岩中的铀含量变化较大,这与砂岩的成分有关。盐岩、石膏中的铀含量最低。

(5)变质岩中,放射性核素的含量与变质前岩石中的含量及变质程度有关。在变质过程中,铀、钍等放射性核素容易分散出去,因此,一般说来,变质后比变质前的含量要低些。也有变质时成矿的,但较少见到。

(6)各类岩石的钍、铀比值(Th/U)也存在一定的变化规律。酸性岩的钍、铀比值高,约为 2 ~6;沉积岩较低,约为 1 ~4;变质岩比较高,这主要是由于变质岩中的钍含量较高所致。

根据钍、铀比值的变化,可区分岩石中钍、铀的比例,从而可以鉴定异常的性质。钍、铀比值也用于选择成矿远景区及划分岩石界线。近年来有人研究认为钍、铀的比值同铀矿形成有密切关系。因此,钍铀比值是指导找矿的一种重要参数。

2.放射性核素在水中的分布

通常水中含有铀、镭、氡(钍、钾很少)等放射性核素。它们之间处于不平衡状态,且含量变化很大。如水中 Ra 含量由 $n \times 10^{-14} \sim n \times 10^{-9}$ g/L,铀含量 $n \times 10^{-8} \sim n \times 10^{-2}$ g/L,Rn 浓度从 $n \times 10^4 \sim n \times 10^7$ Bq/m³。详见表 3 – 3。

表 3 – 3　各种水中铀、镭、氡的含量

水类别	氡(Bq/m³)	镭(g/L)	铀(g/L)
海水	0	10^{-13}	$6.0 \times 10^{-7} \sim 2.0 \times 10^{-6}$
湖水	–	10^{-12}	8.0×10^{-6}
沉积岩水	$2.2 \times 10^4 \sim 5.5 \times 10^4$	$2.0 \times 10^{-12} \sim 3.0 \times 10^{-10}$	$2.0 \times 10^{-7} \sim 5.0 \times 10^{-6}$
酸性岩浆岩水	3.7×10^5	$2.0 \times 10^{-12} \sim 4.0 \times 10^{-12}$	$4.0 \times 10^{-6} \sim 7.0 \times 10^{-6}$
铀矿床水	$1.8 \times 10^6 \sim 3.7 \times 10^6$	$6.0 \times 10^{-11} \sim 8.0 \times 10^{-11}$	$8.0 \times 10^{-6} \sim 6.0 \times 10^{-4}$

从表 3 – 3 的数据看出水中的放射性核素含量比岩石的低得多。因此,用辐射仪在水面上测量 γ 射线强度是很困难的,仪器的读数实际上是宇宙射线和仪器的本底。

海洋水中放射性核素的含量低于河水中的含量,湖水中含量较高,地下水中放射性核素的含量比地表水高,花岗岩区地下水中放射性核素的含量比沉积岩区地下水中的含量高,流经铀矿床的水中放射性核素的含量往往大幅度增高。

由于 Rn 易溶于水,流经岩石破碎带的水往往含有较多的 Rn。因此,出现 Ra 含量正常,而 Rn 浓度高的 Rn 水,高达几万甚至几十万 Bq/m³,成为找矿的良好标志。

3.土壤及大气中的放射性核素的分布

从岩石和水中放出的 ^{222}Rn,^{220}Rn 和 ^{219}Rn 及其衰变产物广泛分布于土壤及大气里。此外,大气里还有其他放射性核素如 ^{14}C 等。这些核素在土壤及大气中的分布有一定规律,如表3 – 4所示。

表 3－4　土壤及大气中²²²Rn和²²⁰Rn的分布

样　　品	^{222}Rn（Bq/m^3）	^{220}Rn（当量 Bq/m^3）
地下土壤气体	$3.7 \times 10^3 \sim 7.4 \times 10^3$	$7.4 \times 10^3 \sim 3.7 \times 10^4$
陆地近地表大气	44	25.9
近岸海洋大气	3.7	－
远岸海洋大气	0.37	－

（1）土壤气体和大气中的放射性核素含量是不相同的。土壤里气体中的放射性核素的含量比大气中高得多（高一千倍左右）。土壤里气体中的^{222}Rn、^{220}Rn浓度随地区、季节、气候等的不同有所变化。还与地下岩石中的放射性核素的含量、岩石的结构、成分、温度、压力等因素有关。

（2）大气中^{222}Rn、^{220}Rn的浓度及其衰变产物随高度增加而减少。由于^{222}Rn的半衰期比较长，它可以传播到很高的上空去。而^{220}Rn的半衰期很短，故随高度衰减得比较快，大约离地面100 m高度时，^{220}Rn的浓度只占地面浓度的千分之五。而同样高度的^{222}Rn浓度为地面浓度的73%。^{222}Rn的衰变产物的量随高度增加而减少得比较缓慢，如在200 m上空，^{210}Pb的量是地面的97.3%。

（3）陆地大气中的放射性核素含量比海洋大气中的高，而^{220}Rn尤为显著。

（4）近海大气中的放射性核素含量又比远洋大气中的高。

4. 分散晕

在成矿过程中或矿床形成以后，由于内因和外因的各种作用，矿元素或与成矿有关的元素分散到周围岩石或土壤中去，使得这些元素的含量相对增加，在矿床周围形成某些元素的异常含量地段，这称为分散晕。分散晕与矿床有密切的关系，而且分布范围比矿体大得多，是普查找矿的重要线索。

根据分散晕形成的时间、空间关系以及某些地球化学因素，将分散晕分为原生分散晕和次生分散晕。

（1）原生分散晕

原生分散晕是在成矿过程中与矿体同时形成的，矿元素未达到工业品位但明显地高于正常含量的一种地球化学异常。

原生晕的成分除了矿元素外，往往还有伴生元素存在。比矿元素化学活动性大的某些伴生元素还可以形成规模更大的分散晕。用它作为成矿指示元素，进行间接找铀矿也是有意义的。

原生晕一般形成在矿体周围，其形态与矿体相似，异常出现在矿体上方或附近。围岩蚀变与矿体相一致。一般原生晕 U－Ra 平衡破坏不严重或 U－Ra 平衡。原生晕的发育程度受构造、蚀变和物质成分等条件控制。

(2)次生分散晕

次生分散晕是矿体或原生晕由于风化搬运作用或侵蚀淋滤作用,使矿元素在矿体周围的岩石或疏松层中重新富集而形成的异常地段。次生晕在空间上与矿体、原生晕相邻近,其延伸范围比原生晕更大。

根据成矿元素在分散晕中的存在形式,次生晕又分为机械分散晕和盐晕两种。

①机械分散晕

机械晕是岩石(矿石)风化破坏后,矿元素以物理搬运的形式或重力作用的形式,形成于残积、坡积层中的次生分散晕。机械晕在空间上与矿体有一定位移,一般在矿体的下方。晕的物质成分与原生矿物和后生矿物同时存在。

机械晕受气候、地形等因素控制。在炎热多雨、温度变化大、地形陡的地区,有利于机械晕的形成和发育。

②盐分散晕

盐晕是岩石(矿石)风化或被侵蚀后,矿元素溶解于水中,以化学搬运的形式形成于洪积、坡积层中的分散晕。盐晕的形成过程很复杂,它具有易溶矿物、矿床的特征。如在氧化带中,这些易溶矿物分解成盐类并溶于水中。它们靠地下水或地表水的运动、渗透、扩散和毛细管上升作用进行化学搬运。在溶液迁移过程中,由于化学变化如过饱和作用、吸附作用等原因,使矿元素变成固体盐类,沉积在坡积层或洪积层中。

有的盐晕是在沉积物形成的过程中同时形成的,有的是沉积物形成后生成的。在空间上盐晕离矿体比较远。矿物成分一般与矿体的矿物成分不一致,并随沉积迥旋而变化。

盐晕受气候、雨量及水系发育条件等因素控制。如在常有水渗出地表的地段,由于淋滤和蒸发作用,把深部矿元素带到地表而富集,其含量可高达千分之几。而在某些潮湿多雨区,由于强烈的氧化作用,铀、镭等核素从岩层中被淋蚀而流失,造成该地区铀、镭元素的缺失。在这种情况下,采用测量铀的伴生元素的分散晕找矿是有重要意义的。

5.正常场与异常场

放射性测量的对象是岩石和近地表覆盖层(土壤)中的放射性核素。各种岩石(土壤)中都含有一定数量的放射性核素,这些正常含量的放射性核素相应地产生一定的射线强度,这就是岩石(土壤)的正常放射性强度,一般称为"正常场"(或岩石的底数)。由于各种岩石所含的放射性核素数量不同,因而不同岩石的正常场值是不同的。

当放射性核素局部富集,γ照射量率明显增高时,把高于正常场值 2～3 倍以上的 γ 照射量率称为异常。异常是相对正常场而言的,要想确定某地区某种岩性的异常值时,必须预先统计该区各种岩石的正常 γ 照射量率。近年来把大于岩石正常场加三倍均方差的 γ 照射量率定为异常场。

在 γ 普查找矿中,把达到异常值标准并且受有利构造或岩性控制的点,称为异常点。异常点如果连续分布大于 20 m 并且受有利的构造或岩性控制的,称为异常带。异常点和异常带是发现矿床的重要线索和依据,但并不是通过所有的异常点和异常带都能发现矿床。

3.1.2 地面 γ 测量

地面 γ 测量是放射性勘查的主要方法之一。它一般适用于各种地形、地貌和气候条件的地区。在岩石露头发育、覆盖层厚度不大的地区进行地面 γ 测量尤其有利。

地面 γ 测量是利用便携式辐射仪测量岩石或覆盖层上的 γ 射线照射量率,寻找 γ 异常点(带)和 γ 照射量率偏高的地段,以达到发现铀矿床(体)的目的。

由于放射性元素在地壳中相对分散而且含量低,不易用肉眼辨别,因此,地面 γ 测量便成为铀矿普查的重要手段。而且它具有速度快、效率高、成本低、方法简单、测量数据代表性强和找矿灵敏度高等优点。只要有放射性元素(铀系列、钍系列、钾)存在,仪器就可测量其 γ 强度。实践表明,地面 γ 测量是找铀矿的最直接、最有效的方法。它的缺点是探测深度浅,仪器所测得的 γ 射线强度主要是镭组元素提供的,因而会受到铀、镭平衡破坏的影响。同时也会受钍、钾等元素的干扰。

目前地面 γ 测量适用于普查铀、钍矿床,划分岩层地质界线,进行地质填图及寻找一些与铀共生的金属矿床和非金属矿床等等。

1.地面 γ 测量的基本原理

(1)辐射体的 γ 照射量率计算

测点的 γ 照射量率,与辐射体放射性物质的含量、大小、形态、密度、埋深、厚度以及探测仪器的类型等因素有关。进行理论计算比较复杂。下面我们只讨论实际工作中常碰到的两种辐射体 γ 照射量率的计算问题。

①点源的 γ 照射量率的计算

设点源处于均匀介质中,求在介质内任一点的辐射照射量率。计算公式为

$$I = K \frac{m}{R^2} e^{-\mu R} \tag{3.1.1}$$

式中　I——介质中任一点的 γ 照射量率;

　　　m——点源的放射性物质的质量(g);

　　　μ——介质对 γ 射线的线吸收系数(cm^{-1});

　　　R——测量点到点源的距离(cm);

　　　K——γ 常数,数值上等于质量为 1 g 放射性物质的点源在距离为 1 cm 远处产生的 γ 照射量率值。

当放射性物质不同时,其 K 值是不同的。

当放射性物质为镭时,$K = 6.02 \times 10^{-4}\ \text{C·cm}^2/(\text{kg·g·s})$

当放射性物质为铀时,$K = 2.09 \times 10^{-10}\ \text{C·cm}^2/(\text{kg·g·s})$

当放射性物质为钍时,$K = 8.96 \times 10^{-11}\ \text{C·cm}^2/(\text{kg·g·s})$

当放射性物质为钾时，$K = 5.66 \times 10^{-14}$ C·cm²/(kg·g·s)

当介质为空气时，因空气的线吸收系数很小，因此 $e^{-\mu R}$ 趋近1，上式可化简成

$$I = K \frac{m}{R^2} \tag{3.1.2}$$

这公式的物理意义是：点状放射源在空气介质中任一点的照射量率与点源的放射性物质的质量成正比，与测点到点源的距离的平方成反比。

②辐射体上的 γ 照射量率的计算

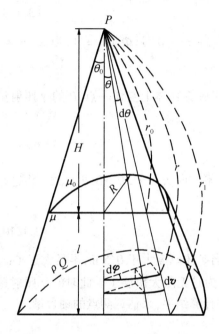

图 3-1 圆锥台矿体上空一点 P 的
γ 照射量率计算示意图

设高为 L，半径为 R 的圆锥台矿体出露于地面。圆锥台的密度为 ρ，放射性物质的质量为 m，放射性核素的含量为 Q，矿体和空气的吸收系数分别为 μ 和 μ_0。求圆锥台矿体上空一点 P 的 γ 照射量率。如图 3-1。

要求得圆锥台矿体在 P 点上的 γ 照射量率，首先在矿体内取一小体积元 dv，其放射性物质的质量为 dm。因为 dv 很小，可看成点状放射源，即可求得 dv 在 P 点产生的 γ 照射量率 dI。然后，对锥台进行积分，便可求出圆锥台矿体在 P 点产生的 γ 照射量率。

根据点源公式，小体积元 dv 在 P 点的 γ 照射量率为

$$dI = K \frac{dm}{r^2} e^{-\mu(r-r_0)-\mu_0 r_0} \tag{3.1.3}$$

式中，$dm = Q\rho dv$，代入(3.1.3)式，得

$$dI = K \frac{Q\rho dv}{r^2} e^{-\mu(r-r_0)-\mu_0 r_0} \tag{3.1.4}$$

将直角坐标换成球坐标，有 $dv = r^2\sin\theta d\theta d\varphi dr$，则

$$dI = KQ\rho e^{-\mu(r-r_0)-\mu_0 r_0} \sin\theta d\theta d\varphi dr \tag{3.1.5}$$

对上式进行积分，得

$$I = KQ\rho \iiint_V e^{-\mu(r-r_0)-\mu_0 r_0} \sin\theta d\theta d\varphi dr$$

该辐射体积分限为：θ 为 $0 \sim \theta_0$；φ 为 $0 \sim 2\pi$；r 为 $r_0 \sim r_1$，有

$$I = KQ\rho \int_0^{2\pi} d\varphi \int_0^{\theta_0} \sin\theta d\theta \int_{r_0}^{r_1} e^{-\mu(r-r_0)-\mu_0 r_0} dr \tag{3.1.6}$$

对 $d\varphi, dr$ 积分得

$$I = \frac{2\pi KQ\rho}{\mu}\left[\int_0^{\theta_0} \mathrm{e}^{-\mu_0 r_0}\sin\theta\mathrm{d}\theta - \int_0^{\theta_0}\mathrm{e}^{-\mu(r_1-r_0)-\mu_0 r_0}\sin\theta\mathrm{d}\theta\right] \tag{3.1.7}$$

由图可得 $r_0 = H\sec\theta, r_1 = (H+L)\sec\theta$，代入(3.1.7)式得

$$I = \frac{2\pi KQ\rho}{\mu}\left[\int_0^{\theta_0}\mathrm{e}^{-\mu_0 H\sec\theta}\sin\theta\mathrm{d}\theta - \int_0^{\theta_0}\mathrm{e}^{-(\mu L + \mu_0 H)\sec\theta}\sin\theta\mathrm{d}\theta\right] \tag{3.1.8}$$

用金格函数表示上述积分结果得

$$I = \frac{2\pi KQ\rho}{\mu}\{\Phi(\mu_0 H) - \cos\theta_0\Phi(\mu_0 H\sec\theta_0) - \Phi(\mu_0 H + \mu L) + \cos\theta_0\Phi[(\mu L + \mu_0 H)\sec\theta_0]\} \tag{3.1.9}$$

式中，$\cos\theta_0 = \dfrac{H}{\sqrt{R^2 + H^2}}$；对于金格函数 $\Phi(x)$ [①] 具有：当 $x \to 0$ 时，$\Phi(0) = 1$；当 $x \to \infty$，$\Phi(\infty) = 0$。

已知上式各参数时，通过查金格函数表便可计算出圆锥台体上空任一点 P 的 γ 照射量率。在特殊情况下式(3.1.9)可以简化计算。

③特殊辐射体的 γ 照射量率计算

a.无限大矿体表面任一点的 γ 照射量率

当无限大矿体出露地表时，此时矿体厚度 $L \to \infty$，水平方向 $R \to \infty$，$H \to 0$，$\theta = \pi/2$。将这些条件代入(3.1.9)式得

$$I = \frac{2\pi KQ\rho}{\mu} = I_\infty \tag{3.1.10}$$

I_∞ 代表无限大矿体表面上任一点的 γ 照射量率。当矿体厚度大于 0.5 m,半径大于 1 m,探测器中心距辐射体表面的高度 $H = 3$ cm 时，就可以认为是无限大矿层了。此时的 γ 照射量率被称为无限大矿层的照射量率。常利用(3.1.10)式的计算结果，来估算测点的铀含量。

b.出露地表无限厚圆锥台矿体上的 γ 照射量率

在这种条件下，矿体厚度 $L \to \infty$，$H \to 0$。代入(3.1.9)式得

$$I = \frac{KQ\rho}{\mu}2\pi(1 - \cos\theta_0) \tag{3.1.11}$$

式中,$2\pi(1 - \cos\theta)$ 表示测点 P 对矿体的张角，也叫测量的立体角，并以 ω 表示。上式可简化为

$$I = \frac{KQ\rho}{\mu}\omega \tag{3.1.12}$$

此式表明 P 点的 γ 照射量率与测量的立体角成正比。

c.无限大矿体覆盖层上任一点的 γ 照射量率

---

① 金格函数式:$\Phi(x) = \int_0^{\pi/2}\mathrm{e}^{-x\sec\theta}\cdot\sin\theta\mathrm{d}\theta$

设覆盖层厚度为 h,吸收系数为 μ_1。由于 H 一般不大,空气对 γ 射线吸收很少, $\mu_0 \to 0$。仿照前面圆锥台矿体的推导方法,可推导出覆盖层上任一点的 γ 照射量率公式为

$$I = \frac{2\pi KQ\rho}{\mu}\{ \Phi(\mu_1 h) - \cos\theta_0 \Phi(\mu_1 h \sec\theta_0) - \Phi(\mu_1 h + \mu L) + \cos\theta_0 \Phi[(\mu_1 h + \mu L)\sec\theta_0]\}$$

(3.1.13)

当 $L \to \infty$, $R \to \infty$, $\theta = \pi/2$ 时,式(3.1.13)化简为

$$I = \frac{2\pi KQ\rho}{\mu}\Phi(\mu_1 h) = I_\infty \Phi(\mu_1 h)$$

(3.1.14)

从式(3.1.14)可见 P 点的 γ 照射量率由于浮土的吸收而变小,其减弱的程度与覆盖层的厚度及密度有关,并按金格函数的规律变化。覆盖层厚度越大, P 点的照射量率就越小。当覆盖层的密度 $\rho = 2 \text{ g/cm}^3$ 时,50 cm 厚的覆盖层就吸收了矿体在 P 点产生的辐射照射量率的 90% 以上。大约 80 cm 厚的覆盖层就将辐射照射量率全部吸收完了。此外,还看出覆盖层按金格函数规律对射线照射量率的吸收要比指数规律吸收快得多。

覆盖层对射线照射量率吸收的快慢还与覆盖层的密度有关。密度越大,吸收越多,曲线下降越快。

d.出露地表有限延深无限大矿层上的 γ 照射量率

根据给出的条件,将 $R \to \infty$, $\theta_0 = \pi/2$, $H \to 0$, $\mu_0 \to 0$ 代入式(3.1.9)得

$$I = \frac{2\pi KQ}{\mu}[1 - \Phi(\mu L)]$$

(3.1.15)

从式(3.1.15)看出 P 点 γ 照射量率随矿层的厚度而变化。给定不同的 L 值,按式(3.1.15)可计算得不同的 I 值。由此可得 I/I_0—L 关系,该关系反映出 P 点的 γ 照射量率随矿层厚度增加以金格函数规律增长,并且这种增长要比指数规律增长的速度快得多。当矿层厚度达到 80 cm 时, P 点的 γ 照射量率达到了最大值,以后再不随矿层厚度而变化了,即保持一定值。此时的厚度称饱和厚度,此时的照射量率称饱和照射量率。实际上测量到的 95% 的 γ 照射量率是矿层表面以下 50 cm 范围内产生的。而测量到的 98% 的 γ 照射量率是由矿层上部 70 cm 处产生的。

(2)辐射仪的探测范围(仪器作用带)

当仪器放在离岩石(矿层)的距离为 H 的 P 点测量时,如图 3-2。仪器记录到的 γ 照射量率的 80% 以上是由某一范围内的岩石(矿石)提供的。这一范围我们称为仪器的作用带(或称仪器的探测范围)。作用带的大小与探测器放置的高度 H 有关,可以利用(3.1.11)式进行计算。

假设某测点测得的 γ 照射量率的 80% 是由仪器作用带提供的。根据式(3.1.11)得

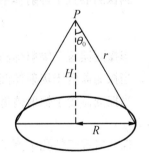

图 3-2　仪器探测范围示意图

$$\frac{I}{I_\infty} = 1 - \cos\theta_0 \qquad \cos\theta_0 = \frac{H}{r} = \frac{H}{\sqrt{H^2 + R^2}} \qquad \frac{I}{I_\infty} = 0.8$$

解得 $R \approx 5H$。因为仪器探测范围为 $2R$,所以 $2R = 10H$。

由此可见,仪器的探测范围与仪器高度是 1:10 关系。当 H 增加时,可大大地增大仪器的作用带,但 γ 照射量率却相应地大大降低。实践表明 H 在 3~5 cm 为宜。因此,仪器的探测范围也只不过是 50 cm 左右。可见,仪器探测范围是很有限的。为了增大探测范围,提高找矿效果,不漏掉异常(矿),在野外路线测量找矿时,仪器要连续测量,探测器(探管)要左右摆动,呈"S"形沿测线前进。

(3)立体角对测量的影响

如果仪器放置在凹凸不平的矿层面上测量,即使矿层铀含量分布均匀,其测量结果也是不相同的。这是因为仪器探测的立体角不同所造成的。在野外测量中,影响测量结果的立体角有四种,如图 3-3 所示。

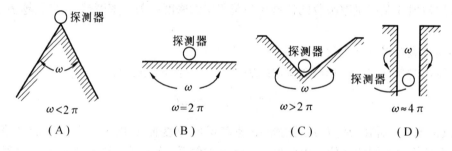

图 3-3　四种不同测量的立体角

当探测器置于辐射体平面测量时,如图 3-3(B)所示,$\omega = 2\pi$,P 点的辐射照射量率为

$$I = \frac{2\pi KQ\rho}{\mu} = I_\infty$$

当探测器置于辐射体凸面测量时,如图 3-3(A)所示。$\omega < 2\pi$,P 点的照射量率为 $I < I_\infty$。

当探测器置于辐射体凹面测量时,如图 3-3(C)所示。$\omega > 2\pi$,P 点的照射量率为 $I > I_\infty$。

当探测器置于辐射体里面(钻孔中)测量时,如图 3-3(D)所示,$\omega = 4\pi$,P 点照射量率为 $I > 2I_\infty$。

探测器置于钻孔中测量时,因为孔中的散射射线照射量率增大,使质量吸收系数减小,所以 I 大于 $2I_\infty$,而不是等于 $2I_\infty$。如钻孔中的质量吸收系数 $\frac{\mu}{\rho} = 0.036$ cm²/g,铀含量为 0.01%,代入式(3.1.10)得

$$I_{4\pi} = \frac{4\pi KQ}{\dfrac{\mu}{\rho}} = \frac{4 \times 3.14 \times 2.09 \times 10^{-10} \times 10^{-4}}{0.032} = 8.2 \times 10^{-12}(\mathrm{C/(kg \cdot s)})$$

而在平面上测量($\omega = 2\pi$)时,$\dfrac{\mu}{\rho} = 0.036~\mathrm{cm^2/g}$,$I_{2\pi} = 3.67 \times 10^{-12}(\mathrm{C/(kg \cdot s)})$。

由此可见,即使铀含量相同,但测量条件不同时,其测量结果是不相同的。在实际工作中常常会遇到这种情况。因此,在找矿过程中,应注意测量立体角的影响,将探测器尽量放在平坦的地方测量,不记录土堆或坑内的测量数据。

(4)地面 γ 测量的探测深度

我们已经知道地面 γ 测量的探测深度是不大的,那么究竟有多深呢? 下面我们计算一个实例就知道了。

例　已知覆盖层下铀矿层的铀含量为 0.1%,覆盖层的密度为 1.7 g/cm³,用辐射仪在地表上测得 γ 照射量率为 $7.17 \times 10^{-13}~\mathrm{C/(kg \cdot s)}$,土壤质量吸收系数 $\mu/\rho = 0.026~\mathrm{cm^2/g}$,求矿体的最大埋藏深度是多大(即地面 γ 测量的深度)。

根据有覆盖层时矿体的 γ 照射量率计算公式(3.1.14)有:$I = I_\infty \Phi(\mu_1 h)$。

$$I_\infty = \frac{2\pi KQ}{\dfrac{\mu}{\rho}} = \frac{2 \times 3.14 \times 2.09 \times 10^{-10} \times 10^{-3}}{0.026} = 5.05 \times 10^{-11}(\mathrm{C/kg \cdot s})$$

$$\Phi(\mu_1 H) = \frac{I}{I_\infty} = \frac{7.17 \times 10^{-13}}{5.05 \times 10^{-11}} = 0.0142$$

查金格函数表得:$\mu_1 h = 2.8$,$\mu_1 = 0.026 \times 1.7 = 0.044~2(\mathrm{cm^{-1}})$,则 $h = 63.3~\mathrm{cm}$。

计算结果表明,当浮土厚度为 63.3 cm 时,即使浮土下埋藏着含量高达 0.1% 的富矿体时,在地表也只能测量到 $7.17 \times 10^{-13}~\mathrm{C/(kg \cdot s)}$ 左右的 γ 照射量率。可见地面 γ 测量的探测深度是很有限的,一般为 60~70 cm。只有在铀分散晕发育的条件下,探测深度才能加深。

地面 γ 测量探测深度的相关因素有:①矿体的规模及含量;②覆盖层的密度;③覆盖层中有无铀的分散晕以及分散晕的发育程度;④测量仪器的灵敏度。

2.地面 γ 测量的工作方法

地面 γ 测量一般布置在地质条件对铀成矿有利的地区。岩石露头良好,浮土覆盖厚度不超过 2 m,分散晕发育的地区,γ 测量最为有利。当浮土覆盖厚时,一般应选择沿河谷、冲沟等露头发育的地方布置路线测量。

在一个地区开展 γ 测量工作之前,首先应收集测区内的地质、物探、水文等资料,并组织地质、物探人员进行实地踏勘,进一步了解测区的地质情况。根据收集到的资料及踏勘所得的认识进行综合分析研究。然后在这基础上编写 γ 普查设计,作为普查找矿工作的依据和工作执行的计划。

(1)普查阶段的划分及任务

根据测区地质条件和前人对该区的研究程度以及工作精度要求不同,将地面γ测量分为概查、普查和详查三个阶段。

①概查

概查是在从未进行过工作或工作程度很低的地区进行的概略普查,为铀矿普查的最初阶段。一般采用1:50 000~1:100 000的比例尺进行路线测量。其任务是研究测区内的区域地质条件和放射性地质特征,找出成矿有利的主要层位、构造、找矿标志等,为进一步普查找矿提供远景区(片)。

②普查

普查一般是在概查提供的远景区内进行,为铀矿普查的最重要阶段。一般采用1:10 000~1:25 000万比例尺进行的路线测量。它的任务除了进一步研究测区的地质构造、含矿岩性、矿化特征以及找矿标志外,还有一个更为主要的任务是直接寻找异常点(带)和偏高场地段,并研究其分布规律。结合成矿地质条件,圈定详查区(片),为下一步详查提供依据。

③详查

详查是在普查圈定的成矿远景区或矿区外围,或有意义的异常点(带)上进行。一般采用1:1 000~1:5 000的比例尺进行面积测量。其任务是对成矿远景区和异常点(带)进行详细测量、追索。查明异常的规模、形态;异常的中心位置、最高照射量率;异常的赋存条件、展布方向以及异常的矿化特征和分布规律。最后进行异常评价,为深部揭露勘探提供基地(指揭露点或初勘点)。

不同普查阶段的比例尺不同,所以相应的测线、测点的间距也不同,详见表3-5所示。

表3-5 伽玛测量的比例尺及相应的线点距

比例尺	线距(m)	点距(m)	标图点(m)
1:100 000	1 000	100~200	500
1:50 000	500	50~100	250
1:25 000	250	20~50	125
1:10 000	100	10~20	50
1:5 000	50	5~10	20~50
1:1 000	10	2~5	10

(2)测网的布置

各种比例尺的γ概查、普查都是以路线测量为主的。一般不在现场布置测网,而是按照比例尺要求和结合地形具体情况,把测线定在地形地质图的相应位置上,然后按图上的测线进行实地观测。普查的路线一般要求垂直或斜交本区主要岩层和构造的走向。在布线时,也可根据地质、地形条件适当加密或放稀测线。路线布置可以是直线,也可以是曲线。在新的地区,一般地质测量和 γ 测量同时进行,以便互相补充,有利于寻找成矿有利地段。

由于 γ 详查是面积测量,因此要严格按比例尺布置测网。用经纬仪测方向,用测绳或皮尺定点、线距。测线两端要延伸进入正常场 3~5 个测点,每个基线桩和每一测点都插上竹签(木桩)作为测量点的标志。

(3)路线测量方法

①工作方法

每天出工前,先用标准源或在矿石露头上检查仪器的灵敏度,仪器的工作性能正常才能出工。找矿员根据地形图找到相应的测线起点后,打开仪器,戴上耳机,沿测线进行连续听测。听测时要将探头左右摆动,曲线前进,以便在测线两侧控制一定范围。探测器保持离地面 3~5 cm。按测网要求走一定距离(目估)后作定点测量并记录仪器的读数和地质特点。对每个标图点都要标在地形图的相应位置上,并注明编号。当发现路线两侧有找矿标志或有利地层时,允许离开测线去听测。遇到 γ 照射量率增高的地段应仔细听测、追索,若 γ 照射量率增高处是浮土或风化层,应刨坑测量。总之,要找到有意义的异常必须做到四勤,即腿勤、手勤、耳勤和眼勤。

在路线测量过程中,当发现异常时,要立即进行追索。了解异常分布的范围、中心位置、最高照射量率以及异常产出的地质条件等等,并要详细记录在记录本上。必要时要对异常进行素描、打岩石标本送分析室分析。异常点的位置要标在地质地形图上,作出并记住异常点的明显标志以待来日进行检查。

路线测量结束后,应再次检查仪器灵敏度,并将检查结果绘成灵敏度检查曲线。

②异常点(带)的评价

在普查中发现的异常点(带)并不都是矿异常。为了区分矿异常和非矿异常,应组织地质、物探人员对异常点(带)进行综合分析研究作出评价。评价异常点带需要做以下工作。

a.对异常点(带)要作大比例尺的地质测量和 γ 详测。详细圈定异常的规模、形态、延伸方向、最高照射量率中心位置,以及产出的岩性、构造、矿化特征等等。并对异常点(带)进行解释。

b.判别异常点(带)的性质。可用射气仪或能谱仪作定性测量。鉴别异常属铀矿引起的还是钍矿引起的。

c.布置一定的工程如探槽、剥土、浅井等工程进行初步的揭露。通过对地表工程的地质编录、物探编录、取样分析及标本鉴定,进一步了解矿化规模、延伸方向和矿化特征。

d.对异常点(带)进行综合研究。根据物探工作获得的资料,结合地质条件和其他测量方法所获得的成果进行综合分析研究,最后作出合理的评价。当发现异常受构造或岩性控制,并有一定的规模,矿化有向深部延伸和明显变好的趋势,铀含量达到或大于边际品位,且同其他方法的测量成果吻合得比较好时,对于具有上述条件的异常点(带)可列为揭露点。

(4)地面γ测量质量检查

质量检查是确保地面γ测量工作质量的一项重要措施。生产部门有严格规定,这里仅介绍地面γ测量质量检查的标准和方法。

检查工作量一般不应少于该区总测量工作量的10%。检查的路线应照顾到全区工作量的分配比例,并注意区域γ场的特征,重点选择在地质构造、矿化有利的地段。检查方法,可采用自检(即用初测时的同一台仪器进行检查测量),互检(换另一台同类型仪器进行检查或换人用同一台仪器检查),专检(换人、换仪器专门捡查)。检查时可以大致沿原来的路线,也可以对有怀疑的地段穿越原来的测线进行。检查工作必须在一个阶段工作结束之前或测站搬迁之前进行。

地面γ测量质量的好坏,在很大程度上取决于工作人员的责任心、技术水平、工作经验和辐射仪的性能。因此,质量检查的标准是以路线测量是否漏掉异常或较大范围的异常场、高场、偏高场来判定。如果检查后发现遗漏异常多,特别是遗漏了具有远景意义的异常,则说明工作质量差。检查或路线上的重复测量,一般一条测线两次测量的相对误差要求小于20%。定点误差按比例尺而定。测点的岩性定名要符合地质要求。

3.地面γ测量的资料整理

地面γ测量资料整理工作包括放射性照射量率的单位换算,岩石底数和均方差的确定以及各种物探成果图件的绘制等等。

(1)γ照射量率的换算

在测量中仪器直接反映的是计数率(cps)而不是γ照射量率。为此需要将仪器的读数换算成照射量率。根据标定的换算系数就可以将读数换算成相应的γ照射量率值。

$$I = J \cdot n$$

式中　I——射线照射量率(C/(kg·s));

　　　J——仪器的换算系数(C/(kg·s)/计数)。

(2)岩石正常场的统计

在同一种岩性中测量时,各测点的γ值有一定的变化范围,但由于它们都出于同一地质体(母体),因而它们是服从正态或近似正态分布规律的。所以,可根据正态分布公式统计岩石的底数,也可取其平均值的方法统计岩石底数。

(3)成果图件的绘制

根据资料整理结果和结合地质测量结果,最后绘制出如下几种图件。

①物探、地质综合剖面图

如图3-4所示,纵坐标表示测线各测点的γ照射量率,横坐标表示剖面线的测点距离,曲线下为相应的地质剖面。比例尺与γ剖面的比例尺相一致。这种剖面图较直观地反映出剖面上的γ异常和正常场,以及相应岩性或构造与矿化的关系。

②γ剖面平面图

如图 3 - 5 所示。这种图是将各测线的 γ 剖面按测线的顺序和比例尺绘在同一平面上。该图能反映出详测区的正常场、偏高场,和异常场的分布位置、规模、展布方向,及其与地质构造的关系等。

③γ 等值图

如图 3 - 6 所示。其作法是将测点位置按比例尺展布到图上,将照射量率标在相应的测点旁,然后把 γ 照射量率相等的点连成圆滑曲线,称为等值线。等值线的间距根据 γ 照射量率梯度变化及地质的复杂程度决定。梯度变化大,地质情况复杂的地段间距适当放稀。γ 等值图分为区域普查 γ 等值图、详查 γ 等值图和工程编录 γ 等值图等。它能够反映出异常的形态特征和规模,对于指导找矿和揭露工程的布置都有一定意义。

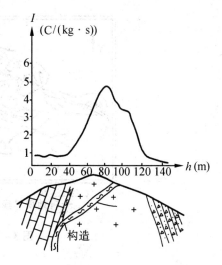

图 3 - 4　物探、地质综合剖面图

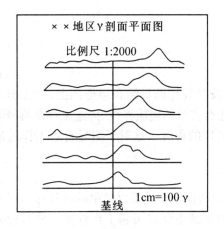

图 3 - 5　伽玛剖面平面图

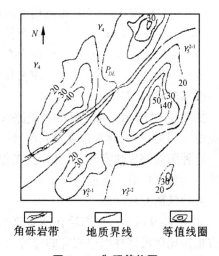

图 3 - 6　伽玛等值图

④相对 γ 等值图

如图 3 - 7 所示。因为不同岩性的底数是不同的,有时相差很大,如花岗岩底数一般为 $7.74 \times 10^{-9} \sim 1.02 \times 10^{-8}$ C/(kg·s),而在灰岩中 7.74×10^{-9} C/(kg·s)就达到了异常值。在 γ 等值图中反映不出不同岩性的最低异常值差别。另外,每一种岩性的 γ 照射量率变化幅度、均方差不同,这样不区分岩性圈等值图对应用效果有很大影响,不能客观地反映实际情况。近年来

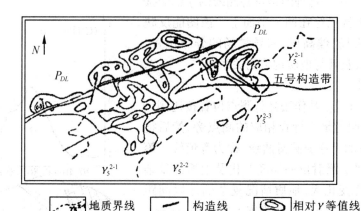

图 3-7 某地区相对 γ 等值图

采用按岩性确定等值线间距,以岩性的$(\mu+\sigma)$、$(\mu+2\sigma)$和$(\mu+3\sigma)$(其中 μ 表示测量结果均值,σ 表示测量结果方差)等三级标准来圈等值线。即把相同或不同岩性的$(\mu+\sigma)$的点相连;$(\mu+2\sigma)$的点相连;$(\mu+3\sigma)$的点相连。这样把 γ 场分为三级。

$(\mu+\sigma) \sim (\mu+2\sigma)$ 　　　　作为偏高场

$(\mu+2\sigma) \sim (\mu+3\sigma)$ 　　　　作为高场

$> (\mu+3\sigma)$ 　　　　作为异常场

⑤实际材料图

如图 3-8 所示。将实际的测量路线、检查路线按路线比例尺绘在地形图上,并标出主要测点的 γ 照射量率、异常位置及其编号。此外图中还有主要的地质界线、揭露工程及编号等。

这种图能够反映实际工作情况、工作进度以及工作的程度。这对于指导普查工作的进行和工作质量评价有一定的意义。

⑥地区研究程度图

如图 3-9 所示。该图绘在地质草图上,把该区的物探工作成果以简单的符号和不同线条的方框按比例尺展在图中相应的位置上,可反映出物探的主要成果和工作程度。如有代表性的异常点、异常带、揭露点;γ、射气和径迹普查、详查区的位置及范围,为进一步揭露勘探提供依据。

除上述资料图件外,在地面 γ 测量工作结束时,还应提交下列资料:

a.异常登记本(卡);

b.仪器标定曲线本和灵敏度检查曲线册;

c.标本采集登记本;

d.样品分析结果报告单;

e. 野外各种放射性测量的原始记录本。

4. 地面 γ 能谱测量

地面 γ 能谱测量是根据铀、钍、钾的能谱差别,利用便携式能谱仪直接测量岩石或土壤中的铀、钍、钾含量,及钍、铀比值的一种找矿方法。

地面 γ 能谱测量既可定性地区分铀、钍、钾成分又可以作定量测量。因此,该方法适用于铀、钍、钾混合地区。

(1) 地面 γ 能谱测量的原理

① 物理基础

通过第 2 章中 γ 射线谱学习后,已经知道铀、钍、钾的 γ 射线谱有显著差异。现在来讨论怎样利用这一差异进行 γ 能谱测量。

^{40}K 的特征能量是 1.46 MeV,而铀、钍系的最高 γ 射线能量都超过 2 MeV。这样,当选择高于 1.5 MeV 的能谱段测量时,测得的 γ 射线中就没有钾的 γ 射线成分了,即测得铀、钍而弃掉了钾。

钍系的主要特征能量为 2.62 MeV,铀系的最高能量不超过 2.40 MeV,当选择能

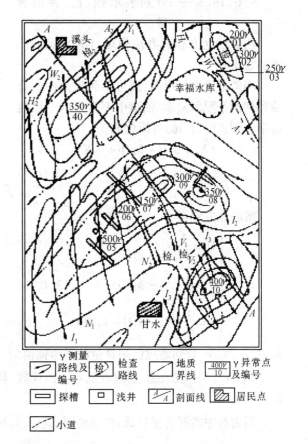

图 3 – 8 某地区实际材料图

谱段在 2.5 ~ 3.0 MeV 时,测得的 γ 射线中就没有铀、钾的成分了,即测得钍而弃掉了铀和钾。

铀系列中的一条主要特征谱线的能量是 1.76 MeV,当能谱段选择在 1.5 ~ 2.0 MeV 时,测得的 γ 射线主要是铀系元素提供的,但有钍的 γ 射线的影响。也同样弃掉了钾。

② 铀、钍、钾含量计算公式

根据上述的原理选择三种不同能谱段,在铀、钍、钾混合矿石上测量,就得到三个方程式。

$$\text{钾道①}: N_1 = a_1 U + b_1 Th + c_1 K$$
$$\text{铀道②}: N_2 = a_2 U + b_2 Th + c_2 K \tag{3.1.16}$$
$$\text{钍道③}: N_3 = a_3 U + b_3 Th + c_3 K$$

式中　$a_i, b_i, c_i (i = 1,2,3)$——换算系数,分别表示饱和条件下单位含量的钾、铀、钍在①、②、③道的计数率(或照射量率);

N_1, N_2, N_3——分别为谱仪①、②、③道的读数(去底数);

U, Th, K——分别表示铀、钍、钾的含量。

用解联立方程式办法便可计算出铀、钍、钾的含量。

当能谱段选择得当,便可得到钍道中不含铀和钾的 γ 照射量率、铀道中不含钾的 γ 照射量率。则式(3.1.16)可简化成

$$\begin{cases} N_1 = a_1 U + b_1 Th + c_1 K \\ N_2 = a_2 U + b_2 Th \\ N_3 = b_3 Th \end{cases} \quad (3.1.17)$$

解联立方程得

$$\begin{cases} Th = \dfrac{1}{b_3} N_3 \\ U = \dfrac{1}{a_2} (N_2 - b_2 Th) \quad (3.1.18) \\ K = \dfrac{1}{c_1} (N_1 - a_1 U - b_1 Th) \end{cases}$$

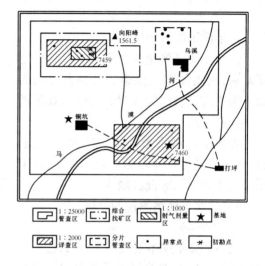

图 3-9 某地区研究成果图

式中,a_i, b_i, c_i 分别通过已知含量的平衡铀模型、钍模型和钾模型测定。

N_1, N_2, N_3 是①、②、③道在测点上的读数,利用(3.1.18)式即可分别计算铀、钍和钾的含量。

当岩石中的钾含量很低,可忽略时,式(3.1.16)可进一步简化,并解得

$$\begin{cases} Th = \dfrac{1}{b_3} N_3 \\ U = \dfrac{1}{a_2} (N_2 - b_2 Th) \end{cases} \quad (3.1.19)$$

上述各式中的符号意义同前述。

③谱段及道宽的选择原则

为了提高谱仪的分辨能力和测量灵敏度,更好地区分和测定铀、钍、钾,合理地选择谱段及道宽是能谱测量的关键一环。谱段及道宽的选择应遵循下列原则。

a.谱段应选择在大于 1 MeV 的高能区,这样可消除不同物质成分对测量结果的影响,减小底数,避免大气污染的影响。

b.区分系数尽量提高($c = a_2 b_3 / a_3 b_2$),这样可提高仪器的分辨能力,从而保证方程组解的稳定性。但 c 也不能太大,以免降低仪器的灵敏度。

c.换算系数 a_2 和 b_3 要大,这样可保证测量时,有足够的计数率,减小统计涨落的误差。

不同类型的能谱仪选择的谱段和道宽可以有差别。一般来说,钾道只能选取 1.46 MeV,铀道选取 1.76 MeV,钍道选择 2.62 MeV 的特征峰。测量这三条谱线时,其他放射性元素的干扰最小。道宽一般选在 0.2 ~ 0.3 MeV 为宜。因此,铀道的谱段为 1.66 ~ 1.86 MeV;钍道谱段为 2.52 ~ 2.72 MeV;钾道谱段为 1.36 ~ 1.56 MeV。

(2)地面 γ 能谱测量工作方法

地面 γ 能谱测量主要用于铀、钍混合地区。通过能谱测量可发现异常和确定异常的性质,消除钍和钾的干扰。它同样适用于普查和详查找矿阶段。其野外工作方法同地面 γ 测量相类似。现只对谱仪的要求及野外工作方法简单说明如下。

① 对 γ 能谱仪的要求

a. 体积小,重量轻,便于携带。

b. 要具有两个以上的测量道,其能量及道宽应有较大的调节范围。

c. 线性好。

d. 能量分辨率高。

e. 谱飘移小。

② 工作方法简述

a. 在生产之前,对谱仪必须进行检查。选择好测量的谱段,并测定换算系数。

b. 普查阶段,采用比例尺为 1:10 000 ~ 1:25 000,线距为 100 ~ 250 m,点距为 10 ~ 20 m 或 20 ~ 50 m。详查阶段的比例尺为 1:1 000 ~ 1:5 000,线距为 10 ~ 50 m,点距为 2.5 ~ 10 m。

c. 测线应垂直(或斜交)岩层或构造走向。在每一测点上,同时测定①、②、③道的计数率。

d. 利用野外测量结果,在室内分别计算铀、钍、钾的含量,及钍、铀的比值(Th/U)。如果是自动能谱仪,在野外测量时可直接读得铀、钍、钾含量。

e. 主要绘制的图件有铀、钍、钾含量等值图,及钍、铀比等值图。其作法与地面 γ 测量的相同。

5. γ 编录

γ 编录是在被山地工程揭露的岩石露头上,按一定网度测量其 γ 照射量率,用以圈定矿化或矿体范围的一种 γ 测量方法。这种方法应用很广泛,从普查揭露到勘探开采阶段都是不可缺少的手段。通过 γ 编录能够了解矿化的形态特征及变化情况,及时指导找矿或采矿工作的进行。通常用于山地工程如剥土、探槽、浅井、坑道和钻孔等。

γ 编录一般与地质编录用同一比例尺,同时进行。γ 编录绘制的等值图要求与地质编录图合在一起,以便相互对照使用。

(1)γ 编录的工作方法

工作前,对编录的地段(工程面)应进行平整,消除浮土和杂物,对坑道或浅井还应用清水洗壁,清除放射性沉淀物的影响。然后,用仪器对编录地段听测一遍,大致了解矿化的部位。对于没有异常的地段,只布置剖面线测量,点距为 0.5 ~ 1 m。对于异常地段要按比例尺布置测网测量。网度为 0.25 m×0.25 m～0.5 m×0.5 m,视矿化的均匀程度而决定网格的疏密。矿化均匀,网度可适当放稀。网格的每个测点要用红漆做上标志,编录时逐线逐点测量并做好记录。编录完后,一般抽 10% 的测点进行重复测量作为检查测量。两次测量的面积误差要求不超过 ±20%。γ 编录的主要成果是圈定 γ 等值图。该图最后清绘在透明纸上,并按含量等级着色,以表示不同含量级别的矿化范围,为异常点(带)的揭露评价或矿山开采提供依据。

(2)常用的几种 γ 编录方法

①探槽 γ 编录

通常只编录探槽的底和一个壁。当矿化、地质情况复杂时才编录两壁一底。在编录前沿探槽拉一皮尺,皮尺的垂直投影称为中线,水平投影称为腰线。测网就是以中线和腰线为基准布置的。网度一般为 50 cm×50 cm,在矿化复杂部位可加密。无矿化的探槽只在底和一壁上以 1 m 的点距,各测一条剖面线。

②剥土 γ 编录

在剥露出的岩石露头上布置测网,相当于一个缩小的详查区。测线垂直构造或岩层走向。有矿化的测线都应编录到正常场几个点。网度一般采用 50 cm×50 cm 或 50 cm×25 cm。没有矿化的剥土只测一条基线。

③浅井 γ 编录

浅井要编录四个壁、掌子面。每隔 1.5 m 编录一次。测网一般为 25 cm×25 cm 或 50 cm×25 cm,无矿化的浅井分别在每个壁上布置一条剖面线。由上至下测量,每下降 1 m 测量四个点。

④坑道 γ 编录

坑道编录包括两壁、顶板和掌子面。同样,编录前用仪器听测一遍,确定矿化部位,然后打测网;网度 25 cm×25 cm～50 cm×50 cm。无矿时沿两壁腰线及顶板中线进行剖面测量,点距为 1 m。为了指导坑道掘进和开采,对坑道的掌子面要经常编录。有时为了了解矿化沿坑壁内的变化,在坑壁上打炮眼并进行炮眼 γ 编录,测点距为 10～20 cm。根据测量结果绘制 γ 剖面图,进行定量解释,以查明矿层的厚度及品位的延伸变化情况。

⑤岩芯 γ 编录

岩芯 γ 编录是对用钻孔采出的岩芯进行详细测量,是指导 γ 测井、岩芯取样的依据,也是评价 γ 测井有无漏矿的根据。岩芯编录一般采用 β 探测器测量岩芯的 $\beta + \gamma$ 照射量率。含矿岩芯(矿芯)点距为 5～10 cm(岩芯的实际长度)。不含矿的岩芯点距为 0.5～1 m。测量的结果经深度修正后,在钻孔柱状图上绘制岩芯编录 γ 照射量率曲线。

3.1.3 航空伽玛测量

航空伽玛测量是把辐射仪安装在飞机上,在飞行过程中测量地面岩石(矿石)引起的空中伽玛场,根据伽玛场分布的特点,进行铀矿找矿或者解决其他地质问题的一种航空物探方法。

对航空伽玛测量资料及其同时获取的航空磁测资料进行综合解释,可以用来普查金矿及其他贵金属矿、铁矿、多金属矿、稀有金属矿和稀土矿、石油天然气等在成因上与放射性元素相关的矿产,也可用来圈定岩体,划分地层、构造,或者为解决其他地质问题提供依据。

航空伽玛测量的主要优点是速度快、成本低。但是它的灵敏度低,受覆盖层、地形等影响大。

1.航空伽玛测量基本原理

航空 γ 测量可以分为 γ 总量测量和 γ 能谱测量两类。γ 总量测量是用航空辐射仪测量某一能量阈值以上的 γ 射线照射量率(或计数 γ 率),也称积分测量。γ 能谱测量是用航空 γ 能谱仪测量 γ 射线在某几个能量范围产生的计数(或计数率),又称微分测量。

无论是总量测量还是能谱测量,当飞机处于高度为 H 的空间任意一点时,γ 射线所引起的仪器计数 $I_{(H)}$ 由下列几部分组成

$$I_{(H)} = I_{机} + I_{宇} + I_{空} + I_{岩} + I_{异} \tag{3.1.20}$$

式中　$I_{机}$——飞机和仪器本身引起的计数;

$I_{宇}$——宇宙射线引起的计数;

$I_{空}$——空气中放射性核素引起的计数;

$I_{岩}$——岩石中正常含量放射性物质引起的计数;

$I_{异}$——岩石(矿石)中异常含量放射性物质引起的计数。

通常将 $I_{机} + I_{宇}$ 称为本底计数。一般选择在不受地面和大气^{214}Bi辐射影响的海面(距海岸 15~20 km)上空测定 $I_{机}$ 和 $I_{宇}$,飞行高度在 100 m 以上。

航空 γ 测量中仪器记录到的 $I_{空}$ 主要是由空气中 Rn 的衰变子体^{214}Bi引起的,而^{214}Bi正是铀系中最主要的 γ 辐射体。当大气中存在较高浓度的^{214}Bi时,其对航测找铀是一种不可忽视的干扰。为保证航测结果的准确性,必须正确测定大气中^{214}Bi产生的计数率,并加以自动扣除。

$I_{岩}$ 由岩石中正常含量的 K, Ra, Th 产生。由于岩石中正常的 K, Ra, Th 含量随着地区、岩性的不同而变化,因此 $I_{岩}$ 对各个地区、各种岩性不是一个定值。

$I_{异}$ 是由矿体、矿化体、分散晕等有异常含量放射性物质的岩石所引起。它不仅与放射性物质的含量有关,而且与放射性物质的分布面积大小、探测器类型及尺寸、测线离矿化带的远近等因素有关。

2.航空 γ 能谱测量原理

航空 γ 能谱测量是一种航空地球物理勘探方法。它利用铀系、钍系和钾—40 的 γ 射线能谱存在的差异,选择几个合适的谱段作空中能谱测量,以推算出地面岩石(矿石)中的 U, Th, K 含量。

为了推算岩石 U, Th, K 含量,必须选择三个能谱段,按能量测量结果列出三元一次联立方

程组求解

$$\begin{cases} I_1 = a_{11}C_K + a_{12}C_U + a_{13}C_{Th} \\ I_2 = a_{21}C_K + a_{22}C_U + a_{23}C_{Th} \\ I_3 = a_{31}C_K + a_{32}C_U + a_{33}C_{Th} \end{cases}$$ (3.1.21)

式中　I_1,I_2,I_3——分别为 K,U,Th 道扣除 $I_机 + I_宇$ 后的计数率;

　　　C_K,C_U,C_{Th}——分别为岩石或土壤中 K,U,Th 含量;

　　　$a_{ij}(i = 1 \sim 3, j = 1 \sim 3)$——换算系数。

航空 γ 能谱测量通常选用 U 系 ^{214}Bi 的 1.76 MeV 光电峰,Th 系的 ^{208}Tl 的 2.62 MeV 光电峰、^{40}K 系的 1.46 MeV 光电峰。GR – 800D 型航测仪的 K,U,Th 道的谱段分别为 1.37 ~ 1.57 MeV,1.66 ~ 1.87 MeV,2.41 ~ 2.81 MeV。这时 $a_{21} = 0$, $a_{31} = 0$。

如果换算系数事先已经确定,则根据(3.1.21)式利用各道的测量数据,即可求出岩石或土壤中的 K,U,Th 含量。

测定换算系数最可靠的方法是制作平衡 K,U,Th 三个 γ 射线饱和模型、混合模型和零模型。模型中 K,U,Th 的含量应预先在实验室进行精确测定。

3.1.4 射气测量

射气测量是利用射气仪测量天然状况下土壤气体中的 Rn 浓度,并研究其分布规律,以达到寻找铀矿的目的或解决某些地质问题的一种物探方法。

三个天然放射性系列中都有一个气态核素,即 Rn(^{222}Rn),Tn(^{220}Rn)和 An(^{219}Rn)统称为射气。由于 Tn 和 An 的半衰期极短,在土壤中迁移距离小于 10 cm,所以对找矿没有实际意义。而 Rn 的半衰期较长($T = 3.825$ 天),它的迁移距离较远,在距离矿体 5 ~ 8 m 的浮土盖层中还可以形成 Rn 异常。这就可能通过射气异常(晕圈)发现地下的铀矿体。

射气测量在找矿的各个阶段都可以运用。它的优点是探测深度比 γ 测量大,一般探测深度为 5 ~ 8 m,在有利条件下可达 10 m 以上。因此,用射气测量可找到较深部的矿体。同时,射气测量在野外可定性地区分铀和钍,找矿灵敏度高,较弱的射气浓度变化,仪器都能反映出来。不足的地方是仪器装置没有 γ 测量那样轻便,工作效率较低。此外,土壤中影响射气场的因素比较多,造成测量成果解释推断的困难。对射气测量一般不作定量的解释。

近年来,射气测量已有改进。仪器较以前轻便,操作简单了些,工作效率有一定的提高。目前,射气测量在国内外仍然是寻找深部铀矿的主要方法之一。

1.射气测量基本原理

(1)射气场的形成

矿石中的铀和钍不断地衰变,源源不断地产生 Rn 和 Tn。这些放射性气体一部分由于射气化作用,而进入到它周围岩石的孔隙中,再通过气体的扩散和对流作用,向四周更远的地方迁移。气体的扩散是由于射气的浓度梯度存在而引起的。气体分子由于热运动的结果由高浓度处向低浓度方向移动,称为扩散。由于存在压力差,气体从压力高的地方向压力低的地方流动称为对流。射气由矿体移向地表,除了上述的扩散和对流作用外,还有毛细作用和潮汐的影响。因此,射气的迁移往往是各种作用的综合结果。当射气由矿体周围向地表迁移时,还会受到地面条件的影响,从而形成不均匀的射气场。如图3-10所示。

岩石正常含量的放射性元素引起的射气浓度是很低的,这称为岩石(土壤)的射气底数。因为各种岩石中放射性元素的克拉克值不同,以及射气系数不同,所以造成不同岩石或同一岩石因破碎程度不同从而射气底数也不同。其变化从几千 Bq/m^3 到几万 Bq/m^3。矿体、铀分散晕或局部放射性元素的富集,都会引起岩石(土壤)中射气浓度的增高。当射气浓度大于正常浓度(射气底数)的 2~3 倍时称为射气异常。

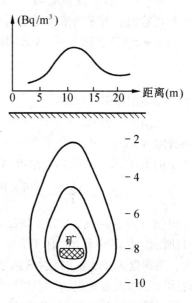

图 3-10 射气场分布示意图

(2)射气浓度的分布规律。

射气浓度不仅与矿体含量、规模、形态、埋深及地质条件有关,而且也受扩散、对流及气象等因素的影响。如果考虑所有因素,用数学公式描述和计算岩石(土壤)中的射气浓度是很困难的,即公式推导很复杂。为简便起见,我们下面只讨论几种特殊条件下的矿层和覆盖层中射气浓度的分布情况,不进行数学公式的推导,而直接给出计算公式。

①无限延伸均匀放射层中的射气浓度分布

出露地表无限延伸放射层中的射气浓度的变化,主要由三方面因素决定:一是镭的衰变速度;二是 Rn 自身的衰变速度;三是射气扩散的难易程度(不考虑对流作用)。则射气浓度 N 计算公式为

$$N = \frac{Q\rho\eta}{P}(1 - e^{-\sqrt{\frac{\lambda}{K}}x}) \tag{3.1.22}$$

式中　Q——放射层的镭含量(克 Ra/克岩石);

　　　ρ——放射层的密度(g/cm^3);

　　　η——射气系数;

　　　P——放射层的孔隙度;

　　　x——深度(从地面至计算点的深度)(cm);

　　　λ——Rn 的衰变常数(s^{-1});

K——扩散系数(cm^2/s)。

K 在数值上等于当浓度梯度为一个单位时,单位时间内通过单位面积的射气量。

当 $x \to \infty$ 时(实际上 $x > 5$ 米即可),式(3.1.22)可化简为

$$N = \frac{Qo\eta}{P} = N_\infty \qquad (3.1.23)$$

式中,N_∞ 为饱和射气浓度。

当已知矿层的 Ra 含量时,利用(3.1.22)式可计算出无限大矿体中心形成的射气浓度。若已知密度 $\rho = 2\ g/cm^3$,射气系数 $\eta = 0.2$,孔隙度 $P = 0.4$,铀含量为 1×10^{-6}(相当于 $3.41 \times 10^{-13}\ g$ 的 Ra),求最大的射气浓度 N_∞。

$$N_\infty = \frac{Qo\eta}{P} = \frac{3.4 \times 10^{-13} \times 0.2 \times 2}{0.4} \times 10^6 \times 3.7 = 1.258 \times 10^4\ Bq/m^3$$

按(3.1.22)式,射气浓度随深度变化规律如图 3-11所示。从图中看出,射气浓度随深度的增大而增大。当深度大于 5 m 时,射气浓度达到了极大值,不再随深度增大而变化。

射气扩散系数不同时,射气浓度随深度而增长的快慢是不同的。扩散系数小,射气浓度增加得快,达到极大值早;扩散系数大的则结果相反。

射气测量是抽取地下的气体测量,所以在取气时必须保持取气深度的一致,否则会给测量结果带来很大的影响。

②无限延伸矿体覆盖层中的射气浓度

这种情况在野外比较多见。当矿体是无限大无限厚,并且覆盖层也很厚(10 m 左右)时,不考虑对流作用的影响,则覆盖层中的射气浓度计算公式为

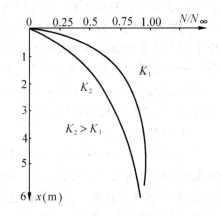

图 3-11 无限大矿层射气浓度
沿深度变化示意图

$$N = N_0 e^{-\sqrt{\frac{\lambda}{k}} \cdot x} \qquad (3.1.24)$$

式中 N_0——矿层界面上的射气浓度,$N_0 = N_\infty/2$;

x——矿层界面至覆盖层中任一测点的垂直距离。

在浮土层中,距矿体介面不同距离处的射气浓度是不同的,并且随浮土厚度的增加按指数的规律衰减,其衰减的幅度与射气扩散系数有关。对射气扩散系数大的,在同一距离上,射气浓度高,反之射气浓度低。换句话说,射气扩散系数小,射气浓度衰减得快;射气扩散系数大的,则射气浓度衰减得慢。因此,覆盖层的扩散系数越大,射气传播得越远。利用(3.1.24)式可计算出射气测量的探测深度(覆盖层的厚度)。

设矿体产生的射气浓度为 $3.7 \times 10^6\ Bq/m^3$,射气仪能发现最小的射气异常浓度为

37 000 Bq/m³,问该矿层埋藏多深时我们才能发现它?

假设,$K = 0.04$ cm²/s,由(3.1.24)式,得

$$x = \frac{\ln\left(\dfrac{N_0}{N}\right)}{\sqrt{\dfrac{\lambda}{K}}} = \frac{\ln\left(\dfrac{3.7 \times 10^6}{37\ 000}\right)}{\sqrt{\dfrac{2.1 \times 10^{-6}}{0.04}}} = 634 \text{ cm} \approx 6.4 \text{ m}$$

同理可计算出同样条件下钍射气扩散的距离为8.4 cm。

计算结果表明,射气测量的找矿深度一般为6~7 m,而钍射气的找矿深度只有8 cm左右。因此,利用钍射气找矿是困难的。同时也可看出射气测量的探测深度比地面γ测量大。

当水平无限延伸矿层上的覆盖层厚度有限(小于10 m)时,在浮土中距矿体为 x 处的射气浓度可由下式计算

$$N = N_0 \cdot \text{sh}\left[\sqrt{\frac{\lambda}{K}}(h - x)\right] \Big/ \left[\sqrt{\frac{\lambda}{K}}h\right] \tag{3.1.25}$$

式中 sh(x)——双曲正弦函数;

h——矿层厚度;其他符号意义同前述。

从(3.1.25)式看出,当浮土厚度不同时,浮土中射气浓度变化不尽相同。浮土厚度越小射气浓度衰减得越快。比较公式(3.1.25)与(3.1.24)在同一距离 x 处的射气浓度时,发现前者(浮土厚度小于10 m)的射气浓度比后者(浮土厚度大于10 m)的射气浓度小。因为覆盖较薄时,矿层产生的射气扩散到大气中就相对容易些。

以上的计算和讨论都没有考虑对流的影响。若考虑对流作用时,计算公式还要复杂得多。

射气浓度除与矿层含量、密度、埋深等有关外,还与射气的传播方式、地形、屏蔽层及气候条件有关。下面分别讨论这些影响因素。

a.射气系数

在某时间内岩石中放出的射气量与同时间内同体积岩石中生成的射气量之比称为射气系数。从这含义来说,相同铀含量的岩石(矿石),射气系数大的,在它周围的射气浓度就高,造成的射气浓度差就大,使得射气扩散系数增大,则射气迁移的距离就越远。射气系数的大小与岩石的破碎程度、温度、湿度和孔隙度等有关。岩石破碎得越厉害,射气系数就越大。在野外常遇到由于岩石局部破碎而造成射气浓度增高,形成非矿射气异常。当岩石湿度增大时,岩石的孔隙度减小而使射气系数变小,岩石中孔隙多时射气系数增大,致密的岩石孔隙度小,这对射气扩散是不利的。射气系数还随温度的增高而增大。温度越高,射气扩散就越容易,射气的迁移距离增大。

b.扩散系数

由于气体分子热运动的结果,使射气从高浓度的地方向低浓度的地方扩散,射气扩散的难易程度用扩散系数来描述。扩散系数越大,射气扩散就越快,迁移的距离就越远。扩散作用是

射气迁移的主要方式之一。射气扩散系数的大小与射气的分布和介质的性质有关。例如,在疏松沉积层中扩散系数为$(2 \sim 2.5) \times 10^{-2}$ cm/s,砂子的扩散系数为$(4.5 \sim 7.01) \times 10^{-2}$ cm/s,花岗闪长岩的扩散系数为$(5 \sim 50) \times 10^{-4}$ cm/s。扩散系数的变化对射气浓度的分布产生显著的影响。从图3-11中可看出:扩散系数越大,射气扩散就越容易,扩散距离就越远。在构造破碎带里由于射气系数增大,同时还由于地下水的作用,镭容易在其周围沉淀,因此往往在地表形成射气偏高场或异常。在野外,人们常常利用此原理通过射气测量来寻找构造破碎带,以达到某种地质目的。

扩散系数的大小也受岩石的孔隙度、温度及透水性能的影响。孔隙度小,透水性能差则扩散系数小。岩石温度增高,扩散系数会增大。

c.对流作用

由于岩石内部有一定的压力差存在,并且它将随着深度增大而增大,射气便从压力大的深部向压力小的浅部迁移。同时,由于地下水的毛细管作用,将溶于水中的深部的Rn带到地表上来。另一方面,还由于潮汐作用和大气抽吸作用,也使得地下深部的Rn向上运移。以上这几种作用的综合结果,造成地下深部产生一个稳定上升的运动气流,这一现象叫做对流作用。

过去人们认为对流对射气迁移影响很小。现在,人们发现对流作用是不可忽视的,而且是Rn气向上迁移的主要形式之一。而对流速度一般为$n \times 10^{-3}$ cm/s,最高可达$n \times 10^{-2}$ cm/s。

d.其他因素

大气气压的变化,下雨、水流、冰冻等对射气迁移也会产生一定影响。例如,当大气气压降低时,地表的射气浓度就增大;反之,当气压升高时,射气浓度就变低。

冬天冰冻时,在寒冷地区形成冻土层,对射气起着屏蔽作用。这时,在屏蔽层中测量,射气浓度就低,穿过屏蔽层取样测量时,射气浓度就增大。某些地区下雨后,由于孔隙度变小,也会形成屏蔽层,测量到的射气浓度也有类似上述结果。

某些地区有粘土层存在,使射气难于扩散透过粘土层。因此,在粘土层中射气浓度偏低,而在粘土层的下面射气浓度偏高。当地形坡度较大时,矿体的分散晕会顺坡下移,由此形成的射气场也向下位移,造成射气异常偏离矿体位置。

从上面讨论看出,影响射气场分布的因素较多。假使还考虑到矿体上浮土的覆盖,且其中又含有其他放射性物质和分散晕的话,则影响射气场的因素就更多。所以,对射气异常一般不作定量解释。但是在射气测量和进行异常评价时必须全面考虑这些影响因素的作用。

2.射气测量工作方法

射气测量通常用于浮土覆盖比较厚,γ测量效果不够理想的地区。在铀矿普查中,射气测量适用于普查的各个阶段,即概查、普查和详查阶段。但是射气测量的仪器和装备不如γ测量轻便,工作效率不那么高,所以目前野外在概查和普查阶段很少采用射气测量。射气测量主要用于详查阶段。

射气测量应布置在成矿较有利的地段,同时还应考虑方法的应用条件。既要求工作区有一定的浮土覆盖面积。另外,还要求测网布置在地形比较平坦的地段,避免地形对射气测量的影响。

射气详查区一般选在经过 γ 普查提供的有意义的异常点(带)上或矿区外围成矿有利的地段。它的任务是发现异常、鉴别异常性质、圈定异常或矿化范围,寻找深部矿体或深部的地质构造。比例尺的选择及测网的布置原则与 γ 详查阶段的测网布置原则相同,但测点一般比 γ 详测密些。

如果在概查、普查阶段进行射气测量的话,其测区的选择、测网的布置、比例尺的采用,以及它们的任务均与前面介绍的 γ 概查、普查阶段相同。

(1)射气测量工作方法

射气测量,一般指测点上的射气测量和异常点处的射气测量,包括测量前的准备和野外工作。

①测量前的准备工作

a.检查仪器的电源和工作电压是否正常。

b.检查仪器的通气情况。检查的方法是将抽气筒开关转到"吸"位置(指 FD – 3017),用抽气筒抽气后开关转到"排"位置,若能听到"哨"声(吸气声),说明通气不良。应检查堵塞部位并排除故障,直到无"哨"声时,才达到通气良好状态。

c.确认仪器的密封情况,将抽气筒开关转到"断"位置,如抽气 2 ~ 3 下感觉很费力,停几分钟后,将开关转到"吸"位置,如果听到强烈的"哨"声,说明仪器各部分密封良好。若听不到"哨"声,则说明漏气,应检查原因并排除故障。

d.标定好射气仪,并符合规定指标。

e.检查仪器的灵敏度,一般采用 α 辐射源检查,要求检查的相对误差不超过 ±10%。

②测点上射气测量

a.用大锤和钢钎在布置的测点上打取气孔(60 ~ 80 cm 深),要求取气孔的深度基本一致,便于分析对比测量成果。

b.打好孔后,立即将取样器插入孔中,并用脚将周围松土踩紧堵严,以免漏气。

c.检查仪器工作正常时,将仪器的"测量时间"开关和"高压时间"开关分别转至适当位置(通常 2 min)。

d.吸气,把抽气筒开关转到"吸",抓住气筒把手向上吸气。

e.停止抽气,吸满后,握住把手旋转 90°,立即使开关转到"断"位置,按下操作台上的"高压启动"按钮。约 20 s 即观察读数(第一次读数),到 75 s 时再次读数,并将结果记入本内。

f.测量结束后,取出取样器,将开关转到"排"位置,并立即排气。然后,将转换开关转到"吸"的位置,准备下一点的测量。

③异常点上的工作

当发现射气浓度高于正常浓度的 2 ~ 3 倍时,应做以下工作。

a.重复测点观测检查。

b.确定异常的性质,在同一测点上进行不同时间的读数,并根据射气浓度的变化情况来判断异常的性质。

c.在异常点附近加密测线、测点、进行初步的追索和圈定异常范围。

d.作不同抽气次数测量,一般分别抽 10 次、20 次……100 次的多次测量,以初步了解异常形成的原因。

(2)射气测量的质量评价

为了检查射气测量的质量,一般选择有代表性的几条剖面进行重复测量。检查工作量不得少于总工作量的 5% ~ 10%。

检查测量应由有经验的操作员负责。检查测量时应注意取样深度及测量条件保持和原来一致。将检查测量结果和基本测量结果绘在同一张图上,两次测量结果符合得比较好时,认为符合质量要求。

(3)深孔射气测量

当浮土很厚(> 7 m)时,为了寻找覆盖层下的矿体,需要进行深孔射气测量。使用长钢钎打孔和用长取样器,可使孔深达到 2 m 左右。采用挖一层土打一次孔的办法,也可使孔深达到数米以上,但这样做劳动强度大,效率低。现在多数采用浅钻进行机械打孔,然后进行取气测量。

3.射气测量的资料整理

射气测量的资料整理包括 Rn 浓度的计算和成果图件的绘制。

(1)土壤气体中 Rn 浓度的计算

$$N = J \cdot n$$

式中　　N——土壤气体中的射气 Rn 浓度(Bq/m^3);

　　　　J——仪器的换算系数(Bq/m^3/计数);

　　　　n——仪器读数。

(2)射气测量结果的图件绘制

射气测量结果通常以下列几种图件表示。

①射气浓度剖面图

射气浓度剖面图以纵坐标表示射气浓度,横坐标表示测点的距离,绘出测线的射气浓度变化曲线。图上标明比例尺、剖面号、剖面方位等。这种图适用于射气概查和普查阶段,用以确定射气的正常场和异常场,或与其他方法的成果作对比。

为了确切了解不同岩性射气正常场的变化和异常与岩性、构造的关系,在曲线剖面图下还绘上同样比例尺的地质剖面。这种图就是地质、物探综合剖面图。

②射气浓度剖面平面图

此种图的作法及比例尺的选择同 γ 剖面平面图。射气浓度剖面平面图能反映测区异常变化趋势和方向,这往往是引起射气异常的构造方向。

③射气浓度等值图

射气浓度等值图是反映面积测量成果的一种图件。它的作法与 γ 等值图相同。等值距选择不应过高,否则会漏掉低值异常。但选得过低也容易出现假异常。

射气浓度等值图能反映平面上射气浓度的变化规律和异常形态特征,为进一步揭露或勘探提供依据。

④其他图示

除上述主要图件外,还有其他一些研究异常原因和性质的图示。如多次抽气射气浓度变化曲线图;射气浓度梯度变化曲线图;闪烁效应随时间变化曲线图等。

4.射气异常的处理和评价

由于射气迁移条件的变化、镭的局部富集、地下水的作用和屏蔽层的屏蔽作用等原因可形成假的异常。在射气测量获得的大量射气异常中,往往大多数属非矿异常。所以不能单凭异常的高低和分布范围的大小来评价它的意义。为了对异常作出比较客观的评价,必须结合地质条件、异常的形态特征并配合其他方法进行综合研究。

(1)射气异常的综合研究

野外所测到的射气异常的形态特征、性质及变化规律等虽各不相同,但这些特征往往与某些地质条件、影响因素和矿体等有密切联系。为了查明异常的成因,在找到异常之后,应对异常进行必要的处理和分析研究。

①确定异常的范围

加密测网,作进一步的详细测量。根据详细测量结果作出射气浓度等值图,确定异常范围、形态、梯度变化等特征。这些特征往往与引起异常的地质体形态、产状、埋深等有密切关系。一般地说,矿异常的形态与矿体的形态相似,异常的走向与矿体的走向一致,异常的等值线或异常剖面线缓的一侧为矿体或含矿构造的倾斜方向。由其他原因引起的异常,其形态比较复杂。因此,对异常形态的描述是很重要的,它是异常解释的主要依据之一。

②确定异常的性质

射气测量是通过测量 Rn 达到找铀的目的。但射气浓度中往往有 Tn 的成分,必须加以区分。根据 Rn 和 Tn 的性质差异即可进行区分。其方法是进行 $1 \sim 5$ min 的不同时间测量,根据测量结果随时间的变化曲线确定。第一种情况:如果射气浓度是增加的(或不减少),则射气异常是由 Rn 引起的。第二种情况:若仪器上的读数减少较慢(每分钟减少小于一半),则异常是由 Rn,Tn 混合作用引起的。第三种情况:若后一分钟测得的读数比前一分钟大约减少一半时,则异常为 Tn 所引起的。

③作不同深度的射气测量

不同深度的射气测量,其目的是查明土壤空气中 Rn 浓度随深度的变化规律,以便了解射气的来源。这种测量是在异常区的某些剖面上或某些测点上进行。首先应在异常最高浓度的点上进行,在同一孔中的不同深度上分别抽气测量,一个测点上至少有三个不同深度的读数。

射气浓度随深度变化的曲线有四种情况,见图 3-12所示。根据这种曲线类型的特征,可将异常分为三大类。

第一类异常:射气浓度随深度增大而增加,越向深部,射气浓度增加得越快。这类异常一般是由矿体引起的。当矿体埋藏浅时,射气浓度增长很快,如图 3-12 中的曲线Ⅰ。当矿体埋藏较深时,射气浓度增加较慢,如图 3-12 中的曲线Ⅰ′。

第二类异常:射气浓度随深度的变化无规律,曲线形状呈折线,如图中的曲线Ⅱ。当沉积层中有机械分散晕和零星小矿块时,将出现这种情况。

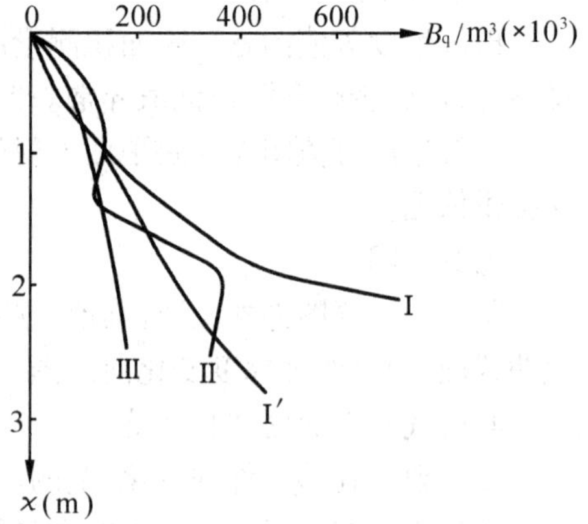

第三类异常:射气浓度随深度的增大略有增高,但到某一深度后(一般为 2～3 m),射气浓度不再增加,达一固定值。这种异常是在正常含量增高的地段出现,属非矿异常,如图中曲线Ⅲ。

图 3-12　射气浓度随深度变化曲线

④不同抽气次数的浓度测量

通过不同抽气次数的浓度测量,可以判别射气的来源、大小。这种测量方法也叫射气消散测量。如果射气源是由矿体引起的,由于射气源源不断,随着抽气次数的增加,Rn 浓度无显著变化。如果射气异常是由零星的小矿块引起的,由于射气源很小,随着抽气次数的增加,Rn 浓度显著下降。

除上述几种方法外,在射气异常区还可根据孔中 γ 或 β+γ 测量、铀量测量,和对具体的地质情况进行放射性水文地质测量及其他物探工作,进行综合研究,以便更好地评价异常。

(2)射气异常评价

通过射气测量的野外工作,往往会发现大量的异常。这些异常中有些是与铀矿有关的所谓矿异常,而有些则是与铀矿无关的非矿异常。由于引起射气异常的原因很多,要将在野外工作过程中发现的异常全部进行揭露评价是不合理的,也是不可能的。因此,必须事先对异常进行评价。异常评价就是从所发现的异常中找出有价值的,值得进一步工作和揭露的异常来,而将无意义的异常弃掉。异常评价是一项很重要的工作。对待这一工作必须十分认真,要掌握大量的资料,进行充分的分析研究,然后作出合理的评价。

为了评价好异常,应研究以下各种资料。

a.地质资料。了解异常与地质构造、岩性、地貌、区域成矿规律的关系。

b.综合详查资料。了解异常的大小、形态及随深度的变化规律,γ 照射量率有无增高,铀量测量有无反映等等。

c.水文地质资料。了解有无镭氡水的存在及地下水和地表水的水质情况。

d.物理参数。如孔隙度、岩石的克拉克值、射气系数及扩散系数等。

e.气象及其他有关资料。

在分析研究上述资料的基础上,将 Rn 异常分成以下几类:

a.矿异常(浮土下面的矿体引起的异常或矿体的分散晕引起的异常);

b.非矿异常(氡—镭水引起的异常,浮土中铀、镭次生富集引起的异常)。

由于各地区地质条件的不同,又因影响射气异常的因素繁多,因此,射气异常的解释工作是比较复杂和困难的。为了正确地区分异常,必须掌握矿与非矿异常的特征和标志。虽然影响异常的因素很多,经过综合分析研究,可以找出矿与非矿异常所具有的特征,作为解释推断异常的依据。

①浮土下面矿体引起的异常

a.这类异常大部分是 Rn 异常,少数是以 Rn 为主的 Rn,Tn 混合异常。

b.射气异常的浓度可以从几万 Bq/m^3 至几千万 Bq/m^3。个别特高异常可达上亿 Bq/m^3。一般在工业矿体上面的射气浓度大于 37 万 Bq/m^3。

c.异常分布与有利的控矿构造和岩性有密切的关系,异常多呈带状或以一定面积出现。异常与矿体有关时,异常的形态与矿体的形态相似;异常与控矿构造有关时,异常呈带状分布。

d.射气源丰富,多次抽气测量后射气浓度不减弱或减弱很少。

e.射气浓度随取样深度的增加而增加(属第 1 类曲线),并且在矿尾附近增大特别明显。

f.在异常上进行孔中 γ 测量时,γ 照射量率随深度增加而增高。在分散晕发育地区还伴随有铀量测量异常。

②铀矿的机械分散晕引起的异常

这类异常在射气测量中经常遇到,异常范围与矿体大小和浮土厚度有直接关系。射气浓度最大值相对于矿体中心位置有一定的位移。它的主要特征如下。

a.射气异常分布明显地与控矿构造和岩性有关,常依地形特点分布在矿体的下方。

b.Rn 异常与 γ 异常及铀量异常经常相伴出现,它们互相间也可能有些位移。

c.异常性质以氡为主,异常的浓度值一般属中等(37 万 ~ 370 万 Bq/m^3)。由于放射性元素分布的不均匀性,射气浓度在面上变化较大。

d.射气浓度随深度的变化无规律。

e.孔中测量 γ 照射量率随深度有所增大。由于分散晕中放射性元素含量的不均匀,各测点的变化规律可能不同。

f.如分散晕距矿体较近,则多次抽气后浓度不会显著减弱。

③镭—氡水引起的异常

这类异常是由于水中的 Rn 扩散到疏松沉积物或构造破碎带的孔隙中而形成的。异常形态有时比较规则,有时形成狭长的带状。它们的特点是:

a.异常呈 Rn 性质,射气浓度随季节有显著变化;

b.异常形态不稳定,常与季节、水流方向有关;

c.在疏松沉积物中,铀含量不见增高,孔中测量 γ 照射量率无明显增高;

d.多次抽气浓度会略有减小;

e.局部地方有极大值,浓度随深度增大而增高,中心点有时浓度梯度很高,与矿体上的异常颇为相似,工作中应注意区别。

这类异常不是由铀矿体直接引起的,为非矿异常。但要注意对这类异常的分析,寻找可能与 Rn—Ra 水源有联系的铀矿体地段。

④浮土中铀、镭次生富集引起的异常

这类异常与铀矿体没有直接的关系,属于非矿异常。铀、镭的次生富集,可能是因地下水的作用将其中所溶解的物质搬至有利于吸附和沉积的地段所造成的。这类异常具有以下特征:

a.异常性质为 Rn 异常;

b.异常的射气浓度变化范围较大,可以从几十 Bq/m^3 到几百 Bq/m^3,甚至更大;

c.异常形状不定,可以是各种各样的;

d.铀量测量,铀的含量不高;

e.无论在测线上或钻孔中,β 和 γ 射线照射量率都不增高;

f.多次抽气测量,射气浓度随抽气次数增加而减小;

g.钻孔里的射气浓度曲线很像均匀放射性岩石中浓度的分布曲线,类似图 3 – 12 中的曲线Ⅲ。

以上对射气异常的特征作了一般的分析,但评价射气异常是比较复杂的,必须根据具体情况作深入细致的分析,才能使解释评价工作符合客观实际。

射气异常经解释后,剔除无意义的异常,选出有价值的异常。为了对这些有价值的异常做一些初步验证和进一步研究工作,必须做一些揭露工作。异常处理初期的揭露工作是一些轻型山地工程,如探槽、浅井、剥土等,并对这些工程进行地质、物探编录。对于埋藏较深的矿体及点状异常,可采用探井揭露,在底部再进行一些射气测量及 γ 测量,做深部的研究工作,探讨形成射气异常的原因。

3.1.5 α 径迹测量

α 径迹测量技术,开始于 20 世纪 60 年代。首先利用裂变径迹来测定地质年龄,测定土壤和大气中的放射性物质分布,用于环境保护方面;到 60 年代末才发展到用于铀矿普查勘探中;我国在 70 年代中期开始应用于铀矿普查,成为一种新的找铀方法,它的应用效果较好,发展速度较快,目前被野外地质队普遍应用,成为普查铀矿的主要方法之一。α 径迹测量技术还广泛用于找水、找石油和解决其他地质问题。

1.α 径迹测量的基本原理

（1）径迹的概念

带电的重粒子或重离子与某些绝缘固体相作用时，由于辐射损伤，在绝缘固体上留下"痕迹"。这些"痕迹"很小，一般只有几十埃（Å），称这种"痕迹"为潜迹。人们进一步采用化学腐蚀的方法，将潜迹扩大到几微米至几十微米数量级，变成永久性蚀坑，用普通的光学显微镜可观察到，这些永久蚀坑称为径迹。潜迹又分为可蚀和不可蚀两部分，它取决于化学腐蚀和探测器材料等一系列条件。如化学腐蚀条件合适，可蚀潜迹——径迹就增多，反之就减少。潜迹通过化学腐蚀扩大成径迹的过程称为径迹蚀刻。利用这种蚀刻方法寻找铀矿或者达到某种探测目的，统称为 α 径迹测量或称为 α 径迹探测技术。

用来记录 α 粒子产生的径迹的材料，称为 α 径迹探测器。固体 α 径迹探测器记录重带电粒子的原理是：具有一定动能的重带电粒子射入绝缘固体物质中，在它们经过的路程上造成辐射损伤，留下微小"痕迹"；由于受到损伤的部位化学活动性增强，当把它们放在化学溶液中蚀刻时，受到损伤的部位比未受损伤的部位较快地发生反应，溶解到溶液中去，于是在受到损伤的部位就出现一个蚀坑；随着时间增长，蚀坑的直径不断扩大，当达到微米数量级时，便可用光学显微镜观察粒子的径迹了。

作为 α 径迹探测器的材料很多，如一般的有机化合物、无机的矿物晶体等均可作为 α 径迹探测材料。其中以玻璃、云母及各种塑料应用最普遍。用 α 径迹测量找铀矿，主要用各种塑料薄膜作为探测器，如硝酸纤维（CN）、醋酸纤维（CA）。探测器的 α 径迹数，常以单位面积（mm²）上的径迹数来表示，称之为 α 径迹密度。为方便起见又用"J"符号表示径迹密度，如 500j，即每平方毫米面积上有 500 个径迹。

（2）α 径迹测量的找矿原理

α 径迹测量找矿是利用探测器记录 Rn 的 α 粒子，探测器上的 α 径迹密度与测点的 Rn 浓度成正比。所以，可通过 α 径迹密度来示踪 Rn 从而找到铀矿。被记录的 α 径迹密度与矿体的含量、规模、埋深、地质条件及地球化学性质等因素有关。一般说来，径迹密度高，有一定规模，受构造或岩性控制明显，则反映地下矿体存在的可能性就大。

探测器记录的 α 径迹的来源是地下深部 Rn 气向上迁移的结果。当矿体或分散晕埋藏不太深（小于 10 m）时，它们产生的 Rn 气除了对流作用外，还有扩散作用的影响，使其向上迁移到达探杯内产生 α 径迹。野外大量实践证明，径迹测量能探测一二百米深的矿体。用 Rn 的纯扩散原理是解释不通这个探测深度的，因为 Rn 在岩石或浮土中的扩散距离不超过 10 m。

探测器记录的 α 径迹主要是由 Rn 引起的，但也会记录部分 Tn 及 Rn 的短寿子体所产生的径迹。

①当探杯下存在铀、钍系固体 α 辐射体时，α 辐射体放出的 α 粒子的射程小于 8 cm。在探测器置于探杯的顶部，距离地面为 9 cm 的情况下，探测器就记录不到这一部分 α 粒子。

②对于 Tn 射气和 An 射气来说，由于它们的半衰期极短，在岩石或覆盖层中扩散的距离只不过几厘米。所以地下的 Tn 和 An 都探测不到。仅仅是当地表存在钍矿时，才产生影响。为

了消除 Tn 的影响,往往在探杯口盖上滤纸,阻挡 Tn 射气进入探杯。

③Rn 的子体的影响。Rn 的子体会沉淀在探杯的侧面、底面及探测器上,这些子体也会产生 α 粒子投射到片基上形成径迹。但占的比例不大,如果探杯的大小适当,这部分影响可大大减小。

必须指出,探测器记录的 α 径迹密度包括 Rn 的沉淀物的贡献。这是 α 径迹测量的灵敏度高于射气测量的一个原因。另外,α 径迹测量属长期的积分测量,而射气测量是一种瞬时的微分测量,所以 α 径迹测量的探测深度远远大于射气测量的深度。这是 α 径迹测量的一个显著的特点。

2.工作方法

(1)野外工作

①α 径迹测量准备工作

进行 α 径迹测量前,要选择统一口径与高度的探杯和灵敏度高的探测器。探杯一般采用 7 ~ 9 cm 高,8 ~ 10 cm 直径的塑料杯。探杯起保护探测器、贮存气体和定向等作用。探测器主要采用硝酸纤维(CN)和醋酸纤维(CA)薄膜,规格为 1.5 cm × 3.5 cm 左右。在一个地区,探杯和探测器要保持一致。

②测区、测网的选择和布置

正确选择测区和合理布置测网的基本原则和要求与射气测量相同。

③径迹取样孔的要求及探测器的放置

在测点上挖一个深 40 cm 左右的小坑(在一个地区深度要求一致),挖到新鲜土(B 层),然后把预先刻好测线、测点号的探测器装在探杯的底部。探测器可以垂直放置,也可以水平放置,一般都是水平放置,并注意正面朝下,然后将探杯倒扣在探坑内,用土埋紧,做上显著的标记,以易于寻找。

④照射时间

一般采用 20 天照射时间,在底数低的地区,照射时间可适当延长。相反,地表 Rn 浓度较高的地区,照射时间可适当缩短,但要注意在同一地区要保证照射时间的一致。

20 天后将探杯取出,取下片基,并用清水将尘土冲洗干净,待蚀刻。

(2)薄膜样片的蚀刻

①化学蚀刻条件

不同的薄膜采用不同的化学蚀刻条件,即不同的化学试剂、不同溶液浓度、不同的蚀刻时间和温度等。

化学试剂有 NaOH,KOH 和 KMnO$_4$ 等。对于醋酸纤维薄膜选择溶液浓度为 5 ~ 7 mol/L,蚀刻温度为 60 ℃ ~ 70 ℃,蚀刻时间为 30 ~ 40 min 为宜。对于硝酸纤维薄膜,选择 6 ~ 5 mol/L 浓度的强碱,蚀刻温度 50 ℃ ~ 60 ℃,蚀刻 35 min 左右。在蚀刻过程中不断地进行搅动,加速溶液中的离子交换,提高蚀刻质量。

②蚀刻配方

根据不同薄膜蚀刻的实验结果,有如下的经验配方:

a.22 g NaOH + 3 g KMnO$_4$ + 100 ml H$_2$O;

b.28 g KOH + 3 g KMnO$_4$ + 100 ml H$_2$O;

c.30 g NaOH + 5 g KMnO$_4$ + 100 ml H$_2$O;

d.20 g NaOH + 10 g KOH + 5 g KMnO$_4$ + 100 ml H$_2$O;

e.5 g NaOH + 30 g KOH + 5 g KMnO$_4$ + 100 ml H$_2$O;

f.40 g KOH + 5 g KMnO$_4$ + 100 ml H$_2$O。

在生产中采用 a,b 配方最普遍,其次是采用 e,f 配方。配方 c,d 主要用于国外的 CN 薄膜。

③蚀刻程序

a.将取回的薄膜片用清水冲洗干净,晾干,方可蚀刻。

b.按使用的薄膜片的种类选择配方,配制好蚀刻溶液。

c.将配制好的蚀刻溶液置于恒温浴锅里,加热到所需要的温度。

d.用蚀刻架(钩)将薄膜片挂住,放进蚀刻溶液里,进行蚀刻,直到规定的时间将薄膜片取出,并用 1:1 的盐酸洗涤薄膜片上的沉淀物。然后,再用清水冲洗干净,凉干水渍方可进行镜下观察。

(3)径迹的观察

①α 径迹的镜下形态特征

在显微镜下观察时,掌握好 α 径迹的形态特征,可以达到鉴别真假径迹的目的。径迹的镜下特征是:蚀坑中心亮点明显,外圈有暗色的边环,移动显微镜微调时(改变焦距)蚀坑的立体感明显,暗亮环之间出现淡红色或浅蓝色色圈。α 径迹形态一般呈圆形,但也有椭圆形和楔形的;有立体感,呈漏斗状,尖头认为是 α 径迹的末端。薄膜片受机械损伤时,蚀刻后在镜下也出现蚀坑,但这些蚀坑一般较浅,有规则地排列,无立体感,也没有色环,是比较容易区别的。

②显微镜下观察径迹的方法

目前,一般采用普通生物显微镜观察,以放大 300 ~ 500 倍为宜。根据观察到的 α 径迹数目计算 α 径迹密度,就必须要知道视域的面积。确定视域的面积要用测微尺测定。如测微尺的最小刻度是 0.01 mm,测得视域直径为 35 个刻度,那么视域的直径为 0.35 mm,视域的面积为 0.096 mm^2。如果这时视域里的径迹数为 20 个,则径迹密度 j = 20/0.096 = 210(个/mm^2)。

我国已研制出一种 α 径迹扫描仪。该仪器由显微镜、摄像管、监视器和电子计数器等部分组成。径迹通过光学、电学处理后,转变成电信号传输到计数器,并记录视域的径迹密度。

3.2 核探测技术在工业中的应用

核探测技术在工业中的应用主要是同位素工业测量仪器仪表、核探井以及核无损伤探测技术等,对生产过程自动调控、产品质量控制、降低能源和资源消耗等均起到重要作用。例如,

20 世纪 80 年代以来,各发达国家的核仪器仪表数量,正以每 5 年增长 1 ~ 2 倍的速度发展,在 1960 年 ~ 1985 年的 25 年间,世界各国核探测技术应用总的经济效益为 800 亿美元,其中西方工业发达国家在核仪器仪表上取得的经济效益约 460 亿美元,平均效益系数为 5.9。

3.2.1　工业核仪表——核测控系统(NCS)

在工业中使用核仪表具有非接触性测量、无损检测、不易受环境条件限制和多参数测量等特点。工业核仪表以广泛性、渗透性和某些场合下的不可取代性,而广泛应用于冶金、水泥、化工、造纸、食品、纺织等各个工业部门。

工业核仪表大致可以分为三类。

(1)强度型

利用物质对 γ, X, β, n 等辐射的吸收、散射、慢化,监测物质的一些物理参数,如密度、厚度、料位、水位、重量等。典型的仪器有厚度计、密度计、物位计、水分计、核子秤等。

(2)能谱型

利用射线能谱分析与测量技术,分析物质的组成和含量。典型的仪器有:X 射线荧光分析仪,中子活化分析装置及能谱核测井技术。

(3)成像型

利用射线与物质相互作用的规律,获取物质的二维或三维图像,典型的有 X, γ 射线辐射成像,中子照相,工业 CT 等。

本节首先讨论强度型工业核仪表,其他类型将在后续相关章节中分别讨论。

核辐射工业监测仪表一般由放射源、测量对象、辐射探测器及电子学系统组成,又称为核控制系统 NCS(Nuclear Control System)。工业核仪表的基本原理就是由探测系统的输出信号(例如计数率、输出电平的大小)求出辐射场内的介质参数,如介质的厚度、介质的质量及状况等参数。

一般辐射场函数 $\Phi = R(A \cdot X)$ 为已知的,辐射源都可以近似为点状或线状等简单几何形状,因此,其辐射函数的形式也比较简单。

假定探测系统的响应函数 $S = F(\Phi)$,就可以得到探测系统输出信号与场内介质参数之间的关系,则

$$S = F(R(A \cdot X)) \tag{3.2.1}$$

式(3.2.1)反映了探测系统信号与介质参量 X 及辐射源参量 A 的关系,称作核工业监测系统的原理函数。

在具体求原理函数时,由于实际情况往往十分复杂,而需作一定近似。一般情况下都是针对实际问题的本质提出一个简化的物理数学模型,然后根据这模型,求出其原理函数。有时,难于找到原理函数的解析表达式,只能用数值表格或曲线来表示。

探讨工业核仪表的原理函数,对理解其工作原理十分有益,往往对工业核仪表的设计具有

重要的指导意义。以下介绍几种主要的工业核仪表以及它们最简单形式的原理函数,其中指数型仪表在工业核仪表中应用最为广泛,也最具代表性。

1. 指数型工业核仪表

指数型工业核仪表主要指厚度计,密度计及质量计(核子秤)。上述三种工业核仪表都是利用介质对辐射吸收来测定介质参数,如图 3 - 13 所示。图中 A 为 γ 辐射源,X 为介质(其厚度为 X,密度为 ρ),D 为探测器。

设源 A 与探测器 D 的距离相当大,可以把准直后入射探测器的 γ 射线束看成平行窄束。则探测器处的 γ 照射量率为

$$I = I_0 \mathrm{e}^{-\mu_\rho \cdot \rho \cdot X} \tag{3.2.2}$$

其中,I_0 是 $X = 0$ 时探测器处的 γ 照射量率;μ_ρ 是介质对该 γ 线的质量吸收系数,其单位为 $\mathrm{cm^2/g}$;$\rho \cdot X = X_\rho$,X_ρ 为介质质量厚度,单位为 $\mathrm{g/cm^2}$。

设探测器对 γ 照射量率的响应函数是线性的,则

$$S = \varepsilon \cdot I = \varepsilon I_0 \mathrm{e}^{-\mu_\rho \cdot \rho \cdot X} = S_0 \mathrm{e}^{-\mu_\rho \cdot \rho \cdot X} \tag{3.2.3}$$

式中 S_0 为 $X = 0$ 时,探测器的输出信号,ε 为探测效率。将(3.2.3)式改写为

$$X_\rho = \rho \cdot X = \frac{1}{\mu_\rho} \ln \frac{S_0}{S} \tag{3.2.4}$$

对于厚度计,介质密度 ρ 一定,则介质厚度

$$X = \frac{1}{\rho \cdot \mu_\rho} \ln \frac{S_0}{S} (\mathrm{cm}) \tag{3.2.5}$$

对于密度计,X 一定,则密度

$$\rho = \frac{1}{X \mu_\rho} \ln \frac{S_0}{S} (\mathrm{g/cm^3}) \tag{3.2.6}$$

对于核子秤,则为

$$X_\rho = \frac{1}{\mu_\rho} \ln \frac{S_0}{S} (\mathrm{g/cm^2}) \tag{3.2.7}$$

(3.2.5),(3.2.6),(3.2.7)式即为上述三种工业核仪表的原理函数。

2. 料位计的工作原理

现在应用的料位计可分两类:一类是单点或多点式的"料位开关";另一类是可指示某一范围内物料位置的"连续料位计"。

图 3 - 13　工业核仪表工作原理示意图

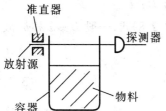

图 3 - 14　单点式"料位开关"

单点式"料位开关"的工作原理如图 3 - 14 所示。γ 放射源 S 发出的 γ 射线经准直后恰好

射入探测器。当容器内物料增多,以致档住 γ 射线时,探测器接受不到 γ 光子,就导致仪器给出信号指明物料已到达位置。按同样的原理,可以在不同位置设置几对放射源与探测器,由不同探测器的输出信号可知道容器内物料达到了哪一个位置。这就是多点式"料位开关"。

连续料位计的原理如图 3-15(a)及(b)所示。在(a)中用的是一点状放射源及长条状探测器。由于物料的多少不同,使得长探测器接受到 γ 光子数也不同,因而输出不同的信号。在(b)中用的是一线状放射源及点状探测器。同样,由于物料的多少不同而使点探测器接受的 γ 光子数不同,从而输出不同的信号。

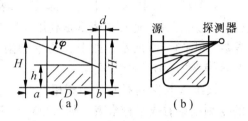

图 3-15 连续料位计原理示意图

按照容器、探测器以及放射源的状况,可以计算出探测器输出信号与物料界面位置的关系,即求得其"原理函数"。

以图 3-15(a)为例。设所用探测器是长电离室,直径为 d;又设点源的 γ 射线发射率为 N,且在 4π 立体角内均匀发射;假定容器直径为 D,源与探测器至容器壁的垂直距离分别为 a 及 b;源与容器底面的垂直距离和探测器长度均为 H,物料高度为 h。

为简化起见,假设 γ 射线只要遇到物料即被全部吸收掉。这样,探测器只接受到物料阴影以上的 γ 光子,其输出信号也由这部分光子决定。

已知探测器直径 d,则其对放射源在水平面内的张角为

$$\Delta\varphi = \frac{d}{a+b+D}$$

由此,单位时间内放射源发射到探测器的 γ 光子数为

$$n = N \cdot \frac{1}{4\pi} \int_0^\theta \int_0^{\Delta\varphi} \sin\theta \mathrm{d}\theta \mathrm{d}\varphi = \frac{N}{4\pi} \cdot \Delta\varphi \cdot (1-\cos\theta)$$

由图 3-15 可见

$$n = \frac{N}{4\pi} \cdot \frac{d}{a+b+D}\left(1 - \frac{a+D}{\sqrt{(H-h)^2+(a+D)^2}}\right) \tag{3.2.8}$$

设单位时间内有一光子射入探测器,将产生电流 i_0,则由(3.2.8)式,一般 $D \gg a$ 和 b,故长电离室的总输出信号电流为

$$I = \frac{N \cdot d \cdot i_0}{4\pi D}\left(1 - \frac{D}{\sqrt{(H-h)^2+D^2}}\right) \tag{3.2.9}$$

这就是探测器信号电流 I 与放射源 γ 射线发射率 N 及物料高度 h 的关系式,也就是连续料位计的原理函数。

3.水分测量

中子水分计可用于炼铁工艺中监测高炉焦炭水分,从而确定入炉干焦量,对降低生产成本

有重要意义。此外,表面型水分计还可用于表层水分含量测定,在水利、交通、农业等方面有广泛应用。

采用的辐射源为中子源。中子源发射的快中子在测量介质(如焦炭)中因碰撞而减速称之为慢化,并逐步成为热中子。快中子与原子核一次碰撞的平均对数能量缩减为

$$\xi = 1 + \frac{(A+1)^2}{2A} \ln \frac{A-1}{A+1} \qquad (3.2.10)$$

式中,A 为介质原子核质量数。

表 3 – 6　焦炭中各种物质的慢化能力

焦炭成分	含量(%)	能量缩减	宏观散射截面		慢化能力	慢化能力占百分比(%)
物质	成分		$\Sigma_{sf} \times 10^{-10} 1/cm$	$\xi\Sigma_{sf} \times 10^{-10} 1/cm$		
炭	C	81	0.159 1	965.562 2	152.558 8	30.35
水分	H_2O	5	0.925 9	373.359 1	345.730 5	68.78
灰分	SiO_2	7.5	0.109 4	14.635 9	1.601 2	0.32
灰分	Al_2O_3	3.5	0.110 9	12.630 3	1.400 7	0.27
灰分	Fe_2O_3	3.0	0.064 8	21.792 0	1.412 2	0.28
总计					502.181 2	100

从表 3 – 6 可见,焦炭中 14% 的灰分慢化能力小于 1%。炭的慢化能力占 30%,而在焦炭中仅占 5% 的 H_2O 慢化能力却达 68%。表明氢核能有效地把快中子慢化至热中子。

用中子测量焦炭水分时,焦炭量基本不变,干焦产生的热中子数是常数,焦炭水分的变化可引起慢化后热中子数很大的变化。当中子源、探测器相对位置确定,介质的量大于饱和量时,热中子的总量与氢元素的含量(即 H_2O 的含量)之间有线性关系

$$N = A + BM \qquad (3.2.11)$$

式中　N——中子探测器测得的热中子计数率;

　　　M——含水量(kg/m^3);

　　　A,B——系数,通过实验而确定。

中子水分仪其物理过程是复杂的,但其原理函数却是简单的线性关系。

为实现中子焦炭水分测定,典型的结构示意图如图 3 – 16 所示。中子源的工作位置位于 7,快中子发射后经焦炭和水分慢化后反射回来,被热中子探测器 6(数个并列)所探测,因此需设置对热中子吸收极少的材料,如陶瓷板(Al_2O_3),相当于对热中子是透明的材料用作隔离。当不工作时,将中子源转于 3 的位置,位于中子源屏蔽体中部,以便于维修。

3.同位素静电消除器的应用

在纺织、印染、造纸、印刷、胶片、电子工业等部门的某些生产环节中,由于物质间的相互摩擦和撞击,也会产生静电,而这些物质多为绝缘体和半导体,静电不能泄漏,便会越聚越多,最终成为生产中的障碍。在纺织行业中,静电使纤维缠绕,出现飞花、断头等现象。在印刷厂,经常造成空白页,收纸紊乱不齐。静电使彩色套印中画面位置错移等等。

放射性同位素静电消除器是利用同位素产生的荷电粒子使周围空气电离,并与上述的静电发生"中和",从而达到消除静电的目的。这种源可以是固体 α 源(如钋—210、镅—241 等),也可以是液体镭—氡源。

4.离子感烟报警器的应用

同上述原理类似,利用荷电离(粒)子使空气电离来达到报警、预防火灾的目的。

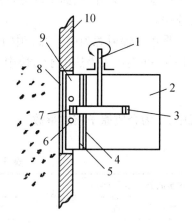

图 3 – 16　表面型中子水分计探头安装示意图

1—中子源转动机构;2—中子源屏蔽体;3—中子源贮存屏蔽位置;4—热中子隔离体;5—反射体;6—热中子探测器;7—中子源探测位置;8—耐磨陶瓷板;9—报警线路;10—料仓壁

报警器由探测器、区域报警器和集中报警器三部分组成。探测器安装在需要防火的房间或部位,由放射源及内、外电离室组成。由于放射源所放出的射线对空气的电离作用,使内、外电离室相联的电路中产生了稳恒的电离电流。如果有烟雾进入外电离室,当其浓度超过设计规定的限度时,就会使内、外电离室的分压关系有所变化,从而输出信号给予报警。

另外,还有多种工业核仪表,如煤灰分仪、离子感烟火灾报警器等等。

3.2.2　辐射加工技术

辐射加工技术是用于工业、农业等部门的实用技术。它基于辐射作用下物质的物理性质、化学性质或生物性质发生暂时性或永久性的变化。

辐射物理过程涉及在 α,β,γ 及 X 射线,中子,加速器电子、质子、氦核,以及核反应产生的原子和离子作用下固体物质性质的变化。在多数情况下这些变化属于晶格特性的变化(例如形成晶格缺陷)。核能转换成热能或光能,以及由于辐射引发电离引起介质传导率的变化。

辐射生物学涉及通过辐射使各类有机体的生命机能达到计划的或预期的变化,被用于农业、食品工业以及药物和医疗器械(消毒)。

辐射化学是研究电离辐射与物质相互作用引起的各种化学过程。它的主要研究对象初期以气体、水和水溶液为主,随后又研究了固体、各类有机化合物的辐照效应,目前则以高分子材料辐射合成与改性为重点。

辐射化学工业化应用的可能性在 20 世纪 50 年代曾有争议,但随着高分子辐射化学的发展,到 70 年代一个新兴工业领域——辐射加工逐渐形成。辐射加工是利用辐射作用于物质使其品质和性能得以改善或合成新产品的一种技术。由于辐射作用于物质可以诱发物理效应、化学效应和生物效应,因此它的应用范围十分广泛,主要领域如下:

辐射改性聚烯烃绝缘材料,如电线电缆、热收缩材料,泡沫塑料等;

一次性医疗用品辐射消毒;

食品辐射消毒、灭菌、保鲜;

涂层辐射固化,包括木塑复合材料的辐射制备;

辐射技术在生物医学和生物工程中的应用;

工业三废的辐射净化:辐射降解的工业应用包括辐射制备聚四氟乙烯超细粉末,丁基橡胶辐射再生,纤维素辐射降解制备动物饲料等。

辐射加工工业在 60 ～ 70 年代发展很快,据统计,目前辐射加工全球产值已超过 100 亿美元,并以 10% ～ 15% 的速度发展,并且美国、日本、前苏联处领先地位,美国 Raychem 公司以生产、销售辐射产品为主,它始创于 1957 年,1988 年年产值为 7 亿美元,1995 年增至 17 亿美元,已在 45 个国家设立分公司,拥有约 8 500 名职工,成为美国 300 家大型企业之一。

50 年代以来,我国辐射化学研究已具有一定基础,高分子辐射化学研究也获得了一批令人瞩目的成果;改革开放以后,我国辐射化学与辐射加工工艺也有较快发展,相关机构、院校、厂家、中心等已达 100 多家,从业人员近 2 000 人,1995 年年产值约 9 亿元人民币,拥有大中小各类 $^{60}Co\gamma$ 源装置 150 座,实际装载量约 500 万居里,辐射加工用工业电子加速器 30 多台,总功率达 425 kW,热收缩材料,电线电缆等 10 余种辐射加工产品和土豆、洋葱等 8 种辐照食品已开发并投放市场,开始获得可观的经济效益。可以说,一个新兴的辐射加工产业在我国已初具规模,前景很好。

辐射加工技术与常规方法相比其最大的优点就是节能和保护环境,这对经常发生能源危机和经受环境污染困扰的现代工业社会无疑是很值得欢迎的新技术,此外,它还有优于常规方法的一些优点。

辐射加工业必然会较快发展,这是由于它的优越性十分突出;辐射加工业必然在竞争中有选择的发展,这是由于这种技术有它的局限性。消极和过热都不是正确的态度。

3.2.3 工业辐射成像技术

利用电离辐射(GX 射线、γ 射源等)探测非透明材料或装置的缺陷或者揭示其内部结构的无损检测法,属于工业辐射照相技术。另外还有一些无损检测法,如超声波无损检测法、磁力或涡流无损检测法,以及用渗透剂的裂纹探测法。这些不同的无损检测方法可以联合使用,例如,工业辐射照相法常常与超声法相结合用于寻找焊接缝缺陷。

1.工业辐射照相法的分类

(1)按射线类型分类

加速器(如电子回旋加速器,直线加速器)产生的高能轫致辐射也属于 X 射线辐射。特征 X 射线辐射可由 X 射线管或电子俘获同位素产生,它可用于 X 射线荧光分析及涂层的连续检测。

工业上通常只采用高能电磁辐射(轫致辐射,γ 辐射)。除辐射源有差异外,这两种方法有相似的技术。目前在很大程度上工业射线照相只使用 X 射线照相,但对于检测厚钢板、焊缝或水泥构件,加速器(例如工业用的电子回旋加速器)的使用越来越多。

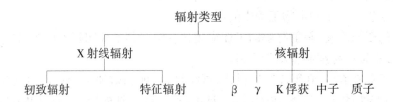

γ 射线照相法(γ 探伤法)建立在利用发射 γ 的放射性同位素的基础上,它具有下列优于 X 射线源的特点。

辐射源的体积很小,辐射是各向同性的,高能辐射同位素能检测的壁厚大于 X 辐射所能检测的,外部参数对同位素的辐射无影响,该方法对诸如电能、冷却水等供给无特殊要求,方法的应用较廉价、简单,辐射源的成本相当低。

γ 射线照相法就 γ 源来说还有一些缺点:它的剂量率比 X 射线低,因此所需曝光时间较长;壁越薄,射线照片的质量就越差;射线照片的轮廓(几何的)不清晰度增大,放射源需要经常更换;由于 γ 源的连续辐射,必须认真考虑辐射防护。

除了 γ 辐射外,其他的核辐射也可用于射线照相,其中 β 辐射的穿透能力有限,所以它适用于穿透一些密度较低的薄板材(如橡胶、塑料)(β - R,β 射线照相法)。

对于含有对热中子衰减能力不同的元素(H,B,Cd,Eu,Gd,Li,Sm)的样品,可用中子源进行研究。因为中子源不易得到,所以中子射线照相只是在一些特殊的应用中才可见到。这种射线照相比质子射线照相更真实,尽管后者还具有一些其他的优点。

(2)根据缺陷探测方法分类

按缺陷探测方法不同,可将工业辐射成像方法分成以下几类:

在光敏薄膜法中，X 射线胶片（很少为 X 射线纸）是使用最普遍的缺陷探测器。如果把胶片放在样品的一侧，辐射源放在样品的另一侧，就可得到与厚度分布相对应的强度分布，这种强度分布指示的样品的内部结构如图 3-17 所示。

由于电离辐射与被测样品之间的相互作用，当有增感屏时，在照相感光乳胶中将产生潜影，经照相处理（显影、定影等）而转变为可见。

目视探测有两个优点：快速，节省胶片费用。其缺点是：它的应用有一定的局限性，缺陷评价比较困难，无结果记录。目视研究大部分使用 X 射线源。

（不可见的）X 射线在荧光屏上转变成可见辐射。发光（一般为 ZnS）荧光屏显示出一种放大的图像，这种图像不能直接观看，需通过铅玻璃片或镜子观看。其荧光屏上的像也可经放大送到电视机。与胶片相反，缺陷在荧光屏上以亮斑显现。

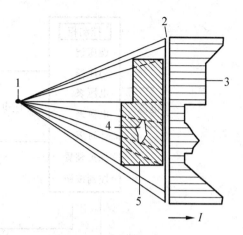

图 3-17 通过含有夹渣的样品的 γ 辐射强度的变化

1—辐射源；2—胶片；3—胶片上的强度分布；4—夹渣；5—被检测的样品

仪器无损检测（使用辐射探测器）的主要缺点是，缺陷分布与大小的图像是不可见的，而只是提供数值，这就限制了它的应用。用这些辐射照相无损检测仪器提供的信息往往都要经过计算机处理。将辐射强度的数据与标准样品的数据进行比较，便能自动地剔除有缺陷的样品。

2. X 射线成像技术

（1）X 射线检测法原理

X 射线检测方法目前主要有射线照相法、透视法（荧光屏直接观察法）和工业 X 射线电视法。当前在国内外应用最广泛、灵敏度较高的仍然是 X 射线照相法。

X 射线照相法的基本原理如图 3-18 所示。当 X 射线穿透被照物体时，有缺陷部位（如气孔、夹杂物等）与基体（金属或非金属）对射线吸收的能力不同。缺陷部位由于含有空气使其对射线的吸收能力大大低于基体（金属或非金属）对射线的吸收能力。因此，透过有缺陷部位的射线强度高于无缺陷部位的射线强度。在 X 射线胶片上对应的有缺陷部位将接受较多的 X 射线粒子，从而形成黑度较大的缺陷影像。

当射线强度为 I_0 的一束平行 X 射线，通过厚度为 d 的物体时，其强度的衰减应遵守如下规律

$$I_d = I_0 e^{-\mu d} \qquad (3.2.13)$$

式中　I_d——X 射线通过厚度为 d 的物体后的强度；

　　　I_0——X 射线通过物体以前的强度；

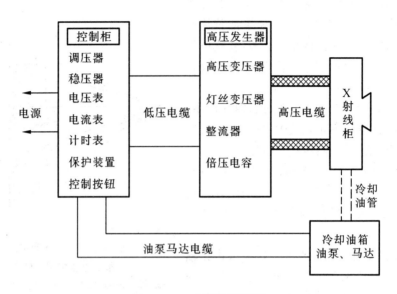

图 3-18 X射线照相原理

e——自然对数的底；

μ——衰减系数。

如果物体中存在有一厚度为 x 的缺陷时，则通过缺陷 x 处的射线强度为

$$I'_d = I_0 e^{-\mu(d-x)} \tag{3.2.14}$$

式中 I'_d——射线透过缺陷 x 后的射线强度；

x——物体内存在的缺陷沿射线方向的厚度。

假设 X 射线束垂直入射到胶片上时，则当 X 射线穿过一块完整无缺陷的物体后，该物体各部分对射线强度的衰减和其后相应到达胶片的射线强度也应相同。当物体内部有缺陷存在时，射线透过物体的缺陷部分和无缺陷部分后，到达胶片的射线强度有差异。如果差异越大，则在底片上呈现的图像就越清晰，底片的对比度也越大。

由公式(3.2.13)和(3.2.14)得

$$\frac{I'_d}{I_d} = e^{\mu x} \tag{3.2.15}$$

由(3.2.15)式可知，I'_d/I_d 比值除与缺陷厚度 x 有关外，还与材料性质的衰减系数有关。值越大越容易发现缺陷，缺陷厚度 x 越厚也越容易发现，反之则不易发现。缺陷太薄时，由于对射线透过强度衰减极少，因而经透照后在底片上有缺陷处的变化也很小，以致很难将其发现。

(2)X 射线检测装置

检测用 X 射线装置结构：目前国内外把 X 射线机大致分成两大类，即移动式 X 射线机和携带式 X 射线机。

①移动式 X 射线机

移动式 X 射线机结构如图 3 – 19 所示。

X 射线管置于充满绝缘油的 X 射线柜内，高压发生器油浸于高压柜内，它的阴、阳极两端通过高压电缆与 X 射线柜的阴、阳极两端相连接。X 射线管用强制循环油冷却，循环油再用水冷却。控制柜兼操纵台放于防射线的操作室内，用低压电缆与高压发生器相连接。操作台除用于调节透照电压(kV)、电流(mA)、时间(min)外，还装有电压过载、过电流、过热等保护装置。

移动式 X 射线机通常体积、重量都较大，适合于实验室、车间等固定场所使用。移动式 X 射线机一般管电压较高，管电流较大，可适用于检测较厚的物体，并可节省透照时间。

②携带式 X 射线机

携带式 X 射线机结构如图 3 – 20 所示。

便携式 X 射线机体积小、重量轻，适合于流动性检验或大型设备的现场检测。这种 X 射线机为了便于搬动，通常把 X 射线管和高压发生器一起放入射线柜内，没有高压电缆和整流装置。一般携带式 X 射线机仅由控制器和射线柜两部分组成。

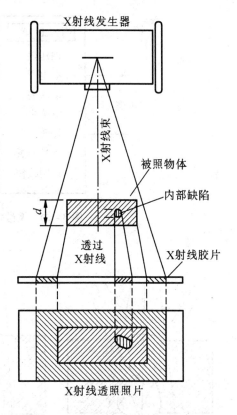

图 3 – 19 移动式 X 射线机的结构示意图

3. 工业成像系统实例

(1)焊缝裂纹检查系统

平板对接焊缝是工业生产中最为普遍的一种焊缝。透照时将暗盒放在工件的背面，射束中心对准焊缝中心线。像素计、标记号码放在靠近射线源一侧的焊缝表面上，以便确定底片的灵敏度。为防止散射射线的干扰，在焊缝表面的两侧可用铅板屏蔽。

为检查 V 型和 X 型坡口焊缝边缘附近及焊层间较小的未焊透和未熔合的缺陷，除了射束对准焊缝中心线透照外，还应再做两次射束方向沿坡口方向左右两侧的透照。用此种方法也容易发现沿断面方向延伸的裂缝等缺陷。图 3 – 21 是不同坡口型式对接焊缝的透照情况，从图中可以清楚看出对接焊缝的情况。

(2)手提式 X 射线成像仪

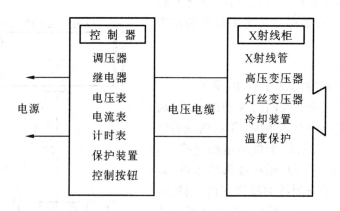

图 3 - 20   携带式 X 射线机的结构示意图

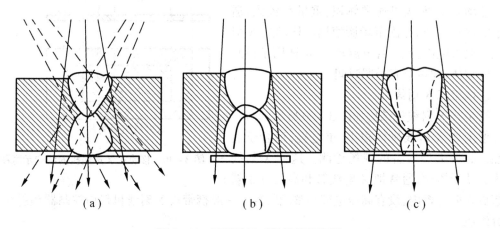

（a）   （b）   （c）

图 3 - 21   不同坡口对接焊缝的透照

便携式 X 射线数字成像仪是一项高技术成果,由超小型脉冲 X 光源、面阵列 X 射线探测器及图像信息接口和笔记本计算机组成,空间分辨率为 0.4 mm,成像时间仅需几十分之一秒,具有携带方便、数字化及成像时间短等特点。

这是粒子技术与辐射成像国家实验室在研制成功大型集装箱检测系统后,新开发的具有广阔应用空间的小型辐射成像产品。除用于公安、武警、邮递的现场应急安检外,还可用于在役武器现场检测、数字化部队战地伤员救护和海关缉私等方面,在我国的安全检查工作等方面发挥着重要的作用。

另外,用工业辐射成像技术还可以对大型集装箱中的货物等进行检测。

4.计算机断层成像(CT)

X射线计算机断层摄影(X‑Ray Computered Tomography,以下简称 X‑CT)技术从根本上克服了常规 X 射线摄影读片困难和分辨率差的缺点。它是 80 多年来 X 射线诊断学上的一次重大突破。

计算机层析照相技术是根据物体横断面的一组投影数据,经过计算处理后,得到物体该横断面的图像,所以是一种由数据到图像的重建技术,简称 CT。CT 技术应用于放射性医学诊断是一个重大的突破。近些年来,CT 技术在工业上也获得了应用。

CT 技术是一种崭新的射线照相技术,是射线照相技术的一次重大变革。其基本原理如图 3 – 22 所示。按图示方位逐层扫描,将经准直的 X 射线或 γ 射线以各种不同方向入射到被检物体,使之透过被检部位,由处在对面不同位置的经准直了的探测器接收各个入射方向上的 X 或 γ 射线,由电子计算机将各个探测器所接收到的信息进行处理,并在电视机屏幕上显示出所需的断层图像。

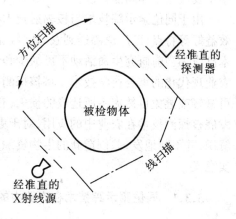

图 3 – 22　X 射线 CT 扫描器工作原理示意图

目前,一些科技发达的国家竞相研究 CT 的理论、图像重建技术、扫描系统及装置,以惊人的速度在 80 年代末期完成了第五代 CT 的研制。

工业 CT 的应用已越来越广泛。航空与航天工业中,CT 技术用来检测精密铸件、烧结件和复合材料的结构等。核工业用 CT 技术检测反应堆燃料元件的密度和缺陷,确定包壳管内芯体的位置,检测核动力装置的零部件和组件等。钢铁工业用 CT 技术检测钢材的质量,如美国 IDM 公司研制的 IRJS 系统,用于热轧无缝钢管的在线质量控制,25 ms 即可完成一个截面的图像,可以实时测量钢管的外径、内径、壁厚、偏心率和椭圆度;还可同时测量轧制温度、钢管的长度和重量,以及检测腐蚀、蠕变、塑性变形、锈斑和裂纹等缺陷。在机械工业中,CT 技术用来检测铸件和焊缝中的微小气孔,夹杂和裂纹等缺陷,并用来进行精确的尺寸测量。另外,在陶瓷工业、建筑工业、食品工业、矿业和石油工业等领域,在空气动力学、传热学、等离子体诊断、燃烧过程温度监测、生物工程,以及考古学、树木年轮测定和森林环境监测等方面,都可以广泛应用 CT 技术。

3.3　核技术在农业中的应用

核技术在农业中的应用主要有同位素示踪技术与核辐射技术两个方面。同位素示踪技术的应用,是直接将作为示踪剂的示踪原子的核素,利用其易于探测的核物理性质和同位素的物理、化学性质相同的原理,建立同位素示踪法和同位素分析法,将该方法作为研究工具或实验手段,应用于农业科学中的作物营养生理、土壤肥料、环境保护、植物保护和畜牧兽医等各个方面。核辐射技术的应用,则是将放射性核素作为辐射源,利用射线对物质作用产生的物理效应、化学效应和生物效应,对生命物质进行改造,创造新的生物资源。核辐射技术在农业科学中主要应用于作物品种改良、害虫防治、食品贮藏保鲜和辐照刺激生物生长等各个方面。

由于同位素示踪技术与核辐射技术在农业中的应用具有应用领域广、技术依存性强、经济效益好等特点,已广泛渗透到农、林、牧、副、渔等各个方面,并贯穿于农业生产全过程。这项技术已成为当前研究生命活动不可缺少和难以替代的重要手段,也是改造、革新传统农业,促进农业现代化的重要科学技术。将核探测技术应用于农业,有的直接促进增产和改善品质,有的可减轻或避免自然灾害所造成的损失,有的则为节约能源开辟新的途径等。毫无疑问,进一步发展核探测技术在农业中的应用,对于更有效地利用和保护地球上人类赖以生存的有限物质资源,并不断地发掘、创造新的生物资源,以满足人类日益增长的物质需求,具有非常重要的现实意义。

3.3.1 同位素示踪技术在农业中的应用

同位素示踪技术把放射性和稳定性同位素直接作为示踪剂中的示踪核素,利用其易于探测的核物理性质和同位素的物理、化学性质相同的原理,建立同位素示踪法和同位素分析法,并将该方法作为研究工具或实验手段,应用于农业科学中的作物营养生理、土壤肥料、环境保护、植物保护和畜牧兽医等各个方面。

所谓示踪剂,是指用来标记化合物的放射性或稳定性同位素。目前,在农业中最常用的同位素示踪剂约有 20 多种,属于放射性的有氢 – 3(^{3}H)、碳 – 14(^{14}C)、磷 – 32(^{32}P)、硫 – 35(^{35}S)、钙 – 45(^{45}Ca)、铬 – 51(^{51}Cr)、铁 – 59(^{59}Fe)、钴 – 60(^{60}Co)、铜 – 64(^{64}Cu)、锌 – 65(^{65}Zn)、硼 – 82(^{82}Br)、铷 – 86(^{86}Rb)、锶 – 89(^{89}Sr)、碘 – 125(^{125}I)和铯 – 137(^{137}Cs)等,属稳定性的有氢 – 2(^{2}H)、碳 – 13(^{13}C)、氮 – 15(^{15}N)和氧 – 18(^{18}O)等。要追寻其踪迹的被追踪物质,即研究的对象,称为被示踪物。

同位素作为示踪剂,主要依据如下:

①同位素化学性质和生物学性质的同一性,即同一核素的各种同位素,其核外电子数目相同,所以它们具有相同的化学性质,因而它们在生物代谢活动中,也表现出相同的性质和行为。

②同位素物理性质差异的可测性。物理上的可测性是指同一核素的各种同位素之间,由于原子质量的不同,产生了某些物理性质上的差异,这种差异可以用一定的物理方法进行定性或定量测定。

③核素同位素组成(核素丰度)的确定性。自然界中每个元素的各种同位素的组成比例是一个常数。用稳定同位素进行示踪就是以此为基础的。用富集的稳定同位素或标记化合物作为示踪剂,通过分析测定供试样品中示踪核素丰度的变化,就可研究被追踪物质的运动变化规

律。

1.在土壤肥料研究中的应用

改良土壤与合理施肥是农业生产发展的重要问题。大家知道,植物的养分主要有两大来源,一是土壤本身养分的贮备,二是施入的肥料。如何做到既要很好地发挥施入肥料的作用,又要充分发挥土壤本身的肥力作用,达到经济施肥,获得植物高产？同位素示踪在这方面能发挥作用,即通过利用同位素标记肥料的研究,不仅能把植物从肥料中与土壤中吸收的养分区分开,同时还能了解养分被植物吸收后在植株内运转的状况,以及未被吸收的肥料(或其分解物)在土壤中残留的动态。这些研究结果,不仅为经济、合理地施肥提供科学依据并制订出最佳的施肥方案,同时还能为化工部门生产高质量、高效率化肥提供依据。虽然测定土壤中有效养分的方法很多,但同位素示踪法是最简便的、灵敏度较高的测量方法,所以被最广泛地应用于土壤有效养分的测定。

2.在植物营养生理研究中的应用

同位素示踪技术现已成为研究植物的营养生理,植物生长过程对营养元素的吸收、运转、分配和积累的规律,植物体内物质的代谢,植物的光合作用,以及与生态环境相互作用的机理的重要手段。利用同位素示踪技术可以研究各种因素对植物光合作用中二氧化碳同化的途径,作物生产过程中物质吸收、同化、运转和积累的规律,光照和生长调节剂对植物营养物质的运转与调控,以及营养物质产生的位置(源)与输送、分配去处(库)之间关系及其在产量形成中的作用等。这些研究成果,将对阐明植物营养代谢的基本规律,改进耕作栽培技术,指导农业生产起到重要的作用。

绿色植物利用太阳光将吸收的二氧化碳和水转化成有机物,从而使日光能转变为化学能贮藏在有机物质中,由光合作用制造的糖可进一步转化为淀粉、脂类、蛋白质、核酸及其他有机化合物。地球上的生命几乎都得依赖光合作用而生存。

光合作用包括光反应和暗反应两个不同的过程。叶绿体在光照下二磷酸腺苷(ADP)和无机磷酸 $H_3PO_4(P_i)$ 转化为三磷酸腺苷(ATP),使辅酶 II ($NADP^{+-}$)获得电子而成还原态辅酶 II (NADPH),光反应可由下面总反应式表示

$$H_2O + ADP + H_3PO_4 + NADP \xrightarrow{\text{光、叶绿素}} \frac{1}{2}O_2 + ATP + NADPH$$

Calvin 等应用核示踪方法,对光合作用深入研究的结果,发现了植物吸收 CO_2 以及 CO_2 被还原为碳水化合物的途径。这种绿色植物在光合作用中吸收二氧化碳,并把它转化为葡萄糖的循环,称为光合碳循环,又称为 Calvin 循环。这个途径的阐明是生物化学科学上的一个重大成就,为此而被授予诺贝尔奖。

3.在农业环境研究中的应用

环境污染是世界性的严重问题之一,示踪技术在环境监测和环境保护上有广泛的应用前景。例如 IAEA 专门建立一个题为"农药在热带海洋环境中的分布、去向和对生物群的影响"

的协调研究计划(CRP),由瑞典国际发展局提供资金。

17个IAEA成员国的18个实验室参加由IAEA的摩纳哥海洋环境实验室(MEL)牵头的CRP。这17个国家是摩纳哥、孟加拉国、巴西、中国、哥伦比亚、哥斯达黎加、古巴、厄瓜多尔、印度、牙买加、肯尼亚、马来西亚、墨西哥、菲律宾、西班牙、美国和越南。这些实验室利用放射性示踪技术研究农药的持久性、降解途径和农药在海洋食物链中的转移。

世界稻米生产大国——中国在20世纪50~60年代主要使用滴滴涕、666等防治害虫,1990年中国农药总消费量达到200万吨有效成分,占全世界用量的1/3,调查发现通过珠江带走的农药残留物水平不高,而在河底沉积物中和从浮游植物到贻贝与海鸟的海洋食物链中滴滴涕的浓度比较高,在贻贝和海鸟的组织中分别达到1.3 $\mu g/g$(湿重)和2.1 $\mu g/g$(湿重)。从而证实滴滴涕在这样的环境中存留时间很长。

4.在畜牧业研究中的应用

示踪技术在畜牧业研究中的应用主要有两个方面:一是营养方面,应用示踪技术研究营养物质在畜禽机体内吸收、分布、转移、代谢与排出等动态,了解、掌握畜禽营养规律,评价饲料的消化率及代谢能量变化,鉴定新的饲料资源,制定出经济有效的饲料配方等;二是生殖方面,应用放射免疫分析技术,检测家畜性成熟期的开始,判断已怀孕的和未怀孕的母畜,识别具有高生产力的种畜,以及诊断家畜的肾脏功能性和甲状腺功能性疾病,对提高家畜繁殖率与疾病防治起到积极作用。

用放射性标记物做实验,可了解畜禽的各种生理物质吸收、分布和排泄的规律,例如用^{32}P或^{35}Ca标记物可看到它们很快进入骨和牙中的无机盐组分,然后又转移出;用^{3}H或^{14}C标记物做实验则可以看到脂肪组织中的脂肪酸经常与血液交换,这都表明看似静止的组织实际上处于动态平衡,并不断进行新陈代谢活动。

示踪技术也为研究生物体由简单物质到复杂的生理生化过程提供最灵敏、最直观,又最为简便的方法。同位素示踪技术还应用于测定植物病害,探明病原体寄主、疫病起源、传播途径和病区范围等,为病情预测预报,以便及时防治,减少损失;应用于植物育种,提供快速有效的品种特性鉴定、筛选技术,提高育种效率;用于食品辐照贮藏保鲜中养分变化和安全检测;对林木进行X光透视,探测林木积累的γ强度,判断环境的辐射污染程度;研究昆虫迁飞和鱼虾回游规律等。

3.3.2 核辐射技术在农业中的应用

通常在农业上应用核辐射,主要是利用电离辐射作用于生物有机体所引起的多种多样的生物学效应;而各种射线与物质的作用,又是研究电离辐射生物学效应、辐射剂量及放射性探测的基础。

电离辐射的生物学效应是核辐射技术应用的基本依据。电离辐射的生物学效应非常复杂,这不仅是因为射线种类与能量不同,产生的效应多种多样,而且也因为生物对象的不同,电离辐射对生物有机体的作用也有很大差异。核辐射的生物个体效应的基本规律是生物个体效应随着核辐射的剂量变化而改变。一般来讲,低剂量对生物个体具有一定的刺激作用;随着剂量的增大,会出现抑制作用;剂量更大时,则会导致生物个体死亡。因此按生物个体核辐射效应的反应可分为 4 种:刺激作用、抑制作用、不育作用和生物致死。每种类型的生物效应都是建立在充分利用核辐射对生物个体效应的有益因素的基础上。

由上可见,核辐射的生物个体效应是多种多样的,每一种效应又因不同种类或同种生物的不同个体而对辐照的反应有很大的差异,既存在有利的一面,也有有害的一面。应当趋利避害,利用有利的一面,避开有害的一面或变有害为有利,为人类的根本利益服务。

核辐射技术在农业上应用十分广泛,主要有:辐射育种,低剂量刺激生物生长,昆虫辐射不育防治害虫和农副产品辐照贮藏保鲜。

1.辐射育种

辐射育种是利用放射性射线诱发植物产生变异,从产生的各种各样的变异中,筛选出有利用价值的突变体,直接或间接培育出生产上应用的突变新品种。实践证明,辐射诱变是作物改良的一种重要手段。据分析,在提高作物单位面积产量的农业增产技术中,品种改良的作用占 20% ~ 30%,最优秀的甚至可达到 50%。

诱发遗传基因突变、提高突变频率。创造新类型植物是诱发突变中的重要做法。在自然界中植物自发突变亦是经常发生的,但突变频率很低,高等植物突变频率仅约 $1 \times 10^{-5} \sim 1 \times 10^{-8}$。诱发的突变频率比自发突变频率要高几百倍,甚至上千倍,能诱发出自然界罕见的新类型。

据 1995 年统计,我国利用诱发突变技术改良作物的物种,共育成了 459 个突变品种,突变品种种植面积约占各该作物的 1/10。现在除继续做好主要粮食、油料、纤维作物的诱变育种外,还同时应用核辐射诱变拓宽改良作物的范围。多年生产性繁殖植物虽然具有高芽杂合性及生育期长的特点,但也存在其他杂交障碍,利用诱发突变进行遗传改进有着很大潜力。

另外,核技术除对作物遗传进行改进外,对盐碱地的改良也将会起很大作用。

在核辐射育种中,选择射线的种类非常重要。目前用于辐射育种的射线很多,主要有 α 射线、β 射线、γ 射线、X 射线、中子及其他射线。它们大致分为外辐射和内辐射。外辐照是指被处理的植物试材受到体外某种辐射源发出的射线的照射。用作外辐射的射线有电磁辐射(如 γ 射线、X 射线)和粒子束流(如 α 射线、β 射线、质子和中子等)。内辐射是指放射性元素引入到植物的组织细胞内进行照射的方法。用作内辐射的放射源有磷—32(^{32}P)、硫—35(^{35}S)等。

γ 辐射是目前辐射育种中使用最为普遍的一种辐射源。据统计,目前世界各国辐射育成的品种中,约有 60% 是采用 γ 射线辐照育成的。不同的放射性同位素能产生不同特征能量的 γ 射线。我国常用的 γ 射线辐射源,主要是放射性同位素钴 – 60(^{60}Co)和铯 – 137(^{137}Cs)。

2.低剂量刺激生物生长

实验表明,直接或间接致电离辐射,以很低的剂量,一次或多次照射生物细胞、组织器官或机体后,不但不会改变遗传基础,影响后代,而且这一物理因子犹如激素那样会刺激其生长发育,能对当代生物的生命力、形态和生理生化等产生有益的影响。这种作用称为低剂量"刺激效应"(Stimulation effect)。用适宜的低剂量核辐射照射播种前的作物种子,能提早打破休眠,提高种子发芽率,促进生长发育,改善品质,增强抗病性和生命力。此外,有的还能发生有益的形态学变化。如用适当的低剂量辐照养殖动物的受精卵、胚胎、幼体,能加快新陈代谢,促进生长发育,增强免疫功能,减少死亡率,缩短育成时间,提高产品产量和质量。

这种低剂量电离辐射刺激效应的研究在国外已有近百年的历史。现在这项技术在独联体、加拿大、匈牙利等国家的农业中已得到较大面积的应用。我国利用低剂量辐照处理植物种子,有促进发芽、提高出苗率、获得增产的作用,尤其在蔬菜和豆类作物上的效果更为明显。

低剂量核辐照刺激生物生长技术在农业生产上有广阔的应用前景,但目前还存在一些限制因素,如对核辐射刺激生物生长效应的研究还不够深入,辐照设备都是核技术领域的专用设备,是这项工作的基础,但价格昂贵,需要国家资助。

3.昆虫辐射不育技术防治害虫

昆虫核辐射不育技术是20世纪50年代发展起来的一项新技术,这种核辐射不育害虫防治技术又称为"害虫自灭法",它是利用一定剂量的射线辐照害虫某一形态(卵或蛹),使其亲代不育或半不育,然后将经辐照的不育虫释放到此种害虫危害的区域,让它与自然界同一种害虫进行交尾,但产下的卵不能正常孵化,从而降低虫害,控制或消灭其危害。这属于遗传防治,它是利用害虫延续种族的本能来达到消灭种群本身。

在辐照条件下,可能出现雌虫无生育能力、雄虫无交尾能力、精子无活力、精液缺乏和显性致死等不育特性。

将需要防治的害虫的某一虫态用一定剂量的电离射线照射,从生物学原理讲,由于受照射害虫的体细胞基本上不受损伤,而其生殖细胞的染色体被诱发产生断裂、易位,造成不对称组合,形成带显性致死突变的配子,使其与正常虫交配后形成的合子致死。这些显性致死突变不是基因点突变,而是染色体断裂,导致后来核分裂反常。最终都使形成的合子致死。因此,经一定辐射剂量处理的害虫既能保持正常的生命活动和寻找配偶的能力,又能使它交配后产的卵不能孵化,丧失生殖能力,不能繁衍后代。

目前,世界上约有2/3的国家对200多种害虫进行了辐射不育研究与应用,其中有30多种害虫已进入中间试验或实际应用阶段,取得了明显的防治效果。如美国在1957年和1963年两次消灭了该国南部严重危害大牲畜的羊皮螺旋蝇,1980年墨西哥境内的地中海果蝇得到控制和根除,加拿大和日本分别在防治苹果蠹蛾与瓜实蝇和东方果蝇方面均取得了成功。

我国20世纪60年代先后有近20个单位对松毛虫、水稻三化螟、油茶尺蠖、棉红铃虫、玉米螟、蚕蛆蝇、甘蔗黄螟、小菜蛾、柑橘大实蝇等10多种害虫进行辐射不育防治研究,其中玉米螟、蚕蛆蝇、小菜蛾和柑橘大实蝇等害虫,在一定面积上释放不育虫均获得成功。特别是释放柑橘大实蝇不育虫,在一个有34 km²的橘园内,先后两次释放不育大实蝇近20万头,柑橘大实蝇的危害率由常年的 5%～8% 下降到 0.005%，几乎达到灭绝程度；台湾省在实施辐射不育技术防治危害柑橘和芒果的东方实蝇方面，也获得了明显的效果。目前正在扩大示范推广。

4.农副产品辐照贮藏保鲜

农副产品辐照贮藏保鲜主要是利用电离辐射具有较强穿透力的特点，辐照农副产品能彻底杀虫灭菌，抑制发芽、推迟成熟期，达到延长产品的贮藏期和保鲜期，减少产品损失之目的。这一方法特别适用于一些不宜采用传统方法加工的食品和一些特别需要彻底灭菌的食品。

3.3.3 核技术在农业中应用的发展前景

在过去近半个世纪的发展中，核技术在农业中的应用已具有相当的基础和规模，成为改造、革新传统农业和促进农业现代化的重要科学技术之一，在农业生物和现代农业科学研究中已显示出生命力。随着现代科学技术的迅猛发展，众多的相关学科不仅向农业科学交叉与渗透，而且通过交融，必将进一步从深度和广度上推动农业科学的拓展与技术的更新，核技术必须进一步扩大研究应用领域。核技术应进一步发挥其自身的特点与优势，围绕大幅度提高农业生产力、改善农产品质量、增加社会经济效益、创造作物新物种和新类型、防御自然灾害、保护农业生态环境等问题，以应用研究为主体，向基础研究与开发研究双向延伸，增强农业生产和农业科学技术的后劲；进一步加强与农业基础科学和高新技术的结合，新核素与新诱变因素的开拓，除加速核农业工程技术向大农业各个领域研究应用拓展外，同时还要向新的研究领域拓展，例如海洋与空间领域的研究应用，使核技术在发展未来的"生物产业"和现代农业中发挥更大的作用。

3.4 核技术在医学中的应用

核技术在医学中的应用是核科学技术与生物医学相结合的产物，主要是利用核素或医用加速器来诊断和防治疾病，特别是在核医学、核显像技术、体外放射免疫分析等方面取得了长足的进步，医学界把应用放射性核素的核辐射对疾病进行诊断和照射治疗统称为核医学。美、英、日等不少国家都有规模庞大的原子能中心，其中核医学、核生物学占有重要地位。

核技术现已是医学中进行诊断、治疗和病理药理研究时必不可少的手段。作为现代医学主要标志的影像医学，其四大影像手段中（X光、核磁共振、放射性核素、超声），有三项与核技术有关，医院的大型设备的投资，一半以上用于放射医学和核医学。医学早已不是听诊器和手术刀的时代的医学了，现代医学离不开核科学技术的支持。

本节将简单介绍放射诊断学、放射治疗学和核医学方面的基本知识；它们所使用的技术、设备和临床应用情况；放射医学和核医学的发展方向和最新研究动态。

3.4.1 放射诊断学

早期的放射诊断学是利用 X 射线诊断疾病的科学。该方法已使用了几十年,至今仍在使用。但它需用较大剂量 X 射线,对人体有害;所得到的是二维平面像,在脏器深度方面的信息叠加在一起,给医生诊断带来困难。

X 射线增强器的出现,使人们可以用较低剂量的 X 射线,在影像增强器的输出屏上看到明亮的图像和摄取照片。数字 X 射线机的诞生,使 X 射线成像从模拟阶段进入数字阶段,获得了很高对比度的图像。X 射线数字减影技术能拍摄非常清晰的血管造影图。

计算机断层成像技术(CT)引起了医学诊断技术的革命,它能得到没有重叠干扰的人体横断面图像。此后,各种类型的 CT,如 MRI,SPECT,PET 等相继出现,形成了今天医学影像诊断百花齐放的局面。

X 射线成像设备数字化和网络化,建立放射医学信息系统,已成为当今的潮流。这将为医院的现代化,实现多种影像手段的综合、无胶片化医院和远程诊断奠定基础。

1.X 射线诊断技术

(1)X 射线模拟成像技术

①X 射线荧光透视技术

利用 X 射线的穿透和荧光作用,将被检组织脏器投影到荧光屏上,医生从荧光屏上直接进行观察诊断,这就是常规的 X 射线荧光透视技术。

透视的优点是经济、简便、灵活,医生能随意转动病人,在各个不同位置和方向观察脏器的形态。缺点是荧光图像不够清晰,分辨率较差,细微病变难以看清楚;影像不能长期保留为永久记录;并且医生在荧光屏后观察影像,长时间暴露在 X 射线下,接受的剂量较大。

X 射线透视诊断至今仍是普通体检和临床诊断的常规手段,非常广泛地用于内科、外科、口腔科、骨科等的常规检查。

②X 射线摄影技术

利用 X 射线的穿透性和胶片的感光性,将被检部位显像于胶片上,这就是 X 射线摄影或照相术。

照片能补充透视的不足,可以显示出病变细微的结构,可作长期保留以便比较和以后的诊断。然而它不具备透视简便易行、短时可获得结果的优点,而且摄影费用比透视要贵。

X 射线摄影中有一些特殊技术,如软组织摄影、高千伏摄影、微焦点直接放大摄影、荧光摄影、硒静电 X 射线摄影和数字 X 射线摄影。

③影像增强器和医用 X 射线电视技术

医用 X 射线电视是由 X 光机、X 射线影像增强器与闭路电视系统构成的医用电视设备,它的组成如图 3 – 23 所示。X 射线电视的临床应用不仅提高了影像的清晰度和诊断效果,而且还可明显降低临床使用的技术条件。

X射线电视系统的优点是：图像亮度高，可在亮室操作与观察；可实现遥控、遥测、隔室观察，使观察者避免了X射线照射；可大大降低X射线照射量，降低病人所受X射线的辐射剂量；该方法不但可进行静态观察，还可进行动态和功能观察；可供多人同时观察；可进行电视录像和电影摄影，结果可长期保存，反复观察。然而，影像增强器有"枕形"失真，量子噪声，空间分辨率不均匀，易受磁场干扰等缺点。

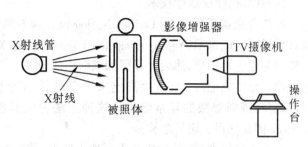

图3-23　医用X射线电视系统的构成

④造影术

在普通X射线摄影技术中，由于各解剖结构间具有较大的密度差，因此具有良好的自然对比度（如胸腔、骨骼等）。对于自然对比差的器官和组织，则通过注入密度大的物质如硫酸钡、碘化钠等（称为阳性造影剂），或密度较低的物质如空气、氧气等（称为阴性造影剂），人为地扩大被检器官与周围组织的密度差，从而增大X射线照片的反差，以提高影像分辨力，这种方法称为"X射线造影技术"，引入人体内的物质称为造影剂。

造影技术扩大了检查范围，使受检器官或组织能更清楚地显像，常用的有钡餐胃肠造影、胆囊造影、脑血管造影，和支气管、关节腔、脑室、肾上腺气体造影等。

(2)数字化X射线影像技术

随着微电子技术、计算机技术的发展，数字技术在70年代开始进入医学诊断影像领域。数字影像探测器灵敏度范围非常宽，它对X射线的反应是线性的，因此采用数字探测器能够提高对比分辨率，所得影像对比度与曝光水平无关，并可减少辐射剂量。

数字化X射线影像技术可以分为间接数字化和直接数字化两类。胶片扫描机，视频信号A、D变换器，影像板都是将模拟图像转换成数字图像的设备；各种线型和平面型探测器则能直接将X射线转换为数字图像。以数字化影像技术为基础的数字减影血管造影技术及X射线计算机断层术，使X射线诊断技术进入了全新的发展阶段。

(3)焦平面断层成像技术

通常的X射线平片(Planar)是三维物体的二维投影图像，因前后组织重叠而引起的图像混淆容易造成误诊和漏诊。焦平面断层成像术(Focal - plane Tomography)可以利用原来的X光机，拍摄突显某一感兴趣层面的照片，是最早被广泛使用的产生医学断层图像的方法。

焦平面断层成像术适用于检测轮廓很小（亚毫米级）并且具有高对比度的结构，例如内耳的骨头，不过由于剂量方面的考虑，使它的分辨率只能达到1 mm左右。医学临床中，病人的安放位置应使感兴趣的解剖组织位于焦平面中，在源和检测器沿预定轨道运动期间内进行曝光。

(4)计算机断层成像技术

1972年英国工程师 Sir Godfrey N. Housfield 和美国物理学家 Alan M. Cormack 发明了 X 射线计算机断层成像术(X－ray Computered Tomography，XCT)。XCT 通过对垂直于人体长轴的某一横切薄层进行扫描，然后计算得到该断层的图像。将各个二维断层图像组合起来，可得到三维图像。XCT 能把每一切片隔离出来进行观察，完全消除了临近各层的影响，图像对比度很高，很容易辨别细微的异常结构。这种方法曾引起医学诊断技术的一次革命，Housfield 和 Cormack 因此获得了诺贝尔奖。

近二十多年来，除了 XCT 在不断地更新外，其他类型的 CT，如核磁共振 CT、单光子 CT、正电子 CT、超声 CT、微波 CT 等也相继出现，形成了医学影像诊断技术百花齐放的局面。这些新的影像设备互相补充，成了现代化医院中不可缺少的工具。

2.放射性同位素诊断技术

器官的诊断检查是利用健康器官和有病器官对放射性标记的"放射性药物"的不同摄取量和排除效应，进行功能检查和定位检查(如肿瘤)。

通常把放射性药物注入病人血管，在一定时间之后测定受检器官发射出的 γ 射线。根据发出射线的空间分布，通过计算机做出有关器官的彩色闪烁图。

(1)PECT 法(单粒子发射计算机断层照相法)

几乎所有人类的器官和骨髓都可以用合适的放射性核素进行诊断。如用 ^{131}I 标记的马尿酸进行肾功能检查，通过记录从肾发出的辐射随时间的变化过程可以判断肾的功能。与之类似的是换气检查：病人吸入加有少量短寿命 ^{81}Kr(半衰期为 13 s)的空气，从记录到的辐射可以知道肺叶的工作能力，还可以为肿瘤等定位。

(2)时新的 PET 法(正电子发射断层照相法)

PET 法是用相对布置的探测器对正电子湮没时放出的 0.51 MeV 的 γ 量子进行符合测定。PET 法的缺点是它使用的核素半衰期极短，因而放射性核素生产和标记化合物合成都要在使用地点附近进行，这大大限制了 PET 法的应用。最重要的目标器官是心脏和脑，用 PET 法可以"由外部"(Vonaupan)定量地掌握其生物化学过程。PET 还可以用来揭示药物在血浆中的浓度与它在脑中局部浓集之间的关系。这表明，除了医疗诊断外，PET 还可用来评价药物和毒素。PET 的潜力远不止这些，特别是如果分辨率还能进一步提高的话。

3.4.2　放射治疗学

放射治疗利用电离辐射对生物组织的破坏效应进行疾病治疗，一般简称为放疗。电离辐射是一种具有波或粒子形式的能量流，能导致物质电离、损伤细胞分子、破坏特定的细胞。射线可通过直接效应和间接效应杀伤细胞。直接效应是指射线直接作用于细胞遗传物质的 DNA 分子上，使它们发生电离，分子断裂，使细胞不能再繁殖，并最终导致死亡。射线照射的间接效应是引起水分子电离和分解，产生大量活泼的离子和自由基，它们再与细胞的 DNA 分子发生作用,导致细胞无法再分裂或增生,并最终死亡。在放疗中更多的是间接效应。目前,放射治疗主要用于治疗恶性肿瘤,据统计70%~75%的病人需要进行放疗。

放射治疗使用的电离辐射有 X,γ,e,p,n,π 介子及重离子,其中最常见的是 X,γ 和 e。放射性同位素^{60}Co 是 γ 射线的重要辐射源,它经 β 衰变产生能量为 1.173 MeV 和 1.333 MeV 的 γ 射线,半衰期为 5.272 年。

在癌的辐射治疗中,有目的地把高能量辐射给予肿瘤使之破坏,周围的健康组织只允许接受尽可能低的剂量。现在通常是用 γ 辐射(^{60}Co 的 γ 辐射或加速器的韧致辐射)或高能电子(由电子加速器发出)。这些辐射源不能避免对周围组织造成比较高的辐射剂量。如果用中子或 π 介子,对周围的辐射剂量可以降低。π 介子治疗法只能在有足够功率的加速器附近进行,因而不便推广,而且只有某几种癌能用它处理。

一种处于外辐照和内辐照之间的辐照方式被称为中子俘获肿瘤治疗法。这种方法是,向病人提供一种无毒的硼化合物(含富集的^{10}B),这种化合物能被恶性肿瘤富集,因而在该处的浓度比血液和周围组织中的浓度高。用热中子照射时,由^{10}B(n, α)^{7}Li 反应生成的高能 α 粒子和^{7}Li 核遇到细胞核,可把细胞杀死。慢中子本身对人体实际上不造成损伤,因为它被构成细胞的各种原子俘获的概率很低,由于氢的丰度高及氢的中子俘获截面大,慢中子的生物学效应取决于它与氢原子的作用。

核技术在医学中的应用如果从 X 射线的临床应用开始算起,那么在发现核裂变现象之前就已经开始了。因此核技术在医学中已经专门形成了核医学,并有其自身的理论、方法和应用范围。

思 考 题

1.核探测技术在国民经济中主要有哪些用途?

2.放射性核素在岩石、土壤、水和大气中的分布规律是什么?

3.什么是分散晕,什么是原生分散晕和次生分散晕,它们与核技术在地质找矿中的应用有什么关系?

4.简述地面 γ 能谱测量的基本原理。

5.简要叙述氡气测量的基本原理。

6.工业核仪表分为哪三类,其原理函数是什么?

7.列出常用的"三计"(厚度计、密度计和质量计)的原理函数。

8.什么是辐射化学,什么是辐射加工,辐射加工应用的主要领域有哪些?

9.什么是工业辐射照相法?

10.按缺陷探测方法可将工业辐射成像技术分为哪几类?

11.X 射线检测法的工作原理是什么?

12.什么是计算机断层成像技术(CT),在工业上它有哪些用途?

13.同位素作为示踪剂的主要依据是什么,同位素示踪在农业中有哪些应用?

14.核辐射技术在农业上有哪些应用,其依据是什么?

15.什么是放射诊断学,什么是放射治疗学?

第4章 核分析方法

利用物质的天然放射线(α,β,γ)或者利用人工放射线(中子、光子、离子及正电子)与物质原子及原子核的相互作用,采用核物理实验技术,测定元素含量,或研究物质分子和结构等分析方法,叫做核分析。核分析技术是一种崭新的现代检测手段。它已成为现代科学技术中重要的新技术之一,在材料科学、环境科学、生命科学、能源科学,以及在天体、地质、考古等领域中广泛应用。

4.1 概　述

4.1.1 核分析技术的优点与分类

核分析技术具有很多优点:

(1)灵敏度高;

(2)准确度好,误差小,不破坏样品的宏观结构;

(3)多元素同时分析(中子活化分析可以同时对几十种元素进行分析);

(4)成本低,效率高(核物理分析);

(5)易于实现自动化分析。

每种核分析技术都有其独特的优点和适用的分析范围,可供选择的余地大;在国民经济、国防建设和科学研究各领域中,无不显示出它们的强大生命力。

目前,常见的核分析方法包括:核物理分析、X荧光分析、活化分析、离子束分析、核效应分析等。其中核物理分析是根据样品本身产生的 α,β,γ 射线强度来确定其放射性元素的种类及含量的一系列方法。

X荧光分析是用一定能量的质子、X射线或重离子轰击样品,从样品原子中激发出特征X射线,并用X射线波谱仪或能谱仪测量这些特征X射线的波长或能量,从而判定样品中各元素的种类;由测得的特征X射线的强度,以及电离截面、荧光产额、X射线的吸收等数据,确定样品中各元素的含量。

活化分析是最早发展的核分析技术,可分为中子活化分析、光子活化分析和带电粒子活化分析。前两者主要用于测定物质体内痕量杂质元素的平均浓度。

20世纪六七十年代蓬勃发展的半导体工业中,离子注入工艺和各种薄膜技术的使用,导致以低能加速器为基础的离子束分析技术应运而生。其中瞬发核反应分析、卢瑟福背散射分析和沟道技术是最常用的离子束分析技术,已成为固体表面研究不可缺少及不可替代的分析手段。质子激发 X 射线分析广泛用于生物医学、环境保护研究中高灵敏度元素分析。70 年代发展起来的加速器质谱计,能对稀有同位素进行超灵敏分析,为采用毫克(mg)乃至微克(μg)重量级样品进行放射性断代等研究开辟了道路。

利用核效应(如穆斯堡尔效应、正电子湮没、扰动角关联、核磁共振等)的各种核分析技术是研究物质微观结构的有效分析技术。

4.1.2 核分析技术与现代科学技术

伴随现代科学技术的发展,核分析技术也得到迅速的发展和广泛的应用。核分析技术具有如此大的魅力在于它是通过辐射,如中子、光子、离子和正电子与物质的原子或原子核相互作用,揭示了微观世界的内在现象和内在规律,大大超过依赖常规的声、光、电等手段对事物的了解。通过如下实例雄辩地展示了核分析技术在现代科学技术中的地位与作用,显示核分析技术已成为现代分析、测试技术的重要组成部分。

1.关于"耶稣裹尸布"的真伪之争

历史上关于"耶稣裹尸布"的真伪之争是科学史上一件十分有趣的逸闻。科学家们采用了新型的分析技术——核分析,得以揭开了这个几世纪以来的不解之谜。在意大利都灵大教堂里,有一个用防弹玻璃罩保护的银制灵柩,里面珍藏着一件黄色的寿衣。在这块长 4.36 m,宽 1.1 m 的手织亚麻布上依稀可辨出一个高 1.83 m,留着胡子的裸体男子的正面及背面的淡棕色图像,他的双手交叉于下腹部,头部两侧、双手及脚部位置还留有血滴溢出的斑痕。这显然是一幅耶稣受难后的情景。传说公元初,在巴勒斯坦,罗马人宣布了一个人的死刑,并把他钉在十字架上。这个人便是耶稣,他自称是上帝的儿子,甘愿为大众受难而死。从此便诞生了一种宗教,目前在全世界拥有数以亿计的信徒。都灵尸衣是教徒们最为崇拜的圣物,400 年来一直珍藏在银制的小箱中,每隔 50 年展示一次,最后一次展示是在 1978 年,当时有三百万教徒从世界各地涌向都灵,排队朝觐这块圣布。然而也有相当数量的人对它的真实性持怀疑态度,因为没有确凿的历史证据能够证实它在 14 世纪以前已经存在,而在 14 世纪时欧洲和巴勒斯坦等地伪造宗教遗物的风气很盛。关于这块圣布的真伪之争一直持续了几个世纪,引起了科学家、历史学家和宗教界的浓厚兴趣,而教会对此讳莫如深。直到 1978 年最后一次展示后,天主教都灵总主教终于同意对它进行科学测试。一支由 40 名科学家和专家组成的小组对它进行了认真仔细的研究,用紫外线、红外线、X 射线和显微镜等多种手段分析观察,但未能得出明确的结论。怎么办?科学家们提出用 ^{14}C 年代测定法检测,但因要剪下手帕大小的样品而遭到拒绝。进入 20 世纪 80 年代以后,一种新型的核分析技术——加速器质谱学开始兴起并迅速发展,它的超高灵敏度和只需微量样品等优点终于说动了"都灵裹尸布协会"及红衣大主教,同意用这种方法检测。从 1986 年起,教皇科学院组织人员进行了两年的安排与专题技术讨论,本来计划由七个实验室分别独立进行测定,后来因为教会只同意提供邮票大小的样品,使测试分析工作不得不改为由三个实验室来完成。从裹尸布上取样由大主教亲自主持极其秘密地进行,由伦敦大不列颠博物馆负责标记后分成三份;同时被测量的还有公元 1 世纪、11 世纪和 14 世纪的产物对照样品。测试是在美国亚利桑那大学、英国牛津大学和瑞士苏黎士工学院的加速器质谱学实验室同时进行的,每个实验室都收到只有编号,没有其他任何标识的样品。这些样品经技术处理后送入加速器进行测量,最后通过计算而得到每种样品的年代。三个国家的不同实验室的独立测量达到了惊人的极佳的一致性,互相的差异仅有一百年左右。测量表明:所谓裹尸布制成的年份在公元 1260 年至 1380 年的可能性为 95%,决不会早于公元 1200 年。真相大白于天下:这件几个世纪以来被教徒们奉为圣物的"耶稣裹尸布"是赝品! 教会宣称他们相信科学的鉴定,但他们不动摇信仰,他们崇拜的是圣布上的图像。这一划时代的事件一时间引了举世轰动,也引起了人们深深的思考,大家对新型检测技术——核分析技术刮目相看,口服心服,认为核分析确实是一种新型的、现代的、可靠的、不可替代的检测手段。

当然,核分析的应用远远不止检测了"耶稣裹尸布",正在工业、农业、医学、科技各个领域展示着它不可替代的重要作用。

2. 核分析技术与天体物理

1967 年在月球软着陆的"探险者 V"科学仪器仓中的"α 散射探测器",首次在月球表面用于分析月球土壤就是核分析技术的又一个事例。在该装置内放置了一个 α 放射源,同时在不同方位设置了一个质子探测器和一个 α 探测器。通过检测由 α 粒子使原子核分裂出来的质子的能量和测量从原子核反射出来的 α 粒子能量来检测月球表面的原子,得到了许多前所未闻的有关月球的珍贵资料。

又如对恐龙这一庞然大物怎么一下子就会在地球上消失了呢? 人们有各种猜测。利用核分析测定方法,根据对相当于 6 500 万年前的地下薄薄的富含铱的粘土样品的测定,推断当时有一颗半径为 10 km 的外星陨石落地时造成相当于 10^8 百万吨级大爆炸,使得大气烟云长时期完全遮住了太阳光,由此破坏了生物圈,造成了恐龙等生物的毁灭。

3. 核分析技术在材料科学上的应用

第二次世界大战以后,特别是 20 世纪六七十年代以来,科学技术飞速发展,尤其材料科学的发展更是日新月异。在材料科学中,稀土材料、超导材料,和半导体材料的生产过程、性能结构的检测都与核分析技术密不可分。应该说,核分析技术在材料科学领域是最能发挥其特点的。核分析技术的三个领域:活化分析技术、离子束分析技术、核效应分析技术,无一不在材料科学上显示出其独特的且不可取代的作用和地位。

例如,计算机科学与技术、信息工程的发展是以大规模集成电路的发展和改进为硬件支柱的,而核分析手段之一——背散射分析成为半导体工业最常用、最便利的分析手段。

4. 石油核测井技术

石油、煤炭资源的勘探,往往在一个国家的经济命脉中占有重要的地位。石油勘探有许多方法,如地震法、地层电导率测量等。但核测井是至今惟一能在井下快速分析和确定岩石及其空隙系流体中各种化学元素含量的有效方法,也是惟一能在套管中定量测定地层动态变化和评价地层的测井方法。因此,核测井技术由于在石油、天然气、煤炭及其他矿物勘探和开采中起着重要的作用,而发展成为一个独立的产业部门——核测井工业。

根据测量的对象和目的,在核测井的基础上又发展了伽玛测井、中子测井、放射性同位素示踪测井和核磁测井。当辐射进入地层后,粒子与地层核素发生各种相互作用或核反应,γ射线与中子束被探测接收,这些信息经处理后可以反映地层的岩性、孔隙度、密度和矿化度等物理特性,为地质矿产、石油等的勘探,开发和地层评价提供了准确、可行的评价依据。核探测分析技术在这些方面成了必需的、不可替代的有力手段。

21世纪是信息科学、生命科学和材料科学兴旺发达的时代,而这三大科学的发展都迫切需要核分析技术的支持。在近几十年发展起来的环境科学中,对大气、土壤、水质和粉尘的测试分析都要求有很高的精确度,以中子活化分析为代表的核分析是最常用最有效的分析手段。

4.1.3 促进交叉学科的发展

核分析技术的应用与推广,必然带动和促进相关学科的发展,也促成了一些边缘学科的出现。如把核分析用在天体物理中,就形成了核天体物理学。把核分析技术广泛地运用到医学中,发挥其探测、成像、消毒、治疗等作用,近几十年就形成了核科学的重要分支——核医学。与离子束分析、离子束辐照、离子束改性等技术共同发展起来的核材料学近十几年以锐不可挡之势迅速发展,在国民经济发展中将起到不可估量的作用。诸如此类还有很多,比如核物理的一门重要分支——加速器物理等。所以,核科学已不再只是围绕核物理的发展较单一的尖端学科,而是具有丰富的内涵和广泛应用前景,并与人类生存发展密切相关的新兴学科。

本章将选择核物理分析、X荧光分析、中子活化分析、背散射分析和加速器质谱分析等核分析技术进行概要介绍。

4.2 核物理分析

核物理分析技术最早用于分析铀矿石样品中放射性元素的含量。核物理分析有多种方法,但每种方法都具有共同的特点——利用样品本身的放射性核素产生的 α, β, γ 射线的能量和强度来测定样品中放射性元素的含量。核物理分析的优点是成本低、效率高,是辐射领域中最常用的一种技术,该技术在地质、环境、农业、考古及建材等领域得到了广泛的应用。

4.2.1 核物理分析的基本原理

由于被分析的放射性元素及样品特点不同,产生了不同的核分析方法,它们有一个共同的特点:都属于相对测量。即将未知含量的样品与已知含量的标准源做对比测量,也叫做对比分析。

众所周知,无自吸收条件下,单位厚度放射层的射线强度 I_0 与放射性物质含量 C 间存在着正比例关系,即

$$I_0 = K \cdot C \tag{4.2.1}$$

K 是比例系数,决定于许多因素,诸如:测量装置类型,几何条件,仪器工作状态,被测射线之类型(α, β, γ 等)及其能量范围,被测放射层中的放射性元素组分及其含量级别等。对样品和标准源的测量分别有下式

$$I_{0样} = K_样 \cdot C_样$$

$$I_{0标} = K_标 \cdot C_标$$

如果保持上述各种条件相同,使 $K_样 = K_标$,于是有

$$C_样 = \frac{I_{0样}}{I_{0标}} C_标 \tag{4.2.2}$$

若已知 $C_标$,并测知 $I_{0样}$、$I_{0标}$,就可算出样品中的放射性元素含量 $C_样$。(4.2.2)式为放射性相对测量的基本公式。

实际上测到的是某一厚度层的辐射层经某种程度的自吸收作用后,透射出来的射线强度 I,而不是 I_0。

为了保证样品和标准源的可对比性,必须遵守核分析的最基本原则。就是:在相同的测量条件下,对样品和标准源做同样的测量,进行射线强度的对比,以便求出样品含量。这一原则遵守得愈好,分析结果愈正确。

为此,任何一个具有生产能力的实验室都必须具备几套不同含量级别和不同物质成分、密度(如硅酸盐类,铁质类,煤质类等)的标准源,以便对应各种类型的样品。样品与标准源的装填密度应相等,或近似。当装填密度相差较大时,需做密度修正。为保证密度的可对比性及含量的均匀性,对样品的粉碎度有统一规定。核分析一般为 80 ~ 100 目,放化分析一般为 160 目。为保证测量装置及各种几何条件的一致性,样品和标准源应有相同的容器和放置点,使用同一种仪器并保证仪器处于相同的工作状态(高压、甄别阈,能谱仪道宽等)及稳定性。

对于粉末状样,值得特别提出讨论的是,如何保证样品与标准源被测射线的自吸收状况一致,以及如何消除干扰元素或射线的影响。

1. 放射线自吸收的考虑

凡射线通过物质时都会不同程度地被吸收。放射源的射线在穿过源体的路程中也会被源体自吸收或散射,这种现象称为射线的自吸收。由于自吸收现象的存在,致使源的射线强度与源的质量不能成正比例关系。若源的面积不变,则反应在射线强度 I 与放射源的层厚 $h(\mathrm{g/cm^2})$ 的关系不成正比,这一关系如图 4 – 1 所示,其数学表达式为

$$I = \frac{I_0}{\mu}(1 - \mathrm{e}^{-\mu h}) \tag{4.2.3}$$

式中 μ 为自吸收系数,单位:$\mathrm{cm^2/g}$;h 为放射层厚度,单位:$\mathrm{g/cm^2}$。该公式适用于 β, γ,X 射线。

(1)当 $\mu h < 0.1$ 时,称薄层,即图 4－1 的 $\overline{OA}$ 段。因 $1 - e^{-\mu h} \approx \mu h$,公式(4.2.3)可简化成 $I = I_0 h$,该式显示放射源的射线强度 I 与其厚度 h 成正比(因为层薄的自吸收结果可忽略不计)。对于样品和标准源有

$$I_{0样} = I_样 / h_样 \quad 和 \quad I_{0标} = I_标 / h_标$$

将 $I_{0样}$、$I_{0标}$ 代入(4.2.2)式,则有

$$C_样 = \frac{I_样 \, h_标}{I_标 \, h_样} \cdot C_标$$

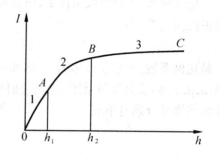

图 4－1　射线强度与源厚度关系示意图

将样品和标准源放入相同规格的样品盘中,则有

$$C_样 = \frac{I_样 \, P_标}{I_标 \, P_样} \cdot C_标 \tag{4.2.4}$$

式中 $P_样$、$P_标$ 是样品与标准源的称重。公式(4.2.4)是在薄层条件下测量时计算含量的公式,为生产中常用公式之一。

(2)当 $\mu h \geqslant 6.9$ 时,称厚层或饱和层,相应于图 4－1 中曲线的 $\overline{BC}$ 段。

若 $\mu h \geqslant 6.9$,则 $e^{-\mu h} \approx 0.001$,公式(4.2.3)可简化为 $I = I_0/\mu$,该式表明 I 与 h 无关。由此,对于样品和标准源分别有

$$I_{0样} = I_样 \cdot \mu_样 \quad 和 \quad I_{0标} = I_标 \cdot \mu_标$$

将 $I_{0样}$,$I_{0标}$ 代入(4.2.2)式,则有

$$C_样 = \frac{I_样 \cdot \mu_样}{I_标 \cdot \mu_标} \cdot C_标$$

如果保持样品和标准源的物质成分近似,则 $\mu_样 = \mu_标$,此时上式可简化为

$$C_样 = \frac{I_样}{I_标} \cdot C_标 \tag{4.2.5}$$

(4.2.5)式是在厚层条件下测量时,计算含量的常用公式。由推导中可知,当矿样与标准源物质成分差别大时,使用此式计算将会带来误差。

(3)当 $0.1 < \mu h < 6.9$ 时,称过渡层,对应图 4－1 曲线的 AB 段。μh 在此数值范围内,(4.2.3)式不能简化。式中参数 μ 不易求取,因而只有当样品、标准源物质成分相近且装填密度相同时才能使用,而这是不易做到的。所以在对比分析中通常都避免样品和标准源处于该厚度范围内。

厚层、薄层的绝对厚度因射线种类、能量及探测器类型而异。对于天然放射性核素的 α,β,γ 射线薄层,厚层的绝对厚度范围见表 4－1。粉末状矿样的密度一般为 $1.54 \ \text{g/cm}^3$,装入 1 cm 样品盘中对 β 射线已达厚层(饱和层),而对于 γ 射线则为薄层。所以核分析中的样品盘深度一般为 1 cm,样品盘直径也为 1 cm。若测量 α 射线,则 1 mm 深样品盘已足以使矿样达到厚层要求。

表 4 – 1   α, β, γ 射线各厚度放射层的大致范围

射　线	薄　层	厚　层	注
β	$< 2 \sim 6$ mg/cm^2	$> 1.2 \sim 1.5$ g/cm^2	
γ	< 1.5 g/cm^2	$> \sim 100$ g/cm^2	铜阴极计数管
α		> 0.1 mg/cm^2	

2. 干扰核素或射线影响的清除

公式(4.2.1)是指某一种放射性核素的含量与它辐射的某种射线(α, β, γ)强度之间的线性关系,因而相对测量中的基本对比公式(4.2.2)也只能适用于样品与标准源的同种核素、且相同能量范围射线之间的对比测量。由于自然界放射性物质的复杂性,往往一个辐射体集合了许多不同种类的放射性核素,如铀矿石、钍矿石等。对于每种被测核素而言,所有与其共生的其他放射性核素都可能是干扰核素,干扰核素的射线则为干扰射线。如果某些共生的核素与被测核素间在质量(或原子数)方面存在某种固定的比例关系,这些共生核素则不构成干扰,可看成与被测核素为同一组分。如系列放射性平衡状态下的铀矿石或钍矿石,都可被分别地看做一种组分,如果铀镭不平衡,只是氡与其短寿子体存在放射性平衡,则氡与其短寿子体可被看成一个组分。同一组分内各核素的同类射线不属干扰射线。

天然放射性矿石中,纯钍矿石易达到放射性系列平衡(使钍射气不逸出)。纯铀原生矿石也易达到放射性系列平衡(使氡气不逸出)。次生铀矿石,往往因铀镭不平衡,常分成铀组、镭组。当矿石射气状态改变时,^{210}Pb(RaD)及其以后的子体与氡的放射平衡破坏且不易恢复,致使^{210}Pb,^{210}Bi(RaE)成为干扰核素。^{40}K 放出 β, γ 射线,它在矿石中的比例因地质、岩石情况而异,故^{40}K 成为分析铀、镭、钍的干扰核素。自然界矿石中的铀、钍比例千变万化,故钍系、铀系互为干扰因素。^{238}U 与^{235}U 在天然状态下有固定的比例(140:1),故^{238}U 和^{235}U 两系列被看成同一组分。

基于上述情况,实际分析工作中不论是(4.2.2)式还是(4.2.5)式,都往往不能简单地直接使用。必须解决消除干扰核素或干扰射线的问题。不同的解决方法导致了不同的分析方法和仪器装置。

(1)分离干扰元素或核素

①首先对样品做一系列化学处理,提取待测元素,摒弃干扰元素,然后测量待测核素的某种射线,此为放射化学分析法。

②利用元素在常温下的物理状态不同,使被测元素与干扰元素分离。如氡是气体,将样品中的氡引入测量装置,达到与其他 α 辐射体分离的目的。

③利用放射性核素半衰期不同,待半衰期短的干扰核素衰变完,使其干扰可忽略不计。

如:利用氡气测量推算镭含量时,可利用钍射气(^{220}Rn)半衰期与^{222}Rn半衰期的显著差异,消除^{220}Rn的干扰。

在真空射气法测镭中,上述三种措施都能被采用。

(2)消除或扣除干扰射线的影响

①利用射线穿透能力不同,用屏蔽法消除干扰射线。例如:利用^{210}Bi(RaE)的β射线能量低(1.17 MeV)的特点,用吸收屏消除^{210}Bi的干扰。当用电离室测定β射线时,将样品用一层薄膜覆盖,可阻挡α射线的干扰。利用6 mm厚的铝屏吸收β射线可消除β射线对γ射线的干扰。

②利用探测元件对不同射线的探测效率不同,减少干扰射线的影响。如:测量β射线时,用薄的塑料闪烁体可大大降低γ射线计数率。利用ZnS闪烁计数器测定α射线,可大大降低β和γ射线的干扰。

③利用能谱仪测量特定能量段的射线强度。因为γ射线的能谱犹如核素的指纹,它是放射性核素的特征物理量。利用能谱仪测量可有效地去除非测量对象γ射线的干扰。在总量γ射线测量中,人们也常用提高仪器甄别阈的方法减少某些软γ射线(散射射线等)的影响。

γ法测定镭含量,正是采用了吸收屏和提高甄别阈两重措施,来消除β射线和铀组γ射线的干扰。

(3)利用解方程扣除干扰元素的贡献

当不能有效地分离干扰核素或干扰射线时,测得的射线强度往往是两种以上组分的共同贡献。例如:对铀钍混合矿石或不平衡铀矿石的核分析中,测量的是各组分核素发射的β,γ射线,因而不论测量β射线还是γ射线,所得结果都是各组分的共同贡献,各组分间都存在相互干扰。

设:I_1,I_2…分别为样品(或标准源)第一种、第二种……射线的强度。C_1,C_2…分别为样品(或标准源)的第一组分、第二组分……放射性核素含量。a_1,a_2…分别为样品(或标准源)中各个组分放射性核素单位含量时对第一种射线的贡献。b_1,b_2…分别为样品(或标准源)中各组分放射性核素单位含量时对第二种射线的贡献。依此类推 C_1,C_2…各系数的测量值与射线种类、能量范围、仪器类型、测量装置有关,故可统称为装置系数。由上述定义,则有

$$I_1 = a_1 C_1 + a_2 C_2 + \cdots$$
$$I_2 = b_1 C_2 + b_2 C_2 + \cdots$$
$$\vdots$$
$$I_n = n_1 C_1 + n_2 C_2 + \cdots$$

样品中有几种不同组分,就必须测量几种不同种类或不同能量的射线,以便建立可解的联立方程式。应当指出,为使方程组对样品组分 C_1,C_2…有稳定解,务必使各系数 a_1,a_2…,b_1,b_2…,n_1,n_2…等之间的比例关系有较大的差异。即,应能在各方程式中(即各种射线的测量

中)轮流突出各组分的贡献。这就需要深入了解和利用各放射性组分的射线特点。这一点在以后将要论述的 $\beta - \gamma$ 法、$\beta - \gamma - \gamma$ 法等方法中都有成功的运用。这些分析方法的原理正是建立在此基础上的。

3. 对平衡铀标准源平衡状况的考虑

在核分析中,作为对比的标准——平衡铀标准源,应当满足铀与它的子核素^{214}Pb,^{214}Bi 等主要的 β,γ 辐射体达到放射性平衡。即射气系数 $\eta \leqslant 5\%$,$0.95 \leqslant K_p$(平衡系数)$\leqslant 1.05$,且 K_p $(1 - \eta) = 1 \pm 5\%$ 。如果不能满足这一要求,则必须对标准源进行修正。因为 U 与 Rn,^{214}Bi (RaB),^{214}Pb(RaC)在含量上有以下关系

$$C_{Rn} = C_u \cdot K_p(1 - \eta)$$

所以,标准源铀镭平衡时与铀镭不平衡时射线计数率有以下关系

$$I^\beta_{不平} = I^\beta_平 [a + b \cdot K_p(1 - \eta)]$$

$$I^\gamma_{不平} = I^\gamma_平 [m + n \cdot K_p(1 - \eta)]$$

式中 $I^\beta_{不平}$、$I^\gamma_{不平}$ 分别代表铀镭不平衡时标准源的 β 射线和 γ 射线;计数率 $I^\beta_平$、$I^\gamma_平$ 代表铀镭平衡时标准源的 β 射线和 γ 射线计数率;a 为铀镭平衡时,铀组产生的 β 射线强度相对铀镭系产生的 β 射线强度的比值,所以 a 通常又称为 β 测量时纯铀的平衡铀当量;b 称为 β 测量时镭组的平衡铀当量;m 为 γ 测量时纯铀的平衡铀当量;n 为 γ 测量时镭组的平衡铀当量。

当采用不平衡标准源做对比标准时,依照公式(4.2.4)、(4.2.5)计算的 β 当量和 γ 当量必须进行修正,此时有

$$C^\beta = C_标 \cdot \frac{I^\beta_标}{I^\beta_标} \cdot [a + b \cdot K_p(1 - \eta)] \tag{4.2.6}$$

$$C^\gamma = C_标 \cdot \frac{I^\gamma_标}{I^\gamma_标} \frac{P_标}{P_样} [m + n \cdot K_p(1 - \eta)] \tag{4.2.7}$$

式中 C^β,C^γ 分别代表对不平衡标准进行有效平衡状况修正后样品的 β 当量含量和 γ 当量含量。$C_标$代表不平衡铀标准源中的铀含量。

4.2.2 射气法测定镭含量

射气法测定镭含量是目前测镭方法中比较准确可靠的一种方法,用于分析铀矿石、土壤及各种水样中镭的含量。该方法具有灵敏度高、不受其他放射性核素干扰、化学处理简便等特点。在铀矿地质生产、科研、环境保护等部门已得到较为广泛的应用。

对于矿样、土壤样,必须进行碎样(120 筛目)、称量(0.5 ~ 2 g)、溶矿,并作一系列化学处理,目的是提取样品中全部的镭元素而摒弃其他放射性元素。将化学处理后的样品浓缩到 10 ~ 20 ml 装入扩散器,即成待测样品。

化学处理方法有多种,根据不同的矿石特性和设备条件,可选择不同的化学处理方法,一

般有：

(1)过氧化钠溶矿—EDTA 络合法制备镭溶液；

(2)过氧化钠、碳酸钠溶矿—盐酸溶解法制备镭溶液；

(3)用硝酸和 HF 分解矿样；

(4)用氢氟酸、高氯酸分解矿样。

最常用的是前两种方法。

如果样品为水样，一般地需做浓缩处理，但测量方法与矿样相同。镭溶液制备完成后，应排除原有残留的氡气，而后密封，积累氡气，再用放射性仪器测定在一定时间内积累的氡量，再根据氡的积累规律推算溶液中镭的量，从而得知矿样或土壤样中的镭含量。

由于镭氡半衰期的巨大差异，镭是氡的长寿母核素，氡根据下述规律积累

$$N_{Rn} = \frac{\lambda_{Ra}}{\lambda_{Rn}} \cdot N_{oRa}(1 - e^{-\lambda_{Rn}t}) \qquad (4.2.8)$$

式中　N_{Ra}, N_{Rn}——分别为 Ra 和 Rn 的原子个数；

λ_{Rn}, λ_{Ra}——为氡和镭的衰变常数；

t——氡的积累时间。

依照(4.2.8)式，则有

$$Rn = Ra(1 - e^{-\lambda_{Rn}t}) 或 Ra = \frac{Rn}{1 - e^{-\lambda_{Rn}t}}$$

式中 Rn 为 t 时间内积累氡的量，单位为居里$(3.7 \times 10^{10} Bq)$；Ra 为溶液中镭的量，单位用居里或克。若矿样称重为 P 克，则矿样中的镭含量 C_{Ra} 为

$$C_{Ra} = \frac{Rn}{P \cdot (1 - e^{-\lambda_{Rn}t})} \qquad (4.2.9)$$

式中，C_{Ra} 为矿石或土壤样品的镭含量，单位是 g(镭)/g(样)。(4.2.9)式中的 P 值，一般用精密天平测知，t 是从溶液的密封到开启之间的时间距离(以时、分计)。

氡的测定又有循环法和真空法两种，探测器有闪烁室和电离室两种。目前，闪烁室使用较普遍。都是用已知的氡源做对比测量的标准，测定 Rn(及 RaA)产生的 α 射线得到氡量，而后算出镭的量。

除射气法外，γ 法和 Ra(B + C)(^{214}Pb + ^{214}Bi)法也是测定矿样中的镭含量和矿粉射气系数的常用方法；对于密封 3 ~ 4 h 以上的矿样，样品中所含的 Rn, ^{214}Bi, ^{214}Pb 已达放射性平衡，可被视为一个组分。γ 法测定矿粉中的镭含量是基于对铀系子体 ^{214}Bi(RaC)，^{214}Pb(RaB)的 γ 射线的测量。而 Ra(B + C)法则基于对铀组、镭组的 β，γ 射线的测量。在相同的测量条件下与平衡铀标准源对比，首先算出 Rn 的含量，再根据 Rn 的积累规律推算 Ra 的含量。

如果将样品密封一个月，只需测量一次，由测得的 Rn 含量就可以算出 Ra 含量。如果为了缩短测量周期，可在样品密封后几天内做两次不同时刻的测量，然后推知 Ra 含量。

基于天然铀系中铀组和镭组核素的 β 和 γ 射线谱成分的差异特点的 β - γ 法是分析样品中铀含量的常用方法,因而随着 γ 能谱分析技术的发展,生产和研究单位将会更多地使用 γ 能谱分析方法分析样品中的放射性核素含量。

4.2.3　γ 能谱法测定铀钍矿石中的铀、镭、钍含量

对于铀镭平衡破坏的铀钍混合型矿石,γ 能谱法是目前普遍使用的快速测定铀、镭、钍含量的良好方法。

1. 基本原理

从铀钍混合型样品中各放射性核素的放射性平衡关系来看,铀钍混合型样品可分为铀组、镭组、钍系(在测量装置附有 ^{210}Bi 吸收屏条件下,^{210}Bi 可不予考虑)。由于 γ 射线仪器谱是连续谱(形成原因见本书第 2 章),在三个组分共有的能量范围内,测定任何能量或能量段的 γ 射线,其计数率也都是三个组分共同的贡献。因此,矿样的 γ 射线仪器谱的光电峰强度与该能量 γ 射线辐射体核素含量间不再成正比例关系。所以,单独测定任何一种射线或任何一种能量的 γ 射线,都不能正确地确定三种组分的含量。必须测定三种射线或三种能量的 γ 射线,建立三元一次联立方程,才能扣除三个组分间的相互干扰。

当铀组、镭组(用平衡铀单位)、钍系的 γ 射线仪器谱有显著差异时(三组分都保持了各自主要的光电峰),就给测量建立三个独立方程式提供了物理基础。

综上所述,能谱法测定铀、镭、钍含量的基本原理是:将铀和钍混合样品的射线辐射体分为铀组、镭组、钍系三个组分,利用三组分 γ 射线的能谱差异或用同种射线在贡献上的差异,测定三种能够分别表征三组分特征的射线,与标准源对比,用解联立方程的方法扣除三组分间的相互干扰,从而分别确定铀、镭、钍的含量。

根据三个不同能量或三种不同性质射线的计数率,可列如下方程组

$$\begin{cases} I_1/p = a_1 C_u + b_1 C_{Ra} + c_1 C_{Th} \\ I_2/p = a_2 C_u + b_2 C_{Ra} + c_2 C_{Th} \\ I_3/p = a_3 C_u + b_3 C_{Ra} + c_3 C_{Th} \end{cases} \qquad (4.2.10)$$

式中　　I_i——第 i 种测量条件下的计数率($i = 1,2,3$);

　　　　a_i——单位含量、单位重量的铀组在第 i 测量条件下的计数率($i = 1,2,3$);

　　　　b_i——单位含量、单位重量的镭组在第 i 测量条件下的计数率($i = 1,2,3$);

　　　　C_i——单位含量、单位重量的钍系在第 i 测量条件下的计数率($i = 1,2,3$);

　　　　C_u,C_{Ra},C_{Th}——分别为铀、镭、钍的含量。

解方程组即可计算铀、镭、钍含量:

$$C_u = \Delta_u/\Delta \; ; C_{Ra} = \Delta_{Ra}/\Delta \; ; C_{Th} = \Delta_{Th}/\Delta$$

式中

$$\Delta = \begin{vmatrix} a_1 & b_1 & c_1 \\ a_2 & b_2 & c_2 \\ a_3 & b_3 & c_3 \end{vmatrix} \qquad \Delta_u = \begin{vmatrix} I_1/p & b_1 & c_1 \\ I_2/p & b_2 & c_2 \\ I_3/p & b_3 & c_3 \end{vmatrix}$$

$$\Delta_{Ra} = \begin{vmatrix} a_1 & I_1/p & c_1 \\ a_2 & I_2/p & c_2 \\ a_3 & I_3/p & c_3 \end{vmatrix} \qquad \Delta_{Th} = \begin{vmatrix} a_1 & b_1 & I_1/p \\ a_2 & b_2 & I_2/p \\ a_3 & b_3 & I_3/p \end{vmatrix}$$

为使方程组有确定的解,且切实可行,必须满足以下条件。

(1) $a_1 : b_1 : c_1 \neq a_2 : b_2 : c_2 \neq a_3 : b_3 : c_3$,且差别愈大愈好。此为方程相互独立的基本条件。

(2)三种射线的选择,应能使三种射线分别突出铀、镭、钍三组分的贡献。当一个组分有几个特征光电峰时,应选择较强的特征峰。

(3)所选用的特征峰,应能被仪器区分开。

根据上述原则,可选择下述射线种类和能谱段:

(1)铀道可用 β 射线或 0.093 MeV γ 射线光电特征峰;

(2)镭道可选择 0.35 MeV(^{214}Pb),1.760 MeV(^{214}Bi)光电特征峰,以及 > 140 keV 的积分 γ 谱;

(3)钍道可选用 0.239 MeV(^{212}Pb),2.620 MeV(^{208}Tl)的特征光电峰及 > 1.80 MeV 的硬 γ 积分谱。

表 4 - 2 列出各测量道的铀、镭、钍三组分的相对强度,即铀、镭、钍三组分在各测量道的分辨系数。

原则上说,从表 4 - 2 中各道选一种射线进行测量,就可组成一种测量方法。但是,不同的测量条件(主要指射线种类、能量段)其工作效率、分析精度不同。目前较普遍使用的是 β - γ - γ 法,铀道为 β 射线,镭道为 0.35 MeV 的 γ 射线,钍道为 0.239 MeV 的 γ 射线。另外,有些实验使用 γ - γ - γ 法,铀道为 0.093 MeV,镭道为 0.35 MeV,钍道为 0.239 MeV。

2. β - γ - γ 法

(1)计算铀、镭、钍含量的公式

因为粉末状样品的装填都力求处于 β 射线饱和层和 γ 射线薄层的状态,所以 β 射线测量时不再考虑样品重量,而 γ 射线的测量都做重量修正。鉴于铀组在 0.35 MeV 和 0.239 MeV 两能谱段的计数率可忽略不计,所以公式(4.2.10)在 β - γ - γ 法中可简化成

$$\begin{cases} I_1/p = b_1 C_{Ra} + C_1 C_{Th} & \text{镭道} \\ I_2/p = b_2 C_{Ra} + C_2 C_{Th} & \text{钍道} \\ I_\beta = a_3 C_u + b_3 C_{Ra} + c_3 C_{Th} & \text{铀道} \end{cases}$$

解此方程组可得

$$C_{Ra} = \frac{c_1}{c_1 b_2 - c_2 b_1} \cdot \frac{I_2}{p} - \frac{c_2}{c_1 b_2 - c_2 b_1} \cdot \frac{I_1}{p} \qquad (4.2.11)$$

$$C_{Th} = \frac{b_2}{c_1 b_2 - c_2 b_1} \cdot \frac{I_1}{p} - \frac{b_1}{c_1 b_2 - c_2 b_1} \cdot \frac{I_2}{p} \qquad (4.2.12)$$

$$C_u = \frac{1}{a_3} \cdot (I^\beta - {}_3 C_{Ra} - c_3 C_{Th}) \qquad (4.2.13)$$

式中，b_1，b_2 分别表示镭道、钍道测量时，单位含量(平衡铀单位)、单位重量的镭组核素产生的计数率；c_1，c_2 分别表示镭道、钍道测量时，单位含量的钍系核素产生的计数率。a_3，b_3，c_3 分别表示铀道时，单位含量的铀、镭、钍产生的 β 射线计数率。

表 4 – 2 铀、镭、钍三组分在各测量道的相对计数率

道	被测射线	$\dfrac{a}{a+b+c}$	$\dfrac{b}{a+b+c}$	$\dfrac{c}{a+b+c}$	备注
铀道	β 射线	41.5	41.5	17	β 计数管
		44.5	40	15.5	塑料闪烁体
	93 keV(γ)	27	42	31	井型 NaI(Tl)分辨率高
		15	59	26	NaI(Tl)晶体,分辨率 15%
镭道	350 keV(γ)	1	83	16	
		1	77	22	
	> 140 keV(γ 积分)	3	68	29	
钍道	239 keV(γ)	2	58	40	
		2	56	42	
	> 1.8 keV(γ 积分)	~0	40	60	
	2.62 MeV(γ)	~0	35	65	

公式(4.2.11)算出的含量是镭组核素含量(平衡铀单位)，若求镭含量则需密封样品，测定两次，根据氡的积累规律和镭氡间的平衡关系计算镭含量 C_{Ra}(平衡铀单位)。若样品密封两天后进行测量，则由公式(4.2.12)算出的 C_{Th} 为钍含量。如果样品密封后不满两天测量，则算出的 C_{Th} 只能是钍的视含量(因为在其之后的核素与钍未达放射性平衡)，所以，生产上取密封样品后第二次测量算出的 C_{Th} 作为钍含量。对于铀含量，不论第一次还是第二次测量，由公式(4.2.13)算得的 C_u 都是铀的真含量。

(2)测量装置

如图 4 – 2 所示，测量装置由以下三部分组成。

①β 探测器和 γ 探测器。β 探测器由塑料闪烁体、光电倍增管组成，尽量采用 β/γ 值大的

塑料闪烁体,所以不能太厚,一般用厚为 0.5~1.5 mm,直径 60~100 mm 的塑料闪烁体。闪烁体与光电倍增管放入高导磁性材料做成的金属筒内。塑料闪烁体外部附加一铝箔,其厚度不大于 30 mg/cm²。γ 探测器由 NaI(Tl),光电倍增管组成,也密封于高导磁性的金属筒内。

②样品盒、铅室。

③单道能谱仪或多道能谱仪。

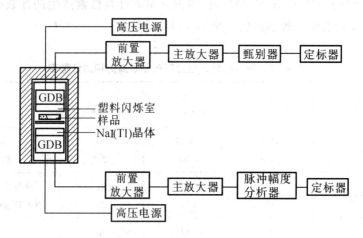

图 4-2 β-γ-γ 能谱法测量装置示意图

(3)测量条件的选择

①β 测量条件的选择

要保证样品盒的一致性。除样品盒形状、尺寸、材料要统一外,还要求样品盒盖、底的厚度一致,盒盖可用强 β 射线源进行高精度测量,使每组盒盖对 β 射线吸收的非一致性不大于 ±0.5%~1%。可用天平称量的方法挑选盒底,使盒重的非一致性不大于 5%~10%。

应挑选暗电流小,稳定性好的光电倍增管;选用发光效率高而且 Iβ/Iγ 比值大的塑料闪烁体。β 射线测量条件的选择,应根据实际测定的 β 坪曲线确定,选用坪长大,坪斜小的测量装置。

②对 γ 能谱测量条件的选择

NaI(Tl)晶体要透明度好,发光效率高,尺寸不宜太大,与好的光电倍增管配合,保证良好的能量分辨率。当相对道宽为 3% 时,能量分辨率应小于 15%。

关于高压和放大倍数的选择,一般地说,高压不宜太高,否则使光电倍管寿命缩短,且暗电流大;放大倍数,一般地较大些为好,具体选择方法不一。应当调节高压和放大倍数,使所测量的峰位布满脉冲幅度分析器的大部分测程。

要注意鉴别阈和道宽的选择。鉴别阈指下鉴别阈,决定于被测射线的能量。道宽指可被测量的能量范围,是上、下阈的能量差值。先用窄道宽测定铀镭标准源和钍标准源的 γ 能谱曲线,再根据选定的特征光电峰对称地确定上、下阈的位置。道宽选择不可太窄,太窄时,固然峰值明显,但计数率低,统计涨落误差大;如果道宽太大,虽然灵敏度高,但峰值不明显,区分系数小。

(4)测量方法

①装样。装样方法和要求与 β-γ 法的装样相同,且需密封。

②密封三小时后分别测量镭道、钍道、铀道三种射线的计数率,代入公式(4.2.11)、(4.2.12)、(4.2.13),计算出 C_u,C_{Th1},C_{Ra1}。再隔 3~5 天,作同样的测量和计算,得到 C_{u2} 或 C_{Th2},C_{Ra2}。样品中的铀含量可用 C_{u1} 或 C_{u2},钍含量需用 C_{Th2},镭含量则需用 C_{Ra1} 和 C_{Ra2} 代入镭氡积累公式,才能算得预期结果。

3. γ-γ-γ 法

在 γ-γ-γ 法中,铀道测量的是 0.093 MeV 的 γ 射线(UX_1 特征能量),而镭道、钍道与 β-γ-γ 法相同。为避免镭组很强的 75 keV 的 K-X 射线及钍系 84 keV 谱线的干扰,铀道的上、下甄别阈位置不要对称于 0.093 MeV 光电峰,而应向右侧偏移,以提高区分系数。

镭、钍含量的计算与 β-γ-γ 法相同。铀含量按下式计算

$$C_u = \frac{1}{a}\left(\frac{I_3}{p} - b_3 C_{Ra} - c_3 C_{Th}\right) \tag{4.2.14}$$

式中,I_3 代表在铀道测量时样品的 γ 射线计数率;a_3,b_3,c_3 为单位含量,单位重量的铀组、镭组、钍系在铀道的计数率。

γ-γ-γ 法测量、计算镭含量的方法与 β-γ-γ 法相同,也需要封样并在两个不同时间测量。

γ-γ-γ 法测镭、钍效果良好(与 β-γ-γ 法相同),但测铀效果不及 β-γ-γ 法。这是因为 γ-γ-γ 法的铀道测量条件不易控制,影响因素更多,如谱漂移影响,镭组、钍系射线干扰,物质成分以及散射射线影响、分辨系数较低等。这样就妨碍了该法的推广应用,目前使用普遍的是 β-γ-γ 法。

当前,随着采用半导体探测器的数字多道 γ 谱仪的不断发展,γ 能谱分析技术对射线能量的分辨率、方法的分析灵敏度以及数据解释的自动化程度等都有了质的提高。

4.3 X 射线荧光分析

X 射线荧光分析法作为痕量元素分析的有效方法已有多年历史,广泛地应用于环境保护、地质矿产勘查、生物、医学、材料学、考古、天体化学、刑事侦察等领域。

由于采用低能 γ 射线源和带电粒子束作为 X 射线激发源以及高分辨率、高灵敏度探测器,X 射线荧光分析技术不仅达到了新的水平,而且做到了轻型化,可携带到各种工作现场进行定性、定量分析。

X射线荧光分析法的优点是:现场化(因仪器轻便);效率高;速度快;成本低;不破坏样品;该方法应用范围广,采用不同的放射源和不同能量分辨率的探测器,可测定原子序数 Z 为 17 ~ 92 的各种元素。

4.3.1 X射线荧光分析原理

X射线荧光分析是以一定能量的光子(γ 射线、X射线)或带电粒子(电子、质子、α 粒子或其他离子等)轰击样品,使样品中待测元素的原子处于高能激发态,而后放出特征X射线。根据被测定的特征X射线能量,可确定被激发原子所属元素(即定性),根据其强度可确定该元素的含量(即定量)。此为X射线荧光分析的最基本原理。

特征X射线的能量 E_X,遵守莫塞莱定律。

$$E_x = Rhc(Z - a_n)\left(\frac{1}{n_1^2} - \frac{1}{n_2^2}\right) \tag{4.3.1}$$

式中 R——里德伯常数($R = 109\ 677\ \text{cm}^{-1}$);

h——普朗克常数($h = 6.63 \times 10^{-34}\ \text{J·s}$);

c——光速($3.0 \times 10^{10}\ \text{cm·s}^{-1}$);

a_n——正数,与内壳层的电子数有关;

n_1, n_2——分别为壳层电子跃迁前后所处壳层的主量子数。

所以,根据特征X射线能量可以定性地识别被测元素。

由于激发态原子退激时有两种方式释放多余能量,一是放出特征X射线,二是放出俄歇电子,因而待测元素的被激发原子并非百分之百地产生特征X射线。而X荧光分析中只测量特征X射线。X荧光产额 W_i 被定义为发射特征X射线的截面 σ_x(即X射线产生截面)与产生电子空位的截面 σ_v 之比。即

$$W_i = \sigma_x / \sigma_v \tag{4.3.2}$$

式中,脚标 i 表示壳层 L, M, N 等。X荧光产额与原子序数 Z 及壳层 i 有关,随着 Z 的增大,荧光产额 W_i 也增大,特别是 K 层的荧光产额增大很快。大约 $Z > 60$ 以后的重元素,K 层荧光产额的增长才趋于缓慢。荧光产额高才会有高的分析灵敏度,所以X荧光分析对中、重元素具有高灵敏度。

X射线激发源(或装置)大致可分为如下三类。

(1)X光管或放射性同位素源(β 放射源的轫致辐射或低能 γ 射线源,见表 4 – 3)作为激发装置或激发源,它们提供的都是低能光子,记作 XIX。这种低能光子的能量等于或稍高于待测元素的 K 层或 L 层电子结合能时,K 层或 L 层的光电吸收截面就可达到最大值。由于不同元素的内层电结合能(吸收限)不同,故针对不同的被测元素有选择地使用激发源,可得到分析最大灵敏度。低能源对原子序数小的元素有最大的灵敏度,高能源对原子序数大的元素效果好。

XIX 分析法中 X 射线源的低能 γ 源和 β 放射源的放射性活度,一般为毫居里级(3.7×10^7 Bq)。作为 X 射线源的 X 光管的电压、电流及管中的靶材料则由样品中待测元素及计数率而定。因为 X 光管或同位素放射源轻便且易于购置,光子与物质相互作用的机理较清楚,所以目前 XIX 分析技术已被工矿、医院、环保、地质等部门广泛使用。

(2)用电子束激发被测元素,产生特征 X 射线,记作 EIX,常用的电子能量为 30 ~ 50 keV。因电子束产生较强的韧致辐射本底,所以 EIX 分析方法灵敏度较低。

(3)用质子、α 粒子等激发被测元素产生特征 X 射线,记作 PIX(或 PIXE)。可用放射性核素如 ^{210}Po,^{238}Pu 等放出的 α 射线激发待测样品(但灵敏度较低),也可以用放射性核素放出的 α 粒子激发某种物质使其放出特征 X 射线而构成 X 射线源。PIXE 是用粒子加速器产生的能量为 MeV 量级的 p 粒子和 α 粒子作为激发源,因设备较庞大,仅限于专门实验室使用。但 PIXE 比 PIX 韧致辐射本底小,所以灵敏度高。

用 X 射线源激发时,具有明显的吸收限,而用离子激发时,没有这种吸收限结构,因而后者能同时分析多元素。

表 4 – 3　X 射线荧光分析常用放射性同位素激发源

核素	半衰期	射线能量(keV)	可供激发的元素原子序数(Z)的范围	
			K 层	L 层
^{109}Cd	453 天	22.1:24.95:88.0	26 ~ 44　50 ~ 81	70 ~ 92
^{238}Pu	31 390 天	16.43:17.22:20.16	24 ~ 35	56 ~ 92
^{241}Am	167 170 天	13.76:16.84:59.56	24 ~ 38　42 ~ 69	56 ~ 92
^{55}Fe	985.5 天	5.898	17 ~ 23	40 ~ 58
^{57}Co	270 天	6.4:121.9:136.3	20 ~ 24　67 ~ 92	

X 射线探测器,一般用 NaI(Tl)晶体,正比计数管,半导体探测器(Ge(Li)、Si(Li)、高纯锗等)。前二者能量分辨率较低,但计数率高,可用于常温条件下便携式仪器,在现场测量。半导体探测器能量分辨率高,适用于多元素同时分析,但计数率低,需低温液氮保存,可用于实验室。

为提高 X 射线能量分辨本领,减小干扰元素的影响,常在探测器前附加"滤光片"或"平衡滤光片对"。这是利用不同物质有不同的光电吸收,以及同一能量 X 射线的光电截面不同这一特性,选用合适的吸收物质来抑制某些干扰元素的特征 X 射线,从而突出待测元素的特征 X 射线。若使用平衡滤光片对 A,B,可选用适当的物质使吸收限 $K_{ab}A$ 和 $K_{ab}B$ 分别处于待测元素特征 X 射线之两侧,通过各滤光片的计数率之差值,就代表待测元素特征 X 射线的计数率,并已消除了邻近元素的干扰。

目前,X 射线荧光分析多采用相对测量法分析样品。如同各种相对测量的原则一样,它要求被测样品与标准样品的物质成分、结构、形状以及其他各种测量条件完全一致。但是,实际上不可能完全满足。

在实际分析工作中,基体效应是极需解决的问题。所谓基体,是指样品中除待测元素之外的其他成分。由于样品化学成分会引起其密度、平均原子序数、质量吸收系数的变化,这些都会引起激发截面以及特征 X 射线的散射、吸收的变化,从而影响 X 射线强度和元素含量之间的线性关系。

解决基体效应问题目前已有许多方法,诸如:经验分类法、稀释法、增量法、薄层样品法、列线图法、特征与散射比校正法、补偿法、单滤片法、吸收元素含量校正法等。应根据具体情况选择适用的措施。

4.3.2 PIXE 分析的实验技术

PIXE 分析的实验技术比较复杂,涉及到样品制备、实验条件的选择和定量分析等很多实验方法和数据处理方法,这里只简单提一下。

样品制备是 X 荧光分析中的一个重要环节。它包括靶衬底材料的选择、采样方法、样品加工和制靶等程序,特别要注意操作过程中应防玷污,避免辐照。一般选用低本底、抗辐照的 Kimfol, Formvar, Mylar 等有机薄膜作衬底;取样过程所用的器具要经严格清洁处理;生物样品要经过粉碎、灰化、酸溶解等不同的手段加工处理;制样时要加入已知浓度的参考元素作为内标元素以便于做定量分析时进行相对比较,常用生物样品中不含的元素,如 Y, Ag, In 等做内标元素,用聚苯乙烯溶液把样品调匀后滴到有机膜上制成薄靶,同时也制备一些本底靶。

为提高 X 射线分析方法的灵敏度,必须选择最佳的实验条件:如选择质子作为入射粒子,轰击能量一般取 $1 \sim 3$ MeV,既考虑降低本底,又要尽可能地增大 X 射线的产生截面;束流强度不能太大,测量时间不能太长,以免损坏样品,样品也不能太厚,厚样品的修正可能引进误差。另外,探测器应放置在 X 射线产额较大的方向和位置上。

定量分析主要包括 X 射线能谱解析和元素浓度计算,也涉及到一些实验方法和数据处理方法。实验测得的 X 射线能谱包含着许多元素的特征 X 射线,还有逃逸峰、康普顿散射峰、特征谱线的重叠峰(如重元素的 L 和 M 系谱线与轻元素 K 系谱线)、高计数率时出现的相加峰等,X 射线能谱相当复杂,必须用计算机的专门程序对能谱进行解析。选择合适的函数来拟合实验谱,根据最小二乘法原理,把函数中有关参数求出,以确定峰位(对应出 K 值,可知是何种元素)、半高宽;对函数积分,求出峰面积(对应此种元素的含量)及标准偏差。

X 荧光分析技术已广泛地应用于地质、冶金、材料、考古、生物医学、环境科学等许多领域的研究中,可以分析各类样品的常量、微量和痕量元素,以下举一个应用的实例。

PIXE 方法由于具有诸多优点,应用在考古学中显示出无比的优越性,确实起着不可替代的分析作用。复旦大学等单位曾在 80 年代用 PIXE 方法分析越王勾践的佩剑而轰动了全国。越王勾践是我国历史上的名人,春秋末年越国国君,曾因卧薪尝胆、刻苦图强、反败为胜而垂名青史。此佩剑在地下埋藏了近 2 500 年,于 1965 年出土。佩剑长 64.1 cm,宽 5 cm,在黄色剑身上铸有黑色的图案花纹,在剑格上镶嵌着琉璃和绿松石等饰物。虽然长期埋于地下,但仍光彩夺目,非常锋利,堪称国宝。究竟这宝剑是由什么铸造而成的呢? 为什么深埋地下两千多年仍然放出异彩? 这是世人特别是考古学家和冶金行业所关注的焦点。由于剑身很长,又不能破坏考古文物,很多分析手段显得无能为力。复旦大学等单位采用了外束 PIXE 技术,将加速器产生的质子束通过真空管道,从出射窗引入大气对宝剑进行分析。经过测试和计算,得出了宝剑各部位的元素成分及含量,见表 4 – 4。这一分析结果有非常重要的历史价值,证明了我国春秋时期的冶炼业已十分发达。从琉璃饰物中,发现有大量的钾钙,表明在 2 500 年前,古代人已经能够烧制钾钙玻璃,打破了以前认为这一时期中国只有铅钡玻璃的结论。

北京大学技术物理系对 2 × 1.7 MV 串列加速器专门配有 PIXE 分析管线、靶室和测量分析系统,十年来,作了大量的有益的分析工作。如在环境分析方面做过若干国家河水中微量元素的分析,大气气溶胶的分析;地质方面做过南极冰川样品元素含量等分析;考古方面做过古陶器的成分分析;生物医学方面做过食道癌病人、鼻咽癌病人及矽肺病病人的头发样品中的微量元素分析等。另外,配合法庭的刑侦调查也做了不少分析工作。

表 4 – 4   越王剑表面各部位的元素成分

分析部位	元素成分(%)					
	Cu	Sn	Pb	Fe	S	As
剑 刃	80.3	18.8	0.4	0.4		
黄花纹	83.1	15.2	0.8	0.8		微量
黑花纹	73.9	22.8	1.4	1.8	微量	微量
黑花纹特黑处	68.2	29.1	0.9	1.2	0.5	微量
剑格边缘	57.2	29.1	8.7	3.4	0.9	微量
剑格正中	41.5	42.6	6.1	3.7	5.9	微量

4.4   中子活化分析

中子活化分析法于 1936 年由 Hevesy 和 Levi 两人首先提出,而后各国学者竞相研究使其发展很快。随着反应堆工程和中子发生器等技术及同位素中子源的发展,以及高分辨率 Ge(Li) 探测器的出现和计算机的应用,大大提高了中子活化分析的元素鉴别能力和自动化分析水平。它是一种高灵敏度、非破坏性、多元素分析技术。目前已成为现代最先进的分析技术之一,是分析痕量($10^{-6} \sim 10^{-8}$ g)和超痕量($10^{-9} \sim 10^{-12}$ g)元素的一种极为重要的有效手段,被广泛地应用于地质、冶金、工业、农业、医学、环境监测、天体化学、考古等领域。

4.4.1　中子活化分析原理

中子活化分析的基本原理是:用中子照射样品,使待测核素发生核反应,产生放射性核素,测定其放射性活度、射线能谱和强度。根据活化反应截面,中子通量,射线能量和强度,半衰期等,确定被测样品的元素成分和含量。

活化分析一般分为样品制备、辐照、冷却、测量和数据处理五个步骤。

中子活化分析的基本设备一般包括中子源(主要是反应堆,其他类型中子源也可做活化分析),样品的传送和照射系统,探测系统(探测器主要是 Ge(Li)半导体和 NaI(TL)晶体)和数据处理系统。

中子活化分析有绝对测量和相对测量两种。设:C 为待测元素含量,P 为样品重量,α 为被测元素中发生核反应的核的丰度,N_A 为阿伏加德罗常数,M 为待测元素的原子量,σ 为被测核素发生核反应的活化截面,ϕ 为中子通量,t_1 为照射时间,t_2 为冷却时间,λ 为活化生成的放射性核素的衰变常数,ϵ 为仪器的探测效率。

在活化分析过程中测得生成的放射性强度 I 应有下式

$$I = \frac{N_A \cdot C \cdot P \cdot \alpha}{M} \cdot \phi \cdot \sigma \cdot (1 - e^{-\lambda t_1}) \cdot e^{-\lambda t_2} \cdot \epsilon \qquad (4.4.1)$$

若测出 I,并已知 $\phi, \sigma, \lambda, t_1, t_2, \epsilon, \alpha, N_A, M, P$ 等参数,就可算出含量 C,此为绝对测量。

为免除求取上述参数时带来的麻烦和困难,一般都采用相对分析法。即,将已知含量的标准源与待测样品在相同条件下,进行辐照和测量,若能保证条件的一致性,则有下式

$$C = \frac{I}{I_s} \cdot C_s \qquad (4.4.2)$$

式中 I_s, C_s 分别为标准样的射线强度和标准样中被测元素含量;I, C 分别为待测样品的射线强度和被测元素含量。

相对测量要求保证样品和标准样的活化、测量条件的一致性。如:物质组成,照射中子的能量、通量、照射时间、冷却时间、活化时及测量射线时的几何条件、仪器装置及其工作状态等都应一致,否则,需作必要的校正。

中子活化分析大致可分为快中子活化分析、热中子活化分析和共振中子活化分析(多用 (n,p)、(n,α)、$(n,2n)$ 等激活样品)。

快中子对某些轻元素和中等重量元素有较大的反应截面,而且可利用中子对各种元素的反应阈能不同,来减少干扰反应。所以用快中子分析某些轻元素,如分析氧、氮等,已取得良好效果。热中子和共振中子对重元素有较高的反应截面,所以分析重元素时,多用热中子或共振中子照射样品。例如对铀、钍等元素的活化分析,分别利用下述反应。

铀、钍样品,在受热中子、共振中子照射时,反应如下

$$^{238}_{92}\text{U} + ^{1}_{0}\text{n} \longrightarrow ^{239}_{92}\text{U} \xrightarrow{\beta^{-1}, \gamma} ^{239}_{93}\text{Np} \xrightarrow{\beta^{-1}, \gamma} ^{239}_{94}\text{Pu} \longrightarrow ^{235}_{92}\text{U}$$

$$\begin{array}{ccccccc} {}^{232}_{90}\text{Th} + {}^{1}_{0}\text{n} \longrightarrow {}^{233}_{90}\text{Th} \xrightarrow{\beta^{-1}} {}^{233}_{91}\text{Pa} \xrightarrow{\beta^{-1},\gamma} {}^{233}_{92}\text{U} \xrightarrow{\alpha} {}^{239}_{90}\text{Th} \end{array}$$

铀、钍在快中子照射下,有以下反应

$$^{238}_{92}\text{U} + {}^{1}_{0}\text{n} \longrightarrow 裂变产物 + {}^{1}_{0}\text{n}$$

$$^{232}_{90}\text{Th} + {}^{1}_{0}\text{n} \longrightarrow 裂变产物 + {}^{1}_{0}\text{n}$$

当用共振中子、热中子照射后,试样需冷却两天,以减少短寿放射性核素的干扰。测量 ${}^{239}_{93}\text{Np}$ 的 277.5 keV 的 γ 射线计数率以确定铀含量;测量 ${}^{233}_{91}\text{Pa}$ 的 311.5 keV 的 γ 射线计数率以确定钍含量。为消除 ${}^{239}_{93}\text{Np}$ 的 315.7 keV 的 γ 射线的干扰,可利用 ${}^{239}_{93}\text{Np}(T_{1/2} = 2.35 \text{ d})$ 和 ${}^{233}_{91}(T_{1/2} = 27.4\text{d})$ 半衰期的显著不同,使样品冷却一个月,再做测量。

表 4-5 中列出了 75 种元素的中子活化分析灵敏度。

因为中子贯穿本领大,所以用中子活化分析法可进行样品中体分布杂质分析。

表 4-5 中子活化分析对 75 种元素的分析灵敏度

探测极限(g)	元素	探测极限(g)	元素
$1 \sim 3 \times 10^{-13}$	Dy	$4 \sim 9 \times 10^{-9}$	Si、Ni、Rb、Cd、Te、Ba、Tb、Hf、Ta、Os、Pt、Th
$4 \sim 9 \times 10^{-13}$	Eu	$1 \sim 3 \times 10^{-8}$	P、Ti、Zn、Mo、Sn、Xe、Ce、Nd
$4 \sim 9 \times 10^{-12}$	Mn、In、Lu	$4 \sim 9 \times 10^{-8}$	Mg、Ca、Tl、Bi
$1 \sim 3 \times 10^{-11}$	Co、Rh、Ir	$1 \sim 3 \times 10^{-7}$	F、Cr、Zr
$4 \sim 9 \times 10^{-11}$	Br、Sm、Ho、Re、Au	$4 \sim 9 \times 10^{-7}$	Ne
$1 \sim 3 \times 10^{-10}$	Ar、V、Cu、Ga、As、Pd、Ag、I、Pr、W	$1 \sim 3 \times 10^{-6}$	S、Ps
$4 \sim 9 \times 10^{-10}$	Na、Ge、Sr、Nb、Sb、Cs、La、Er、Yb、U	$4 \sim 9 \times 10^{-6}$	Fe
$1 \sim 3 \times 10^{-9}$	Al、Cl、K、Sc、Se、Kr、Y、Ru、Gd、Tm、Hg		

注:该表引自袁汉镕、俞安孙、王连壁编著《中子源及其应用》。

除上述利用中子激活样品外,自 50 年代后期又发展了带电粒子活化分析和光子活化分析,它们适于对轻元素的分析,不仅能定性、定量分析,而且能给出元素的深度分布。光子活化分析的核反应为 (γ, n) 反应以及 (γ, γ') 反应,可分析 ${}^{12}\text{C}, {}^{14}\text{N}, {}^{16}\text{O}, {}^{19}\text{F}$ 等。带电粒子活化分析,利用的核反应,如:${}^{16}\text{O}({}^{3}\text{He,P}){}^{18}\text{F}$ 反应用来分析氧,${}^{12}\text{C(d,n)}{}^{13}\text{N}$ 反应用来分析 Si 中的 C 等。

4.4.2 中子活化分析的应用

中子活化分析作为一种重要的核分析技术,50 余年来广泛用于多种学科中的微量元素分析,成果显著,尤其在环境学、生物学和地质学中的应用更是充满着活力;在水利、地质、气象、天文、生物等诸领域也有着广泛的应用,现举几个例子来说明。

1. 水样品的中子活化分析

分布在地球表面上的海洋、湖泊、沼泽和河流中的水以及地下水组成了水圈,水圈占地球表面的70%。水中蕴藏着丰富的资源,不仅有大量的矿产资源,而且还含有几十种微量元素。水对人类生活有着极其重要的意义。水是环境中比较活跃的要素,又是物质交换的纽带。分析和研究各种水的元素组成、分布特征及其来源和形成过程,可以为综合开发和合理利用水资源提供科学依据,对于改善人类的生存环境和促进社会进步有着直接关系。我国科学工作者在对水的综合利用与开发方面做了大量的工作,从中科院高能物理所中子活化分析实验室水分析小组的工作就可见一斑。该小组用特殊实验方法对各种淡水(雨、河、湖、沼泽水)、海水和地下水分门别类地进行了细微的分析和研究。分析过程大致有如下几个步骤:取样,贮存,浓集,照射和测量分析。在对长江水系的分析中,他们把长江的不同自然环境划分为九个区域:长江河源区,金沙江中、下游,岷江—沱江水系,嘉陵江水系,乌江—赤水水系,洞庭湖水系,汉水水系,鄱阳湖水系和长江中、下游。在两年内共在九个区域的145个点位采集河水样品(原样及过滤水)及沉淀物样品。采水点位见图4-3,几乎遍布长江水域。在取湖水样时,一般在表层及不同深度处分别采集,最深处达400 m。对溶解态和悬浮物质分别进行测量,大致测试了铁族元素(Fe,Co,Ni,Cr等),稀土元素(La,Ce,Sm,Lu,Yb,Th,V,Se等),碱土元素(Ca,Sr,Ba等)和其他稀有元素(Rb,Cs,As等)。测试分析表明,不同地区水中的微量元素的含量主要与水的成因及存在形式(河、湖、水库、地下水等)、人类活动的影响(人口密集程度、工业污染等)和岩性影响有关。

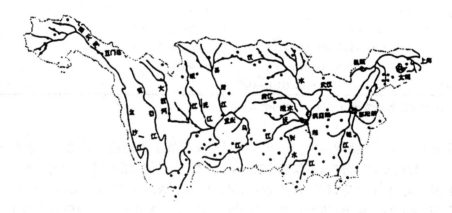

图4-3 长江水系采样点位示意图

我们更关心人群居住地区的水质,高能所中子活化分析小组对中关村居民三个主要水井进行取样分析,用中子活化分析测定井水中20余种元素浓度,并观察其随季节和年度的变化,测定结果表明:

(1)尽管三个水井相距约1 km,但地下水层可能相互连通,水中元素浓度接近;

（2）水中多数元素随季节和年度无明显变化；

（3）与我国和其他几个国家饮用水中各种元素的最高允许值比较（见表 4 – 6），北京中关村地区饮用水中全部元素的浓度都低于允许值。

表 4 – 6　中关村饮用水中某些元素测定结果与饮用水卫生标准的比较（μg/l）

元素	几个国家饮水中元素最高允许浓度	中关村井水中平均浓度	元素	几个国家饮水中元素最高允许浓度	中关村井水中平均浓度
Ag	50	0.2	Fe	100 ~ 300	33
As	40 ~ 50	1.0	Sb		0.1
Ba	1 000	100	Se		0.003
Cd	10	< 0.05	Sn	10	0.7
Co		0.13	U		6.1
Cr	50	3.5	Zn	1 000 ~ 5 000	9
Cu	50 ~ 3 000	< 0.5			

2.土壤的中子活化分析

土壤是地表气圈、水圈、岩石圈和生物圈交界面上一种相对独立的自然体。土壤是人类生存和发展的基础，是自然界中物质循环和能量转换的重要场所，它不仅为生物和人类提供必需的营养元素，同时也是有害元素进入、迁移和累积的主要介质。土壤中有害物质，尤其是重金属元素的过量，将使生态环境恶化，严重威胁着人类和生物的生存与发展。在四五十年代，曾在日本流行的"痛痛病"，就是因土壤中的镉污染造成的，还有汞污染造成的水俣病也是突出的例子。我国东北某些地区的克山病、大骨节病及动物白肌病就是由于该地区土壤低硒造成的，通过施加硒肥，对上述疾病的防治起到了显著作用。此外，对土壤中微量元素进行分析研究，对了解土壤的形成与演化、地质成矿，及对土壤地球化学探矿等也具有重要指导意义。

我国科学工作者从 60 年代起在土壤微量元素的研究上做了大量的工作，有的列入了"六五""七五""八五"重点攻关项目，主要采用的方法是中子活化分析，研究对象是土壤中的微量元素，依其含量、化学形态的不同和对生态环境及人类生存发展的影响，可分类为生物必需元素、有害元素和作用尚未确定的元素，见表 4 – 7。随着现代分析、生物实验技术的进步和发展，对微量元素的作用将会有更加深刻的认识。

在对土壤微量元素的分析研究过程中，首先必须解决的问题是确定土壤元素的背景值。为此，科学工作者们走遍了祖国的东南西北，开展了除台湾省外的 30 个省、市、自治区土壤背景值的调查。背景值是指未受人类活动影响或工业污染与破坏的情况下，土壤固有的物质组成和各种化学元素的自然含量水平。考虑的三个基本因素是：尽可能远离已知的污染源；代表当地的主要土壤类型；代表当地的土母质。中科院高能所中子活化分析小组在北京郊区县共采集了 20 个土壤剖面,主要土类有亚高山草甸土、淋深褐土、石灰性褐土及潮褐土等;母质主要包括:花岗岩、凝灰岩、石灰岩、页岩、石英岩、黄土堆积物和洪水冲积物等。经检测,北京地区的土壤中元素的背景值都比较适宜。

表 4-7　土壤中微量元素的分类

分类	所属元素
生物必需元素	K、Na、Mg、Fe、Co、Ni、Zn、I、F、Mn、Mo、Sn、Se、Cu、Cr、As、V、Sr、Tr
有害(毒)元素	AS、Cd、Hg、Pb、Cr
作用尚未确定的元素	Li、Rb、Cs、Ba、Al、SC、稀土、Zr、Hf、Nb、Ta、Sb、Te、W、Re、Ga、Ge、U、Th、铂族元素

利用中子活化分析方法研究元素在土壤中的含量分布、分配及其变化规律,以发现与矿产有关的地球化学异常来找矿是近几年来发展的新方法。我国南方花岗岩地区已发现一种具有重要意义的新型富重稀土矿床——花岗岩风化岩离子吸附型稀土矿。该类矿床具有规模大、重稀土品位高、易采冶及成本低廉等优点,成为我国重要的稀土资源。

迄今,科学工作者已把中子活化分析应用到各个与人类发展息息相关的领域:应用到大气环境研究中,测定大气气溶胶的组分,分析其中四五十种微量元素的含量,研究大气污染问题及其治理;应用到宇宙化学研究中,分析地质界线中元素变化规律及宇宙尘埃、外来陨石和矿物中微量元素,探寻岩石和矿床的成因;运用到生命科学中,分析微量元素与人体各种疾病之间的关系,找到防病抗病的有效方法。

3.研究地球灾变

应用放射性衰变的方法测得地球的年龄为 4 600 Ma(百万年),根据对大自然史册的天然记录者——化石的研究,地球上最古老的生物遗迹可以追溯到 3 500 Ma 前。在这漫长的生物进化史上,曾发生过 25 次大灾变,其中规模最大的 5 次古生物灭绝事件先后发生在寒武系末期(距今约 570 Ma)、泥盆系末期(360 Ma 前)、二叠系末期(245 Ma 前)、三叠系末期(208 Ma 前)和白垩系末期(65 Ma 前)。究竟是什么原因导致生物在短时间内大量灭绝? 这个问题始终是人们关注的焦点。人们曾经有过各种假设:火山爆发、海平面变化、气候反常、盐度变化、造山运动等地内成因,及太阳耀斑、超新星爆发等地外成因,但这些说法都缺乏物理化学的直接的科学证据。

1980 年美国加州伯克利国家实验室的 Alvarez 小组,首先应用中子活化分析法测定了意大利的古比奥(Gubbio)和丹麦的斯特文斯克林(Setvns Hlint)的白垩系/第三系(K/T)界线粘土的铱,发现铱在界线层中异常富集,高出背景值 30～160 倍。由此提出在白垩纪末期,可能是小行星撞击地球突变,改变了生物赖以生存的条件,导致了大规模生物灭绝,并在 K/T 界线层中留下了地外物质指示元素——铱的异常富集。这一重大发现引起各国科学家的关注。他们紧接着研究了西班牙、加拿大、美国、新西兰等世界各地 80 余处的 K/T 界线剖面,都发现了铱和某些亲铁元素的异常,进一步为白垩纪末全球性的灾变事件研究提供了有力的科学依据。因此,中子活化分析成为研究地球灾变中最重要、最有说服力的方法之一。我国科学工作者用中子活化分析法测定了我国西藏仲巴、浙江长兴、四川广元、广西合山、重庆中梁山,和贵州陆化等地区的寒武系、泥盆系、二叠系、三叠系和白垩系等地质界线剖面 30 余处,均发现铱含量高度富集,证实了国外科学家对地球灾变是由于地外星球的撞击造成的说法。

地球表层中铱含量极低(含量低于 1 $\mu g/kg$),用一般的化学和物理方法无法准确测定,而地外物质如陨石中,铱的含量高达数百 $\mu g/kg$,比地壳中铱含量高出几个数量级,因此铱可以作为地外物质的指示元素。由 K/T 界线粘土层中发现铱高度富集异常,可以推断周围天体活动参与了地球的地质演化过程,即地外物质撞击造成地球灾变。

4.生物体中微量元素的测定

生命的存在除了需要蛋白质、酶、氨基酸、维生素,和大量碳、氮、氧等常量化学元素外,还需要种类繁多的微量元素,它们在生物体内的功能极为特殊和重要,其存在量有一个范围,过量或缺乏常常导致生物体的生理生态变化。因此,生命科学中的微量元素研究已成为当代国内外地方病防治、医学地理、病理地理、环境保护、农业、医药学等领域重要的研究内容之一。中子活化分析不仅以它的精确度高、特异性强、取样量少、多元素分析而优于其他分析方法,而且可以进行活体分析,对受试者做无伤害的示踪试验等,因而对生物体中的微量元素的测定常常采用中子活化分析法。

目前,一种既方便又实用的研究人体微量元素和营养状况的方法是,用中子活化分析研究人们不断生成的头发。人发取材容易,保存方便,发内微量元素的含量比血液中高,因而这种方法已广泛应用于法学、医学、营养学和环境科学等方面的检测。高能所应用部的某科研小组曾用一年半的时间,从 5 000 名北京儿童中抽取 1 300 例做发锌值统计,其中只有 39% 的儿童发锌值在北京市正常值范围内(中国预防医学卫生研究所认为,北京市儿童发锌值应在 110.7 ~ 200.0 $\mu g/g$ 之间),就是说有 61% 的儿童发锌值在正常范围之外,其中 91% 儿童发锌值在 110.7 $\mu g/g$ 以下。这说明北京市儿童缺锌状况十分严重,这一分析结果引起了有关领导部门、医疗保健部门和家长们的高度重视,后来用硫酸锌糖浆等补锌,取得了明显的效果。

4.5　离子束分析技术

20 世纪六七十年代蓬勃发展的半导体工业中离子注入工艺和薄膜技术的发展,导致以低能加速器为基础的离子束技术的迅速发展。背散射、沟道效应和瞬发核反应分析及等离子束分析技术,已成为固体表面层研究不可缺少的分析手段。

4.5.1　卢瑟福背散射

带电粒子弹性散射分析,包括卢瑟福背散射谱(Rutherford Backscattering Spectrum,简称为

RBS)分析和前向弹性反冲分析。最早的带电粒子弹性散射分析是 1911 年卢瑟福用 α 粒子轰击原子核,提出了原子的核结构。1919 年,他和助手用 α 粒子轰击氮原子核,发生核反应后,发射出一个带正电的粒子,这种粒子被取名为质子(实际上是氢原子核),反应后的剩余核为氧原子核。这个实验表明:可以用人工方法变革原子核,把一种元素变成另一种元素,即第一次实现了元素人工嬗变。

卢瑟福的 α 粒子实验不仅为人类的重大发现——原子核的存在提供了有力的依据,同时也成为近 30 年蓬勃发展及广泛应用的新型核分析技术——背散射分析和沟道技术的理论基础。为了纪念他,通常人们称大角度的弹性散射分析技术为卢瑟福背散射分析技术。

自 1967 年背散射技术首次成功地用于月球土壤成分分析以来,经过 30 年已发展完善成为十分成熟的核分析技术。背散射分析具有方法简便、可靠,不需要对比标准样品就可得到定量的分析结果,不必用剥层办法破坏样品的宏观结构就能获得深度信息分布等优点。它是固体表面层元素成分、杂质含量和浓度分布分析,以及薄膜厚度、界面特性分析不可缺少的手段,与弹性反冲分析结合,能对样品无损地分析从轻到重的各种元素。背散射与沟道技术的组合应用还能给出晶体的微观结构、缺陷、损伤深度分布等信息。近些年来,背散射分析技术已经成为许多科研院所、大学实验室和电子工业部门的一种常规的分析手段。它在半导体材料、光电材料、金属材料、各种薄膜材料以及材料改性等研究领域中有着广泛的应用,对新材料、新器件的研制和新能源的开发起着推动作用。我们主要讨论能量为 MeV 量级的离子背散射分析技术。

1. 卢瑟福背散射分析原理

当一束具有一定能量的离子入射到靶物质时,大部分离子沿入射方向透进去,并与靶原子的电子碰撞损失其自身能量,只有小部分离子与靶原子核发生大角度库仑散射,即卢瑟福背散射。用探测器对这些背散射粒子进行测量,能获得有关靶原子的质量、含量和深度分布等信息。背散射分析中三个主要参量是运动学因子 K,散射截面 $\dfrac{\mathrm{d}\sigma}{\mathrm{d}\Omega}$ 和能量损失因子 $[S_0]$。

(1)运动学因子

一个质量为 m 的带电粒子,以一定的能量 E_0 入射到靶上,与处于热运动,但可以看成静止的靶原子 M 碰撞,发生了动量和能量的转移,入射粒子损失了能量并向不同的角度散射。如果入射的能量远比原子在靶物质中的化学结合能大,但又不足以引起核反应和核共振时,我们可以用简单的两个原子之间的弹性碰撞来描写他们之间的相互作用。根据能量和动量守恒定律,可以求得在 θ 方向散射的粒子能量 E_1,我们定义碰撞后与碰撞前的能量之比 K 为运动学因子,在实验中,

$$E_1 = KE_0 \tag{4.5.1}$$

$$K = \left(\frac{m\cos\theta \pm \sqrt{M^2 - m^2\sin^2\theta}}{M + m} \right)^2 = K(M, m, \theta) \tag{4.5.2}$$

当 m 和 θ 一定时, $K = K(M)$。又因入射粒子的能量 E_0 为已知,根据测量到的表面层散射出来的粒子能量,就可以确定靶材料的质量数 M,定出靶材料的组成元素。

图 4－4 是 K 因子与 θ, m 和 M 的关系曲线图。如图中所示:对一定的入射粒子 m, M 越小, K 值亦越小;同一 M 条件下的 K 值随 θ 变大而减小。

(2)微分散射截面

入射粒子与靶原子的每一次碰撞均形成一个被探测粒子的平均概率被定义为微分散射截面,用 $\dfrac{\mathrm{d}\sigma}{\mathrm{d}\Omega}$ 表示,可以推出

$$\frac{\mathrm{d}\sigma}{\mathrm{d}\Omega} = \left(\frac{Z_1 Z_2 e^2}{Z E_0 \sin^2\theta}\right)^2 \frac{\left\{\cos\theta + \left[1 - \left(\frac{m}{M}\sin\theta\right)^2\right]^{1/2}\right\}^2}{\left[1 - \left(\frac{m}{M}\sin\theta\right)^2\right]^{1/2}} \tag{4.5.3}$$

式中 Z_1, Z_2 分别表示入射粒子和靶原子的原子序数。$\dfrac{\mathrm{d}\sigma}{\mathrm{d}\Omega}$ 与 Z_1^2 和 Z_2^2 成正比,与 E_0^2 成反比;$\dfrac{\mathrm{d}\sigma}{\mathrm{d}\Omega}$ 与散射角有强烈的依赖关系,在后向角时,$\dfrac{\mathrm{d}\sigma}{\mathrm{d}\Omega}$ 较小。卢瑟福散射截面可从上式求得,因此测定散射粒子的产额(即散射谱的高度)就可以进行靶原子含量的定量分析。不同元素谱的高度比对应元素的散射截面和组分比,当散射截面相差不大时,从谱的高度很快就能求出元素所占比例。

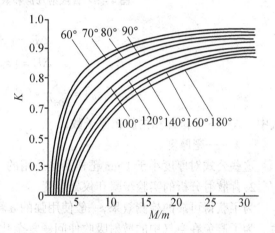

图 4－4 K 因子与 θ, m 和 M 的关系曲线

(3)能量损失因子

入射粒子打到靶上,不仅由于库仑散射而损失能量,而且在入射的途径上通过电离和激发,将能量传递给靶原子中的电子,由于电子的阻止作用损失了能量,显然,对于不同厚度的靶,入射粒子被电子阻止所损失的能量是不同的,反映在背散射能谱上就是不同程度地向低能方向拓宽。如图 4－5 所示,峰的箭头指示的能量位置表示样品前表面发生的背散射,虚线对应于样品中深度为 X 处发生的背散射,能量宽度正比于靶厚度和离子在靶物质中背散射能量损失因子。能谱曲线向低能端展宽,反映出了靶原子随深度的分布情况。因此,由背散射能谱分析,可以获得靶原子的深度分布信息。

从图中的几何关系很容易建立谱峰宽度 ΔE 与靶厚度 ΔX 之间的关系:谱峰的半高宽对应膜厚度。

经推导可得出有关能量损失因子 $[S_0]$ 和阻止截面 ε 的近似表达式。

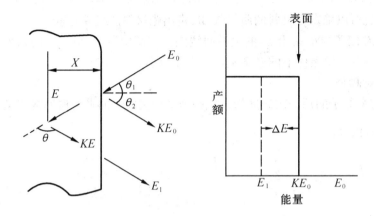

图 4-5　背散射几何和散射能量与深度的关系

$$\Delta E = [S_0]X \tag{4.5.4}$$

$$\Delta E = [\varepsilon_0]NX \tag{4.5.5}$$

$$[\varepsilon_0] = \frac{K}{\cos\theta_1}\varepsilon(E_0) + \frac{1}{\cos\theta_2}\varepsilon(KE_0) \tag{4.5.6}$$

式中　N——单位体积内的靶原子数；

X——靶厚度。

这些公式对厚度小于 1 μm 靶样品是适用的。

2.背散射分析的实验步骤和仪器装置

为了获得可靠的检测效果,一般使用强的 α 粒子作为分析束,α 粒子由加速器的离子源产生。为了避免在空气中的散射吸收使问题复杂化,需将 α 粒子束的通道及散射靶室置于真空环境中。从静电加速器获得的 2 MeV 的 ^{4}He 束,经磁分析器选择后进入离子输运管道,经过两次准直后进入靶室,打到样品上,样品安装在一个可以在三维方向旋转并可平行移动的定角器上,用步进马达控制。α 粒子束斑大小约为 1 mm^2,束流强度为十几个 nA,用束流积分仪记录。离子管道和靶室中的真空度为 10^{-4} Pa。在散射角为 160°～170°方向上放置一个金硅面垒半导体探测器,探测器对样品所张的立体角为几个 msr,探测到的信号经前置放大器和抗堆积放大器送入微机多分析器记录能谱。测谱前要对多道分析器进行能量刻度。测量后对实验进行分析计算和处理,读谱和解谱的工作量要比测谱大得多,也难得多。近十几年来,已引进和开发了一些模拟计算机程序,较大程度地减轻了计算量,但也需要多次模拟计算才能较好逼近实验谱。

3.背散射分析的特点与局限性

背散射分析技术作为重要的核分析技术,能在二三十年内在全世界范围得到广泛的应用,是因为它具有其他分析方法不可比拟的显著特点,归结起来有以下六点。

(1)可对多种元素同时分析,既可定性,又可定量。信息量大,可以分析样品的元素种类、组分配比、薄膜厚度、杂质分布和界面反应等。

(2)为不破坏样品的无损分析,既可作表面分析,又能分析表面下、埋层及多层样品。

(3)对真空度要求适中,只需 10^{-4} Pa,调换样品方便、快速。

(4)深度分辨好,分辨率可达几个 nm,即几十 Å。

(5)探测重元素灵敏度高,对半导体材料,冶金材料尤为适用。

(6)背散射谱易于识别分析,便于掌握。

背散射分析也存在局限性,大致有三方面。

(1)对探测轻元素不灵敏,如对薄膜样品中的碳、氮、氧的分析不够准确。为了克服这个缺点,常将薄膜沉积在低原子质量数的衬底(如碳 C)上。

(2)缺乏信号特征,散射以后所有的背散射粒子仅仅是能量不同。为了克服这个缺点,有时需辅以其他分析手段(如俄歇电子谱议)。

(3)不能提供化学信息,即提供元素的组分比并不能说明其化学态势,要与衍射图等信息结合起来,才能对有关化合物的性质作出完整且令人信服的分析。

4.5.2 沟道分析技术

1.沟道分析技术原理

沟道技术是利用粒子与单晶体的相互作用研究物质微观结构的一种分析技术。在单晶体中,原子有规则的排列,晶格原子构成一系列的晶轴和晶面。带电粒子入射到单晶体上时,相互作用情况与入射到无定形样品时不同:离子在无定形样品中相互作用概率与样品结构无关,不依入射方向不同而改变;带电粒子沿着单晶体的一定方向入射时,出现新的物理现象——离子的运动受到晶轴或晶面原子势的控制,相互作用的概率与晶轴或晶面的夹角有很大关系。这样强烈的方向效应称为沟道效应。图 4-6 是沟道效应的示意图。晶

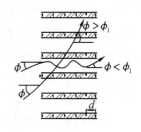

图 4-6 沟道效应示意图

格原子之间距离为 d。当一定能量的离子相对于主晶轴入射的角度 ϕ 很小时,与晶轴上的原子发生小角度库仑散射,方向偏转很小,离子被限制在晶轴之间的空间来回偏折行进,这就是轴沟道效应。

在沟道内运动的离子称为沟道粒子。离子在沟道中的偏转角度小于某一角度 ϕ_1 时,离子才能保持在沟道中运动。角度 ϕ_1 是离子能保持在晶轴距离为 α 的沟道内运动的最大偏转角,称为特征角,这里 α 是离子与原子相互作用的托马斯-费米屏蔽长度。沟道离子不能靠近晶轴更近,因此离子与靶原子间的各种近距离作用事件,如背散射、核反应等概率明显下降。当 ϕ 大于 ϕ_1 时,离子将不能保持在沟道内运动,这时,离子在晶格中的各种近距离作用的概率与

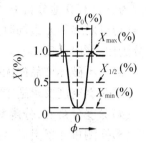

它在无定形靶中一样。通常是用测量背散射产额随入射角 ϕ 的变化来观察沟道效应的。对前者背散射的产额极低，称为定向谱或沟道谱，而偏离沟道方向入射得到的较高产额的背散射谱称为随机谱。把背散射产额 X 随 ϕ 的分布作图，就得到沟道曲线，称为沟道坑（又称dip曲线，见图4-7）。

图4-7 沟道效应的 **dip** 曲线图

这里涉及到两个有用的物理量：$X_{\min}$ 和 $\phi_{1/2}$

（1）$X_{\min}$ 为归一化产额的极小值。$X_{\min}$ 的典型值为 1% ~ 3%。

（2）$\phi_{1/2}$：即 dip 曲线中产额最大值和产额最小值之间的一半高度处的角分布半宽度，其全宽度为 $2\phi_{1/2}$ 且有

$$\phi_{1/2} = C\left(\frac{Z_1 Z_2}{Ed}\right)^{\frac{1}{2}} 度 \tag{4.5.7}$$

式中　　C——一常数；

　　　　Z_1, Z_2——分别为射入粒子和靶原子的原子序数；

　　　　E——入射粒子能量；

　　　　d——靶原子的间距，即晶格常数。

若实验中测出 $\phi_{1/2}$，则 d 可求。一般晶体的 $\phi_{1/2}$ 为 0.4 ~ 1.2。

曲线中出现 $X > 1$ 的两个突起部分，称为"肩"部，这是由于离子入射角刚大于 $\phi_{1/2}$ 时，它与晶格原子的作用机会比随机入射时还大的缘故。

MeV 量能级离子沟道分析技术有着许多实际应用，主要用于固体物理和半导体材料研究，它已成为这一研究领域的不可缺少的分析手段。沟道分析技术可以用来确定单晶样品中注入离子浓度、分布、晶格损伤量及退火后损伤恢复情况，杂质原子在晶格中的位置，单晶体的表面和外延层的结构、缺陷、成分、厚度等。

2.背散射和沟道分析技术在材料科学中的重要作用

背散射分析理论基础建立于 20 世纪初期，60 年代以后，在国际上的应用十分活跃。在我国较大规模的应用是 80 年代以后的事情。经过 30 年的应用实践，背散射分析技术已经走向成熟和完善，特别是在材料科学研究中，已成为重要的不可缺少的常规测试分析手段。这主要得益于以下三方面的原因：能量在 1 ~ 3 MeV 的小加速器数量迅速增加（仅我国近 20 年就进口或自行设计制造了近 20 台），使得较强的 α 粒子束的产生成为现实；高分辨率的半导体探测器的出现并成批生产，大大提高了探测器性能并简化了探测手段；计算机和电子学系统日新月异的改进，使数据获取和数据处理工作变得快速、准确。背散射分析技术在材料研究领域中发挥着巨大的作用。应用的例子举不胜举：近几年来，新型超硬材料，TiN，Si_3N_4，C_3N_4 的结构性能分析，半导体材料 GaAs 的缺陷杂质替位分析；SiO_2 的形成、退火条件对结晶品质的影响分析；Ge - Si 合金的抗氧化分析；过渡金属硅化物 $CoSi_2$，$NiSi_2$ 及三元化合物的结构分析；稀土硅化

物ErSi$_{1.7}$，GdSi$_{1.7}$，Ysi$_{1.7}$及其三元化合物形成、结构和结晶品质分析；新型光电材料GaN及其三元合金A1GaN，InGaN和MgGaN的分析；高温超导薄膜YBaCuO和BiSrCaCuO，陶瓷材料ZrO和SrTiO$_3$等等几十种材料的测试和分析，为材料工作者提供了许多非常有价值的数据，很多信息是用其他的手段得不到的。

仅对1997年研制的新型光电材料GaN的分析说明RBS的重要性。GaN是继GaAs之后人们研制的又一重要光电材料，在发光器件的研制中有广泛用途。GaN是生长在GaAs或A1$_2$O$_3$等衬底上，为解决衬底与外延层的晶格失配，需先在衬底上生长一层GaN过渡层，然后再生长外延层，外延层还可以掺A1，Mg，In等元素来替代一部分Ga，形成三元合金。由于过渡层和外延层中均含有Ga和N，用常规的俄歇电子谱及X衍射等办法都很难区分。另外，外延层中掺入的A1，Mg或In量都比较少，很难测得精确值，用背散射分析方法则很容易地解决了这些问题。用Rump程序解析和模拟背散射谱时，不仅可以较为精确地给出过渡层与外延层的厚度，各元素的配比，还能画出模拟总谱和各元素的分谱，表面层、过渡层和衬底一目了然。表4-8是经背散射和沟道技术测试分析的三块AlxGa1-XN样品的参量值。

表4-8　RBS法测试AlxGa$_1$-XN/GaN/AI$_2$O$_3$样品的结构

样品	X	AlGaN膜厚度(Å)	GaN膜厚度(Å)	χmin
样品一	0.06	5 000	4 500	1.34%
样品二	0.15	5 170	3 500	1.17%
样品三	0.25	7 000	2 530	1.64%

注：1 Å = 10^{-10} m。

图4-8是Al$_{0.25}$Ga$_{0.75}$N样品的背散射随机谱与沟道谱的比较。结果表明：Al$_2$O$_3$衬底上外延生长的GaN及其三元合金AlGaN和InGaN都是近乎完美的晶体。

4.5.3　加速器质谱分析

加速器质谱测量（Accelerator Mass Spectrometry，简称AMS），即超灵敏质谱分析，是由常规的质谱技术与核物理实验中粒子加速器技术和离子探测、计数技术相结合，发展成的一种新的灵敏度很高的质谱分析方法。该方法能测定同位素比十分低的元素，能采用毫克重量样品进行分析。它为研究考古学和地质年代学中的放射性断代，提供了有效的分析手段。

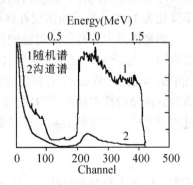

图4-8　Al$_{0.25}$Ga$_{0.75}$N样品的
背散射随机、沟道谱比较

质谱分析是根据不同质量和电荷态的离子在电磁场中的不同偏传,来鉴别和测量离子的一种分析方法。当质量为 M、电荷为 q、速度为 v 的离子,在垂直于磁场方向进入一均匀磁场 B 时,在磁场力的作用下,离子将沿半径为 ρ 的圆周运动,并且有下列关系式存在

$$qvB = \frac{Mv^2}{\rho} \tag{4.5.8}$$

当这离子在垂直于电场方向进入均匀电场时,电场力的作用使离子偏转,又有

$$q\epsilon = \frac{Mv^2}{\rho} \tag{4.5.9}$$

如果改写成动能 E 形式,则有

$$(B\rho)^2 = 2\left(\frac{M}{q}\right)\left(\frac{E}{q}\right) \tag{4.5.10}$$

和

$$\epsilon\rho = 2\left(\frac{E}{q}\right) \tag{4.5.11}$$

离子的能量 E 是由离子源的加速电压 V_D 决定的。即

$$E = qV_D \tag{4.5.12}$$

将静电偏转和磁偏转结合起来使用,一般可以进行质量分析;V 相同,当 q 也相同时,则 E/q 相同,但 M/q 不一定相等,M 可求。但有时 E/q 相同,M/q 也相等,则不好区分;对同量异位元素如 $^{14}C^+$,$^{14}N^+$,$^{12}CH_2$,$^{13}CH_1$,它们的 E/q 一样,M/q 也相同,靠磁偏转则很难把它们区分开来。

质谱分析的重要参数是质量分辨率和分析灵敏度。质量分辨率是衡量仪器区分元素微小质量的能力,定义为 $\Delta M/M$,对应质量谱线上峰的半高宽。要分开 ^{12}C 和 ^{14}N 两种元素,要求 $\Delta M/M = 84\ 000$。分析灵敏度可以用分析所需样品量的多少和分析时间的长短来衡量。使用的样品量越少、分析时间越短,则表示灵敏度越高。一般用同位素比来衡量,测得 ^{14}C 和 ^{12}C 的丰度比为 $1:10^{12}$,表示质谱仪在强度很高的 ^{12}C 和 ^{14}N 存在的情况下,能鉴别出 ^{14}C 离子的存在。

测量样品中长寿命放射性同位素的含量,能断定样品的历史年代。最常用的放射性同位素有 ^{10}Be,^{14}C,^{26}Al,^{36}Cl 和 ^{41}Ga 等,以 ^{14}C 放射性断代研究为最多。^{14}C 是宇宙射线中的中子与大气中的 N 发生 $^{14}N(n,\rho)^{14}C$ 核反应形成的 β 放射性核素,半衰期为 5 730 年。在自然界中所有活着的动植物样本体内的 ^{14}C 含量是一定的,生物体死亡后,^{14}C 逐渐衰减,$^{14}C/^{12}C$ 发生变化,通过与参考样品比较就能测定样品的历史年龄。

$$\frac{(^{14}C/^{12}C)}{(^{14}C/^{12}C)_S} = \exp\left(-\frac{\ln2}{T_{1/2}} \cdot t\right) \tag{4.5.13}$$

式中下标 S 表示参考样品,$T_{1/2}$ 表示 ^{14}C 的半衰期,t 表示样品的历史年龄。对 ^{14}C,可断定年代的范围为 $0 \sim 10^5$。

常规的质谱仪存在很多的局限性,在 70 年代发展起来的超灵敏质谱仪,其基本方法是把串列加速器和通常的电磁质谱仪组合起来。其中最关键的措施有三条。

(1)使用负离子消除同量异位素原子的干扰

因为许多负离子只有一个稳定态,有时一个稳定态也没有,或者即使有亚稳态,但其寿命很短,如 ^{14}C 和 ^{14}N 为同量异位素对,C^- 离子稳定,而 N^- 极不稳定,存在 5×10^{-14} s 后自发破裂为中性原子和自由电子。所以,^{14}N 不会到达加速器终端而对测量产生干扰。

(2)使用电荷交换消除分子离子干扰

因为电荷交换系统可以把原子离子和分子离子的束缚电子剥去,形成带正电的多电子原子和多电子分子离子,后者由于原子之间正电荷相互排斥,很快在 $10^{-6} \sim 10^{-9}$ s 就分裂成两个或更多的碎片,具有较小的质量,易于区分。

(3)使用粒子探测器鉴别粒子

这种采用核物理实验方法的质谱分析方法能有效地消除本底,将质谱仪的分析灵敏度提高至少三个量级。因而可以用来做同位素比极低($< 10^{-15}$)的研究工作,并采用 mg 重量的样品在较短的时间内完成测试分析。

加速器质谱分析技术是把待分析物质做成固体形状的样品,用重离子(如 Cs 离子)轰击,溅射出待分析核素的负离子,然后再经过注入系统预分析进入加速器,溅射过程是在离子源中完成的。

北京大学技术物理系的加速器质谱仪的改进及断代方法的完善,将使 ^{14}C 测量精度达到 $0.3\% \sim 0.5\%$。这是我国在这一领域的新的阶段的开始。

通过本章的学习,使同学们对现代核分析技术有所了解,并在今后的工作、学习、生活中敢于和善于运用核分析技术,推动自己事业的发展。

思 考 题

1.试述中子活化分析原理。

2.如何从背散射谱上得出薄膜厚度和元素组分?

3.背散射实验中观察到谱宽是由哪些因素决定的,同一块靶有时会得出不同的谱形宽度,为什么?

4.加速器质谱计比一般质谱方法提高性能很多,其关键措施是什么?

5.为什么可用 ^{14}C 测定古生物年代?

6.举例说明在低能加速器上可开展的核分析工作。

7.X 射线荧光分析的基本原理是什么? 在 PIXE 分析中,有时要用吸收片,它的作用是什么?

8.如何从核分析手段中判断单晶材料的结晶品质?

9.试述射气法测定镭含量的原理。

10.活化分析的误差主要来源于哪些方面?

第 5 章 核 电 站

核电站是利用核能进行发电的装置。它类似于燃煤的火力发电站,只是火电站的燃煤锅炉被核反应堆所代替,核反应堆是通过核裂变使易裂变燃料释放核能的关键装置。

为了较深入地了解核电站,并进一步讨论与核能有关的技术及其发展趋势,本章将首先对核电站最核心的反应堆的基本原理,包括中子物理、反应堆热工水力、反应堆控制和反应堆安全等方面的基本知识做一个初步介绍。其次,介绍各种不同类型的核反应堆,包括各种堆型的核燃料、慢化剂、冷却剂、元件、组件、堆芯形状及其主要特点等。所涉及的堆型主要包括压水堆、沸水堆、重水堆、高温气冷堆和钠冷快中子堆。再次,以压水堆核电站为结合点,对核电站的总体参数,核能传输系统,主要系统的设备及其功用,冷却剂的流程,核能热传输机理等做重点介绍,并对各种不同类型核电站的总体情况进行比较。本章最后,将介绍世界核电发展的形势、我国核电发展的现状和发展战略。

5.1 核反应堆原理与类型

5.1.1 核反应堆原理

1.中子与原子核的相互作用

在核反应堆中,核燃料存放的区域是反应堆的心脏,称为堆芯。在这里,有大量的中子在飞行,不断地与各种原子核发生碰撞。碰撞的结果,或是中子被散射,改变了自己的速度和飞行方向;或中子被原子核所吸收。如果中子是被铀 – 235 这类易裂变燃料核所吸收,就可能使其裂变。这就意味着在反应堆内可能发生多种不同类型的核反应。下面对核反应堆内存在的几种主要的核反应做一介绍。

(1)散射反应

中子与原子核发生散射反应时,中子改变了飞行方向和飞行速度。散射反应有两种不同的机制。一种称为弹性散射,另一种称为非弹性散射。非弹性散射的反应式如下

$$^A_Z X + ^1_0 n \rightarrow (^{A+1}_Z X)^* \rightarrow (^A_Z X)^* + ^1_0 n$$
$$\downarrow \rightarrow ^A_Z X + \gamma$$

能量比较高的中子经过与原子核的多次散射反应,其能量会逐步降低,这种过程称为中子的慢化。在热中子反应堆中,中子慢化主要依靠弹性散射。在快中子反应堆内,虽然没有慢化剂,但中子通过与铀 – 238 的非弹性散射,能量也会有所降低。

（2）俘获反应

亦称为(n,γ)反应。中子被原子核吸收后,形成一种新核素,并放出 γ 射线。它的一般反应式如下

$$^A_Z X + {}^1_0 n \rightarrow \left(^{A+1}_Z X\right)^* \rightarrow \left(^{A+1}_Z X\right) + \gamma$$

反应堆内重要的俘获反应有

$$^{238}_{92}U + {}^1_0 n = {}^{239}_{92}U + \gamma$$

$$^{239}_{92}U \xrightarrow[23\,\text{分}]{\beta^-} {}^{239}_{93}Np \xrightarrow[2.3\,\text{天}]{\beta^-} {}^{239}_{94}Pu$$

这就是在反应堆中将铀－238 转化为核燃料钚－239 的过程。类似的反应还有

$$^{232}_{90}Th + {}^1_0 n = {}^{233}_{90}Th + \gamma$$

$$^{233}_{90}Th \xrightarrow[22\,\text{分}]{\beta^-} {}^{233}_{91}Pa \xrightarrow[27\,\text{天}]{\beta^-} {}^{233}_{92}U$$

这就是将自然界中蕴藏量丰富的钍元素转化为核燃料铀－233 的过程。

（3）裂变反应

核裂变是堆内最重要的核反应。铀－233、铀－235、钚－239 和钚－241 等核素在各种能量的中子作用下均能发生裂变,通常被称为易裂变燃料。而钍－232、铀－238 等只有在中子能量高于某一值时才能发生裂变,通常称之为转换材料。目前热中子反应堆内主要采用铀－235 作为核燃料。铀裂变时一般产生两个中等质量的核,叫做裂变碎片;同时发出平均 2.5 个中子,还释放出约 200 MeV 的能量。

在反应堆中还会发生其他一些中子核反应,这里就不一一列举了。

2.核反应截面和核反应率

核反应截面就是定量描述中子与原子核发生反应概率的物理量。

（1）微观截面

假定有一束平行中子,其强度为 I,该中子束垂直打在一个面积为 1 m^2、厚度为 ΔX m 的薄靶上,靶内核密度是 N。靶后放一个中子探测器,见图 5－1。由于中子在穿过靶的过程中会与靶核发生吸收或散射反应,使探测器测到的中子束强度 I' 减小。记 $\Delta I = I - I'$,实验表明

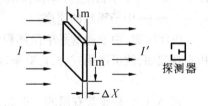

图 5－1 平行中子束穿过薄靶后的衰减

$$\Delta I = \sigma N I \Delta X \tag{5.1.1}$$

式中的 σ 是比例系数,称为"微观截面"。

微观截面 σ 是中子与单个靶核发生相互作用概率大小的一种度量,它的量纲是面积。通常采用"靶"作为微观截面的单位,1 靶 $= 10^{-24}$ cm^2。

为了区分各种不同的核反应,要给微观截面 σ 带上不同的下标。通常用下标 $s, e, in, f,$ r, a, t 分别表示散射、弹性散射、非弹性散射、裂变俘获、非裂变俘获、吸收和总的作用截面。

(2)宏观截面

工程实践上要处理的是中子与大量原子核发生反应的问题,所以又引入一个新的物理量:宏观截面,符号为 Σ。宏观截面的定义是

$$\Sigma = N\sigma \tag{5.1.2}$$

核密度 N 的常用单位是 $1/cm^3$。N 可用式(5.1.3)计算,即

$$N = \frac{\rho}{A}N_0 \tag{5.1.3}$$

式中 ρ——物质的密度(g/cm^3);

A——该物质的原子质量数;

N_0——阿伏加德罗常数。

从宏观截面的定义可知,它是中子与单位体积中所有原子核发生相互作用的概率的一种度量。从定义可知,宏观截面的量纲是长度的倒数,常用 $1/cm$ 为单位。举例说,某种材料的宏观吸收截面 $\Sigma_a = 0.25/cm$,那么中子在其中穿过 1 cm,被该材料的原子核吸收的机会就是 0.25。

(3)中子通量与核反应率密度

核反应率密度是单位时间内在单位体积中发生的核反应的次数。核反应率密度一般用 R 表示。为了导出 R 的表达式,定义另一个重要的物理量:中子通量 Φ(有的教科书又称中子通量密度或中子注量率)。

$$\Phi = nv \tag{5.1.4}$$

式中 n——中子密度,即单位体积中的中子数目;

v——中子飞行的速度。

由此可见,中子通量是单位体积中所有中子在单位时间内飞行的总路程。利用中子通量和宏观截面,就可以用式(5.1.5)来计算核反应率密度

$$R = \Phi\Sigma \tag{5.1.5}$$

式(5.1.5)是非常有用的。例如,已经知道了堆芯中核燃料的浓度和分布,就可以算出堆芯的宏观裂变截面 Σ_f;如果还知道了堆芯的中子通量 Φ,就可利用式(5.1.5)计算出每秒钟在每立方厘米堆芯体积内发生多少次裂变反应,进而可以算出堆芯的发热强度等。总之,这个公式使我们可以从宏观上了解核反应的强度。

4.截面随中子能量变化的规律

核截面的数值决定于入射中子的能量和靶核的性质。对许多核素,考察其反应截面随入射中子能量 E 变化的特性,可以发现大体上存在三个区域。首先是低能区(一般指 $E < 1$ eV),在该能区吸收截面 σ_a 随中子能量的减小而逐渐增大,大致与中子的速度成反比,故这个区域

亦称为吸收截面的 $1/v$ 区。接着是中能区($1\ \text{eV} < E < 1 \times 10^3\ \text{eV}$),在此能区内许多重元素核的截面出现了许多峰值,这些峰一般称为共振峰。在 $E > 10\ \text{keV}$ 以后的区域,称为快中子区,那里的截面一般都很小,通常小于 10 靶,而且截面随能量的变化也趋于平滑。

铀 – 235、钚 – 239 和铀 – 233 等易裂变核的裂变截面 σ_f 随中子能量的变化呈现相同的规律。在低能区其裂变截面随中子能量减小而增大,且 σ_f 值很大。例如当中子能量 $E = 0.0253\ \text{eV}$ 时,铀 – 235 的 $\sigma_f \approx 583$ 靶,钚 – 239 的 $\sigma_f = 744$ 靶。因此,在热中子反应堆内的核裂变反应基本上都是发生在低能区。对中能区的中子,铀 – 235 核的裂变截面出现共振峰,共振能量延伸至千电子伏。在千电子伏至几兆电子伏的能区内,裂变截面降低到只有几靶。铀 – 235 核在上述三个能区的裂变截面曲线见图 5 – 2,图上也显示了铀 – 235 在中能区上的一系列峰值。

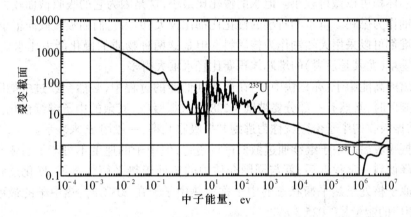

图 5 – 2　铀 – 235 核在三个能区的裂变截面曲线

3. 中子的慢化

从上面介绍的核燃料微观裂变截面 σ_f 随中子能量变化的规律可知,低能中子引发燃料核裂变的"能力"大大高于高能中子,就是说,建造一个用低能中子引发裂变的核反应堆,要比建造用高能中子引发核裂变的反应堆容易得多。然而,核燃料原子核裂变时放出的都是高能中子,其平均能量达到 2 MeV,最大能量可达 10 MeV。要建造低能中子引发裂变的反应堆,就一定要设法让中子的能量降下来。这可以通过向堆中放置慢化剂、让中子与慢化剂核发生散射反应来实现。

经验告诉我们,一个运动着的小球如果和一个质量比它大得多的物体碰撞,碰撞后小球的能量不会有太多的损失;如果小球与质量较小的物体碰撞,自身的能量损失就很显著。中子与氢核碰撞时,有可能碰一次就损失全部能量;而中子与铀 – 238 发生一次碰撞,可损失的最大能量约为碰撞前能量的 2%。可见,必须采用轻元素作为慢化剂。核反应堆中常用的慢化剂有水(氢)、重水(氘)和石墨(碳)等。在核反应堆物理中,常用"慢化能力"和"慢化比"这两个量来衡量慢化剂的优劣。

慢化能力是慢化剂的宏观散射截面 Σ_s 与每次散射碰撞后中子损失的能量 ξ 的乘积。Σ_s 越大,说明中子与慢化剂发生散射的机会越多;ξ 越大,则说明每次散射时中子损失的能量越多。两者相乘,反映了慢化剂慢化中子的能力。然而,仅用慢化能力还不能全面反映一种材料是否适合作为慢化剂,或是否具有优良的慢化性能。我们知道,任何一种核,除能散射中子外,也会吸收中子。如果其吸收截面 Σ_a 过大,会引起堆内中子的过多损失而不适合作为慢化剂。鉴于此,另外定义一个量 $\xi \cdot \Sigma_s / \Sigma_a$,称为慢化比。

显然,这个物理量比较全面地反映了慢化剂的优劣。好的慢化剂不仅应该具有较大的慢化能力,还应该具有大的慢化比。在几种常用慢化剂中,水的慢化能力最强,故用水作为慢化剂的反应堆芯体积可以做得较小。但水的慢化比最小,这是因为它的吸收截面较大,所以水堆必须用浓缩铀作为燃料。重水和石墨的慢化比都比较大,因为它们的吸收截面很小。因此,重水堆和石墨堆都可以采用天然铀作为核燃料。但是这两种物质的慢化能力比水要小得多,故重水堆和石墨堆(尤其是后者)的堆芯体积要比轻水堆大得多。

裂变放出的高能中子(亦称快中子)在慢化到低能的过程中,必然会经过中能阶段。中子慢化到这一能区时,必然有一部分要被铀 – 238 核共振吸收,其余的中子继续慢化。在慢化过程中,逃脱共振吸收的中子份额就称为逃跑共振吸收几率,一般用 P 来表示。

逃脱共振吸收后的中子继续通过散射进行慢化,但中子的速度不可能最后慢化到零。当中子的速度降低到一定程度后,就与周围介质中的核处于热平衡状态了,慢化过程也就结束了。与介质原子核处于热平衡状态的中子称为热中子。在 20 ℃时,热中子的最可几速度是 2 200 m/s,相应的能量是0.025 3 eV。

裂变中子慢化为热中子,需经历与慢化剂核的多次碰撞。假设将能量为 2 MeV 的中子慢化到 1 eV,那么中子必须与水中的氢原子核平均碰撞 18 次。慢化所需的时间称为慢化时间。对于水,慢化时间约为 6×10^{-6} s。裂变中子慢化为热中子后,还会继续在介质中进行扩散,直至被吸收。热中子从产生到被吸收之前所经历的平均时间称为扩散时间。在常见的慢化剂中,热中子的扩散时间一般在 $10^{-4} \sim 10^{-2}$ s,扩散过程要比慢化过程慢得多。快中子的慢化时间和热中子的扩散时间越长,则中子在介质中慢化和扩散时越容易泄漏出去。

4.核反应堆临界条件

自续链式裂变反应是核反应堆的物理基础。当一个燃料核俘获一个中子产生裂变后,平均可放出 2.5 个中子,即第二代中子数目要比第一代多。粗粗看来链式反应自续下去似乎是不成问题的,但实际情况并非如此。下面以热中子核反应堆为例加以讨论。热堆的堆芯是由核燃料、慢化剂、冷却剂及各种结构材料组成的,因此堆芯中的中子不可避免地要有一部分被非裂变材料吸收。此外,还有一部分中子要从堆芯中泄漏出去。即使是被裂变材料吸收的中子也只有一部分能引发裂变、产生下一代中子,其余的引发俘获反应,不产生中子。所以下一代中子数不一定比上一代多,必须具体进行分析。

核反应堆内链式反应自续进行的条件可以方便地用有效增殖系数 K 来表示。它的定义是：

$$K = \frac{系统内中子的产生率}{系统内中子的消失率}$$

系统内中子的消失率 = 系统内中子的吸收率 + 系统内中子的泄漏率

只要知道了系统的宏观截面和中子通量，上式中的产生率、吸收率等，都可以很容易地计算出来。

若堆芯的有效增殖系数恰好 $K = 1$，则堆芯内中子的产生率恰好等于中子的消失率。这样在堆芯内进行的链式裂变反应将以恒定的速率不断进行下去，也就是说，链式反应过程处于稳定状态。这时反应堆的状态称为临界状态。若有效增殖系数 $K < 1$，则堆芯内中子数目将随时间而不断减少，链式反应不能自己延续下去。此时反应堆的状态称为次临界状态。若有效增值系数 $K > 1$，则堆芯内的中子数目将随时间而不断地增加，称这种状态为超临界状态。根据上述讨论，立即可以得出反应堆能维持自续链式裂变反应的临界条件是

$$K = 1 \tag{5.1.6}$$

即核反应堆处于临界状态。这时核反应堆芯部的大小称为临界尺寸（或临界体积），在临界情况下反应堆所装载的核燃料量叫做临界质量。显然，有效增殖系数 K 与堆芯系统的材料成分和结构（例如易裂变核素的富集度、燃料 – 慢化剂的比例等）有关，同时，也与堆的尺寸和形状有关。

中子循环就是指裂变中子经过慢化成为热中子、热中子击中燃料核引发裂变又放出裂变中子这一不断循环的过程。它包括了若干个环节。首先是快中子倍增过程，部分裂变中子由于能量较高（高于铀 – 238 的裂变阈能）可引起一些铀 – 238 核裂变；快中子在慢化过程中，要经过共振能区，必然有一部分中子被共振吸收而损失掉；逃脱了共振吸收的中子被慢化成热中子，热中子在扩散过程中被堆芯的各种材料吸收，被慢化剂、冷却剂和结构材料等物质吸收造成热中子损失；部分被核燃料吸收的热中子很可能要发生裂变，但也有较小的可能不发生裂变。上述讨论中尚未考虑中子泄漏的影响。实际上，在快中子慢化和热中子扩散过程中，都有一部分中子会泄漏出堆外。

5. 核燃料的消耗、转化与增殖

达到临界的反应堆可以实现自续链式反应，不断地释放出裂变能。这一过程也是核燃料的消耗过程。然而，由于堆内存在大量中子和铀 – 238 原子核，通过铀 – 238 对中子的俘获，新燃料钚 – 239 原子核将被生产出来。如果反应堆中新生产出来的燃料的量超过了它所消耗的核燃料，那么这种反应堆就称为增殖堆。显然，利用增殖堆就可以源源不断地把本来不适合作为核燃料的铀 – 238 转化为核燃料，实现对铀资源的充分利用。下面我们简单讨论一下核反应堆内核燃料的消耗速率和燃烧深度问题、核燃料转化过程中的转化比问题以及在什么条件下可以实现核燃料的增殖。

产生核能需要消耗核燃料。一个铀－235核裂变可以释放出 200 MeV 的能量,相当于 3.2 × 10^{-11} J。因此 1 MW 的功率相当于每秒钟有 3.12×10^{16} 个铀－235核裂变,每日有 2.70×10^{21} 个铀－235核裂变,相当于 1.05 g 铀－235。这就是说反应堆每发出 1 兆瓦日的能量需要 1.05 g铀－235裂变。考虑到在裂变的同时必然有一部分铀－235由于发生 (n,γ) 反应而浪费掉(对铀－235,其 $\sigma_f = 583$ 靶, $\sigma_r = 101$ 靶),因此发出 1 兆瓦日的能量实际上要消耗的铀－235 为

$$1.05 \times (\sigma_f + \sigma_r)/\sigma_f = 1.05 \times (583 + 101)/583 \approx 1.23 \text{ g}$$

记住这个数据是非常有用的,可以使我们能很快地估算出核反应堆需消耗燃料的数量。例如,清华大学 5 MW 低温核供热堆,如果满功率供热一天,消耗铀－235仅为 6 g。电功率 30 万千瓦的秦山核电厂,每天消耗的铀－235大约是 1.1 kg。如果考虑在运行过程中产生的钚也能为产生能量做出部分贡献,那么铀－235的消耗量还会更小一点。

堆中的核燃料能否全部燃烧完呢? 是不能的。有两个因素影响着核燃料的燃耗深度。首先,随着可裂变核的消耗,反应堆的有效增殖系数 K 会不断下降。当 K 降到 1 以下时,堆就不能达到临界了,当然也不能再燃烧了。第二,反应堆运行时,燃料元件处于高温、高压、强中子辐照条件下,元件包壳会受到一定损伤。为防止包壳破损导致的放射性进入冷却剂,燃料元件在堆中放置的时间是受到严格控制的。由于上述两个因素的影响,在元件中虽然尚剩有不少铀－235(以及运行中生成的钚－239)时,也不得不换了。反应堆中核燃料燃烧的充分程度常采用燃耗深度这一物理量来衡量。在动力堆中,它被定义为堆芯中每吨铀放出的能量,其单位是兆瓦日/吨铀。需注意的是,这里指的铀包括铀－235 和铀－238,并非只是铀－235。

目前的商用、军用动力堆都是采用铀－235作为核燃料的。天然铀中大量存在的铀－238并不能作为核燃料来使用,因为热中子不能使其裂变。快中子虽然能引起铀－238核裂变,但裂变截面太小。幸好,铀－238俘获中子后可以变成易裂变同位素钚－239。反应堆内的强中子场为铀－238转换成核燃料提供了良好条件。为了描述各类反应堆在核燃料转换方面的能力,引入一个称为转化比的量,记为 CR,其定义是

$$CR = \frac{易裂变核的平均生成率}{易裂变核的平均消耗率}$$

大多数现代轻水堆的转化比 $CR \approx 0.6$,高温气冷堆具有较高的转化比,其 $CR \approx 0.8$,因此有时被称为先进转化堆。对于轻水堆,由于可实现核燃料的转化,最终被利用的易裂变核约为原来的 2.5 倍。天然铀中仅含有约 0.7% 的铀－235,如果仅采用轻水堆,则最多只能利用 0.7% × 2.5 = 1.75% 的铀资源。若 CR = 1,则每消耗一个易裂变核,便可以产生出一个新的易裂变核。此时,可转换材料(铀－238 等)可以在反应堆内不断转换为易裂变材料,达到自给自足,无需给核反应堆供应新的易裂变材料了。当然,最吸引人的是 CR > 1 的情况。这时候反应堆内产生的易裂变核比消耗掉的还要多,除了自给自足,还可以拿出一些易裂变材料供应其他的核反应堆使用。能使 CR > 1 的反应堆称为增殖堆,CR 也被记为 BR,称为增殖比。毫无

疑问,只有发展增殖堆才能充分地利用大自然赐给人类的宝贵的铀和钍资源。

以钚－239作为燃料的快中子反应堆具有非常优良的增殖性能,其增殖比可以达到1.2。世界上许多国家都在进行快中子增殖堆的研究开发。当前的主流堆型是采用液态金属钠作为冷却剂的钠冷快堆。法国在快堆技术上处于世界领先地位。

至此,已经将反应堆物理中的一些基本概念和基本规律作了简要介绍。利用这些知识,可以定性理解核能工程中的许多具体做法的内在理由,也可以对许多问题进行初步的分析。

5.1.2 核反应堆类型

核电站是利用原子核裂变过程中释放核能进行发电的装置。为了更好地了解核反应堆,我们可以从不同的角度对核反应堆进行分类,即划分为多种不同的堆型。

1.按照功能分类

按照功能或用途,可以将核反应堆划分为实验研究堆、生产堆、动力堆、供热堆等。实验研究堆用于各种不同目的的实验研究,比如材料的屏蔽试验、生物辐照实验、材料改性试验、设备辐照考验等;生产堆用于钚－239等核裂变材料的生产和各种不同用途同位素的生产;动力堆包括军用动力堆和民用动力堆两方面。核动力航空母舰、核潜艇、核动力巡洋舰等都可归为军用动力堆的范畴,而核电站、民用核动力船、航天核动力推进装置、核动力水下潜器和水下工作站等则可归为民用动力堆;供热堆则用于不同目的的供热,如建筑群供暖、石油热采等。与此相类似,还有用核能进行海水淡化、大规模制冷、制氢、煤的液化或气化、高温工艺供热等的各种堆,可分别称为海水淡化堆、制氢堆等等。

2.按照中子能谱分类

按照激发核燃料裂变的中子能量高低,可将核反应堆分为快中子堆、中能中子堆和热中子堆。快中子堆中,裂变主要是由能量在 $1 \sim 100$ KeV 范围内的高能中子引起的,因此堆内不能存有慢化剂材料。世界各发达国家对这种堆型都给予了极大的关注。在中能中子堆中存有一定数量的慢化剂,裂变主要是由中能中子引起的。在快中子堆或中能中子堆中,堆内都必须使用加浓的核燃料。热中子堆中裂变主要是由 1 eV 以下的低能中子引起的,因此堆内必须有足够的慢化剂。天然铀、稍加浓铀燃料、铀－233、钚－239都可作为热中子堆的核燃料,热中子堆比较容易做到燃料的比功率高、初投料少,世界上已建的堆绝大多数属于这种类型。在快中子堆中,钚－239的核性能相对来说最好;在热中子堆中,铀－233具有特别好的核性能,只有用铀－233的热中子堆作为核燃料才能实现增值。

3.按照慢化剂分类

慢化剂对热中子堆的物理性能有显著影响,特别是对核反应堆的功率密度有显著影响。所以常常按照慢化剂来进行反应堆的分类,如轻水堆、重水堆、石墨慢化反应堆等。

世界上第一批反应堆都是石墨慢化的反应堆,高强度、高密度、耐辐照、耐高温的石墨一直沿用到今天,依然在高温气冷堆中扮演着不可替代的角色。

重水是所有慢化剂中中子吸收最弱的材料,但它的慢化能力却很好,因此可以用天然铀作为核燃料。一度限制重水堆发展的重要原因是价格因素。

现在大量建造的压水堆、沸水堆,都是用轻水作为慢化剂,水中所含的氢的原子核是慢化能力最强的原子核,用水作为慢化剂的反应堆功率密度很高,特别适用于核动力舰船。但是水作为慢化剂的反应堆也有一些局限:①为了提高反应堆的热效率,要求冷却剂(也就是慢化剂)运行在高温条件下,因为一定压力下水温达到饱和温度以后就要开始沸腾,所以要提高冷却剂温度就必须提高堆芯的压力;②水慢化剂本身具有较强的热中子吸收。此外为克服高温水的腐蚀性常选不锈钢这类强吸收热中子的结构材料,导致水堆必须采用加浓铀,且转化比只有0.6左右;③水在中子照射下会产生放射性,提高了对堆屏蔽防护的要求。

4.按照冷却剂分类

核反应堆的热工水力学性质主要取决于选用的冷却剂,所以从研究核反应堆热工水力学的角度常常按照冷却剂来划分核反应堆的类型。气冷核反应堆包括 CO_2 冷却和 He 气冷却;轻水冷核反应堆主要包括压水堆和沸水堆;还有重水冷却的重水核反应堆;液态金属冷却的核反应堆主要有钠冷堆、铋冷堆、锂冷却反应堆、铅铋合金冷却反应堆等。

5.按照核燃料分类

通常按照核燃料的种类把核反应堆分成天然铀燃料核反应堆、稍加浓铀核反应堆、加浓铀燃料核反应堆几种类型。采用钚-239和铀-233燃料时相当于加浓铀燃料。

核反应堆的上述分类都不是绝对的,而是为了满足某种需要从一个特定角度加以区分的结果。例如我们可以按照核反应堆的运行参数,划分出高压堆、中压堆、低压堆,高温堆、低温堆;也可以按照核反应堆的结构形式划分出压力壳式堆或压力管式堆,划分出立式或卧式等;还可以按照核燃料的形态划分出固体燃料堆、流态燃料堆和半流态燃料堆等。不管从怎样的角度划分,都是为了帮助我们从不同侧面了解各种类型核反应堆而已。

对于不同类型的核反应堆,相应的核电站的系统和设备有较大的差别。

为了便于说明,本章将以压水反应堆核电站为主要结合点,介绍该种核电站的燃料元件和组件、核反应堆堆芯及控制棒束、慢化剂和冷却剂、堆内冷却剂流程、主要堆参数、一回路系统与设备、二回路系统及设备、核能传输的机理、安全壳、核岛与常规岛、该种堆型核电站的主要特点等。对于其他类型反应堆核电站,特别是应用比较广泛的沸水堆核电站和重水堆核电站,或具有良好发展前景的高温气冷堆核电站和钠冷快中子堆核电站四种堆型核电站,本章也将就核电站的系统、设备及工作原理,特别是该种堆型核电站与其他堆型核电站的不同特点,做必要的介绍和评价。

5.2　压水堆核电站

压水堆核电站采用以稍加浓铀作为核燃料、加压轻水作为慢化剂和冷却剂的热中子核反应堆堆型,这里我们简称为压水堆。

压水堆的核燃料是高温烧结的圆柱形二氧化铀陶瓷燃块,直径约 8 mm,高 13 mm,称之为燃料芯块。燃料芯块中铀 – 235 的富集度约 3%,一个一个地重叠着放在外径约 9.5 mm,厚约 0.57 mm 的锆 – 4 合金管内。这种锆合金管称为燃料元件包壳。锆管两端有端塞,燃料芯块完全封闭在锆合金管内,构成高度为 3 m 多细而长的燃料元件(见图 5 – 3)。密封的燃料元件包壳构成了包容放射性物质的第一道安全屏障。这些燃料元件用定位格架定位,组成所谓的燃料组件(见图 5 – 4)。一般是将燃料元件排列成 17 × 17 的组件,其正方形横截面边长约 20 cm。加上端部构件,整个燃料组件长约 4 m。燃料组件外面不加装方形盒,即所谓开式栅格,以利于冷却剂的横向流动。将一百多个燃料组件(总共包括四万多根三米多长、比铅笔略粗的燃料元件)组装在一起,构成所谓的压水堆堆芯。图 5 – 5 是典型压水堆堆芯结构原理图。每一个燃料组件包括两百多根燃料元件,中间有些位置空出来是为了放置控制棒。控制棒的上部连成一体成为蜘蛛爪式的控制棒束。每一个控制棒束都可以在相应的燃料组件内上下运动。控制棒束在堆内布置得很分散,以便在堆内造成平坦的中子通量分布。

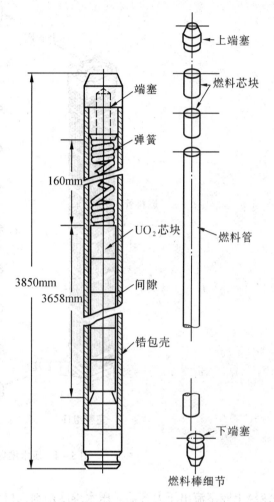

图 5 – 3 压水堆燃料元件棒

由燃料组件组装成的堆芯放在一个很大的压力容器内,图 5 – 6 为压力容器的结构布置图。压水堆中最关键的设备之一是压力容器,它是不可更换的。一座 90 或 130 万千瓦的压水堆,压力容器直径分别为 3.99 m 和 4.39 m,壁厚 0.2 m 和 0.22 m。重 330 t 和 418 t,高 13 m 以上。这么巨大的压力容器,它的加工和运输都是一个需要认真对待的问题。

控制棒束由上部插入堆芯,在压力容器顶部有控制棒束的驱动机构。

作为慢化剂和冷却剂的核纯轻水,由压力容器侧面进来后,经过吊篮和压力容器之间的环形下降段,再从底部下腔室进入堆芯。冷却水通过堆芯后,温度升高,密度降低,再从堆芯上部

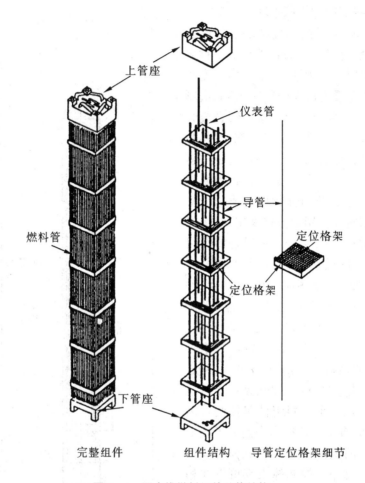

图 5 - 4　压水堆燃料组件总体结构

流经上腔室流出压力容器。压水堆冷却剂入口水温一般在 300 ℃左右,出口水温 330 ℃左右,堆内压力为15.5 MPa。一座 100 万千瓦电功率的压水堆,堆芯冷却剂流量约 6 万吨/小时。

　　这些高温的堆芯冷却水从压力容器上部离开反应堆后,经过冷却剂回路热管段,进入蒸汽发生器。冷却剂从蒸汽发生器的 U 型传热管管内的一次侧工质流过后,将热量传递给蒸汽发生器传热管外流动的二次侧工质。此后冷却剂流出蒸汽发生器,经过冷却剂回路中间管段流到冷却剂回路主循环泵(简称主泵),经主泵升压后,流经冷却剂回路冷管段又回到反应堆,形成封闭的冷却剂在其内往返循环的冷却剂回路系统(也称一回路系统)。图5 - 7和图 5 - 8 分别给出了压水堆核电站回路系统原理图和冷却剂回路及设备空间分布图。一座 90 或 130 万千瓦的压水堆,一回路有三或四条并列的环路。

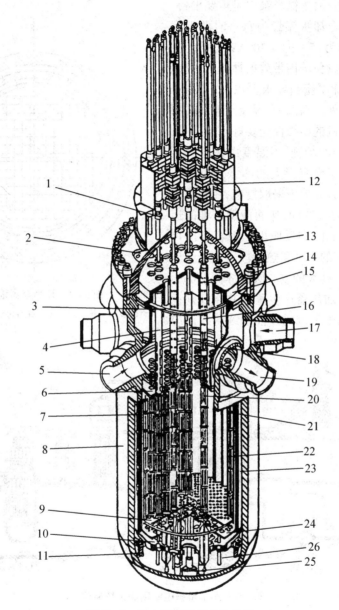

图 5-5 压水反应堆堆芯结构图

1—温度测量引出口;2—顶盖吊耳;3—压紧弹簧;4—支持筒;5—进口管;6—堆芯上栅板;7—辐照监督管;8—压力壳筒体;9—堆芯下栅板;10—吊篮底板;11—吊篮定位块;12—控制棒驱动机构;13—压力壳顶盖 14—压力壳主螺栓;15—压紧组件顶板;16—控制棒导向筒;17—进口管;18—控制棒组件;19—出口管;20—燃料组件;21—堆芯幅板;22—堆芯围板;23—热屏蔽;24—流量分配板;25—防断支承;26—中子通量测量管

除了压力容器外,主循环泵也是重要设备。每台主循环泵的冷却水流量为每小时两万多吨,泵的电机功率为 $(5\sim9)\times10^3$ kW。泵的关键是保持轴密封,以免堆内带放射性的水外漏。核电站的循环泵除了密封要求严以外,还由于泵放在安全壳内,处于高温、高湿及 γ 射线辐射的环境下,要求电机的绝缘性能要好。

核反应堆里的冷却剂,当温度由室温升到 300 ℃以上时,体积会有很大的膨胀。由于体积膨胀及其他原因,如果不采取措施,在密闭回路内冷却剂的压力会波动,从而使反应堆的运行工况不稳定。因此,在反应堆压力容器出口和蒸汽发生器之间的一回路热管段安装有稳压器。稳压器是一个高大的空心圆柱体。下部为水,通过沁泡的电加热器产生蒸汽并浮升到稳压器上部空间,利用蒸汽的弹性来维持核反应

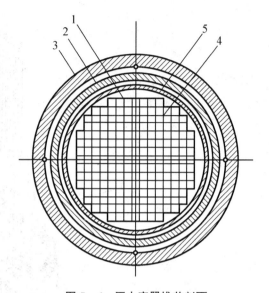

图 5-6　压力容器堆芯剖面

1—围板;2—热屏;3—压力容器;4—燃料组件;5—吊篮

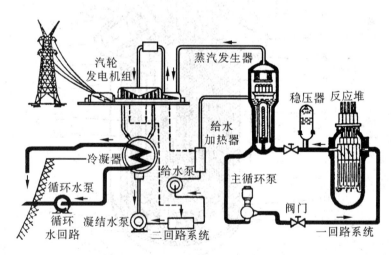

图 5-7　压水堆核电站回路系统原理图

堆内冷却剂的稳定压力。若一回路有一条以上并列的环路时,只要在一条热管段上安装一台稳压器就可以满足稳定堆内压力的需要。

包括压力容器、蒸汽发生器、主循环泵、稳压器及相关管路的整个冷却剂系统,都有其特定的压力边界,称为一回路压力边界。该压力边界构成了包容放射性物质的第二道安全屏障。

一回路系统和设备都被安置在如图5－9的安全壳内,称之为核岛。

安全壳的直径可达 40 m, 高达 60～70 m。它是一个既承受内压又承受外压的坚固建筑物。承受内压以防事故情况下安全壳内超压造成安全壳的破坏,承受外压以防安全壳外各种可能的冲击。除此之外,安全壳还要求有相当高的密封性能,以防止安全壳内放射性物质向周围环境的可能的泄漏。所以安全壳构成了包容放射性物质的第三道安全屏障。

蒸汽发生器内有很多传热管(见图5－10),传热管内流动的是温度较高的堆芯冷却剂,称为一次侧;而传热管外流动的是温度相对较低的水和汽,称为二次侧。一回

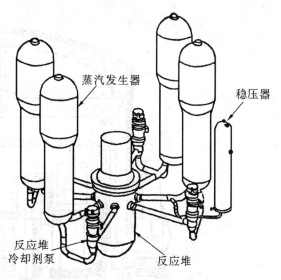

图 5－8 冷却剂回路及设备布置图

路的堆芯冷却剂流过蒸汽发生器传热管内时,将携带的热量尽可能多地传递给二回路里的水,从而使二回路水变成280 ℃左右的、6～7 MPa 的高温蒸汽。所以在蒸汽发生器里,一回路堆芯冷却剂与二回路的水在互不接触的情况下,通过管壁发生了热交换。蒸汽发生器是分隔并连结一、二回路的关键设备。从蒸汽发生器出来的高温蒸汽,通过高压汽轮机后,一部分变成了水滴。经过汽、水分离器将水滴分离出来后,剩余的蒸汽又进入低压汽轮机继续膨胀,推动叶轮转动。从低压汽轮机出来的蒸汽的压力已很低,无法再加以利用。于是在冷凝器里,让这些低压蒸汽变成水。冷凝水经过预热后,又回到蒸汽发生器吸收一回路冷却剂的热量,变成高温蒸汽,继续循环。整个二回路的水就是在由蒸汽发生器,高压、低压汽轮机,冷凝器和预热器组成的密封系统内来回往复流动,不断重复由水变成高温蒸汽,蒸汽冷凝成水,水又变成高温蒸汽的过程。在这个过程中,二回路的水从蒸汽发生器获得能量,将一部分能量传给汽轮机,带动发电机发电,余下的大部分不能利用的能量传给冷凝器。

为冷却冷凝器所用的水在三回路中循环。冷凝器实质上是二回路与三回路之间的热交换器。三回路是一个开式回路,利用它将汽轮机排出的低品质乏汽的难以利用的余热带入江河湖海。在冷凝器里,三回路的水与二回路的水也是互不接触,只是通过冷凝器的管壁传递热量。三回路的用水量是很大的。一座 100 万千瓦的压水堆核电站,三回路每小时要四十多万吨冷却水。三回路的水与一、二回路的冷却水一样,也需要加以净化,不过净化的要求没有一、二回路那么高。

从 1981 年第一代杨基商用压水堆核电站诞生以来,压水堆核电站的发展和它的燃料元件一样,都经历了几代的改进。压水堆核电站的单堆电功率,已由 18.5 万千瓦增加到 130 万千

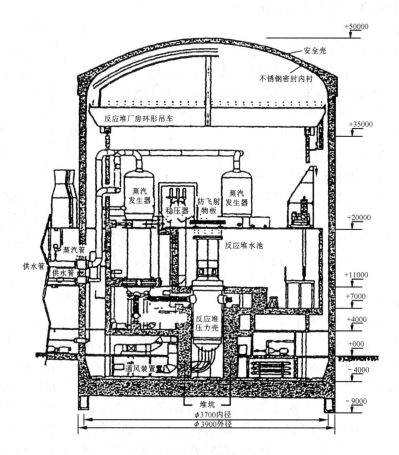

图 5-9　压水堆安全壳

瓦,热能利用效率由28%提高到34%,堆芯功率密度由 50 kW/L 提高到约 100 kW/L,燃料元件的燃耗也加深了三倍。为减少基建投资和降低发电成本,目前一座核反应堆只配一台汽轮机。所以随着反应堆功率的增大,汽轮机也越造越大。130 万千瓦核电站的汽轮机长达 40 m,配上发电机,整个汽轮发电机组长达56 m。

压水堆初次装料后,大约经过一两年就要进行一次更换燃料组件的操作,我们称之为首次换料。这以后,每年换料一次。每次换料只需装卸三分之一的燃料组件。卸出的燃料组件,放在反应堆旁边的贮存水池内。早期的压水堆换料停堆四个月,现在换一次料最短可以两个星期内完成。这就要求压力容器的顶盖、控制棒驱动机构,以及堆内屏蔽层组成为一个整体,顶盖可以一下子打开,而不能像以前那样一个一个地松开顶盖上的巨大的螺栓。而且换料操作需要采用快速换料机构。换料时间的缩短,有利于核电站更好地为电力用户服务,缩短停电时

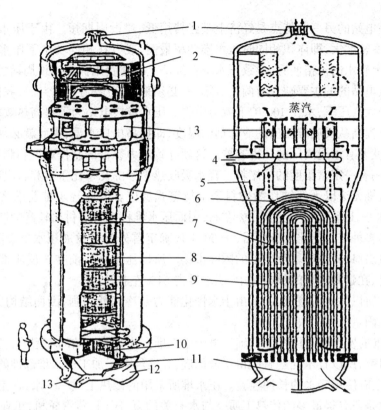

图 5-10　蒸汽发生器

1—蒸汽出口管嘴；2—蒸汽干燥器；3—旋叶式汽、水分离器；4—给水管嘴；5—水流；
6—防振条；7—管束支撑板；8—管束围板；9—管束；10—隔饭；12—主冷却剂出口；
13—主冷却剂入口

间,提高利用效率。

　　从上述对压水堆核电站的简要介绍中,可以看到,正是轻水的特性决定了压水堆核电站技术上、经济上和安全上的主要特点,决定了它的优势和劣势。由此我们可以理解压水堆核电站的发展历史和造成目前现状的原因。

　　压水堆核电站最显著的特点是:结构紧凑,堆芯的功率密度大。我们知道,中子与氢原子核质量相当,每次碰撞时,中子损失的能量最多。轻水分子是由两个氢原子和一个氧原子组成的。和气体相比,水的密度很大,含氢量很高。在各种慢化剂中,水的慢化能力最强。水不仅是良好的慢化剂,也是良好的冷却剂。它比热大,导热系数高,在堆内不易活化,不容易腐蚀不锈钢、锆等结构材料。由于水的慢化能力及载热能力都好,所以用水作为慢化剂和冷却剂。用轻水作为慢化剂和冷却剂的压水堆最显著的特点是结构紧凑,堆芯的功率密度大。这是压水堆的主要优点。

　　压水堆核电站的另一个特点是经济上基建费用低、建设周期短。由于压水堆核电站结构紧凑,堆芯功率密度大,即体积相同时压水堆功率最高,或者在相同功率下压水堆比其他堆型的体积小,加上轻水的价格便宜,导致压水堆在经济上基建费用低和建设周期短。

　　压水堆核电站的主要缺点有两个。第一,必须采用高压的压力容器。我们知道,水的沸点低。在一个大气压下,水在100℃下就会沸腾。压水堆核电站为了提高热效率,就必须在不沸腾的前提下提高从反应堆流出的冷却剂的温度,即提高出口水温,为此就必须提高压力。为了提高压力,就要承受高压的压力容器。这就导致压力容器的制作难度和制作费用的提高。第二,必须采用有一定富集度的核燃料。轻水吸收热中子的几率比重水和石墨都大,所以轻水慢化的核反应堆无法以天然铀作为燃料来维持链式反应。因此轻水堆要求将天然铀浓缩到18亿年前的水平,即富集度要达到3%左右,因而压水堆核电站要付出较高的燃料费用。

　　美国通过多种堆型的比较分析后,于50年代确定首先重点发展压水堆。除国内建造外,还向国外大量出口,曾垄断了反应堆的国际市场。所以压水堆目前在核反应堆中仍占据统治地位。在已建、在建和将建的核电站中,压水堆占64%左右。

　　压水堆之所以发展得最快,除了由于水慢化能力及冷却能力强,因而结构紧凑外,还有下列历史上的原因。

　　(1)压水堆的发展有军用堆的基础。由于压水堆在作为核电站的堆型前,已经作为军用堆进行了大量研究,所以技术问题解决得比较彻底,并已经有了加工压水堆部件的工业基础。

　　(2)工业上有使用轻水的长期经验。压水堆所采用的传热工质——水,在工业上已经使用了几百年。水是研究得最多的传热工质。与水有关的泵、阀门、蒸汽轮机,工业上已有成熟的经验。有了火电站的基础,发展压水堆核电站回路系统和发电设备就比较容易了。

　　(3)核工业的发展,为压水堆所需要的浓缩铀准备了条件。浓缩铀和生产堆一样,是生产原子弹装料的重要手段。由于核武器生产国的浓缩铀生产能力过剩,为了给剩余的浓缩铀生产能力找到出路,便大力发展民用核动力,特别是压水堆核电站。

　　(4)压水堆技术上已成熟。压水堆转入民用以后,又进行了大量研究。压水堆核电站的大量建造,又进一步降低了成本,并在推广中使技术不断完善。现在,没有一种堆型,像压水堆这样投入过大量的人力和经费,进行过广泛细致的研究和开发。也没有哪一种堆型,有压水堆这样丰富的制造和运行经验,以及与压水堆相适应的完整的核动力工业体系。由于这个原因,虽然后来发展的一些堆型有不少压水堆无法比拟的优点,在技术上也很有发展前途,但要达到压水堆这样完善的程度,还需要投入一笔巨大的科研费用。

　　正是上述多种因素的共同影响,造成当前压水堆核电站仍占有独特的统治地位的局面,而且这种状况还要维持几十年。

　　压水堆核电站从50年代问世以后,仅仅经过十多年,到70年代初,就不仅在经济上,而且在环境保护上,超过了已有近百年历史的火电站。压水堆核电站一直是最安全的工业部门之一,压水堆已经成为一种成熟的堆型,一直吸引着越来越多的用户,是核动力市场上最畅销的"商品"。今天,不仅发展核武器的国家,而且一些不发展核武器,煤、石油、水电很丰富的国家,也在纷纷发展核电站。在世界上,已经出现了一种规模巨大的新兴工业——民用核动力工业,它和电子工业一样,其发展速度远远超过煤、钢铁、汽车等传统工业,并将对整个社会的生产和生活面貌带来越来越深刻的影响。到目前为止,压水堆核电站的燃料组件、压力容器、主循环泵、稳压器、蒸汽发生器、汽轮发电机组的设计,正向标准化、系列化的方向发展。压水堆核电站的研究开发工作,主要是为了进一步提高其安全性和经济性。有关各国在这方面都有庞大的研发计划,并开展广泛的国际合作。

5.3 其他重要类型核电站

本节将结合沸水堆核电站、重水堆核电站、高温气冷堆核电站和钠冷快中子堆核电站四种堆型核电站,就其系统、设备及工作原理,特别是该种堆型核电站与其他堆型核电站的不同特点,做必要的介绍和评价。

5.3.1 沸水堆核电站

在对压水堆核电站有了基本了解之后,让我们再关心一下它的孪生姐妹——沸水堆。

在压水堆核电站中,一回路的冷却剂通过堆芯时被加热,随后在蒸汽发生器中将热量传给二回路的水使之沸腾产生蒸汽。那么可不可以让水直接在堆内沸腾产生蒸汽呢?沸水堆正是在核潜艇用压水堆向核电站过渡时,为回答上述问题而衍生出来的。

沸水堆与压水堆同属于轻水堆家族,都使用轻水作为慢化剂和冷却剂,低富集度铀作为燃料,燃料形态均为二氧化铀陶瓷芯块,外包锆合金包壳。

典型的沸水堆堆芯和压力容器的内部结构及其燃料元件棒、燃料组件和控制棒等示于图5-11中。堆芯内共有约800个燃料组件,每个组件为8×8正方排列,其中含有62根燃料元件和2根空的中央捧(水捧)。沸水堆燃料棒束外有组件盒以隔离流道,每一个燃料组件装在一个元件盒内。具有十字形横断面的控制捧安排在每一组四个组件盒的中间。

冷却剂自下而上流经堆芯后大约有14%(重量)被变成蒸汽。为了得到干燥的蒸汽,堆芯上方设置了汽-水分离器和干燥器。由于堆芯上方被它们占据,沸水堆的控制棒只好从堆芯下方插入。

沸水堆的冷却剂循环流程如图5-12所示。其特点是堆芯内具有一个冷却剂再循环系统。流经堆芯的水仅有部分变成水蒸气,其余的水必须再循环。从圆筒区的下端抽出一部分水由再循环泵将其唧送入喷射泵。大多数沸水堆都设置两台再循环泵,每台泵通过一个联箱给10~12台喷射泵提供"驱动流",带动其余的水进行再循环。冷却剂的再循环流量取决于向喷射泵的注水率,后者可由再循环泵的转速来控制。

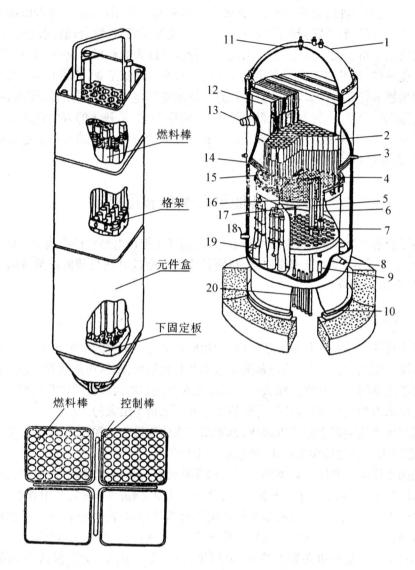

燃料棒

格架

元件盒

下固定板

燃料棒　　控制棒

图 5 - 11　沸水反应堆燃料组件盒、控制棒和堆芯结构图

1—压力壳顶盖;2—汽 - 水分离器;3—给水入口管;4—堆芯上栅板;5—十字型控制棒;6—燃料组件;7—堆芯下栅板;8—再循环水出口管;9—控制棒导向管;10—反应堆支撑结构;11—冷却喷淋管;12—蒸汽干燥器;13—蒸汽出口管;14—给水喷入管;15—堆芯喷淋进口管;16—堆芯喷淋器;17—通量测量管;18—再循环水入口管;19—喷射泵;20—控制棒驱动架

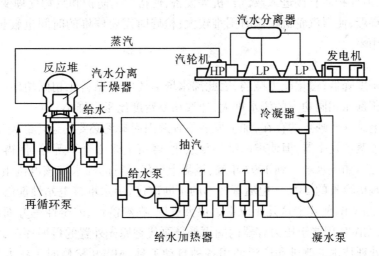

图 5 – 12 沸水堆核电站系统流程图

因为沸水堆与压水堆一样,采用相同的燃料、慢化剂和冷却剂等,注定了沸水堆也有热效率低、转化比低等缺点。但与压水堆核电站相比,沸水堆核电站还有以下几个特点。

(1)直接循环

核反应堆产生的蒸汽被直接引入蒸汽轮机,推动汽轮发电机组发电。这是沸水堆核电站与压水堆核电站的最大区别。沸水堆核电站省去一个回路,因而不再需要昂贵的、压水堆中易出事故的蒸汽发生器和稳压器,减少大量回路设备。

(2)工作压力可以降低

将冷却水在堆芯沸腾直接推动蒸汽轮机的技术方案可以有效降低堆芯工作压力。为了获得与压水堆同样的蒸汽温度,沸水堆堆芯只需加压到约70个大气压,即堆芯工作压力由压水堆的 15 MPa 左右下降到沸水堆的 7 MPa 左右,降低到了压水堆堆芯工作压力的一半。这使系统得到极大地简化,能显著地降低投资。

(3)堆芯出现空泡

与压水堆相比,沸水堆最大的特点是堆内有汽泡,堆芯处于两相流动状态。由于汽泡密度在堆芯内的变化,在它的发展初期,人们认为其运行稳定性可能不如压水堆。但运行经验的积累表明,在任何工况下慢化剂空泡系数均为负值,空泡的负反馈是沸水堆的固有特性。它可以使反应堆运行更稳定,自动展平径向功率分布,具有较好的控制调节性能等。

与压水堆核电站相比,沸水堆核电站的主要缺点如下。

(1)辐射防护和废物处理较复杂

由于沸水堆核电站只有一个回路,反应堆内流出的有一定放射性的冷却剂被直接引入蒸汽轮机,导致放射性物质直接进入蒸汽轮机等设备,使得辐射防护和废物处理变得较复杂。汽轮机需要进行屏蔽,使得汽轮机检修时困难较大;检修时需要停堆的时间也较长,从而影响核电站的设备利用率。

(2)功率密度比压水堆小

水沸腾后密度降低,慢化能力减弱,因此沸水堆需要的核燃料比相同功率的压水堆多,堆芯及压力壳体积都比相同功率的压水堆大,导致功率密度比压水堆小。

沸水堆核电站这些缺点的存在,加上发展不普遍因而缺乏必要的运行经验反馈,比如人们担心虽然取消了蒸汽发生器,但使堆内结构复杂化,经济上未必合算等等,使得在过去几十年中沸水堆的地位不如压水堆。到 1997 年底,世界上已经运行的沸水堆核电机组共有 93 个,仅占世界核电总装机容量的 23%。但随着技术的不断改进,沸水堆核电站性能越来越好。尤其是先进沸水堆(ABWR)的建造这几年取得了很大进展,在经济性、安全性等方面有超过压水堆的趋势。例如,ABWR 用置于压力容器内的再循环泵代替原先外置的再循环泵,大大提高了安全性。由于水处理技术的改进和广泛使用各种自动工具,ABWR 检修时工作人员所受放射性剂量已大幅度降低。所有这一切使人们对沸水堆核电站技术已经刮目相看。日本今后的核电计划都采用沸水堆,我国台湾省拟新建的电站也决定采用沸水堆。

5.3.2 重水堆核电站

重水堆是指用重水(D_2O)作慢化剂的反应堆。

重水堆虽然都用重水作为慢化剂,但在它几十年的发展中,已派生出不少次级的类型。按结构分,重水堆可以分为压力管式和压力壳式。采用压力管式时,冷却剂可以与慢化剂相同也可不同。压力管式重水堆又分为立式和卧式两种。立式时,压力管是垂直的,可采用加压重水、沸腾轻水、气体或有机物冷却;卧式时,压力管水平放置,不宜用沸腾轻水冷却。压力壳式重水堆只有立式,冷却剂与慢化剂相同,可以是加压重水或沸腾重水,燃料元件垂直放置,与压水堆或沸水堆类似。

在这些不同类型的重水堆中,加拿大发展起来的以天然铀为核燃料,重水慢化,加压重水冷却的卧式、压力管式重水堆现在已经成熟。这种堆目前在核电站中所占比例虽然不大,但有一些突出的特点。

重水堆燃料元件的芯块与压水堆类似,是烧结的二氧化铀的短圆柱形陶瓷块,这种芯块也是放在密封的外径约为十几毫米、长约 500 mm 的锆合金包壳管内,构成棒状元件。由 19 到 43 根数目不等的燃料元件棒组成长约 500 mm、外径为 100 mm 左右的燃料棒束组件。图 5 – 13 所示为压力管卧式重水堆的燃料棒束组件结构。反应堆的堆芯是由几百根装有燃料棒束组件的压力管排列而成的。重水堆压力管水平放置,管内有 12 束燃料组件,构成水平方向尺度达 6 m 的活性区。作为冷却剂的重水在压力管内流动以冷却燃料元件。像压水堆一样,为了防止重水过热沸腾,必须使压力管内的重水保持较高的压力。压力管是承受高压重水冲刷的重要部件,是重水堆设计制造的关键设备。作为慢化剂的重水装在庞大的反应堆容器(称为排管容器)内。为了防止热量从冷却剂重水传到慢化剂重水中,在压力管外设置一条同心的管子,称为排管,压力管与外套的排管之间充入气体作为绝热层,以保持压力管内冷却剂的高温,避免热量散失;同时保持慢化剂处于要求的低温低压状态。同心的压力管和排管贯穿于充满重水慢化剂的反应堆排管容器中,排管容器则不承受太大的压力。总长可达 8~9 m 的排管两端有法兰固定,与排管容器的壳体联成一体。图 5-14 为压力管式天然铀重水堆原理图。

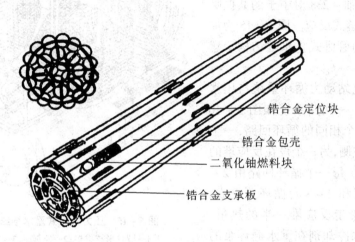

锆合金定位块

锆合金包壳

二氧化铀燃料块

锆合金支承板

图 5-13　压力管卧式重水堆燃料棒束组件结构图

控制棒插入排管容器内的排管之间,在这种低温低压重水慢化剂内,可上下方向或左右方向运动,所以和在高温高压水内运动的压水堆控制棒相比,更加安全可靠。

这种压力管卧式重水堆可以在反应堆运行时,由装卸料机连接压力管的两端密封接头进行不停堆换料。每次换料时,将 8 束新组件从压力管的一端推进去,同时从同一压力管的另一端将辐照过的燃料组件推出。

加拿大设计建造的 CANDU 堆是压力管卧式重水堆的典型代表。54 万千瓦的皮克灵核电站,有 390 根压力管,压力管内总共放了 4 680 束燃料组件。每个燃料棒束内有 37

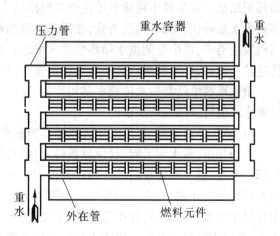

压力管　　　重水容器　　　重水

重水　　　外在管　　　燃料元件

图 5-14　压力管式天然铀重水堆示意图

根燃料元件棒,因此这些燃料组件共由大约 17 万根燃料元件棒组成。压力管内冷却燃料组件用的高压重水,压力为 100 atm(1 atm = 10^5 Pa),温度 300 ℃。外套排管与重水排管容器是焊在一起的,重水慢化剂不加压,温度约 70 ℃。裂变产生的中子在压力管内得不到充分慢化,主要在排管外慢化。将慢化剂保持低温,除了可以避免高压,还可以减少铀 – 238 对中子的共振吸收,有利于实现链式反应。图 5 – 15 为加拿大设计的压力管卧式重水堆结构示意图。

重水堆核电站动力循环系统与压水堆核电站相似。一回路系统如图 5 – 16 所示,分别为两个相同的循环回路,一个设在反应堆的左侧,另一个设在反应堆的右侧,对称布置。每一个循环回路由 2 ~ 6 个蒸汽发生器和 2 ~ 8 台循环泵组成。每个循环回路带走反应堆一半的热量。一回路中的重水冷却剂在重水循环泵的唧送下由左边循环回路流入左边压力管

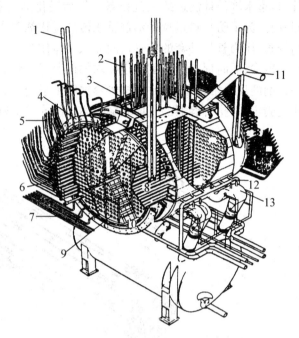

图 5 – 15 压力管卧式重水堆结构示意图
1—圆柱形支撑棒;2—控制棒;3—排管容器

进口,在堆芯内冷却元件。重水被加热升温后从反应堆右边流出,进入右侧循环回路。在右边循环回路蒸汽发生器中将热量传递给二回路的水。而从蒸汽发生器出口,重水又由右边循环回路重水泵唧送进入右边压力管,在堆芯内被加热,然后从堆左边出去,进入左边循环回路的蒸汽发生器中,再由左侧重水循环泵送入堆芯。如此循环往复将核裂变热能带至蒸汽发生器传递给二回路,产生的蒸汽送至蒸汽轮机做功,带动发电机发电。

重水堆核电站与轻水堆核电站相比较,有以下几点主要差别,这些差别是由重水的核特性及重水堆的特殊结构所决定的。

(1)中子经济性好,可以采用天然铀作为核燃料

我们知道,重水和天然水(也就是轻水)的热物理性能差不多,因此作为冷却剂时,都需要加压。但是,重水和轻水的核特性相差很大。这个差别主要表现在中子的慢化和吸收上。在目前常用的慢化剂中,重水的慢化能力仅次于轻水,可是重水最大优点是它的吸收热中子的几率比轻水要低两百多倍,使得重水的"慢化比"远高于其他慢化剂。因为重水吸收热中子的几率小,所以中子经济性好。以重水慢化的反应堆,可以采用天然铀作为核燃料,从而使得建造重水堆的国家,不必再建造浓缩铀厂。

(2)中子经济性好,比轻水堆更节约天然铀

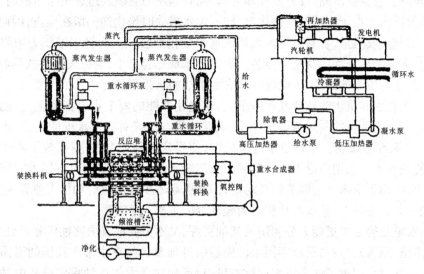

图 5-16 重水堆核电站回路系统图

因为重水吸收的中子少,所以重水慢化的反应堆,中子除了维持链式反应外,还有较多的剩余可以用来使铀 - 238 转变为钚 - 239,使得重水堆不但能用天然铀实现链式反应,而且比轻水堆节约天然铀 20%。

(3)可以不停堆更换核燃料

重水堆由于使用天然铀,后备反应性少,因此需要经常将烧透了的燃料元件卸出堆外,补充新燃料。经常为此而停堆,对于要求连续发电的核电站是不能容忍的。这就使不停堆装卸核燃料显得尤为必要。压力管卧式重水堆的设计,使不停堆换料得以实现。

(4)重水堆的功率密度低

重水堆虽然由于重水吸收中子少带来了上述优点,但由于重水的慢化能力比轻水低得多,又给它带来了不少缺点。由于重水慢化能力比轻水低,为了使裂变产生的快中子得到充分的慢化,堆内慢化剂的需要量就很大,再加上重水堆使用的是天然铀等原因,同样功率的重水堆的堆芯体积要比压水堆大 10 倍左右。

(5)重水费用占基建投资比重大

20 t 天然水中含有 3 kg 重水。虽然从天然水中提取重水,比从天然铀中制取浓缩铀容易,但是因为天然水中重水含量太低,所以重水仍然是一种相当昂贵的材料。因为重水用量大,所以重水的费用约占重水堆基建投资的六分之一以上。

重水堆和轻水堆除了上述主要差别外,还会派生出一系列其他的区别。我们知道,物质的质量乘比热,是该物质升高一度吸收的热量,称为热容。轻水与重水比热差不多,但重水堆内重水装载量大,所以总的热容量也大。重水堆的燃料元件,是安装在几百根互相分离的压力管内,压力管破裂前有少量泄漏,容易发现和处理,而且当压力管破裂造成失水事故时,事故只局限在个别压力管内。由于冷却剂与慢化剂分开,失水事故时慢化剂仍留在堆内,因而失水事故时燃料元件的剩余发热量,容易被堆内大量的重水慢化剂吸收。而轻水堆压力边界的任何一处发生泄漏,造成的后果都涉及整个堆芯。因为轻水堆热容量小,所以失水事故后放出的热量会造成堆芯温度有较大的升高,因而轻水堆失水事故的后果可能比重水堆严重。

总之,由于轻水和重水的核特性相差很大,在慢化性能的两个主要指标上,它们的优劣正好相反,使它们成了天生的一对竞争伙伴:轻水堆的优点正好对应重水堆的缺点,重水堆的优点正好对应轻水堆的缺点。正是由于这个原因,使得这两种堆型的选择,成了不少国家的议会、政府和科技界人士长期争论不休的难题。虽然轻水堆已经在核动力市场上占据了统治地位,但是近年来,由于重水堆能够节约核燃料,因而引起不少国家政府和核工业界人士的重视。在新开辟的核动方市场上,重水堆往往成为轻水堆的主要竞争对手。

因为重水堆比轻水堆更能充分利用天然铀资源,又不需要依赖浓缩铀厂和后处理厂,所以印度、巴基斯坦、阿根廷、罗马尼亚等国家已先后引进加拿大的重水堆。我国的秦山核电站第三期工程也从加拿大引进了两个重水堆核电机组,反映加拿大的这种重水堆核电站技术已经相当成熟。核工业界人士认为,如果铀资源的价格上涨,重水堆核电站在核动力市场上的竞争力将会得到加强。

5.3.3 高温气冷堆核电站

除了用水冷却外,还有用气体作为冷却剂的气冷堆。气体的主要优点是不会发生相变。但是气体的密度低,导热能力差,循环时消耗的功率大。为了提高气体的密度及导热能力,也需要加压。

气冷堆在它的发展中,经历了三个阶段,形成了三代气冷堆。

第一代气冷堆,是天然铀石墨气冷堆。在它的石墨堆芯中放入天然铀制成的金属铀燃料元件。石墨的慢化能力比轻水和重水都低,为了使裂变产生的快中子充分慢化,就需要大量的石墨。由于作为冷却剂的二氧化碳导热能力差,使这种堆体积大,平均功率密度比压水堆低一百多倍;此外,其热能利用效率只有24%。由于这些缺点,于是英国从60年代初期起,就转向研究改进型气冷堆。

改进型气冷堆是第二代气冷堆。它仍然用石墨慢化和二氧化碳冷却。为了提高冷却剂的温度,元件包壳改用不锈钢。由于采用二氧化铀陶瓷燃料及浓缩铀,随着冷却剂温度及压力的提高,这种堆的热能利用效率达40%,功率密度也有很大的提高。第一座这样的改进型气冷堆1963年在英国建成。当时英国过高地估计了所取得的成就,准备建造10座130万千瓦的改进型气冷堆双堆电站。然而出师不利,在开始建造后不久,问题一个接着一个地出现,使原订建造的电站,工期一再推迟,基建投资也大幅增加,以致造成的损失达一二十亿英镑,成为英国核动力史上一场巨大的灾难。一则由于改进型气冷堆的波折,二则由于这种堆在经济上的竞争能力差,加上轻水堆的大量发展,经过了近十年的争论,英国政府决定,放弃自己单独坚持了二十多年的气冷堆路线。

尽管如此,第三代气冷堆即高温气冷堆,虽然也经历了曲折的道路,却强烈地吸引着人们去探索,并显示了旺盛的生命力。

高温气冷堆是一种用高富集度铀的包敷颗粒作为核燃料、石墨作中子慢化剂、高温氦气作为冷却剂的先进热中子转化堆。

高温气冷堆的核燃料是富集度为 90% 以上(也有的高温气冷堆采用中、低富集度)的二氧化铀或碳化铀(见图 5 - 17)。首先将二氧化铀或碳化铀制成直径小于 1 mm 的小球,其外部包裹着热解碳涂层和碳化硅涂层。将这种包敷颗粒燃料与石墨粉基体均匀混合之后,外面再包一些石墨粉,经复杂的工艺加工制成直径达 60 mm 的球形燃料元件。因为每颗包敷颗粒燃料小球有多层包壳,而且包敷颗粒燃料小球间有石墨包围,所以这种燃料元件在堆内几乎不会破裂。

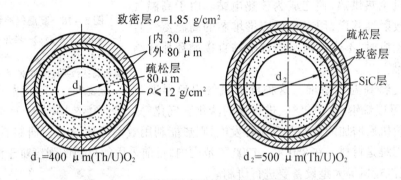

图 5 - 17　两种不同类型的高温堆球形燃料元件

高温气冷堆的冷却剂是氦气。球形元件重叠时,彼此间有空隙可供高温氦气流过。在氦循环风机的驱动下,氦气不断通过堆芯将裂变热带出,进行闭式循环。氦气的压力一般为 4 MPa。

1985 年德国建成的 30 万千瓦电功率的高温钍堆是一种用蒸汽进行间接循环的高温气冷堆,它的堆芯高 6 m,直径 5.6 m,功率密度 6 kW/L。堆芯有 67.5 万个直径 6 cm 的球,其中 35.8 万个是装了燃料的球,31.7 万个是慢化和控制用的石墨球和可燃毒物球。堆芯放在预应力混凝土压力壳内(见图 5 - 18),预应力混凝土压力壳外直径为 24.8 m,高 25.5 m。反应堆运行时,新的燃料球由反应堆的顶部加料机构加入,烧过的燃料球依靠它的自重从反应堆漏斗式底部卸出,经过燃耗分析器检定,将未烧透的燃料球送回堆芯继续使用,这样可以做到连续不停堆装卸料。

目前的高温气冷堆分为三种。

第一种是用蒸汽进行间接循环的高温气冷堆。其反应堆出口温度约 750 ℃,氦气压力为 4 MPa。如果是 100 万千瓦的高温气冷堆,每小时的氦气流量达 4 600 万吨。这种闭式循环的高温氦气经过蒸汽发生器管内时,使蒸汽发生器管外流动着的二回路的水变为高温蒸汽,向压水堆那样去推动汽轮发电机组。这种间接循环的高温气冷堆的基建投资估计比相同规模的压水堆核电站高出 40%,而且要用 90% 富集度的高浓铀,经济上没有竞争力。

第二种是直接循环的高温气冷堆。这种堆产生 850 ℃ 的高温氦气,不经过蒸汽发生器这一中间环节,直接去推动氦汽轮机。氦汽轮机排出的余热又可以供氦蒸汽循环使用。采用这种双重循环发电,热能利用率可达 50%。也可利用氦汽轮机余热供热,使之成为核热电站。由于高温气冷堆逸出的放射性甚微,用来自反应堆堆芯的高温氦气直接推动氦汽轮机时,不会像沸水堆核电站直接循环那样给检修造成困难。

第三种是特高温气冷堆。这种堆的氦气出口温度达 950 ℃ 以上,可以炼钢、生产氢气、进行煤的液化和气化等。

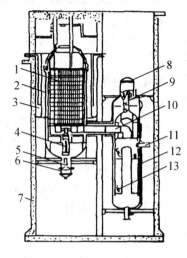

图 5 – 18 高温气冷堆结构图
1—环形柱状堆芯;2—堆壳;3—堆腔冷却系统;4—停堆冷却器;5—停堆风机;6—风机马达;7—反应堆室;8—主风机马达;9—主氦风机;10—热气管;11—过热蒸汽;12—蒸汽发生器外壳;13—给水管

如果在燃气轮机后增加两道氦蒸汽循环发电,则热能利用效率可达 60%。研制后两种高温气冷堆的主要困难是材料。在 850 ℃ ~ 1200 ℃ 范围内,目前采用的材料的强度难于满足需要,氦循环风机、氦汽轮机等大型设备要进行研制。

高温气冷堆由于采用包敷颗粒核燃料,取消了燃料元件的金属包壳,又用传热性能较好、化学性能稳定、中子吸收截面小的氦气作为冷却剂,因此它具有下列与众不同的特点。

(1)核电站选址灵活且热效率高

由于采用耐高温的包敷颗粒核燃料,并用耐高温石墨作堆芯结构材料,因此允许反应堆冷却剂的出口温度达到 750 ℃ ~ 950 ℃。如果将高温气冷堆的出口氦气温度提高到 900 ℃ 左右,并采用氦气轮机进行直接循环,加之氦气的热导率和比热比二氧化碳大得多,输送时消耗的功率小,则高温气冷堆可达 50% 以上的热效率,这是其他堆型不易达到的高度。另外,由于利用氦气轮机直接循环时便于用空气冷却塔散失余热,使这种堆可以建在冷却水源不足的地方,选址非常灵活。

(2)高转化比

高温汽冷堆中除核燃料外,没有金属结构材料,只有中子吸收截面较小的石墨,反应堆的中子经济性好,有较多的剩余中子可用来将钍 – 232 转化为铀—233,使新核燃料的转化比可达 0.85 左右。因此堆内用钍作为再生核燃料,实现钍 – 铀循环,将大大有利于钍资源的利用。

这种堆属于先进转化堆。

(3)安全性高

高温汽冷堆的负温度系数大,堆型热容量也大,因此在事故工况下温度上升缓慢,即使在失氦情况下,堆型结构也不至于熔化,这就使得采取相应安全措施的裕度增大。另外,由于采用了预应力混凝土压力壳,容器不会发生突然爆破事故。因此,这种堆型安全性较好。

(4)对环境污染小

由于采用性能稳定的氦气作为冷却剂,氦气的中子吸收截面极小,反应堆一回路放射性剂量较低;而且由于它的热效率高,排出的废热也比轻水堆少 35% ~ 40%,热污染少。因此,它是核电站中较清洁的堆型,可以建在人口较密的城镇附近。

(5)有综合利用的广阔前景

氦气是一种惰性气体,化学性质不活泼,容易净化,不引起材料的腐蚀。它透明,便于装卸料操作。在出口温度提高到 1 000 ℃ ~ 1 200 ℃左右时,可将反应堆的高温工艺供热直接应用于炼钢、制氢、煤的液化或气化等工业生产中,达到综合利用的目的。

(6)可实现不停堆换料

高温气冷堆使用球形元件时,可以通过装卸料机构实现不停堆连续装卸核燃料。这样可以使堆内的后备反应性小,有利于反应堆的控制。

虽然高温气冷堆有以上这些突出的优点,但是由于技术上还没有达到成熟的阶段,仍有很多技术问题影响着它的迅速发展。这些问题归纳如下。

(1)高燃耗包敷颗粒核燃料元件的制备和辐照考验

燃料元件复杂的制备工艺,巨大的数量,要求不仅要克服燃料元件制造工艺上遇到的很多技术难关,还要求元件的制造必须有可靠的稳定性。另外,为了验证这些燃料元件在反应堆内高温、强辐照条件下,能否具备良好的使用性能,必须在反应堆内进行长期的辐照考验。

(2)高温高压氦气回路设备的工艺技术问题

由于高温高压的氦气极易泄漏,因此氦气泄漏的指标需要严格加以控制。为此,一回路的系统及设备都需要采取一系列严格的密封防泄漏措施。特别是高温氦气循环风机、氦气轮机、气体阀门等带转动部件的设备,防泄漏动密封的问题最大。

(3)燃料后处理及再加工问题

在高温气冷堆中,为了加大转化比,加大燃耗和降低成本,采用铀 - 钍燃料循环体系,这就给燃料后处理和再加工带来了很多新的问题。在元件再加工中,由于铀 - 233 燃料中含有难以分离的铀 - 232,后者带有很强的 γ 放射性,因此必须采取特殊的防护措施和遥控操作。另一方面,另建一套钍 - 铀燃料循环体系,在技术上和经济上都要克服一定的困难。

1964 年后,英国、美国和联邦德国先后建起了三座高温气冷试验堆。除了初期出过一些小小的故障外,运行情况都非常令人满意。它们逸出的放射性甚微,特别是西德的球床堆,燃耗深度超过压水堆几倍。原设计氦气出口温度为 750 ℃,后来相继提高到 850 ℃和 950 ℃;这些都证明高温气冷堆的概念是可行的。由于高温气冷堆在技术上具有水冷堆无法比拟的优点,加上三座已建堆取得的成绩,因而在国际上引起了普遍重视。专家们认为这种堆型在21世纪的能源结构中具有特殊的地位,一度将这种堆列为必须发展的堆型。

5.3.4 快中子堆核电站

快中子反应堆,简称快堆,是堆芯中核燃料裂变反应主要由平均能量为 0.1 MeV 以上的快中子引起的反应堆。

快中子堆一般采用氧化铀和氧化钚混合燃料(或采用碳化铀 – 碳化钚混合物),将二氧化铀与二氧化钚混合燃料加工成圆柱状芯块,装入到直径约为 6 mm 的不锈钢包壳内,构成燃料元件细棒。燃料组件是由多达几十到几百根燃料元件细棒组合排列成六角形的燃料盒(见图 5 – 19)。

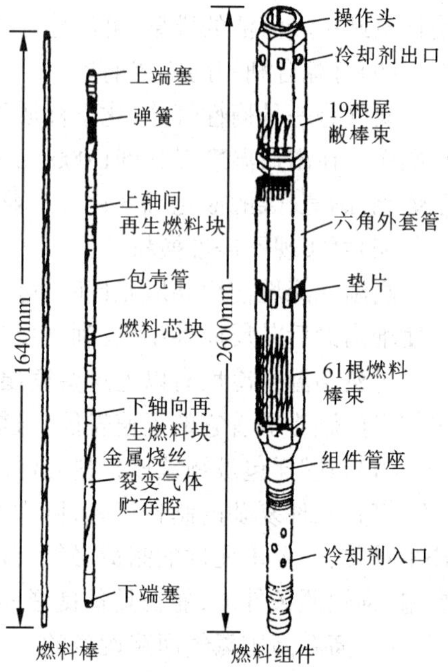

快堆堆芯与一般的热中子堆堆芯不同,它分为燃料区和增殖再生区两部分。燃料区由几百个六角形燃料组件盒组成。每个燃料盒的中部是用混合物核燃料芯块制成的燃料棒,两端是由非裂变物质天然(或贫化)二氧化铀束棒组成的增殖再生区。核燃料区的四周是由二氧化铀棒束组成的增殖再生区。

反应堆的链式反应由插入核燃料区的控制棒进行控制。控制棒插入到堆芯燃料组件位置上的六角形套管中,通过顶部的传动机构带动。

因为堆内要求的中子能量较高,所以快堆中无需特别添加慢化中子的材料,即快堆中无慢化剂。

目前,快堆中的冷却剂主要有两种:液态金属钠和氦气。根据冷却剂的种类,可将快堆分为钠冷快堆和气冷快堆。

图 5 – 19　快堆燃料棒与快堆组件

气冷快堆因为缺乏工业基础,而且高速气流引起的振动以及氦气泄漏后堆芯失冷时的问题较大,所以目前仅处于探索阶段。

钠冷快堆用液态金属钠作为冷却剂,通过流经堆芯的液态钠将核反应释放的热量带出堆外。钠的中子吸收截面小;导热性好;沸点高达 886.6 ℃,所以在常压下钠的工作温度高,快堆使用钠作为冷却剂时只需二三个大气压,冷却剂的温度即可达 500 ℃ ~ 600 ℃;比热大,因而钠冷堆的热容量大;在工作温度下对很多钢种腐蚀性小;无毒。所以钠是快堆的一种很好的冷却剂。世界上现有的、正在建造的和计划建造的核反应堆都是钠冷快堆。但钠的熔点为97.8 ℃,在室温下是凝固的,所以要用外加热的方法将钠熔化。钠的缺点是化学性质活泼,易与氧和水起化学反应。当蒸汽发生器管子破漏时,管外的钠与管内泄漏的水接触,会引起强烈的钠－水反应。所以在使用钠时,要采取严格的防范措施,这比热堆中用水作为冷却剂的问题要复杂得多。

按结构来分,钠冷快堆有两种类型,即回路式和池式。

回路式结构就是用管路把各个独立的设备连接成回路系统。优点是设备维修比较方便,缺点是系统复杂易发生事故。与一般压水堆回路系统相类似,钠冷快堆中通过封闭的钠冷却剂回路(一回路)最终将堆芯发热传输到汽－水回路,推动汽轮发电机组发电。所不同的是在两个回路

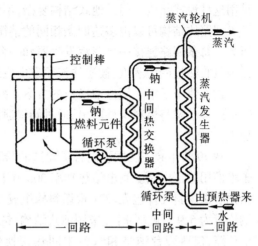

图 5 - 20　回路式钠冷快堆电站

之间增加了一个以液钠为工作介质的中间回路(二回路)和钠－钠中间热交换器,以确保因蒸汽发生器泄漏发生钠－水反应时的堆芯安全,如图 5 - 20 所示。

池式即一体化方案。池式快堆将堆芯、一回路的钠循环泵和中间热交换器,浸泡在一个很大的液态钠池内(见图 5 - 21)。通过钠泵使池内的液钠在堆芯与中间热交换器之间流动。中间回路里循环流动的液钠,不断地将从中间热交换器得到的热量带到蒸汽发生器,使汽－水回路里的水变成高温蒸汽。所以池式结构仅仅是整个一回路放在一个大的钠池内而已。在钠池内,冷、热液态钠被内层壳分开,钠池中冷的液态钠由钠循环泵唧送到堆芯底部,然后由下而上流经燃料组件,使它加热到550 ℃左右。从堆芯上部流出的高温钠流经钠－钠中间热交换器,将热量传递给中间回路的钠工质,温度降至400 ℃左右,再流经内层壳与钠池主壳

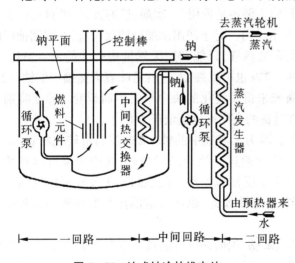

图 5 - 21　池式钠冷快堆电站

之间,由一回路钠循环泵送回堆芯,构成一回路钠循环系统。

两种结构形式相比较,在池式结构中,即使循环泵出现故障,或者管道破裂和堵塞造成钠的漏失和断流,堆芯仍然泡在一个很大的钠池内。池内大量的钠所具有的足够的热容量及自然对流能力,可以防止失冷事故,因而池式结构比回路式结构的安全性好。现有的钠冷快堆多

采用这种池式结构。但是池式结构复杂,不便检修,用钠多。

回路式结构可以由多达四条相同的钠循环回路组成。中间回路内的压力高于一回路内的压力。每条回路连接一台蒸汽发生器和一台中间回路钠循环泵。汽－水回路的水在蒸汽发生器内吸收热量变为蒸汽,被送往汽轮发电机组发电。

钠冷快中子堆采用停堆换料的方案。换料是在 250 ℃左右的高温液态钠池内进行。换料时通过移动臂将燃料组件取出,通过倾斜通道输送到乏燃料贮存池中去,经衰变后送后处理厂加工。

从 1975 年起在法国境内合资建造的"超凤凰"快堆电站,就是一座钠冷、池式、四环路快中子堆商用验证电站。其电站热功率 300 万千瓦,净电功率 120 万千瓦。采用外径 8.5 mm 的不锈钢管做燃料元件包壳,271 根燃料棒组成一个组件。堆芯共有 364 个燃料组件,通过堆芯的钠流量为 5.9 万吨/小时。采用池式结构,钠池内径 21 m,高 19.5 m,堆芯高 1 m。有并列的四个环路,包括四台钠泵和八台中间热交换器都放在钠池内。增殖比可达 1.2;功率密度为 285 kW/L;热能利用效率达到 41%。

现将快中子对核电站的主要特点归纳如下。

(1)可充分利用核燃料

我们知道,铀－235 在天然铀中只占 0.724%。在热堆中,不可能完全耗尽燃料里的铀－235。由于后处理投资大、费用高等原因,目前主要还是采用"一次通过"的方式,燃料元件在反应堆内"烧"过后,就存放在反应堆旁的贮存水池内。对于使用浓缩铀的反应堆,在浓缩铀厂的尾料中,还会剩余一部分铀－235。所以大多数热堆,只能利用天然铀中一半的铀－235。当然,热堆中铀－238 吸收中子转化生成的钚－239 也可以裂变,这就意味着天然铀中的铀－238 也有消耗;且有极少一部分铀－238 能被尚未来得及慢化的快中子击中而裂变。即使将铀－238 的消耗考虑在内,目前的热中子动力堆对铀的利用率也还低于 1%。

对于快中子堆来说情况就大不相同了。因为天然铀中的铀－238 作为可转化材料,能在快堆中转化为易裂变材料钚－239,所以理论上通过乏燃料的后处理,快中子堆可以将铀－235、铀－238 及钚－239 全部加以利用。但由于反复后处理时的燃料损失及在反应堆内变成其他核素,快堆只能利用 70% 以上的铀资源。即使如此,也比目前的热堆对核燃料的利用率提高 80 倍。

由于快堆对核燃料的品位不如热堆那么敏感,因而品位低的铀矿也有开采的价值,海水提铀对于人们的吸引力也大得多。而且目前浓缩铀厂库存的贫铀,热堆中卸出的乏燃料,都可以成为快堆的"粮食"来源。由于这些原因,快堆能够给人类提供的能量,就不止比热堆大 80 倍,而是大几千倍,几万倍,几十万倍。

(2)可实现核燃料的增殖

当前反应堆的主要问题是,必须采用行之有效的措施,从根本上消除目前的热堆对铀资源的浪费,使包括铀－238 在内的铀资源,能在反应堆中得到充分的利用。只有采用能使核燃料增殖的,以铀－钍循环为基础的快堆,才是摆脱即将面临的铀资源日益枯竭的困境的出路。

在快堆中由于没有慢化剂,再加上堆内结构材料、冷却剂及各种裂变产物对快中子的吸收几率很小,因此中子由于寄生俘获,造成的浪费少。此外,钚－239裂变放出的中子多,铀－238在快堆中裂变的几率也大。所以每当有一个钚－239核裂变,除了维持自身链式反应,放出大量裂变能外,还可以剩余1.2到1.3个中子,用来使铀－238转变为新的钚－239。这就是说,在快堆内只要添加铀－238,核燃料就越烧越多,这种情况称为核燃料的增殖。这是快堆与目前的热堆的主要区别,也是快堆的主要优点。因此快堆又称增殖堆或快中子增殖反应堆。

在快堆中,增殖比可达1.2~1.3。在重水堆和轻水堆中,相应的值(称之为转换比)仅接近0.8~0.6。从某种意义上说,热堆核电站是消耗核燃料生产电能的工厂,而快堆核电站则是可以同时生产核燃料和电能的工厂。

由于快堆仅在启动时需要投入核燃料,快堆中钚－239能增殖,如果我们通过后处理,将快堆增殖的核燃料不断提取出来,则快堆电站每过一段时间,它所得到的钚－239,还可以装备一座规模相同的快堆电站。这段时间,称为倍增时间。经过一段倍增时间,一座快堆会变成两座快堆,再经过一段倍增时间,这两座快堆就变成四座。按照目前的情况,快堆的倍增时间是30多年。也就是说,只要有足够的铀－238,每过30多年,快堆电站就可以翻一番。

(3)低压堆芯下的高热效率

我们知道,压水堆堆芯在15 MPa的压力下其出口水温仅达330 ℃左右。而快堆由于采用液态金属钠作为冷却剂,在堆芯基本处于常压下,冷却剂的出口温度可达500 ℃~600 ℃。这为提高快堆核电站的热效率奠定了基础。"超凤凰"快堆电站的热能利用率达41%,远超过现在先进压水堆可以达到的34%的水平。

除上述突出特点外,对于快中子堆核电站的安全性也应有足够的认识。

在以钠作为冷却剂的快堆中,液态金属钠与水(或蒸汽)相遇就会产生剧烈的化学反应,并可能引起爆炸;钠与空气接触就会燃烧;钠中含氧量超过一定数量会造成系统内结构材料的严重腐蚀;堆内的液态钠由于沸腾所产生的气泡空腔会引入正的反应性,其结果会使反应堆的功率激增,从而导致反应堆堆芯熔化事故的发生;快堆为提高热利用率和适应功率密度的提高,燃料元件包壳的最高温度可达650 ℃,远远超过压水堆燃料元件约350 ℃的最高包壳温度。很高的温度、很深的燃耗以及数量很大的快中子的强烈轰击,使快堆内的燃料芯块及包壳碰到的问题比热堆复杂得多。由于以上原因,虽然快堆在20世纪40年代就已起步,只比热堆的出现晚四年,而且第一座实现核能发电的是快堆,但是快堆现在还未发展到商用阶段。

然而,通过40年来的努力,以及一系列试验堆、示范堆和商用验证堆的建造,上述困难已基本克服。现在快堆技术已日臻完善,是目前接近成熟的堆型,为大规模商用准备了条件。预计21世纪初期或中期,快堆将逐渐在反应堆中占主导地位。

可以说,快中子堆对即将到来的核能大发展是最为重要的堆型。

5.4 我国核电的发展

5.4.1 我国对先进堆的探索

1. 当代核电发展中存在的问题

自 20 世纪 50 年代初前苏联第一座核电厂投入运行以来,在能源发展史上开创了崭新的核纪元。在短短的 40 多年时间里,核电经历了试验、示范与商业化的全过程,在全世界建成了 400 余座核电厂,核电占总发电量的比例已达 17%,最大单堆功率发展到 130 余万千瓦,以轻水堆为代表的当代核电厂达到了其鼎盛兴旺时代,其发展速度可谓举世瞩目。但是,到了 70 年代末,随着世界经济的衰退及两次核事故的发生,核电也突然进入了低潮阶段。

当代核电厂发展停滞的原因,除经济、社会和政治因素外,就核电厂本身来说,也还存在着内在的因素和缺陷。这些缺陷在短期的高速发展中曾一度被掩盖,但随着时间的推移便渐渐暴露了。

当代核电站存在的问题中,首先是反应堆的安全性问题。占当代核动力堆总数 80% 以上的轻水堆,其前身是从核潜艇船用动力发展起来的。它具有堆芯紧凑与体积小的优点,但其安全性却成了致命的弱点:由于堆芯热容量小,当发生大功率瞬变或失水事故时,燃料元件的温度急剧上升,可能导致包壳烧毁,甚至堆芯熔化和放射性外泄的严重事故。为此,在压水堆的设计中逐步增添了为数众多的多重应急安全系统和设施。但是已发生的核事故对这种安全设计逻辑敲了警钟,证明了对于本身不稳定的系统,企图以加上多重的支撑来保持其稳定性的体系是不可靠的,这就是目前轻水核电厂安全性的致命弱点所在。

从经济上看,总体说来,当代核电厂的发电成本已经达到低于煤电的水平,这已是公认的事实,而且这一基本趋势近几年中还在加强。但是,以轻水堆为代表的核电厂在经济性方面仍然存在许多重大的弱点和不确定因素,严重削弱了它的竞争性与进一步在世界范围的推广。这些因素中,主要的问题是当代核电厂的基建投资大和建造周期太长。投资大的主要原因之一也和安全性有关,正如前述,当代核电厂是依靠多重的能动设备来加强其安全性的,因而随着公众对核安全要求的日益提高,安全设施系统也就愈来愈复杂,造价随之愈来愈高,同时安全审批时间也愈来愈长。这些情况又造成投资的增大。这些问题如不加以解决,将无法适应新世纪核电发展的需要。

另一方面,当代核电厂由于系统与设备复杂,造价昂贵,不得不依靠提高单机容量以期降低每千瓦投资,因此,当代压水堆电厂的经济规模均在百万千瓦级,若低于此容量,则在多数情况下无力与火电相竞争。加之建造周期又过长,因此很难向发展中国家寻找市场。但今后几十年中发展中国家的能源需求增长率远高于发达国家,而它们目前占世界核电装机容量不到 2%,遗憾的是,当代核电厂对此中小型堆的潜在市场却缺乏竞争能力。

2.对新一代先进堆的要求

随着世界经济的发展,需要更多的能源供应。由于石油和天然气资源的有限和逐渐耗尽,煤的开发运输以及环境污染等严重问题,核能在新世纪必然要有更大的发展,将与煤电成为能源的两大支柱。这就是所谓"第二核纪元"即将到来。

然而,怎样才能进入新的核纪元呢? 显然,根据前面分析,仅仅依靠当代核动力堆是不可能的,因为它难以取得公众和投资者的信任。因此,要想在新世纪能源发展中取得更大成功,新一代核动力堆必须从安全性、经济性及铀资源的利用诸方面予以重大的改进和革新,才能适应发展的需要。下面简述新一代堆在安全性、经济性等各方面的原则性要求。

(1)安全性

对于新一代核动力堆,首先要求具有更高的安全性,在安全性方面应有新的突破,而不是对现有的安全设计进行小修小补,因为后者难以从根本上改变公众心目中核电厂的形象。因此,建造一种具备固有安全性的反应堆便成为对新一代动力堆的必然要求。固有安全性是指,当反应堆出现异常情况时,不依赖人为的操作或外部系统、设备的强制干预,而仅依赖堆的自然和非能动安全性能,就能使反应堆趋于正常运行或安全停闭。

(2)经济性

新一代核动力堆电站,在经济性上应该达到能与同样规模的火电厂相竞争的目标,这样才可能获得大规模的商业推广。提高核电厂经济竞争能力的首要任务是降低核电厂的比投资和缩短安全审批建造的周期。新一代核动力堆是通过提高其固有安全性,使其安全系统和多重保护设施得以简化,因而降低制造费用和投资的;同时也更易为公众所接受,缩短了审批周期。近年来,在新一代核动力堆设计中提出的模块堆和设备模块化的新概念,就对提高堆的经济性有着显著的效果。提高核电厂经济性的另一个重要措施是,提高核电厂的负荷因子和延长核电厂的寿期。为具有强的竞争力,对新一代核动力堆要求把负荷因子提高到87%以上(目前的压水堆电厂的平均负荷因子的运行纪录约为70%),反应堆容器的寿命要求从目前的30年延长到40~60年,这相当于发电成本中投资费用减少30%以上。

3.我国对先进堆的探索

根据上述对新一代核动力堆的要求,我国科研机构、高等院校、设计院与设备制造厂近年来沿此方向进行了大量研究与开发工作,并取得显著的成效。目前,我国提出的比较成熟的新一代核动力堆堆型主要有以下几种。

(1)改进型压水堆(APWR)

国际上,典型代表有美国西屋公司提出的改进型压水堆 AP – 1300 和 AP – 600,其中 AP – 600 最受人们瞩目。我国在国家科委的支持和帮助下,以中国核动力研究设计院为主,在当代压水堆型基础上,借鉴国际开发经验并加以改造,也自行开发了改进型压水堆 AC – 600。该改进型压水堆核电站电功率为 60 万千瓦,采用了很多当代压水堆未曾采用过的非能动安全技术,设计思想上有相当大的突破,显著改善了核电站的安全性和经济性。到目前为止,已完成了全部的概念设计和大部分技术设计工作。因为有当代压水堆运行经验反馈,无疑这种改进型压水堆技术上是相对比较成熟的。但是应该指出,虽然改进型压水堆 AC-600 在安全性方面比当代压水堆有了很大的改进,可它仍未完全达到固有安全的程度,不可能从根本上消除公众的恐核情绪。

(2)高温气冷堆(HTGR)

我国从 20 世纪 70 年代中期开始研究发展高温气冷堆技术,特别是 80 年代通过国际合作,研究了多种不同形式的具有固有安全特性的高温气冷堆,使我国在模块式高温气冷堆的设计研究方面有了自己的特色,具备了发展此种堆型的良好基础。1987 年高温气冷堆的研究正式纳入国家 863 高技术发展计划。以清华大学为主,作为发展战略的第一步,已于 2002 年建成了一座热功率为 10 MW 的高温气冷实验堆,用于发电、区域供热和高温工艺热应用的研究。10 MW 高温气冷堆出口温度为 700 ℃,设想了单一发电、热电联供和单一供热等不同的运行模式。与此同时,我国高温气冷堆燃料元件的自行研究和发展工作,经过多年的不懈努力,不仅已经掌握了关键的技术,还成功地为 10 MW 高温气冷堆的生产制备了所需的产品性能指标合格的全部燃料元件。在此基础上,高温工艺热的应用研究和借助氦汽轮机进行直接循环发电的研究也提到日程上来。

(3)快中子增殖堆(LMFBR)

我国快堆技术的开发始于 60 年代中后期,相继建成了约 10 座小型的实验装置和钠回路。1987 年末,快堆技术开发纳入了我国 863 高技术发展计划,以中国原子能科学研究院为主,一座设计热功率为 65 MW、电功率为 25 MW 的快中子堆试验电站的研究开发正在进行中。由于钠冷快堆(LMFBR)在国际上已有 40 年的研究历史,目前已进入到商用试验阶段,我国的快堆开发工作开展了积极的国际合作以借鉴已有的经验。预计到 2005 年,该快堆试验电站可以投入运行和并网发电。

5.4.2 我国核电的发展战略

正如人类已经完成由薪炭向以化石能源为主的转化的第一次能源革命一样,现在正处于由以化石能源为主向以核能为主的转化的第二次能源革命的前夜。历史发展已经而且将越来越清楚地表明,现代经济只有以核能为主要能源支柱才有坚实的发展基础。取之不竭的核资源,将使人类永远摆脱能源危机。

1.世界能源向以核能为主的转换势在必行

随着能源消耗的增加,从 19 世纪中叶以来,出现了由薪炭向煤、石油和天然气等化石能源转化的第一次能源革命,这是一次能源结构的大转变。

在发达国家,石油一度成为了世界能源的主要支柱。但由于石油是一种十分重要的化工原料,用石油来制造化工产品的价值比用它作为能源的价值高得多。再加上石油储量有限,世界总能耗的急剧上升,因而石油在世界能源中的比重,将会比石油产量的下降要快得多。在不久的将来,石油就无法挑起世界能源主要支柱的重担,在能源中将处于越来越次要的地位。

以发热量计算,地球上煤的储量几十倍于石油。自从出现了由薪炭向化石能源转化的第一次能源革命以来,煤曾经在世界能源的王位上统治了约 70 年。世界能源专家估计,随着石油在能源中地位的下降,到 2020 年,煤将再次夺回世界能源的王位。但是可以预见,当煤第二次登上世界能源王位的宝座后,它的统治时间将不会很长,在世界能源舞台上的地位也不会这么突出。这是因为:①煤的储量虽然比石油丰富,但也相当有限;当煤成为世界能源的主要支柱后,它将很快遇到和今天石油同样的局面;②煤的开采成本远高于石油,当煤成为世界能源的主要支柱时,能源的开采费用将大大上升,运输量也将以很短的周期成倍地翻番;加上日益增多的煤越来越成为交通运输业难以承受的负担,就使得煤在与核能的竞争中处于越来越不利的地位;③煤的污染严重,目前,由于燃煤等化石燃料产生的酸性雨,已经成为工业化国家中带普遍性的环境污染问题,烧煤产生的有害气体对人类健康的危害,也日益引起医学家的严重关切,因此当煤的消耗增加时,煤的污染也将成倍增加,成为煤的使用的一个限制因素;④煤和石油一样,也是一种无法再生的重要的化工原料,将这些宝贵的化工原料付之一炬,是资源上和经济上的巨大损失,由于化学工业与能源工业争夺煤的消耗,因而到下世纪,煤也将步石油的后尘,逐渐成为一种稀缺商品。

水力、太阳能、风能、潮汐能、地热等,是可以再生的能源。水能是一种经济、清洁的能源。因为水电资源有限,它的发展速度赶不上电力增长的需要,所以随着水力资源开发程度的增加,水电在电力工业中所占的比重还是要下降。当水电资源大部分开发完毕后,水电在能源结构中的比重,将随着能源消耗量的增加而更加迅速地下降。太阳能是一种清洁的、可再生的能源,目前虽然已经在日常生活和某些特殊情况得到一些运用,但是作为工业能源,它的能流密度太低,而且随昼夜、晴雨、季节变化很大,使得这种能源很不稳定。其他如地热、风力、潮汐、波浪、海水温差及薪炭,都是能利用的可再生能源。可是若指望这种能源来解决目前面临的能源短缺,并作为未来世界的重要能源,则是不现实的。

从上面的分析中也可看出,当今惟一能代替化石燃料、可大规模使用的只有核能。今后一百年内外,核能将逐渐成为世界能源的主要支柱。发展核能,已成为不少国家的重要的国策。

2.世界各国核电发展的形势

核电作为一种新的能源,只有短暂的 40 多年的历史,对于我国来说则更是近些年的事。由于种种原因,核电的兴起与发展不是一帆风顺的,它有发展的高潮,也遇到挫折。但可以预计,在 21 世纪,这种新的能源将被越来越多的人所认识,将会在社会生产发展和人类生活改善中发挥越来越大的作用。

人类首次利用核能发电是在技术难度较热堆大的快堆上实现的。1951 年 12 月 20 日,美国利用它的第一座"增殖一号"快堆生产的高温蒸汽带动发电机发出了 200 千瓦的电。这是人类第一次利用核能发出的电力。当然,这只是试验性的发电。世界上第一座核电站是由前苏联于 1954 年 6 月 27 日建成和并网发电的奥伯宁斯克核电站,其电功率为 5 000 千瓦。从此核电站便在世界各地蓬勃发展起来。经过多年努力,核电站的研制与发展走过了试验、示范和商业推广的过程。从60年代初到70年代初这10年间,是核电在全世界蓬勃发展的黄金时代。50年代只有前苏、美、英三国建成核电站,到60年代则增加到8个国家。60年代初,世界核电装机容量仅为85万千瓦,到了70年代初便上升到1 892.7万千瓦。1976年世界核电装机容量突破1亿千瓦。到了2000年底,世界上已有32个国家和地区相继建成了440座核电站,装机容量约为3.6亿千瓦。世界13个国家与地区正在建造着37台核电机组,总装机容量为0.32亿千瓦。计划建造的还有50余座,总计520座左右的核电站全部建成后装机容量可达4.9亿千瓦左右,发电量接近当时世界发电总量的20%。总地讲,在多数工业发达国家中核电的比重不断增长。2000年底,核电比例超过50%的有法国(75%)、立陶宛(73%)和比利时(58%),保加利亚、斯洛伐克、瑞典、乌克兰、韩国接近50%。但从核电的总量来说,美国仍然是第一核电大国,运行的核电站堆数为104个,装机容量占全世界的三分之一。其次是法国、日本、德国和俄罗斯。

但必须指出,到70年代中期核电发展势头开始缓慢下来,从1979年开始,核电经历了10年迟缓发展阶段。主要原因是1973年和1979年两次石油危机的打击,使世界经济发展速度减慢,工业发达国家经济增长速度由7%减慢到3%以下,使得许多工业国能源过剩,迫使原先制订的大规模发展核电的计划要大大削减。例如,在70年代后期,美国就取消了100多个电站(包括火电、核电)的订货。另外,两次核电站事故也给公众心理投下了阴影,给反核势力造成可乘之机,也是原因之一。

经过近几年来的认真、冷静的思考和分析,人们依然认为,核电不论在经济上还是对环境的影响上仍有明显优势,在今后数十年内,核电将会继续得到发展。据国际原子能机构统计和预测,21世纪初,将有58个国家和地区建造核电站,电站总数将达到1 000座,装机容量可达8亿千瓦左右,核发电量将占总发电量的35%以上。一些发展中国家,例如中国、古巴、伊朗、巴基斯坦、罗马尼亚、墨西哥等都在开始建造或陆续建造核电站。

总而言之,尽管核电现在还不为公众普遍接受,但由于经济、环境、技术等综合因素所制约,进入21世纪之后,核电将会重新被公众所接受,世界核电发展的前景仍然是乐观的。核电发展的第二个黄金时代必将来临,这是不以人们的主观意志为转移的客观发展规律。

我国是世界煤炭第一大国,而且水力资源又极为丰富,为什么还要发展核电呢?为此,我们从以下几方面进行简要分析。

(1)煤炭资源有限,不可能作为长期主要能源

我国目前能源生产中,煤占74%。由于我国煤炭资源丰富,在今后一段时间内,煤仍将是我国的主要能源。我国煤的地质储量为4万亿吨,但按世界能源会议标准来估计,我国煤的经济可采储量约2 000多亿吨。据估计,到2050年,随着人口增长和经济发展,我国能源消耗将达到目前水平的5倍左右,如果维持我国煤的消耗占总能耗的70%水平估算,则2050年煤的年消耗量将达50亿吨。这样,到21世纪60年代,我国可以经济开采的煤将会开采完毕。因

此,我国要长期以煤为主要能源,显然是不可能的。

(2)煤的运输量大,由煤造成的运输紧张状况不可能解决

我国煤炭资源分布不均,大量集中在山西、陕西、内蒙古自治区。而东部沿海经济发达地区缺乏常规能源。因此,西煤东运、北煤南运是长期以来困扰我国经济建设的重要问题之一。目前,煤的运输已占我国铁路货运量的40%。到21世纪初,以吨公里计算的煤运输量将增加4~5倍,即使加紧修建铁路,运输问题也是难以解决的。由于这一限制,煤的消耗量不可能达到每年50亿吨,只可能保持在30亿吨以内。

(3)煤炭的污染严重,我国的环境将无法承受

煤炭燃烧对环境的污染比石油、天然气严重得多。目前我国燃煤每年排入大气的烟尘约2 300万吨、二氧化硫1 460万吨,给环境造成了严重污染。据世界环境系统监测报告,41个国家的城市中,在1980~1984年的5年里,大气中颗粒物平均浓度,沈阳第二、西安第三、北京第五、上海第九、广州第十,即前十名中我国占五席。如果到2050年我国燃煤达50亿吨,而1988年全世界煤炭产量仅为48.4亿吨。这就是说,到2050年,相当于把1988年全世界出产的煤炭全部集中在中国960万平方公里的大地上燃烧,那样我国将不可避免地成为墨盒子和黑盒子,我国的环境将无法承受。

(4)煤是一种重要的不可再生的化工原料

随着煤炭大量燃烧,资源将越来越少,价格也就日益昂贵。如果仅将煤炭付之一炬,不但污染环境,而且在经济上造成难以弥补的损失。

虽然我国可开发的水能资源为3.8亿千瓦,居世界第一,但我国人均水能资源只及世界人均值的一半。由于我国水能资源大多集中在西南地区,而且地质条件复杂,能经济开发的水能资源不到总资源的一半。即使到2050年可经济开发的水能资源都开发完毕,也不到2亿千瓦,只相当于两亿多吨标准煤。因此,水能在任何时候都不可能成为我国的主要能源。

从长远看,要解决我国能源长期增长的需要,特别是东部沿海地区的能源问题,并从根本上改善环境、减轻交通运输负担,促进我国经济长期持续稳定的发展,我国必须坚定不移地利用核能、发展核电。

我国的核工业在50年代中期开始建设后,已有40多年的历史,现在有相当的基础。我国是世界上少数几个能够进行核资源的勘探、开采和加工,铀-235的浓缩、燃料元件的制造,重水和锆等特殊材料的生产,反应堆的设计、建造和运行,以及辐照过的燃料元件的后处理的国家之一。我国具有较完善的核工业体系。与核能利用密切相关的机械制造工业和电力工业在我国也有一定基础。经过建国以来几十年的努力,已为我国核动力的发展打下了较巩固的工业技术基础,培养出了一支经过实践考验的专业齐全的科学技术队伍。

3.我国核电的发展战略

考虑到我国经济发展的需要以及国际上能源工业发展的总趋势,我国核电发展战略应从我国实际和国情出发,既要认识发展核电的必要性与紧迫性,又要实事求是、适当发展、稳步前

进。大体上应采取如下战略方针。

(1)我国的核电工业应分阶段积极发展,大体上经历起步、腾飞和持续发展三个阶段

在 2000 年前为起步阶段,2000~2015 年为腾飞阶段,2015~2050 年为持续发展阶段。

核电属于资金和技术密集型的现代工业,它需要大量投资和许多现代复杂技术,而且在安全性方面又有极高的要求。因此,需要"学步期",通过起步阶段逐步积累经验。我国核电起步于 20 世纪 80 年代。1991 年 12 月,我国第一座自行设计的 30 万千瓦秦山核电站才并网发电,第二座引进的两套 90 万千瓦大亚湾核电站 1994 年 2 月和 5 月分别投入商业运行,使核电总装机容量达到 210 万千瓦,只占全国总发电量的 1%左右。在这个起步阶段,通过建造一定规模的核电站,掌握核电站设计、制造、施工技术,实现设计自主化和设备国产化,形成完整的核电工业体系。进入 21 世纪之后,随着我国经济的高速发展,才有可能迎来核电事业的腾飞和大发展。特别是在刚刚过去的二年里,我国核电建设取得了令人瞩目的成绩。2002 年先后有 4台核电新机组投入运行,使我国的核电运行机组达到 7 台,装机容量达到 540 万千瓦。在建 4台机组也进展顺利,将在 2005 年前陆续建成投产,届时中国大陆核电总装机容量将达到 870万千瓦,核电机组的发电量将占全国总发电量的 3%左右。我国核电工业虽然起步较晚,但目前进展还是令人鼓舞的。核电设备已经进入小批量生产,我国已签订了向巴基斯坦出口 30 万千瓦核电站的合同,成为世界上第七个能够出口核电站的国家。现在秦山二期自行设计建造的 60 万千瓦核电站已投入运行,与核电站相配套的核燃料工业在技术上也有重大进展,我国已具备了生产 30 万、60 万和 100 万千瓦级压水堆核电站燃料组件的能力。这些都为新世纪我国核电工业的腾飞创造了有利条件,为 21 世纪中叶前我国核电的持续发展奠定了坚实的基础。

(2)我国将建立三个能源基地,其中在东部沿海地区建立核电基地

我国地域广阔、经济发展不平衡,而且能源资源又分布不均。因此,因地制宜,发挥当地资源优势,分别不同情况,规划在全国建立三个不同的能源基地:以山西为中心的北方煤炭基地;以西南为主的水电基地;东部沿海的核电基地。

从我国东北到华南的漫长沿海地区,特别是东南沿海地区经济实力雄厚,技术基础扎实,又是经济腾飞较早的地区,对电力需求迫切,但是缺乏常规能源,因此对发展核电的积极性很高。所以我国应重点在东部沿海地区发展核电,这对缓和该地区的能源供应紧张和促进经济发展都具有重大战略意义。

(3)我国核电站堆型走的是压水堆、先进热中子堆、快堆和聚变堆发展路线

压水堆在国际上已是经济、成熟的堆型,目前国际上核电站已有 70%以上采取这种堆型。我国起步阶段以压水堆作为第一代核电站的主力堆型。现在建成的和在建的核电站都是压水堆核电站。新世纪初建造的核电站堆型力争是新一代的热堆堆型。第二步应争取在 2020 年左右,使快中子增殖堆能逐步进入商用阶段。第三步是从 2050 年开始,聚变裂变混合堆或聚变堆能投入使用。因此,应加强快堆、核聚变堆等的研究。

思 考 题

1.在核反应堆内快中子慢化的机理是什么?

2.什么是自持链式裂变反应,实现核反应堆临界的条件是什么?

3.在某些类型的反应堆内实现核燃料增值的机理是什么?

4.简述压水堆堆芯的结构组成。

5.简述压水堆核电站的系统流程及各回路的主要设备。

6.综述五种主要裂变堆堆型,内容包括:堆型名称、核燃料种类、核燃料富集度、慢化剂种类、冷却剂种类、燃料元件形状、堆型主要特点。

7.为什么重水堆可以采用天然铀作为核燃料?

8.钠冷快中子堆内有无慢化剂? 为什么快中子堆可以更充分地利用铀资源?

9.我国煤资源丰富,为什么还要发展核能电站?

10.我国核电站将以什么样的技术路线向前推进?

第6章 核 武 器

6.1 核武器概述

核武器,是指利用爆炸性核反应释放出的巨大能量对目标实施杀伤破坏作用的武器。人类利用核能,首先是在核武器——原子弹爆炸上实现的。这是因为1939年发现原子核裂变现象时,正值第二次世界大战爆发的特殊历史时刻。这一新的核科学成就立即被用于军事目的,很快研制成功了威力巨大的原子弹。继原子弹爆炸之后不久,又开发轻核聚变能制造了氢弹,同样首先服务于军事目的。到上世纪60年代,又试验成功了中子弹,它是一类可由导弹带载或榴弹炮发射的小型化的氢弹。原子弹、氢弹和中子弹及由它们组装起来的各种导弹统称为核武器,也叫做原子武器。

6.1.1 核武器的断代

目前,已达到实用化的核武器有三代:第一代是原子弹,即利用铀235-或钚-239等重原子核的裂变反应瞬间释放巨大能量的核武器;第二代是氢弹,即利用氢的同位素氘、氚等轻原子核的聚变反应瞬间释放巨大能量的核武器;第三代是特定功能核武器,就是突出利用核武器爆炸产生的强冲击波、光辐射、核辐射、核电磁脉冲、放射性沾染等核效应中的某一种,加以增强或"剪裁"而对其他效应加以削弱的小当量、高精度、用以达成特定作战目的的核武器。现已研制成功并具有作战能力的主要有中子弹、电磁脉冲弹(又称高能射频弹)、超铀元素弹、减少剩余辐射弹、纯聚变的干净弹、核激励X光激光器、钻地核弹头、冲击波核弹头等。三代核武器其综合战术技术性能一代比一代先进,既显示了原子能科学技术水平的发展和提高,也满足了核武器用于战场的企图和要求。目前,美国正在积极研究性能更先进的第四代核武器。

6.1.2 杀伤效应与威力度量

核武器都是利用原子核发生裂变或聚变反应瞬间放出来的巨大能量,对人员和各种目标起杀伤和破坏作用。核武器主要有五种杀伤破坏效应:一是冲击波,约占爆炸能量的50%;二是光辐射,约占爆炸能量的35%;三是早期核辐射,约占爆炸能量的5%;四是放射性污染,约占爆炸能量的9%;五是核电磁脉冲。

核武器的威力是指核爆炸时释放出的总能量有多少。核武器的威力,一般用TNT炸药当量作为度量。TNT当量是用释放相同能量的TNT炸药的质量来表示核爆炸能量的一种计量。

按当量大小分为千吨级、万吨级、十万吨级、百万吨级和千万吨级。一般把当量为2万吨以上的原子弹和氢弹称为战略核武器。把当量在2万吨以下的核武器算做小型核武器,也就是通常所说的战术核武器。中子弹的当量一般都在千吨级范围内,它也是一种战术核武器。

6.1.3 爆炸方式

核武器在作战使用时,可用导弹、火箭运载,也可用飞机投掷和火炮发射。根据作战目的的需要可采取不同的爆炸方式。爆炸方式不同,杀伤破坏作用的效果和范围也不同。核武器的爆炸方式,一般分为空中爆炸、地面或水面爆炸和地下或水下爆炸。

空中爆炸(简称空爆),一般是指火球不接触地面的爆炸。根据爆炸高度不同,又分为低空、高空、超高空爆炸。实际上,根据使用目的,核武器可以在空中任何高度处爆炸。空爆中最常采用的方式是低空爆炸。

地面或水面爆炸,是指火球接触地面或水面的爆炸。它既包括地表面上的爆炸(叫做触地爆炸),也包括在地面或水面上空一定高度而火球不接触地面或水面的爆炸。由于核武器当量越大,火球直径也越大,因此,同样是火球接触地面,大当量核爆炸的实际高度就比小当量核爆炸时要高。

地下或水下爆炸,是指地面或水面以下一定深度处的爆炸。这两种爆炸方式的特点是形成较强烈的地下或水中冲击波。由于地下冲击波的传播距离较近,因此破坏范围不大。地下爆炸时还可形成弹坑,引起爆心附近较强烈的震动。

6.1.4 核武器的发展史

1939年发现了原子核裂变现象,当时意大利的费米马上就想到,如果在铀裂变过程中有中子发射,那么就可能实现裂变的链式反应,释放巨大能量。他的这一想法一发表,就引起了巨大反响。在第二次世界大战炮火连天的时刻,许多物理学家都关注着原子核裂变链式反应过程的潜在军事威力。

当时,原本抱着和平主义立场的著名物理学家爱因斯坦,出于对希特勒摧毁文明的憎恨与担忧,先后两次上书美国总统罗斯福,提请他注意核物理的最新发展,指明核裂变所提供的一种危险的军事潜力,并警告他,德国可能正在开发这种潜力,美国政府必须迅速采取行动,防止德国首先掌握原子弹。他的谏言为罗斯福总统所接受,下决心投入大量人力物力,建造反应堆和研制原子弹。经过一系列研究策划之后,一个代号为"曼哈顿工程"的研制原子武器的计划开始实施。

"曼哈顿工程"上马时,有关原子弹研制的许多科学问题还不清楚。当时美国的许多科学家及一些著名大学也放下了正常工作,加入到原子武器的研制工程。整个曼哈顿工程是在几支并行的力量参加下进行的,主要力量在美国,也得到英国、加拿大和法国的合作。由于各个方面进行了有关核武器的理论与实验的全面研究,并取得了迅速进展,解决了一系列关键问题,终于在 1945 年 7 月 16 日凌晨在新墨西哥州的阿拉莫戈多进行了世界上第一次核试验,成功地爆炸一颗以钚 – 239 为燃料的原子弹。接着相隔不到 1 个月,于 1945 年 8 月 8 日,美国在日本广岛上空投下了代号为"小男孩"、以高浓铀 – 235 为燃料的首枚原子弹。其威力相当于 2 万吨 TNT 炸药,造成了有 30 万人口城市中的 9 万 5 千人丧生和 5 万人受伤,引起了世界的震动。相隔两天,于 8 月 10 日在日本长崎又投下第二颗代号为"胖子"的钚原子弹。人类对核能的利用,就这样首先在爆炸原子弹上得到了实现,给人们留下了并不美好的第一印象。1952 年 10 月 31 日,美国进行了第一次氢弹试验;1963 年美国又首先试验成功了第三代核武器——中子弹。

50 年代初期,继美国之后,紧接着前苏联在 1949 年爆炸了第一颗原子弹。英国和法国也分别于 1952 年和 1960 年各自爆炸了一颗原子弹。美苏两国之间展开了一场前所未有的核军备竞赛。核武器成为大国发展战略的重点,成为世界力量平衡的砝码,成为政治、外交、军事斗争的工具,成为决定世界战争与和平的重大因素。

朝鲜战争、印度支那战争和台湾海峡事件,都促使我国下决心要建立本国战略力量。毛泽东同志对核武器与核战争问题作了辩证的分析,他指出"大国新世界大战的可能性是有的,只是因为多了几颗原子弹,大家都不敢下手"。还说"原子弹,你有了,我有了,可能谁也不用,这样核战争就打不起来,和平也就更有把握了"。正是为了打破超级大国的核讹诈和核垄断,防止核战争和保卫世界和平,以及我国自身的生存与发展,我国也应研制和掌握核武器。为了粉碎超级大国的核讹诈和核威胁、为了国家安全,我国于 1955 年毅然决定建立核工业、研制核武器。经过不到 10 年时间的艰苦努力,终于在 1964 年 10 月 16 日成功地爆炸了第一颗原子弹,成为世界上第五个拥有原子弹的国家。又经过 2 年零 8 个月,在 1967 年 6 月 17 日成功地进行了氢弹试验。这一伟大成就震惊了全世界。1999 年为回击美国"考克斯报告",我国也正式公开宣布"中国早在七八十年代就已掌握了中子弹设计技术"。

美国在开发核武器方面,始终走在世界各国的前头。美国最先于 1945 年 7 月 16 日爆炸原子弹成功,随后前苏联于 1949 年 8 月 29 日、英国于 1952 年 10 月 3 日、法国于 1960 年 2 月 13 日、中国于 1964 年 10 月 16 日也相继拥有了原子弹,核竞赛的局面正式形成。1968 年 7 月 1 日签订、1970 年 3 月 5 日生效的《不扩散核武器条约》第 9 条规定,凡 1967 年 1 月 1 日前掌握核武器的国家为有核国家,允许保留核武器。美、苏、英、法、中 5 国都符合上述条件,成为有核国家。

上世纪下半叶,以美国、前苏联为首的两大阵营冷战的一个明显特点,是以发展核武器、争夺核优势为中心。一场惊心动魄、疯狂持久的核军备竞赛,使世界核武库达到超饱和状态。据世界原子科学家通报,到 1986 年,美、俄、英、法等 4 国,耗资约 8 万亿美元,共制造了近 7 万枚核弹头。其中:美国 2.3 万枚、前苏联约 4.5 万枚、英国约 300 枚、法国 300 多枚,核弹头威力达 200 亿吨 TNT 当量,世界人均 3 吨,足以毁灭人类 50 次。同时,4 国还相应地发展了数万件导弹、飞机、潜艇等核弹头运载工具,组建了三位一体、攻防兼备的核作战集团。到 1996 年 9 月

10 日联合国通过《全国禁止核试验条约》止,全世界共进行了 2 000 多次核试验。表 6 - 1 给出了美国等核大国所进行的各类核试验的次数。频繁的核试验,使核武器的性能不断精良完备,也使地球生态环境遭到了严重破坏。

表 6 - 1　世界核国家核试验次数的比较

国　别	试验总数 (至 1992 年)	大气核试验		第一次 原子弹试验	第一次 氢弹试验	第一次 地下核试验
		时间	次数			
美　国	942	1945～1962	212	1945.7.16	1952.10.31	1951.11.29
前苏联	715	1949～1962	214	1949.8.29	1953.8.12	1961.10.11
英　国	44	1952～1958	21	1952.10.3	1957.5.15	1962.3.1
法　国	210	1960～1974	50	1960.2.13	1968.8.24	1961.11.7
中　国	38	1964～1980	23	1964.10.16	1967.6.17	1969.9.23
印　度	1		0			1974.5.18

上世纪 90 年代初的海湾战争,美国又使用了强力穿甲武器——贫铀弹,由于贫铀弹会造成生物界和环境的严重的放射性损伤与破坏,因而引起世界的高度关注。

在此后的各节中,将分别讨论以下各种武器:第一代核武器——原子弹;第二代核武器——氢弹;第三代中最具代表性的核武器——中子弹;以及有明显放射性损伤的非核武器——贫铀弹,以帮助我们正确认识这些武器的爆炸原理、特点等相关知识。

6.2　裂变核武器——原子弹

6.2.1 原子弹爆炸的原理

原子弹主要是利用铀 - 235 或钚 - 239 等易裂变物质为燃料、进行裂变链式反应制成的核武器。最初把易裂变物质制成处于次临界状态的核燃料块,然后用化学炸药使燃料块瞬间达到超临界状态、并适时用中子源提供若干中子,触发裂变链式反应而产生核爆炸。

由次临界达到超临界状态的方法主要有下列两种。

1."枪式"原子弹

"枪式"原子弹是把两块(或三块)处于次临界状态的裂变装料,分开地放在原子弹的不同部位,例如可以放在弹的两端(见图 6 - 1),当化学炸药爆炸时,使两块装料压拢在一起达到超临界状态,加上中子源少量中子的触发,引起按等比级数发展的越来越激烈的重核裂变链式反应,只需几微秒,就可以完成 200 代以上。巨大能量的释放必然产生剧烈的核爆炸。1945 年 8

月8日美国第一颗投到广岛代号为"小男孩"的原子弹就是"枪式"的铀弹。在铀弹中用了分离工厂生产的几十公斤高浓缩的铀-235。美国在广岛投掷这颗枪式铀弹之前还没有用一颗完整的铀弹进行过试验,当然这次军事行动是相当冒险的。不过他们必须冒险,因为铀-235的生产速度比钚慢得多。

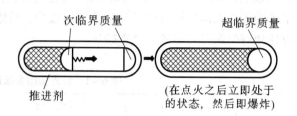

图6-1 "枪式"原子弹的原理图

2."内爆式"原子弹

"内爆式"原子弹是把一块处于次临界状态的裂变装料放于原子弹的中间,用化学炸药爆炸产生的内聚冲击波和高压力,压缩中间这块处于次临界状态的裂变装料,使其密度急剧升高。当密度升高到一定程度时,即达到临界或超临界状态,加上中子源少量中子的触发,立即发生迅猛的链式裂变反应,产生核爆炸。图6-2和图6-3分别为"内爆式"原子弹的原理和结构示意图。与枪式相比,内爆式更为优越,因它可少用裂变装料,即比较节省核燃料,但技术上难度大。美国在1945年7月16日进行的第一次核试验和后来在日本长崎投下的原子弹都属内爆式钚弹。这两颗钚弹中所使用的几十公斤钚-239是用三座石墨慢化、水冷型天然铀反应堆及与之相配套的化学分离工厂生产的。我国第一颗原子弹是铀弹,由于内爆式具有普遍适用的优点,所以我国决定第一颗原子弹采用内爆式设计。

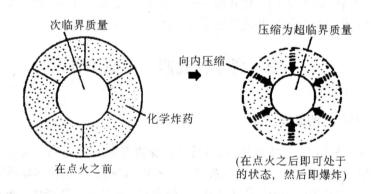

图6-2 "内爆式"原子弹的原理图

还有一种可称之为"枪型-内聚型混合式"原子弹,是上述两种方式的结合。现在的原子弹大都采用这种形式,其优点是核原料(核燃料)的利用率比较高。

制造原子弹的关键是获得核燃料——高浓缩铀或钚。由于达到链式裂变反应条件受临界质量限制,因此它的装料也是有限制的,不能很多。根据计算,生产一颗原子弹大约要用16 kg

的92%的铀12或9 kg的93%的钚6。可以看出,原子弹的装料不仅与核燃料的种类有关,还与核燃料的富集度有关。一般情况下,一吨钚可以制造120枚核弹头,根据一个国家贮存的浓缩铀和钚的数量,可以大致推测其生产原子弹的最大能力。以枪式为例,每一块不能超过临界质量。组合起来又要超过临界质量。所以要造一个原子弹,至少要能获得临界质量的核燃料。无反射层时钚的临界质量约16 kg,加上一个天然铀反射层,其临界质量可降到10 kg。一般无反射层时铀-235的临界质量要50 kg,有反射层时铀的临界质量还可显著降低。但它也随浓缩度而迅速变化,铀-235浓缩度低于10%时,核装置的质量要很大,因而是不现实的。所以做原子弹的铀要高浓缩的,而且要积累到临界质量以上才可能装配一颗原子弹。

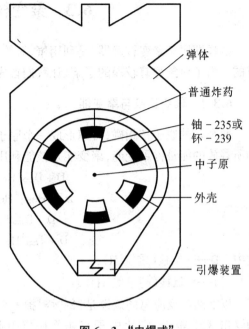

图6-3 "内爆式"原子弹结构示意图

弹体
普通炸药
铀-235或钚-239
中子原
外壳
引爆装置

6.2.2 原子弹的技术关键

首先要解决的是引爆装置,它是靠一个点火装置产生的脉冲来引爆的,使高爆炸药产生一个均匀的向心爆炸力,从而在铀球及其外围的中子反射层(为增强裂变爆炸效果)上产生一个均匀的强大的向心压力,使铀-235球体从亚临界状态,经过压缩而达到超临界状态。在压力达到峰值的几个微秒内,在原子弹中央有一个高尔夫球大小的中子源产生大量中子,迅速引发超临界状态的铀-235球的裂变链式反应——核爆炸。因此,第二个关键任务就是精确定时。在引爆之前,核弹内裂变材料块的质量在给定条件下不会达到临界状态,引爆后能在几个微秒内达到超临界状态,此时中子点火装置(强的中子源)要在某一精确时刻点燃裂变链式反应并使之达到最大值。成功的设计应该是在给定质量下,使裂变速度要大于裂变材料炸开时的膨胀速度,并使裂变链式反应达到足够多的"代"数,使释放的裂变能量达到最大值。如果在达到所要求的"代"数之前,就因裂变材料的膨胀而变为亚临界状态,那么这颗原子弹就是"臭弹"。据计算,10万吨级爆炸能量的99.9%以上是在链式反应的最后7代释放出来的,其时间约为0.07 μs。因此,点火装置的精确定时和中子源的强度是不致造成"臭弹"的关键因素。

核武器研制是一项耗资昂贵和技术复杂的系统工程,要达到设计、制造的要求,不仅需要复杂、精确的理论计算,还需要进行必要的试验研究。其目的在于鉴定核爆炸装置的威力和有关性能,检验理论原理、计算及结构设计,以便提供改进设计和定型生产的依据。

6.3 聚变核武器——氢弹

氢弹即属于聚变核武器,是利用氘、氚等轻原子核的聚变反应释放出巨大能量的原理而制成的。为了对氢弹有较深的了解,让我们首先介绍聚变和聚变发生的条件。

6.3.1 聚变反应与聚变能

两个轻的原子核相碰,可以形成一个原子核并释放出能量,这就是聚变反应。在这种反应中所释放的能量称聚变能,聚变能是核能利用的又一重要途径。最重要的聚变反应有

$$D + D \Rightarrow {}^3He + n + 3.27 \text{ MeV}$$
$$D + {}^3He \Rightarrow {}^4He + p + 18.35 \text{ MeV}$$
$$D + D \Rightarrow T + p + 4.0 \text{ MeV}$$
$$D + T \Rightarrow {}^4He + n + 17.59 \text{ MeV}$$

式中　D——氘核(重氢${}_1^2H$);

　　　T——氚核(超重氢${}_1^3H$)。

以上两组反应总的效果是:每"烧'掉 6 个氘核共放出 43.24 MeV 能量,相当于每个核子平均放出 3.6 MeV。它比中子打击${}^{235}U$ 核引起的裂变反应中每个核子平均放出 200/236 = 0.85 MeV高 4 倍。因此聚变能是比裂变能更为巨大的一种核能。

核聚变能利用的燃料是氘(D)和氚(T)。氘在海水中大量存在。海水中大约每 600 个氢原子中就有一个氘原子,海水中氘的总量约 40 万亿吨。每升海水中所含的氘完全聚变所释放的聚变能相当于 300 L 汽油燃料的能量。按目前世界消耗的能量计算,海水中氘的聚变能可用几百亿年。氘和氘反应所需要的氚,在自然界中不存在,它需要靠人工由锂生产,可以从如下反应中得到

$$n + {}^6Li \Rightarrow {}^4He + T$$
$$n + {}^7Li \Rightarrow {}^4He + T + n$$

锂主要有锂 – 6 和锂 – 7 两种同位素。锂 – 6 吸收一个热中子后,可以变成氚并放出大约 48 MeV的能量。锂 – 7 要吸收快中子才能变成氚。氢弹中装的核聚变燃料是氘化锂(LiD)。氘氚反应所需要的氚,就是靠其核心原子弹裂变产生的大量中子,轰击包层中的锂而产生的。地球上锂的储量虽比氘少得多,但也有两千多亿吨。用它来制造氚,足够用到人类使用氘、氘聚变的年代。因此,核聚变能是一种取之不尽用之不竭的新能源。

6.3.2 实现聚变能利用的条件

根据多年的理论研究,要实现聚变反应,是要满足一定条件的。首先,聚变反应的燃料应加热至很高的温度。因为两个轻原子核只有相靠很近时才可能发生聚变。原子核都是带正电

的,要相互靠近必须克服它们间的静电排斥力。这就要求这些轻核要有足够高的动能。只有把聚变反应的燃料加热到很高的温度,才可能使这些核子具有很大的热运动能量,足以克服它们之间的静电排斥力,而相互靠近,发生大量的聚变反应。据估算,温度需达到1亿度以上。这样高的温度,聚变反应的燃料都已完全电离,处于等离子体状态,成为完全电离的气体。其次,这样的高温等离子体还必须有足够高的密度,并维持足够长的时间(称约束时间),这样才可能达到聚变反应的条件。

在一定的温度条件下,在一定时间内原子核之间互相碰撞的次数与等离子体中原子核的密度成正比;而在一定核密度下,原子核之间互相碰撞的次数,与保持这密度的时间,即约束时间成正比。因此,聚变反应中能量的释放,与等离子体的温度、原子核密度和约束时间有关。经研究,1957年劳逊(J.D.Lawson)把以上条件定量地表示为

$$\left.\begin{array}{l} T = 10^8 \text{ K} \\ n\tau = 10^{20} \text{ sec/m}^3 \end{array}\right\} \text{DT 反应} \qquad \left.\begin{array}{l} n\tau = 10^{22} \text{ sec/m}^3 \\ T = 10^9 \text{ K} \end{array}\right\} \text{DD 反应}$$

式中　　n——等离子体密度(每立方米氘氚轻核的数目);

　　　　τ——等离子体约束时间(s);

　　　　T——等离子体温度(K,即开尔文温度)。

由此可见,DT反应(即氘与氚的聚变反应)要求的条件相对于DD反应(两个氘核的聚变)低一些。要实现聚变能的利用,第一步要求能达到DT反应的劳逊条件,然后再进一步实现DD反应的聚变能利用。

6.3.3　氢弹爆炸的原理

要发生聚变热核反应,必须达到高温、高密度条件。这个条件目前只能依靠原子弹爆炸产生的巨大能量来实现。因此,氢弹必然包含两个部分:初级和次级。初级是为创造热核反应所需的条件而设计的起爆装置,即核裂变的链式反应装置。裂变爆炸释放能量使核聚变材料获得高温、高密度条件。次级是热核聚变装料,它能在高温、高密条件下发生热核反应,释放出大量能量和中子,这是氢弹的主体部分。氢弹的巨大威力主要来自热核聚变释放的能量。因此原子弹有临界质量限制,装料不能太多,所以它的威力有一定限制,一般在2万吨TNT当量,但热核武器(氢弹)的装料则无限制,原则上可以做得很大。

热核武器有两种类型:聚变加强型裂变武器和多级型热核武器。加强型是把聚变材料放到内爆式裂变武器的弹芯内,外面包围铀或钚。当引爆后,裂变材料受压超临界发生不可控的链式反应后,使弹芯急剧升温,装置内的聚变材料也被"点燃',形成热核聚变反应,同时放出大量中子,这些中子又使裂变链式反应加剧,这样的复合过程,使爆炸威力可进一步增强,达到几十万吨TNT级。多级型热核武器又叫做裂变—聚变—裂变三相弹,其原理如图6-4所示。热核爆炸的中心是裂变材料,外面包一层6LiD,最外面一层是铀-238。裂变材料爆炸产生热能和中子,热能可使6LiD包层获得高温条件,使6LiD完全电离,变成由D,6Li和电子组成的高温

等离子体。裂变放出的中子被 6Li 吸收后会产生氚,因此可以引起氘氚、氘氚热核聚变反应,释放巨大的能量。而且在氘氚、氘氚反应中产生的快中子又可引起最外层铀–238 的裂变,这样就更增强了热核爆炸的威力和辐射强度。爆炸释放能量都是在极短的时间内进行的,这个时间是微秒量级。因此,氢弹的爆炸威力远大于原子弹,一般都在百万吨级 TNT 当量。

从理论上讲,多级型热核弹的威力没有上限。在 50 年代初,美国与前苏联已经成功地制成了多级型热核炸弹。我国确定将核武器与导弹相结合,生产多级导弹的弹头,走的是高水平的多级型热核武器的发展道路。

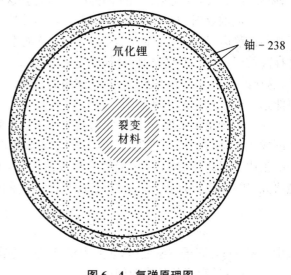

图 6–4 氢弹原理图

6.3.4 氢弹的技术关键

要想使原子弹发生爆炸,只需要有相应的中子发生器适时提供若干"点火"的中子就可以了。可是,氢弹要发生爆炸,就没有那么简单了。我们知道,要使两个原子核聚合在一起,形成一个重核,就必须克服带正电的原子核之间的排斥力。要冲破两个原子核之间的排斥力,就必须设法让一个原子核以极高的速度向着另一个原子核冲过去,一直冲到能够发生核聚变的距离上,那么,这两个原子核就结合在一起了。物理学知识告诉我们,分子运动的速度会随着物质温度的升高而加快。因此,只要将轻核材料的温度升高到足够高,聚变反应就能够实现。

那么,实现聚变反应需要多高的温度呢?据计算,这一温度要在 1 000 万摄氏度以上。而且,只有在 1 400 万～1 亿摄氏度的温度条件下,反应速度才大得足以实现自持聚变反应。到哪里去寻找这样高的温度源呢?一时,这一问题成了困惑科学家的重大难题之一。直到原子弹爆炸成功以后,人们才惊奇地发现,原子弹爆炸时产生的高温能够满足聚变反应所需要的高温条件,这就为人工实现热核反应铺平了道路。于是,科学家在氢弹中设计了一个来"点燃"热核爆炸的起爆原子弹,并把它称为"扳机"系统。

原子弹"扳机"是怎样引爆氢弹的呢?让我们看看如图 6–5 所示的氢弹结构示意图和它爆炸的过程。氢弹是由 3 种炸弹组成:在它的弹壳里,有液态氘作为热核材料,里面是原子弹,由铀作为核装料,另外还有普通炸药作为引爆装置。整个爆炸过程虽然极短,但是步骤分明:当雷管引起普通炸药爆炸时,就将分开的核装料迅速压拢,使其达到临界质量,造成原子弹爆炸,即氢弹的"初级"爆炸;然后原子弹爆炸产生的几千万摄氏度高温,使氘和氚的核外电子流统统剥离掉,成为一团由裸原子核和自由电子所组成的气体——等离子体,氘和氚以每秒几百千米的速度互相碰撞,迅速、剧烈地进行合成氦的反应,巨大的聚变能量迸发而出,就造成氢弹的"次级"爆炸。这就是原子弹"扳机"引爆氢弹的全过程。如果用氘氚或氚做氢弹的炸药,在氢弹外面还可以包一层铀-238,当这些炸药爆炸时,会放出很多很快的中子,这些快中子又可以引起铀-238的裂变。这样可以增加氢弹的威力。这种氢弹实际是由原子弹—氢弹—原子弹组成的,所以又叫做三相热核炸弹。

氢弹对核燃料和运输条件的要求非常严格。氘和氚在常温常压下是气态,体积大而且不易存放,因此要用低温或超高压使其液化或固化。1952年10月31日,美国进行了世界上首次氢弹试验。这颗氢弹的

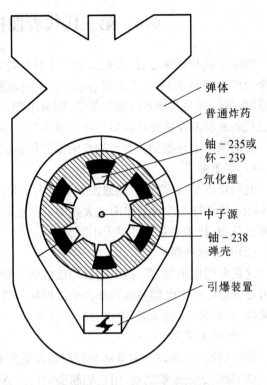

图 6-5 氢弹结构示意图

弹体
普通炸药
铀-235或钚-239
氘化锂
中子源
铀-238弹壳
引爆装置

核材料是液态的氘和氚的混合物,所以叫做"湿法"氢弹,其重量达65吨,因此无法用飞机运载,只能放在地面爆炸,爆炸威力为1 000万吨TNT当量。前苏联于1953年8月12日进行氢弹试验,他们首次用固化物氘化锂(LiD)作为热核装料,称为"干法"氢弹,它的体积和重量均可大大缩小,有可能用飞机投放。第三种氢弹叫"氢铀弹",它是在氢弹的外面包上一层厚厚的铀-238,因为这种铀-238没有临界质量的问题,所以可做得很厚,这种氢铀弹爆炸时,裂变能和聚变能可以各占一半左右,也可以使裂变能达到80%左右。这种氢铀弹爆炸后的放射性产物污染严重。如1954年3月1日美国在马绍尔群岛进行的第一次氢铀弹爆炸,当时远离爆炸中心200 km处的一艘日本渔船上有23人全部由于放射性尘埃的污染而得了放射病,其中一个人半年后死亡。因此,人们称之为"肮脏"氢弹。

目前,最小的氢弹,其威力为100吨TNT炸药爆炸的威力;最大的战略核武器——氢弹,其威力可以达到5 000万吨TNT以上炸药的威力。1961年10月30日,前苏联试验了一颗至今为止爆炸威力最大的热核装置,为5 800万吨TNT当量。

6.4　第三代代表性核武器——中子弹

继原子弹和氢弹之后,人们又研制了具有特定功能的第三代核武器。他们突出利用核武器爆炸产生的强冲击波、光辐射、核辐射、核电磁脉冲、放射性沾染等核效应中的某一种加以增强或"剪裁",而对其他效应加以削弱,制成小当量、高精度的核武器,以达到特定作战的目的。第三代核武器的发展使核武器至今已成为"三代同堂"的大家族。

目前国际上研制的具有代表性的第三代核武器主要有如下三类。

(1)中子弹

它的特点是:在爆炸时能放出大量致人于死地的中子,其中子产出量约为同等当量原子弹的 10 倍,并使冲击波等的作用大大减弱。在战场上,中子弹只杀伤人员等有生目标,而不摧毁诸如建筑物、技术装备等,"对人不对物"。

(2)电磁脉冲弹

这是专门用于"扩张"核电磁脉冲效应的一种核武器,它可以产生强电磁脉冲效应,所到之处可使未加防护的电器和电子部件全部损坏,"惟电是毁",可造成大范围的指挥、控制、通信系统瘫痪,在未来的"电子战"中将会大显身手。

(3)超铀元素弹

即利用铀 - 235 以外的某些裂变材料制造的超小型核武器。除钚以外,还有 13 种超铀元素,它们都位于铀元素之后,用它们制造的核武器统称超铀元素弹。超铀元素弹的可裂变物质产生链式反应所必须具备的最小体积极小,可以制造出"像子弹大小"的核弹头,使核弹头朝着"微型化"、"隐形化"发展,使对方防不胜防,并可严格控制爆炸范围和程度,避免不必要的破坏。

另外,还有"减少剩余辐射弹"、"纯聚变的干净弹"、"核激励 X 光激光器"、"钻地核弹头"、"冲击波核弹头"等第三代核武器,其机理与上述三种大致相同。

本节将重点讨论第三代的代表性核武器——中子弹。

6.4.1　中子弹概述

在一个风和日丽的上午,前苏联一支英雄坦克部队迎战来犯之敌。敌方部队所装备的 T - 72 新式坦克是当时世界上最先进的坦克,装有复合装甲和自控火力,不仅具有很强的反导弹能力,而且可以在核环境中作战。然而,正当坦克群按照预定的计划展开战斗队形,势不可挡地向前开进时,奇迹出现了:只见天空中出现了一个小小的火团,接着传来一阵清脆的响声。很快,火团便逐渐扩散、扩散,渐渐地消失在明媚的阳光之中。就在这短暂的几分钟内,地面战场的形势发生了重大转折。刚刚还井然有序的坦克队形现在却出乎意料地变得杂乱无章了。有的坦克已经熄火停在原地,有的坦克像无头的苍蝇到处乱撞。而坦克里的士兵,则无声无息地永远睡着了。离火团出现位置远一点的地方,坦克里的士兵有的在痛苦地呻吟,有的在疯狂地吼叫。地面上的指挥官,有的早已瘫倒在地,有的则在疯狂地打滚,有的则摇摇晃晃如醉汉般失去了指挥能力……数小时后,敌军士兵大摇大摆地走进这片坦克阵地,开走了能动的坦克,俘虏了活着的士兵,得胜而归。这是前苏联军事专家假想的一场战斗,但却极可能是未来战场的真实写照。那么,是什么武器有这么大的威力,又如此聪明,既杀人又不见血,而且还只杀人不毁物呢?这个神秘的杀手既不是常规武器,也不是普通的原子弹和氢弹,而是一种特殊的核武器——中子弹。

中子弹是一种通过释放高能中子和 γ 射线为主要杀伤手段的战术核武器。

提出中子弹概念的目的是企图制造一种战术核武器,使它对建筑物等的破坏程度尽可能地小,而对人员的杀伤则尽可能地大。已经知道,核武器的杀伤破坏作用有五种形式:一是冲击波;二是光辐射;三是早期核辐射;四是放射性沾染;五是核电磁脉冲。对建筑物造成破坏的因素主要是冲击波;对生命造成杀伤作用的因素主要是核辐射。核辐射一般只杀伤人员,而不影响物体;温度极高的热辐射会把暴露于街市的人烧死,当然也毁坏建筑设施。因此,要制造一种战术核武器,尽可能减小冲击波,而大大提高核辐射强度,这就是所谓的中子弹——最新的第三代战术核武器家族成员之一。

中子弹的最显著特点是强辐射和附带杀伤小。中子弹的强辐射是与其附带杀伤小相辅相成的。中子弹也有裂变反应,但其数量较少,所以中子弹爆炸虽然也具有一般核武器的五种破坏因素,但其突出了核辐射这一因素,其他的杀伤破坏因素就很小了。它爆炸时早期核辐射的能量则高达 40%。正因为如此,中子弹算作是一种比较"干净"的核武器。中子弹爆炸放出的大量高能中子,可以穿透 30 cm 厚的钢板,可以毫不费力地穿透坦克、掩体和砖墙等,杀伤其中的人员而不损害其他设施。例如,1 000 吨 TNT 当量的中子弹,可以使 200 m 范围的任何生命死亡,在 800 ~ 1 000 m 内的人员,如不遮蔽就会在 5 min 内失去活力,在一两天内死亡。可是,这样的一颗中子弹对周围物体的破坏范围却只有 200 ~ 300 m。如果适当增加爆炸高度,在核辐射杀伤半径基本不变的情况下,还可以减少对建筑物的破坏半径。因为它的穿透力特别强,所以特别适宜杀伤和破坏战场上成批的坦克,装甲车辆等。中子弹可以顷刻之间把它们变成一堆不能动弹的废铁,而且坦克、装甲车、舰艇中的人员受到 γ 射线的照射,必死无疑,因此威慑力相当大。小型的中子弹可以制成核导弹弹头、核炮弹弹头,通过飞机或大炮进行发射,是一种灵巧的战术核武器,是航空母舰这种庞然大物的克星。

中子弹的另一个特点就是它的当量小。在地面上使用中子弹,一般约为 1 000 ~ 2 000 吨 TNT 当量。中子弹爆炸释放的能量,不及氢弹的千分之一,所以又称为"小氢弹"。当核武器的当量增大到一定程度时,它的冲击波效应和热辐射效应就要占上风,压过辐射效应,冲击波、光辐射的破坏半径就必定会大于核辐射的杀伤半径,那时,中子弹的核辐射特性就消失了。所以,中子弹的当量不可能做得太大。因为中子弹的爆炸当量小,所以它的波及范围比原子弹和氢弹小,它的杀伤半径也比较小,它的冲击波受到很大削弱,因此对房屋建筑、设施和树木等不会构成严重的威胁。一枚威力相当于 1 000 吨烈性炸药的中子弹,冲击波和火灾的破坏杀伤半径约为 100 m,而中子的杀伤半径约 1 000 m。也正因为如此,中子弹这个神秘的杀手才有了更为广阔的用武之地,作为战术核武器,才比其他核武器具有更多的实用价值。

中子弹的第三个特点是放射性沾染轻,持续时间短。因为引爆中子弹的裂变当量很小,所以,中子弹爆炸造成的放射性沾染也很轻。据报道,美国研制的中子炮弹和中子弹头,其聚变当量约占 50% ~ 75%,所以,中子弹爆炸时只有少量的放射性沉降物。通常情况下,经过数小时到一天,中子弹爆炸中心地区的放射性就已经大量消散,武装人员即可进入并占领遭受中子弹袭击的地区。

6.4.2　中子弹爆炸原理

普通原子弹也能放出大量中子,然而中子的核辐射效应被其他效应所遮蔽。冲击波能把广大地区的建筑物夷为平地,人员不是死于冲击波的直接伤害就是死于建筑物的倒塌。氢弹的中子数量比原子弹多 10 倍以上,因此更能够穿透厚厚的铁甲和防御材料,杀伤内部人员。中子弹和氢弹的共同点在于它们都是根据聚变热核反应原理制造的。中子弹当量比较小,主要杀伤因素是中子射线。真正的中子弹或纯中子弹所利用的能量应该完全是聚变反应放出的能量。

测量分析表明,聚变反应放出的平均中子能量高达 14 MeV,甚至高达 17 MeV;放出的氢核能量却只有 3.5 MeV,射程只有几个厘米,爆炸后其能量将传给几厘米内的空气,使空气产生高温高压,形成冲击波和热辐射。氢弹爆炸时强大的冲击波和超高温形成的热辐射,占整个氢弹爆炸能量的 65% 左右,而发射出来的中子的能量只占 35%;中子弹爆炸时正好相反,它发射出来的中子的能量要占 70% 以上,冲击波和热辐射只占 30% 左右的能量。此外,中子弹爆炸时,放射性污染只集中在爆炸中心附近,所以中子弹爆炸后几小时,人就可以进入中子杀伤区域。同时,中子杀伤区域内的建筑物、财产、军事设备不受中子破坏,缴获后可以马上加以利用。理论上,纯中子弹中只有 20% 的能量是冲击波和热辐射,80% 为辐射中子的能量。所以中子的杀伤作用占主要地位。实际上中子有一小部分能量要被中子弹弹壳吸收,再加上中子倍增材料所产生的中子能量较低,所以中子弹的中子带走的能量低于 80%。

中子弹和氢弹的点火,目前都是利用小型原子弹来实现的。在中子弹中不能用铀 - 238 做外壳,因为它会使中子慢化,会降低中子弹的中子能量,而且它在快中子作用下发生裂变反应,则增加了冲击波和裂变产物放射性污染,这是和中子弹的设计目的背道而驰的。因此不会存在快中子引起的铀 - 238 的裂变,只有点火用原子弹中的钚 - 239 或铀 - 235 的裂变。将来,如果激光微爆聚变点火在技术上成熟,而且几何尺寸可以做得很小的话,纯聚变氢弹和纯中子弹是有可能实现的。目前所谓的中子弹,还仅仅是一种相对地减少了冲击波,增强了中子辐射的特殊小型氢弹而已。所以美国把目前的中子弹正式定名为弱冲击波强辐射弹,简称强辐射弹。

中子弹作为一种强辐射的战术核武器刚刚问世,它也将和任何新武器一样还会不断地改进和完善。目前的中子弹,还是一种很不完善的中子弹,其聚变产生的能量最多只占60%左右。因此,还要不断减少原子扳机的裂变核燃料的装料,提高聚变对裂变的比例,以至最后实现纯聚变的中子弹。要达到此目的,估计还需要相当长的时间。

6.4.3 中子弹技术

图6-6和图6-7给出了两种不同布置形式的中子弹结构示意图。中子弹的中心由一个超小型原子弹做起爆点火,它的周围是中子弹的炸药氘和氚的混合物,外面是用铍和铍合金做的中子反射层和弹壳。此外还带有超小型原子弹点火起爆用的中子源,电子保险控制装置,弹道控制制导仪以及弹翼等。超小型原子弹爆炸形成的几百万度高温和几百万大气压,使氘和氚发生热核反应,温度和压力进一步提高后氘和氘也发生反应,这样,中子弹爆炸后,就放出大量高能快中子。

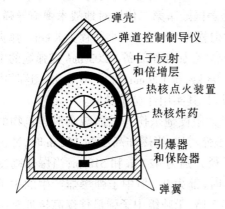

图6-6 中子弹结构示意图(类型 A)

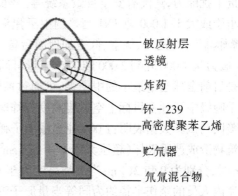

图6-7 中子弹结构示意图(类型 B)

中子弹的爆炸过程是这样的:首先由化学炸药爆炸引发钚-239的裂变反应,钚-239的裂变反应引发氘氚混合物的聚变反应,产生大量高能中子,进一步促进钚-239的裂变,从而放射出更多的中子,这一过程就称为"中子反馈"。由于裂变反应不断增强,从而引发了大量聚变材料氘氚的聚变反应。在中子弹的裂变和聚变反应中,聚变反应放出 的中子要比裂变反应放出的中子多得多,而且,聚变反应放出的能量大部分为高能中子所携带,成为核辐射杀伤的因素。因为氘氚聚变反应放出的中子能量很高,所以在空气中有较强的穿透力。中子能有效地杀伤人员和对付装甲集群目标,而对建筑物和武器装备的破坏作用则很小。

要研制供实战用的中子弹,原理说来简单,但做起来要解决以下一系列的高技术难题。

一是聚变材料(又称聚变燃料)。聚变能量主要来源于氘-氚核反应,可是并不能直接采用常温下呈气态的氚而要采用常温下呈固态的氘化锂,氚则是利用核装置进行核反应过程中由中子轰击同位素锂－6而产生的。

二是引爆装置。过去利用原子弹爆炸时产生的能量触发聚变反应,这本身就是一个复杂难题。现已发展到通过激光引爆这一先进手段。

三是小型化。根据中子弹的特点,它只能是千吨级低当量战术核武器,所以必须使其体积和重量适于战场使用。

四是中子弹的结构设计和材料要极其"巧妙",使其具有最佳的中子穿透性并尽量减少中子损失。

五是中子弹内的聚变材料氚半衰期较短(约 12.5 年),因此一旦生产出中子弹,如不能及时使用又要长期贮存,必须定期检测和更换氚部件,这又是一个技术复杂、耗费巨大的难题。

美国先后生产了代号为 W－70 的中子弹、长矛导弹的中子弹头、203 mm 榴弹炮的中子炮弹,研制了 155 mm 榴弹炮的中子炮弹。代号为 W－70 的中子弹,弹头的质量为 211 kg,弹长 2.46 m,弹径 0.46 m,其弹头威力为 100 吨 TNT 当量左右。W－70 中子弹弹头在飞行中具有较强的抗干扰能力,还配有安全自毁系统等。"长矛"是美国陆军第二代地对地战术弹道导弹,可携带小于或大于 1 000 吨 TNT 当量的中子弹头,最大射程为 130 km,最小射程为 8 km。弹头有 5 种爆炸高度,即地面、低空、低空加地面后备、高空或高空加地面后备。203 mm 榴弹炮的中子炮弹,威力从 1 000 吨到 2 000 吨 TNT 当量可调,重约 98 kg,长 109 cm,直径 20.3 cm。这种中子炮弹是目前全球当量最小的中子弹,可通过榴弹炮发射,其实用性显而易见。

千吨级中子弹在目标上空适当高度爆炸时,可最大限度地杀伤人员而减小对建筑物的破坏。美国的试验数据表明:1 000 吨当量中子弹和原子弹对比,当爆炸高度为 152 m 时,冲击波对建筑物造成严重破坏(超压大于 0.4 kg/cm^2)的半径分别为 427 m 和 518 m;当爆炸高度为 457 m 时,分别为 0 和 213 m;当爆炸高度大于 914 m 时,都为 0。但中子弹爆炸产生的中子流对坦克内人员的杀伤半径约为同等当量原子弹的 2～3 倍,千吨级中子弹最佳爆高接近 500 m。中子弹对付集群装甲目标(如集群坦克、装甲车辆)是一种十分好的武器,它能有效地杀伤车内人员而车辆基本不受或少受损。

6.4.4 研制中子弹的竞争

中子弹是世界保密性最高的武器系统之一,人们迄今为止还不知道各国拥有多少这种武器的实际状况。核武器发展到氢弹时,都是向威力扩大的方向努力。后来人们才逐渐认识到氢弹的威力太大了,大到了能毁灭全世界,结果,威力虽大的核武器竟然是谁也不敢首先使用。中子弹与普通核武器的主要不同之处是,中子武器可以在相当有限的战场区域内进行可控式核打击,以最小程度的破坏力,最大程度地摧毁敌人的有生力量。中子武器甚至能够对某一点式目标进行可控的核打击,攻击后只造成较小范围的冲击波、核辐射和粉尘污染。这样,就使核武器进一步实用化了,是惟一可以在出现重大地区冲突时使用的小型化核武器,在战争中使用这种核武器将不会造成太大的道义上的压力。正是出于这些考虑,世界核大国竞相研制中子弹,发展自己的核打击力量。

美国是世界上第一个拥有核武器的国家,也是世界上的核超级大国。美国对中子弹的研制和装备部队的起步都是最早的。中子弹的研究开始于 1958 年,在 20 世纪 70 年代中后期,美国就在内华达州地下试验室进行了一系列的中子弹试验,经过多年秘密研究,失败再失败,1977 年 6 月,中子弹终于问世。美国总统卡特宣布,美国已经掌握了中子弹的制造技术。到 1978 年 10 月,美国开始生产首批代号为 W‒70 的中子弹,1981 年美国的中子弹开始陆续装备部队。截至 1983 年,美国陆军共部署带中子弹弹头的“长矛”战术导弹 945 枚,部署在美国、比利时、意大利、荷兰、前西德和英国等地。此外,美国还将中子弹装配在射程为 30 km 以内的 155,203 等火炮上,当需要时,也可以用飞机投掷。

继美军试爆中子弹成功之后,1980 年,法国也试爆中子弹成功,1985 年研制成功中子弹,当时并计划 1992 年装备“哈德斯”地对地战术导弹。据悉,该中子弹的直径超过 200 mm。

冷战时期的美国和前苏联是一对虎视眈眈的宿敌,美国中子弹的出现无异是给前苏联当头一棒。正如当年美国原子弹的爆炸激怒了前苏联一样,前苏联在追赶美国中子弹的道路上也是马不停蹄。没过多久,原苏联也有了中子弹。俄罗斯对中子弹的使用也早有思想准备,当北约考虑对南斯拉夫发动陆战时,因传出俄罗斯有可能启用中子弹而作罢,这也显示了中子弹的威吓能力。

中国在向氢弹进军的同时,就有著名物理学家提出了激光聚变的初步理论,即中子弹的基本原理,这在当时国际上也是属于较早的提出者之一,并不比美国晚。1967 年 10 月 17 日,中国成功地爆炸了第一颗氢弹后,研究中子弹技术项目就进入了国家计划的运行轨道。从 1964 年我国爆炸了第一颗原子弹以来,发展核武器的工作一直在有条不紊地进行,即使在文化大革命期间也没有中断过。到 20 世纪 80 年代初,我国建造了用于激光聚变研究的装置,80 年代末期成功试爆中子弹。在 1988 年我国还进行了增强核辐射技术的高新试验。中子弹是我国继拥有氢弹之后的必然过程。正如我国国务院新闻办公室《再驳考克斯报告》中指出的那样:“70 年代和 80 年代,面临着愈演愈烈的美国、苏联两国空前的核军备竞赛,数万枚核弹头的阴云笼罩在世界人民的头上,也直接威胁到中国的安全,中国不得不继续研究发展核武器技术和改善自己的核武器系统,并先后掌握了中子弹设计技术和核武器小型化技术。”向世界公开宣布中国早在七八十年代就已掌握了中子弹设计技术。以前,拥有中子武器的俄罗斯、美国和法国,并不承认中国已经掌握了制造中子弹的技术。因为中子弹作为新型大规模杀伤性武器是迄今所有高技术的集中体现。

中子弹经过多年改良,已远远超越了最初的设计,战力日趋神奇。中子弹不仅可在反舰和反导弹中使用,甚至还专用来破坏敌方军事指挥系统的心脏。美、俄都曾试验以中子弹瘫痪来袭导弹,且颇为成功,可使导弹在空中变形和丧失功能;而战舰遇上中子弹,则瞬间变成废铁。

6.5 放射性非核武器——贫铀弹

6.5.1 概述

贫铀实际是从天然铀中提取了供核武器装料或供核反应堆燃料用的铀 – 235 以后的废料,是 100% 的铀,其中 99% 以上是铀 – 238,铀 – 235 含量一般为 0.2% ~ 0.3%,放射性约为天然铀的 50% 左右。因其主要成分是具有低水平放射性的铀 – 238,故称贫化铀,简称贫铀。贫铀的密度为 19.3 g/cm³,是钢的 2.5 倍,是铅的 1.7 倍,与常规穿甲材料钨相当。但纯贫铀的硬度和强度都不高,必须添加别的成分。例如,加入 0.75% 的钛,制成贫铀合金,再经过热处理,强度可比纯铀高 3 倍,硬度可达到钢的 2.5 倍。每提取 1 g 浓缩铀要产生 5 倍于浓缩铀本身的废料,贫铀虽为"废料",但也具有较强的放射性,保存起来特别麻烦,许多有核国家都在为处理这种"贫铀"大伤脑筋。

贫铀弹是穿甲弹家族的一员。贫铀弹,是指以贫铀为主要原料制成的导弹、炸弹、炮弹、子弹等(见图 6 – 8)。贫铀弹以高密度、高强度、高韧性的贫铀合金做弹芯,爆炸时,产生高温化学反应,可以用来摧毁坚固建筑物和攻击坦克。贫铀弹主要是用来攻击装甲等坚固目标的,对人的杀伤只是一种附带杀伤。

贫铀弹不是核武器,因为它不是利用可裂变核素的链式核裂变反应或轻核的聚变反应释放的巨大能量来达到战争的目的。

6.5.2 贫铀弹的爆炸原理

金属铀及铀合金具有密度大、硬度高和韧性好等特点,可谓刚柔相济。铀元素的高密度特性使得其成为制造穿甲弹的最佳材料,特别适合用来做打击坚硬目标的弹头。穿甲弹在对付装甲目标时,要求其具有极高的动能,所以穿甲弹也被称做动能武器。质量越大的穿甲弹芯,以同样速度击中目标时的动能越大,穿甲威力也就越大。所有在常温下保持稳定状态的金属中,只有铀的密度最大,所以以其制成的弹芯质量最大。因此,急于为这种贫铀寻找出路的美国以这个原理最先开发出了贫铀穿甲弹,为库存的大量贫铀找到了理想用途。

铀合金穿甲弹比同一类型钨合金穿甲弹的穿甲性能要高出 10% ~ 15%。钨穿甲弹对钢装甲的穿甲效率如果想达到贫铀弹的水准,则需要比贫铀弹高出约 200 m/s 的打击速度。一般设计优良的穿甲弹飞离炮口后,每 1 000 m 约降低速度 50 ~ 60 m/s,所以铀穿甲弹出膛后在距炮口 3 000 ~ 4 000 m 处的穿甲效率与钨弹在炮口处的穿甲效率相当。美军向沙特出售的 105 mm 贫铀穿甲弹可在 600 m 的距离上穿透北约国家标准的三层靶板,火箭增程贫铀穿甲弹可穿透 900 mm 的甲板,可谓所向披靡。在海湾战争中,当伊军把坦克藏于沙墙和坚固掩体后以躲避打击时,美军 M1A1 坦克发射的一枚 M8291 贫铀弹竟能穿透数米厚的沙墙和掩蔽设施,在击穿坦克前装甲后直贯尾部,造成车内弹药爆炸,将炮塔炸向半空,从此贫铀弹作为美军的攻坚利器大受青睐,号称"穿甲王"。

6.5.3 贫铀弹的特性

对于放射性的非核武器贫铀弹,有以下几个突出的特点。

一是穿透能力极强。贫铀所具有的高密度、高强度等特点,使其成为制造动能穿甲武器的理想材料。因此,贫铀被广泛地用来制造穿甲弹和钻地弹,用于摧毁坚固目标。例如,在海湾战争中,美陆军和海军陆战队的艾布拉姆斯 M1A1 和 M60 坦克以及美军 A‒10 攻击机发射的贫铀穿甲弹,使伊拉克的大批装甲目标轻易地被击毁。即便是性能先进的 T‒72 坦克,在贫铀穿甲弹的打击下,也显得十分脆弱。因此,美军在关于海湾战争的国防报告中对贫铀弹评价时,不无炫耀地说"借助热成像瞄准具的帮助,这种弹药发挥了巨大威力,它甚至可摧毁躲在厚厚的沙墙后面和其他防护掩体内的伊军坦克"。由于贫铀弹在海湾战争中的出色表现,美军随后对"战斧"巡航导弹的鼻锥体改用贫铀合金材料,以提高其穿透能力。1997 年美军部署的新式钻地核弹 B61‒11,就使用了贫铀制成的针形弹壳,从而使核弹能钻入地面 50 英尺的深度再发生爆炸,使任何坚固的地下工事都难承受它的一击。

二是可燃性。贫铀弹爆炸后形成的贫铀微粒与空气接触或与装甲等坚硬的物质撞击时,会产生自燃,容易引燃遭袭车(船)内的燃油和引爆弹药。

三是持续伤害性。由于贫铀具有一定的放射性,其蜕变过程中,会放出 α,β,γ 射线,对人体构成放射性伤害。同时,贫铀也是一种重金属毒物,如果进入人体,它能影响人体的新陈代谢进程,尤其是对肾脏的损伤较为显著。因此,贫铀弹不仅在爆炸时其弹壳碎片能毁坏武器装备,杀伤人员,而且爆炸后的很长一段时间内,其碎片对环境和人员仍具有危害作用。海湾战争中,美国在伊拉克南部地区使用了 315 吨贫铀弹,数年后,伊拉克南部地区出现了许多以前无人知晓的病例,出生的婴儿中先天性畸形率大幅上升,以前该地区从未有人患过的癌症也大量出现。

图 6‒8 贫铀弹外观图

6.5.4 贫铀弹的研制与使用

据报道,目前世界上已有 20 多个国家或地区拥有贫铀弹。美国是最早装备贫铀弹的国家。美国从 20 世纪 50 年代开始研制贫铀弹,60 年代进入大规模试验论证阶段,70 年代定型并开始装备部队。目前,美国已经开发出各种口径的贫铀穿甲弹,主要包括 20 mm,25 mm,30 mm,105 mm,120 mm。其中 105 mm 和 120 mm 是坦克炮配用的贫铀弹。现役装备中穿甲威力最大的当属 M1A1 和 M1A2 坦克配用的 M829 型 120 mm 尾翼稳定脱壳穿甲弹,在海湾战争中重创伊军装甲部队的是 M829A1 型,目前装备部队的是 A2 型,最新开发的 E3 型威力达到了更高的水平,据估计其穿甲威力已经超过 800 mm。随后,英国、法国、以色列等国也开始研制贫铀弹并开始装备部队。

进入 90 年代后,美国在海湾战争、波黑战争和科索沃战争中都使用了贫铀弹。在 1991 年的海湾战争中首次实战使用贫铀弹,美国及其盟国在海湾战争中投掷了 315 吨贫铀弹,共计使用了 94 万发。美军的 A – 10 型攻击机使用这种"贫铀弹",使伊拉克的坦克部队在短时间内遭到毁灭性的打击。现时大多数贫铀仍然留在原地,未被清除,也难以清除。其后,以美国为首的北约组织在巴尔干故伎重演,1994 ~ 1995 年间在波黑使用 10 800 枚贫铀弹,1999 年在南联盟投下 31 000 枚,有近 30 吨贫铀被遗留在狭小的科索沃战场,严重破坏了整个巴尔干地区的生态环境。这些填有贫铀材料的炸弹共有 4 种:一种专门针对建筑物,长度达 6 m,每一枚含铀材料 100 kg;一种是反坦克贫铀弹,每一枚含铀 3.2 kg;一种专用于摧毁机场跑道的含铀集束炸弹,每一枚总重量 600 kg;还有一种是 0.5 kg 重、长短像尺子一样的贫铀弹。

6.5.5 贫铀弹的放射性危害

正当有人为贫铀弹在战争中的表现高声喝彩时,参战的军人却莫名其妙地患上了一种怪病,出现了体质下降、免疫力降低、记忆力减退、肌肉萎缩、关节疼痛、头痛失眠、浑身无力及恶心呕吐等症状,并且祸及子女,生育的后代为怪胎和先天缺陷的机率数倍于常人。更有甚者,有人因此罹患多种不治之症,如白血病和各种癌症,有人患病不久就猝然病逝,当地居民则更是深受其害,可谓遗祸匪浅。

近年来,参加北约在波黑和科索沃地区维和行动的一些欧洲国家,先后报道本国的一些维和士兵因患癌症或白血病而死亡,或患上所谓"巴尔干综合症"的奇怪病症。媒体和公众指责死亡原因与北约大量使用贫铀炸弹造成的辐射污染有关。对于贫铀弹是否存在核辐射污染的问题,对贫铀弹的研制和使用问题,国际上始终存有争议。以美国为首的北约一直予以否认,对有关在波黑和科索沃投掷贫铀弹的数量和地点也含糊其辞。南联盟常驻联合国代表团递交的报告上说,北约贫铀武器对当地居民人身和环境造成严重危害。被轰炸地区核辐射水平超过国际标准的 110 倍,预计将造成 10 万人丧生。对此,北约也不得不承认仅在科索沃地区就投下了 3 万多枚这类炸弹。有专家指出,贫铀弹所谓的"贫"只是相对于原子弹而言,对人类和环境来说它仍是不折不扣的核武器。虽然它不像原子弹那样可以在数秒内将城市夷为平地,但其破坏性却不可低估。德国环境部射线防护委员会副主席在杂志撰文,要求立即禁用贫铀弹。他指出,那种所谓贫铀弹没有危险的观点是错误的。相关的争议始终不断,贫铀弹后遗症成为世界各国关注的焦点。

贫铀弹,对人体和环境究竟有多大危害,至今还缺乏系统研究。贫铀弹致病的机理,可能有两个重要的物理因素:第一是铀;第二是钚。

只要按照正常的保管和运送方法进操作,在正常状态下未使用的贫铀弹一般是无害的。但是贫铀弹在被使用后,其严重危害性就会全部暴露出来。铀是一种毒性很强的放射性物质,它既有辐射毒性,又有化学毒性。由于贫铀弹中铀高度浓集,这就会造成被炸的局部地区铀浓度骤然升高。贫铀弹在爆炸过程中产生的高温高压,会使铀形成高度分散的放射性微粒和气溶胶,在大气中飘逸,通过呼吸进入人体;它们也可以逐渐沉降至地表,进入水和土壤,通过作物和水产品等食物链进入人体,其危害就更大。因为,贫铀的半衰期很长,达45亿年。作为贫铀主要成分的铀 – 238 释放 α 射线的能力很强,贫铀放射 α 粒子的能量又高达 400 多万电子伏特,在体内射程很短,直接作用于细胞,可对 DNA 造成很大的损伤,引发白血病和其他癌症。通过呼吸进入人体的铀,可沉积于肺部,诱发肺癌;通过食物进入人体的铀,主要滞留于肾、肝和骨髓中,引起病变。

贫铀弹对人员的杀伤,主要有体内污染和通过弹片嵌入伤口的污染。贫铀弹爆炸后,铀的 18% ~ 70% 形成气溶胶,其中 50% 以上是可吸入粒子,大部分在肺液中难溶。气溶胶造成包括空气、水、食物等的环境污染,人员吸入或食入贫铀气溶胶后,就会造成内脏组织的损伤;贫铀弹片嵌入伤口,或者普通伤口接触贫铀污染会造成伤口污染,吸入人体内造成体内污染,并延迟伤口愈合时间。

联合国环境规划署证实,根据实验室初步分析结果,在科索沃地区找到的北约贫铀弹残片中的确含有微量铀 – 236。这说明贫铀弹中的贫铀是使用的反应堆乏燃料后处理过的贫铀。这进一步加深了人们对贫铀弹中不含有钚元素的怀疑。我们知道,铀 – 236 这种物质在自然界中并不存在,只能来自核反应堆产生的乏燃料。由于核电站"燃烧"铀的同时铀 – 238 会转化生成钚 – 239,虽然乏燃料处理过程中人们通过一系列化学手段将钚 – 239 从铀中分离出来,但是即便如此,乏燃料中仍不可避免含有微量的钚。用这样的贫铀制做贫铀弹,自然加深了人们对贫铀弹中不含有钚的怀疑。

钚是一种有剧毒的元素,它的放射性比铀要强 20 万倍,化学毒性比铀强 100 万倍,即使是以毫克计算的微量钚也会危害人体健康,导致肺癌和骨癌等。这种贫铀弹爆炸后或贫铀弹击中并穿透装甲后,被高爆高温尘化了的钚颗粒也必然弥漫在空气中,可以飘浮到几公里以外。这些细微的钚颗粒若随呼吸进入体内,则更易使吸收者引起金属中毒,放射线也会对人体造成更大辐射伤害,造成人的体重下降、肠胃不适、患眼疾、血液病、肺病以及肾衰和癌症等。而且爆炸产生的钚粉尘和含钚颗粒更会对水源和土壤造成污染。辐射防护专家认为,"即使是小剂量的放射性元素颗粒也不是毫无害处的,它增加了受辐射的细胞发生变异或死亡的危险。"

思 考 题

1.核武器包括哪几种主要的杀伤破坏效应？

2.核武器的爆炸方式有哪些？

3.原子弹爆炸的基本原理是什么？

4.简述原子弹的两种结构形式。

5.分别给出实现氘氚聚变和氘氘聚变的条件并解释各量的物理含意。

6.氢弹爆炸的基本原理是什么？

7.多级型热核弹的装料结构以及爆炸过程是怎样的？

8.中子弹的爆炸原理和主要杀伤破坏效应是什么？

9.中子弹有哪些显著特点？

10.贫铀弹的爆炸原理和放射性危害是什么？

第7章 核废物地质处置

核废物,也称放射性废物,是指任何含有放射性核素或被其污染的物质,其中放射性核素的浓度或活度水平超过主管部门确定的豁免值,并且这些物质在可以预见的将来不再被利用(不包括未处理的乏燃料)。核废物因为具有较高的放射性及放射毒性而有别于其他非放射性有害废物。如何安全处置核废物一直受到国际社会的特别关注,核废物的安全处理与处置是核循环的最后一个环节,也是决定核工业和核能的和平利用能否持续发展的关键。核废物地质处置项目是一个庞大的系统工程,涉及多学科研究。对于中低放废物的处置目前已有比较成熟的方法;至于高放废物的处置方案,在20世纪80年代以前国外就曾反复讨论过,80年代以后讨论的结果大都趋向于地下竖井–坑道(或大口径钻孔)处置系统(即深地质处置库)方案。总体看来,美国是走在高放废物处置研究前列的国家,其他国家,如德国、加拿大、瑞典、瑞士、英国、法国、比利时、芬兰和日本等国也做了大量工作。特别是瑞典的工作较为系统,对世界各国从事的高放废物处置研究产生了较大影响。目前的研究状况是,美国于2002年7月23日获国会批准在尤卡山(Yucca Mountain)实施建造高放废物处置库,大约会在2010年建成处置库,而其他国家大部分安排在2020~2050年之间。处置库的选址工作一般需要20~30年,从选址到处置库运行需要40~50年。由此可见,高放废物地质处置是一项长期而复杂的任务,并非一蹴而就。

7.1 核废物分类

为了便于处理和处置核废物,通常需要将品种繁杂的核废物按处理、处置要求分类或分级。迄今为止,在国际上尚无统一的核废物分级原则,世界各国均根据本国情况拟订了自己的分级方案。

7.1.1 核废物分类的一般原则

目前,人们普遍采用按核废物的物理状态、放射性水平、来源及所含放射性核素的半衰期等的不同将核废物划分成若干类。如按核废物存在的物理状态不同,可将核废物分为固体核废物、液体核废物和气载核废物三类。按放射性水平不同,核废物可被划分为高放废物(HLW,High Level Wastes)、中放废物(MLW,Middle Level Wastes)和低放废物(LLW,Low Level Wastes)三大类。按半衰期不同,将放射性核素分为长寿命(或长半衰期)放射性核素、中等寿命(或中等半衰期)放射性核素和短寿命(或短半衰期)放射性核素。据核废物的来源不同,通常将核废物分为铀尾矿、退役废物、乏燃料(不予处理的)、包壳废物、军用废物和商业废物等。此外,据所含放射性核素的种类和性质还可划分出 α 废物和超铀废物及混合废物等。α 废物是指含有一种或多种能发射 α 射线的核素(通常为锕系核素),并且其含量超过规定限值的放射性废物。超铀废物是指含有发射 α 粒子、半衰期超过 20 年、每克废物中浓度高于 3.7×10^3 Bq(即 100 纳居里)的超铀元素的废物。混合废物(Mixed Wastes)是既含有化学性危险的材料又含有放射性材料的废物。

7.1.2　国际原子能机构的核废物分类

　　表 7 - 1 所示的是国际原子能机构的核废物分类标准,其分类原则是首先按物理状态将核废物分为液体、气体、固体三类,然后再按比活度将每类分成若干级别。例如,将放射性液体废物分成五级,其中第 1,2,3 级相当于低放废物,第 4 级相当于中放废物,第 5 级相当于高放废物;在被分为四级的固体废物中,第 1,2 级分别相当于低放废物和中放废物,第 3,4 级相当于高放废物。在该分类中,还针对各类核废物的特点对其处理、防护提出了要求。

表 7 - 1　国际原子能机构推荐的核废物分级标准

废物	等级	放射性比活度或浓度	说明	备注
液体 Bq/L	1	< 37	一般可不处理	用通常的蒸发、离子交换或化学方法进行处理
	2	$3.7 \times 10^1 \sim 3.7 \times 10^4$	处理废液的设备不需要屏蔽	
	3	$3.7 \times 10^4 \sim 3.7 \times 10^6$	设备部分需要屏蔽	
	4	$3.7 \times 10^6 \sim 3.7 \times 10^{11}$	设备必须屏蔽	
	5	$> 3.7 \times 10^{11}$	必须冷却和屏蔽	
气体 Bq/m³	1	< 3.7	一般可不处理	
	2	$3.7 \sim 3.7 \times 10^4$	一般用过滤法处理	
	3	$> 3.7 \times 10^4$	一般用综合法处理	
固体 Bq/(kg.h)	1	$< 1.91 \times 10^6$	运输中不需要特殊防护	主要为 β,γ 辐射体,所含 α 辐射体可忽略不计
	2	$1.91 \times 10^6 \sim 1.91 \times 10^7$	运输中要用薄层混凝土或铅屏防护	
	3	$> 1.91 \times 10^7$	运输中要求特殊防护	
	4	α 辐射体	要求不存在阈临界问题	

注:据 IAEA,1971,单位作了换算。

　　1981 年国际原子能机构还提出按放射性水平和所含核素的半衰期不同,从便于处置的角度将核废物分为高放(长寿命)、中放(长寿命)、低放(长寿命),中放(短寿命)和低放(短寿命)废物五级标准(表 7 - 2)。划分长寿命、短寿命核素的建议标准为:半衰期小于 30 年的核素被称为短寿命放射性核素,半衰期大于 30 年的核素被称为长寿命放射性核素。

表 7-2　国际原子能机构推荐的与处置有关的核废物分级

废物等级	主要特征
Ⅰ 高放,长寿命	β,γ 放射性高,α 放射性高,放射毒性大,发热量大
Ⅱ 中放,长寿命	β,γ 放射性中等,α 放射性高,放射毒性中等,发热量小
Ⅲ 低放,长寿命	β,γ 放射性低,α 放射性高,放射毒性低－中等,发热量很小
Ⅳ 中放,短寿命	β,γ 放射性中等,α 放射性低,放射毒性中等,发热量小
Ⅴ 低放,短寿命	β,γ 放射性低,α 放射性很低,放射毒性小,发热量很小

注:据 IAEA,1981。

7.1.3　我国的核废物分类

1995 年我国颁布了新的核废物分类标准(GB9133－1995)代替原有的分类标准(GB9133－88)。依据该分类标准,首先将核废物按其放射性活度水平分为豁免废物、低水平放射性废物、中水平放射性废物或高水平放射性废物。其次对放射性废物,按其物理状态分为气载废物、液体废物和固体废物三类;对于放射性气载废物和放射性液体废物按其放射性浓度水平分为不同的等级,放射性浓度分别以 Bq/m^3 和 Bq/L 表示;对于放射性固体废物,首先按其所含核素的半衰期和发射类型分为几种,然后按其放射性活度水平分为不同的等级,放射性比活度以 Bq/kg 表示,具体的分类见表 7-3。

表 7-3　我国的核废物分类标准

类别	级别	名称	放射性浓度或比活度			
气载废物	Ⅰ	低放废气	浓度 $\leqslant 4 \times 10^7$ Bq/m³			
	Ⅱ	中放废气	浓度 $> 4 \times 10^7$ Bq/m³			
液体废物	Ⅰ	低放废液	浓度 $\leqslant 4 \times 10^6$ Bq/L			
	Ⅱ	中放废液	$4 \times 10^6 <$ 浓度 $\leqslant 4 \times 10^{10}$ Bq/L			
	Ⅲ	高放废液	浓度 $> 4 \times 10^{10}$ Bq/L			
固体废物	α 废物		$T_{1/2} \leqslant 60$①(天)	$60 \ d < T_{1/2} \leqslant 5$②(年)	$5 < T_{1/2} \leqslant 30$③(年)	30 年 $< T_{1/2}$
	α 废物外的固体废物	低放	比活度 $\leqslant 4 \times 10^6$ Bq/kg	比活度 $\leqslant 4 \times 10^6$ Bq/kg	比活度 $\leqslant 4 \times 10^6$ Bq/kg	比活度 $\leqslant 4 \times 10^6$ Bq/kg
		中放	比活度 $> 4 \times 10^6$ Bq/kg	比活度 $> 4 \times 10^6$ Bq/kg	$4 \times 10^6 <$ 比活度 $\leqslant 4 \times 10^{11}$ Bq/kg,且释热率 $\leqslant 2$ kW/m³	比活度 $> 4 \times 10^6$ Bq/kg,且释热率 $\leqslant 2$ kW/m³
		高放			释热率 $\leqslant 2$ kW/m³ 或比活度 $> 4 \times 10^{11}$ Bq/kg	比活度 $> 4 \times 10^{10}$ Bq/kg,或释热率 > 2 kW/m³

7.2 核废物的来源

核废物可形成于核燃料循环(图7-1)与核设施退役中的各主要环节以及使用放射性物质的各个部门(如同位素制造、应用等)。同时核试验、核科学研究及应用也产生一些核废物,即核废物来自核燃料循环和非核燃料循环工艺体系或部门。具体来说,核废物主要来自铀矿山、铀水冶厂、核电厂、核武器制造厂、核舰船,和使用放射性物质的科研、教育、医疗、工业、农业等部门(表7-4)。由核工业产生的核废物,若按放射性总活度计,其中的99%源自核燃料后处理工厂。

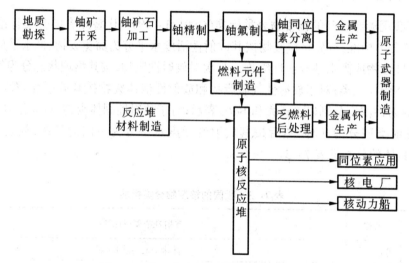

图7-1 核工业主要工艺体系方框示意图

7.2.1 核废物的产生途径

核废物主要来自于核燃料循环和非核燃料循环。

1.源自核燃料循环

核燃料循环是指获得、使用、处理和回收利用核燃料的全部过程。具体包括铀矿开采、水冶,铀精制、纯化、氟化,核燃料元件制造,核燃料堆内辐照,乏燃料贮存和后处理,核废物处置等。其中乏燃料后处理获得Pu、U,并再用来制成核燃料元件这一过程称为核燃料再循环(图7-2)。

表7-4说明核燃料循环各个环节都会产生核废物,不同环节产生的核废物的种类和特点不同。

表7-4 核废物的主要来源和种类

放射性物质类别	来源	废物状态	主要放射性核素	辐射类型	废物种类
天然放射性物质	铀矿开采和水冶	固态	^{226}Ra, ^{238}U	α, γ	废矿石、尾矿、污染废旧器材、树脂、滤布、塑料、玻璃、废旧劳保用品等
		液态	^{234}Pa, ^{230}Th, ^{226}Ra, ^{238}U 等	α, γ	矿坑水、选矿水、萃取水、地面排水、洗衣房排水、洗澡水、实验室废水
		气态	^{222}Rn	α	废气和α气溶胶等
	铀精制和核燃料元件制造	固态	^{238}U, ^{234}U, ^{235}U 等	α, γ	纯化残留物、切削物、废硅胶等
		液态	^{238}U, ^{234}U, ^{235}U, ^{230}Th, ^{234}Pa	α, γ	提纯废液、废水等
		气态	^{238}U, ^{234}U, ^{235}U 等	α, γ	废气、粉尘和放射性气溶胶等
裂变产物和超铀产物	反应堆运行和乏燃料后处理	固态和液态	^{90}Sr, ^{133}Xe, ^{135}Xe, ^{129}I, ^{87}Kr, ^{85}Kr, ^{137}Cs, ^{99}Tc, ^{103}Ru, ^{106}Ru, ^{144}Ce, ^{239}Np, ^{3}H, ^{239}Pu	β, α, γ	废离子交换树脂、泥浆、滤渣、仪器探头、污染废仪表设备、废纸、废塑料、废过滤器、废工具和劳保用品、冷却水、脱壳废液、萃取循环水、洗涤水、地面排水等
		气态	^{133}Xe, ^{131}I, ^{3}H, ^{84}Br, ^{85}Kr, ^{129}I 等	β, γ	废气和放射性气溶胶等
活化产物	反应堆运行和核设施退役	固态	^{28}Al, ^{56}Mg, ^{55}Fe, ^{59}Fe, ^{60}Co, ^{3}H, ^{14}C 等	β, γ	核反应堆压力容器、废堆芯部件、包壳材料、污染石墨、废设备、钢精混凝土等
		液态	^{58}Co 等	β, γ	循环冷却水、去污处理废水等
		气态	^{16}N 等	β, γ	废气和气溶胶等
	同位素制造	固态	^{90}Mo, ^{131}I, ^{133}Xe, ^{60}Co, ^{32}P, ^{125}I, ^{90}Sr, ^{137}Cs 等	β, γ	
天然放射性物质和人工放射性物质	放射性物质使用	固态	^{60}Co, ^{129}I, ^{137}Cs, ^{90}Sr, ^{204}Tl 等	β, γ	科研、教学、医疗、工业、和农业等部门使用的废放射源、放射性同位素、污染动植物、废器材、废矿石标本、废水等
		液态	^{147}Pm, ^{137}Cs, ^{90}Sr, ^{89}Sr, ^{238}U 等	β, γ	

核废物的产生从铀矿勘探开始,此阶段会产生大量的不同品位的放射性矿石,器材和水也会被污染。铀矿开采和燃料元件制造过程产生以天然放射性核素为主要成分的固、液、气态核废物。据估计,20世纪90年代全世界铀的年产量在3×10^4吨以上。开采的铀矿石经选矿后送到铀矿石加工厂,从中提炼出少量的铀;由于加工厂中应用湿法冶金工艺,故又称铀水冶厂。一座10^6 kW的核电站每年约需天然铀150吨;矿石中铀的含量平均仅为0.2%,相应将遗留约25 000吨的废矿渣,即尾矿。尾矿中含有的铀约为原矿的5%～20%,含有的镭约为原矿的93%～98%,此外还含有氡。总的说来,尾矿的放射性很低。1吨铀矿石生成的尾矿其湿体积约为2 m³。

核反应堆运行时产生以裂变核素为主要成分的核废液和固体核废物,其中核废液主要来自循环冷却水,固体核废物主要来自冷却净化系统、废水净化系统的离子交换废树脂、废过滤器芯子、废液蒸发残渣、活化的堆内构件(包壳材料、控制棒等)、废仪表探头和零件等,其中堆内构件等属高放废物(含^{60}Co,^{63}Ni 等)。据国际原子能机构统计,轻水堆核电厂的放射性固体废物产生量约为 550 m³/(GW·a)。

核反应堆中不能继续使用的辐照过的核燃料叫乏燃料。乏燃料中含有新生成的^{239}Pu 和未裂变的^{235}U,为了分离出这两种有用物质,需对乏燃料进行后处理。乏燃料后处理是指除去乏燃料中的裂变产物,并回收易裂变材料和可转换材料的过程。在乏燃料后处理第一次溶解循环萃取过程中,乏燃料中 99.9% 以上的裂变物进入硝酸萃取液中,使其成为核燃料循环中几乎是惟一来源的高放废液。此外,后处理工厂还产生大量低、中放废物。据统计,乏燃料后处理过程中所产生的核废物体积是乏燃料原来体积的 160 倍。例如,体积为 4 m³ 的乏燃料经后处理后,可产生低放废物 600 m³,中放废物 40 m³ 和高放废物 2.5 m³。

一个热功率为 1 GW 的核电厂,每年卸下的乏燃料元件约为 35 吨,由乏燃料后处理产生的高放废液约为 15 m³。乏燃料中一些短寿命

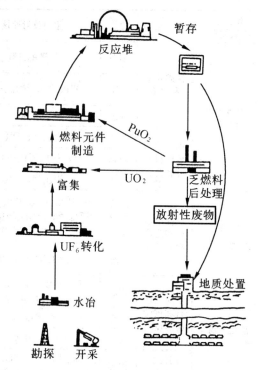

图 7-2 核燃料循环示意图

核素的放射性活度,在乏燃料离堆后若干年内急剧降低,活化产物的放射性活度在离堆 5 年后降低至原来的 1/30,裂变产物和超铀元素的放射性活度在离堆后 5 年内分别降低至原来的 1/300,1/400,热功率降低至原来的 1/500。

基于经济、政治和社会等原因,目前世界各国对乏燃料的管理方针有三种:①经短时间冷却后进行后处理,法国、英国、前苏联、瑞士、日本、印度和德国等选择了这种管理方针;②经中间贮存后直接处置(不作后处理),据法国、德国统计,乏燃料直接处置较后处理节省 30% 的费用,目前加拿大、美国、瑞典、西班牙等国选择此管理方针;③本国不处理,送往卖主国以后处理,持该做法的国家和地区较多。

核试验研究时,核爆炸瞬间产生很强的中子和 γ 辐射,同时产生大量放射性核素。核爆炸后留下的这些核素除了对人体产生外照射外,还会通过空气、水和食物进入人体产生内照射。其中危害最大的一些核素是^{89}Sr,^{90}Sr,^{137}Cs,^{131}I,^{14}C,^{239}Pu,分别会对人体的骨骼、全身肌肉、脂肪及肝等器官产生危害。

2.源自非核燃料循环

非核燃料循环过程也会产生一定数量核废物。放射性同位素生产,医疗、科研、教育、工

业、农业等部门应用放射性物质,核设施退役,制造和试验核武器等都将产生一定数量的不同类别的核废物。

医疗、科研、教育、工业和农业等部门,在应用放射源、加速器、示踪同位素、小型研究堆、铀矿石标本等过程中,会产生一定数量的低放固体、液体废物,这些废物中含有 ^{51}Cr, ^{192}Ir, ^{35}S, ^{125}I, ^{32}P, ^{14}C, ^{90}Sr, ^{3}H, ^{57}Co, ^{99}Tc, ^{60}Co 等放射性核素。

工业生产和应用放射性同位素时,也会产生一定数量的低放废物。在西方国家中,这类废物被称为工业放射性废物。该类废物的特点是:含有多量短寿命放射性核素,如 ^{90}Mo, ^{131}I, ^{133}Xe, ^{125}I 等,它们的比活度一般小于 3.7×10^3 Bq/g;此外,还含有裂变产物 ^{90}Sr, ^{137}Cs 及 ^{3}H 等。

核电厂、乏燃料后处理厂等核设施退役时,将产生大量低放废物和少量高放废物(退役废物)。核设施退役的原因主要有:①超过使用寿命,例如,核电厂运行寿命一般为 30～40 年,后处理厂为 15～20 年;②因突发性事故使核设施无法继续正常运行,例如,前苏联切尔诺贝利核电厂、美国三里岛核电厂等;③已完成预定任务而关闭;④因设计出现问题、设备发生故障,或政府的政策、计划改变等导致核设施关闭。

核设施退役时产生的各类核废物数量,大致等于该核设施运行期间产生的核废物的总和。若经去污处理或再循环使用部分器材,则退役废物数量可减少。一座热功率为 1 GW 的轻水堆核电厂退役后,将产生数百立方米高放废物,数千立方米低、中放废物,数万立方米非放射性废物。退役废物的特点是:①绝大部分为低放固体废物;②数量多,体积大,组成复杂,例如,被污染的大型钢构件、混凝土、土壤、管道、反应堆压力容器(数百吨重)等;③污染较牢固,不易去污,其中某些物质原本无放射性,后经辐射活化转变为放射性物质。

7.2.2 国内外核废物产生的现状

1. 国外核废物产生现状

自 1954 年苏联建成世界上第一座核电厂以来,核电厂运行是当今世界核废物最重要的来源之一。据国际原子能机构 2001 年 5 月 3 日发布的数据,至 2000 年 12 月 31 日,世界上运行的核电机组有 438 套,总装机容量(e)为 351.327 GW。据估计一个年发电量为 6 GW 的核发电体系在运行 40 年间产生的核废物总量约为 19.4×10^4 m³(不包括铀尾矿、燃料元件加工废物等);按此比例推算,2000 年全世界运行的 438 套核电机组产生的各类核废物约为 114×10^5 m³,若将核燃料循环中的铀尾矿等计入,则约为 37.2×10^7 m³。据统计,在 1980～2000 年间,全世界核电核废物累计量(不包括铀尾矿)将超过 4×10^8 m³。

美国是世界上最早发展核工业的国家,在 20 世纪 40 年代就开始发展军事核武器。目前,美国拥有世界上最庞大的军事核工业和数量最多的核电厂,因此,美国也是世界上核电核废物的最大产生国。

欧共体国家从 1973 年开始实施核电计划,其核发电量占所有成员国发电总量的比例逐步上升;据估计,1985～2000 年间欧共体国家核废物年产生量平均为几十万吨,其中以低、中放废物的数量最多。

英国在 1981～1990 年间的核废物年产生量超过 $1.7 \times 10^5 \text{ m}^3$，其中商用核反应堆废物约为 $4 \times 10^5 \text{ m}^3$，核燃料元件制造、乏燃料后处理废物约为 $1.1 \times 10^5 \text{ m}^3$，医疗、工业科研产生的核废物约为 $2 \times 10^5 \text{ m}^3$。在 20 世纪末，英国估计每年产生 $5 \times 10^5 \text{ m}^3$ 核废物。

加拿大在 1985～2025 年间产生的核废物数量累计将达 $3.68 \times 10^5 \text{ m}^3$，1985 年低放废物的年产生量为 $1.3 \times 10^4 \text{ m}^3$。

至 2000 年，法国、德国境内(前联邦德国部分)的核废物年产生量将分别为 $1 \times 10^5 \text{ m}^3$ 和 $2.2 \times 10^5 \text{ m}^3$。印度的中放、高放废物年产生量分别为 $1.76 \times 10^4 \text{ m}^3$ 和 $1.17 \times 10^4 \text{ m}^3$。

自 20 世纪 90 年代以来，美国、德国、法国和日本等国家实施了使核电站核废物数量和活度减少到尽量低水平的最少化计划。美国核电研究院(NEI)所发表的美国在役核电厂从 80 年代到 1996 年每台机组最终产生的固体放射性废物产生量已下降到不足原来的九分之一。

2. 我国核废物产生状况

铀是建设和发展核工业的最基本原料，是实现核裂变反应的主要物质。也是我国的特定矿种之一。1954 年，地质部普委二办在综合找矿中，在广西发现了铀矿资源苗头，采集了铀矿石标本。1955 年 1 月 15 日，毛泽东主席在中南海主持了中央书记处扩大会议，作出了中国要发展原子能工业的战略决策，标志着中国核工业建设的开始。为此我国建立了完整的核燃料循环体系，建设了第一套铀同位素分离工厂和军用反应堆。由于有了这样的基础，1964 年 10 月 16 日我国成功地爆炸了第一颗原子弹，1967 年又成功地爆炸了第一颗氢弹，1971 年 9 月我国第一艘核潜艇顺利下水试航。至今我国的核工业已有 40 余年发展历史，在这期间已积累了数万立方米低、中放废物和待固化残液，这些核废物主要来自核反应堆、核武器制造厂、铀水冶厂，和使用放射性物质的医疗、教育、科研、工业、农业等部门。

20 世纪 90 年代以来，随着秦山核电厂一期 1991 年 12 月 15 日并网发电，大亚湾核电厂于 1993 年 8 月 31 日首次并网发电(表 7-5 是我国大亚湾核电厂 1994～1999 年间的各类核废物的排放量)，秦山三期核电站一号机组于 2002 年 11 月 19 日首次并网发电，连云港核电厂也已于 1998 年初开工兴建，今后还将有一批核电厂的相继建成发电，我国民用核废物数量将急剧增加 (表 7-6)。若按发电量为 IGW 的核电厂(压水堆)年均产生 833 m^3 核废物计(包括退役废物)，则截至到 2002 年底我国建成的 11 台核发电机组产生 7 248 m^3 核废物，另外产生 $5.2 \times 10^5 \text{ m}^3$ 铀尾矿；这些核电厂在运行 40 年间将产生约 $2.9 \times 10^5 \text{ m}^3$ 核废物和 $1.73 \times 10^7 \text{ m}^3$ 铀尾矿。若再计入军事、医疗、科研、教育等非核燃料循环部门产生的核废物，每年将产生更多的核废物。

我国高放废物处置研究计划始于 1985 年，目前，候选场址已正式确定。甘肃北山花岗岩地区已正式作为中国军工高放废物处置候选厂址，并于 2000 年正式开始进行钻探和开展了部分研究工作。

我国台湾省于 1961 年建成了岛内第一座教学堆，至 1990 年，已建成 3 座核电厂(6 台机组)，核发电量占全岛总发电量的 50%，核发电量所占百分数居世界领先地位。这 3 个核电厂每年产生固化废物 15 800 桶，其中金山核电厂为 5 800 桶，国圣核电厂为 7 500 桶，马鞍山核电厂为 2 400 桶。

表 7 – 5 大亚湾核电厂放射性废物的排放量

放射性废物类别	年度极限值	1994	1995	1996	1997	1998	1999	GNPS 年限值
液体放射性废物	除氚外核素(GBq)	89.2	26.9	9.3	11.3	2.5	28	700
	氚(TBq)	22.2	10.1	22.1	28.5	27.6	29.1	55.6
气载放射性废物	惰性气体(TBq)	22.7	80.2	43.6	31.1	23.5	25.8	1140
	卤素、气溶胶(MBq)	424.0	720.0	229.0	116.0	101.4	111.2	38 000
最终放射性固体废物	固体废物产生量(m³/a)	100	252	195	209	178	184.6	

注:表中数据均为双机组数据,单机组数据需除以 2。GNPS 是 Guandong Nucldear Power Statim 广东核电厂的缩写。

表 7 – 6 我国在 2003 年前的核电计划及产生核废物数量预测

编号	名称	位置	发电量/MW①	备注	各类核废物产生量/(m³/a)②	40 年间产生核废物总量/(m³)
1	秦山	浙江	300 × 1	运行中	250	10 000
2	秦山(二期)	浙江	600 × 2	运行中	1 000	40 000
3	秦山(三期)	浙江	700 × 2	运行中	1 166	46 640
4	大亚湾	广东	900 × 2	运行中	1 500	60 000
5	岭澳	广东	1 000 × 2	建造中	1 666	66 640
6	连云港	江苏	1 000 × 2	建造中	1 666	66 640
7	合计		8 700		7 248	289 920

注:①据 1999,王驹;②按发电量为 1GW 的核电厂年均产生 833m³ 核废物计算(包括退役废物),不包括铀尾矿

7.3 核废物的管理

7.3.1 核废物的管理

核废物的管理是指核废物的收集、处理、整备、运输、贮存和处置所涉及的行政管理和操作上的一切事项。其中对核废物的收集、分类、化学调制和去污等,实现核废物流的最佳分配过程称为核废物的前处理。核废物处理的整备包括将放射性废物转换成适于进行运输、贮存和处置的形态的相关活动,包括固定、固化、包装等。核废物的贮存是指核废物最终处置前在控制条件下的各种形式可回取短期贮存。核废物的处置是将放射性废物在处置设施中放置、封闭等项活动。

对核废物实施前处理、处理和整备管理,属于废物产生单位的任务,核废物的处置属于放射性废物专营机构的任务。核废物处置是指放射性废物专营机构,对放射性废物处置场的建设、营运、关闭实行批准和监督。

7.3.2　核废物处置前环节

1.放射性废气和废液的净化、浓缩

放射性废气和废液的净化和浓缩是指采取适当工艺措施,使其中放射性核衰变至无害水平或转入小体积气、液相中,经净化的气体、水向环境排放或被再循环使用,对浓缩物则实施固化等处理。

放射性废气的净化是指将废气有控制地排入大气之前,从中分离或除去放射性成分、化学污染物的过程。废气中的放射性核素可以通过加压贮存衰变、吸附、过滤等方法被除去或基本被除去。净化处理的优劣用放射性核素的去除率表征:其含义是指气液相中被除去的放射性核素量占原总量的百分比。该值越接近100%,表示净化效果越好。我国环保部门推荐:采用贮存衰变法、活性炭吸附法去除废气中的惰性气体,采用浸渍活性炭或金属沸石吸附法去除碘,采用预过滤法和高效过滤法去除放射性微粒。

放射性废液的净化,浓缩处理一般采用蒸发、离子交换、凝聚沉淀、过滤、反渗透等技术,将废液浓缩减容,对浓缩残液进而固化、处置等,净化废水则被排入天然水体或复用。放射性废液浓缩处理效果用浓缩系数表征:指浓缩前后废液体积之比。而去污系数是指放射性废液净化处理前后放射性浓度之比。

2.放射性固体废物的压缩、焚烧

核固体废物的压缩、焚烧是目前世界各国对核固体减容的重要手段,减容的效果用减容比即处理前后废物的体积之比来表示。其中焚烧适合于可燃性废物,分为干法焚烧和湿法焚烧(尚处于开发阶段)两种。干法焚烧在焚烧炉中实现,干法焚烧炉常由焚烧系统、净化系统及控制系统三部分组成。

在对核设施进行压缩、焚烧和切割之前,常要实施去污处理,即去除或减少物体上放射性沾附物的过程,目的在于降低被污染物的辐射水平。常用的去污方法有:化学去污、机械去污和电化学去污法。

3.放射性废物的固化

放射性废物的固化是指将废液转化成固体的过程。该固体被称为废物固化体,固化废液的材料被称为固化基材(如玻璃、水泥、沥青等)。采用沥青作为固化基材的固化形式称为沥青固化。通常沥青固化和水泥固化是固化中低放废液的主要方法,玻璃固化则是固化高放废液的最常用工艺。

4.核废物的包装

核废物的包装是对核废物固化体外加容器、衬料等,使之成为最基本的处置单元的过程。

包装体通常起到以下几方面的作用：

(1)便于对废物实施贮存、运输和处置；

(2)是抗震动、抗高压、安全处置废物的机械屏障；

(3)保护废物不受地下水的过早侵蚀，是抵御核素向外迁移的机械、化学屏障；

(4)屏蔽来自废物的辐射线；

(5)传导衰变热。

常用的包装材料主要有：金属(钛合金)、陶瓷、混凝土和玻璃钢等，核废物包装容器形式主要为圆桶状，少数中、低放废物容器可为箱状。

5.核废物的暂存

核废物的暂存是指核废物最终处置前在控制条件下的各种形式可回取短期贮存。通常核废物的暂存种类包括：

(1)处理前暂存：指固化或做后处理前的就地贮存；

(2)处置前的中间贮存；

(3)等候贮存：短期积累贮存；

(4)就地封存。

核废物的暂存方式主要有两种，即湿法暂存和干法暂存；通常从核电厂中取出的乏燃料往往先采用湿法暂存，等放射性热量衰减到一定的程度后再移出水池。而干法暂存常是指干容器贮存和干地下室贮存等形式的暂存方式。

6.核废物的运输

由于核废物的产生地与最终处置地之间常有一定的距离，因此核废物自产生地到最终处置地常需要一次或多次的运输。对核废物的运输常有特殊的要求。例如，对运输单元往往要求使用有屏蔽装置的集装容器，容器外侧需要安装明显的电离辐射标志；运输常采用陆路运输，有时(如我国)也采用铁路运输，但通常不使用飞机；运输路线常需要避开繁华的市区和人口密集区；驾驶员需要经过特殊的培训，同时在运输过程中往往采用卫星系统与地面控制系统共同监视。

7.4 核废物地质处置

核废物由于具有放射性及放射毒性，进入环境后可造成大气、水和土壤污染并可能通过多种途径进入人体。放射性元素产生的电离辐射能杀死生物体的细胞，妨碍正常的细胞分裂和再生，并且引起细胞内遗传信息的突变。受辐射的人在数年或数十年后，可能出现白血病、恶性肿瘤、白内障、生长发育迟缓、生育力降低等远期躯体效应；还可能出现胎儿性别比例变化、先天性畸形、流产、死产等遗传效应。因此，核废物一旦产生就需要与生物圈隔离，为把核废物隔离于生物圈之外而提供永久和可靠方法不仅是发达国家，也是发展中国家极为关注的问题。其中核电站的高放废物处置问题最引人注目，一般认为，通过选择合适的地质环境和精心设计带有工程屏障的地下设施可以有效隔离高放废物;中、低放废物的数量巨大,来源不一,它们的寿命和处置难度低于高放废物。目前处置低、中放废物已有较为成熟的处置方法,关于高放废物的处置方法,世界各国均处于实验和模型研究阶段,目前尚无已运行的高放废物处置库,仅有美国于 2002 年 7 月 23 日获国会批准在尤卡山(Yucca Mountain)实施建造世界上第一座高放废物处置库。

7.4.1 核废物地质处置的基本概念与历史

1.核废物地质处置的多重屏障体系

在核废物管理中,屏障是指能阻滞或阻止放射性核素从处置单元迁移到周围环境的工程设施或天然物质。核废物安全处置的最主要威胁来自地下水。流动的地下水会将核废物中的有害放射性核素浸出、扩散、迁移至生物圈。

为了安全处置核废物,科学家们设计了阻滞和延缓放射性核素迁移的多重屏障。这些屏障由近至远分别是:玻璃固化体(Vitrified waste)、废物外包装容器(Overpack)、回填材料(Buffer material)和地质环境(Geological environment)(图 7 - 3),其中废物体、废物外包装容器和回填材料是人工设置的屏障,故称人工屏障或工程屏障(Engineered Barrier system);岩石、土壤、水等天然介质则被称作天然屏障(Nature Barrier system)。这样,在处置条件下废物中的放射性核素,在地下水媒介中必须穿越固化体、废物外包装容器、回填材料、地质环境四道屏障,才能到达生态环境中。

废物体或玻璃固化体是阻滞废物中放射性核素向外迁移的第一道屏障。废物容器是保护放射性废物固化体不过早地被侵蚀、破坏的强有力机械屏障,外包装容器中的混凝土、粘土、沸石、铅金属等材料(衬填料),都是阻滞放射性核素迁移的化学屏障和物理屏障。

回填材料是指在处置核废物时,在废物容器之间和在废物容器与地质体(土壤、岩石)之间等剩余空间内充填的某些矿物、岩石碎料。常用的回填材料有膨润土、粘土、沸石、蛭石、玄武岩、岩盐等碎块或粉末(掺入一定数量的石英砂、石墨等)。回填材料具有较强的抗风化能力(寿命超过10^6 年)、吸附能力等,它不仅可作为机械支撑物以稳定废物容器,而且是阻滞放射性核素迁移的化学屏障和物理屏障。

在核废物处置系统中,地质体又称废物的贮存介质、处置介质等,这是指核废物处置场(库)周围的土壤、岩石及有关沉积物等。地质体是核废物处置体系中最重要的一道屏障(天然屏障)。用于处置低、中放废物的地质介质主要为土壤及其他近地表松散残积、坡积物;用于处置高放废物的地质介质(又称处置主岩)有岩盐、花岗岩、凝灰岩、粘土岩、玄武岩等岩石。地质体对阻滞废物中放射性核素向生物圈迁移和屏蔽废物的辐射线等起决定性作用。

由以上屏障组成的核废物处置体系,其主要功能为:①物理屏障作用:限制和阻止地下水接近、进入废物处置库;减弱和屏蔽核废物发出的 α,β,γ 射线对生态环境的影响;②化学屏障作用:通过化学作用阻滞放射性核素向生物圈迁移;③机械屏障作用:废物容器和回填材料能

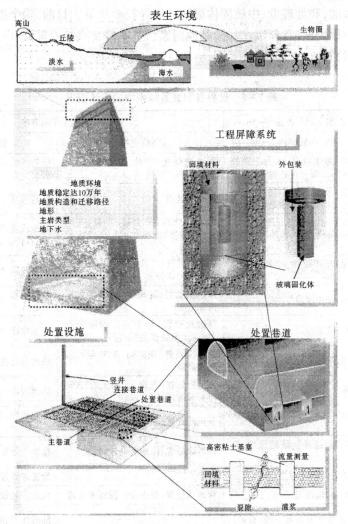

图 7-3　核废物处置的多重屏障体系

安全、稳妥地包容废物,吸收巨大的地应力(岩石静压力、地质应力等),为处置状态的废物体提供机械支撑。

2.核废物地质处置的历史

自 20 世纪 40 年代以来,美国、前苏联等国家开始处置低(中)放废物,各国曾采用地下渗滤法、深井注入法、净化排放法、水力压裂法等,处置低、中放废液;曾采用陆地浅埋法、废矿井法、海洋投弃法,处置低、中放固体废物(表 7-7)。自各国采用以上方法处置核废物 50 余年来,已积累了许多经验和教训,在陆地浅埋法、废矿井处置法等技术更趋成熟的同时,也淘汰或趋于停止使用曾给生态环境造成放射性污染的一些处置方法。例如,处置低、中放废液的地下渗滤法,深井注入法,和处理低、中放固体废物的海洋投弃法等。目前,除个别国家(德国)仍计划直接处置低、中放废液(含氚废水)外,其他国家已基本停止直接处置低、中放废液,而是将其固化后再作地质处置。

表7-7 世界各国处置核废物的方法概况

| 国家 | 以前采用的方法[①] | | 今后拟采用的方法 |
	低、中放废物	高放废物	低、中放废物
美 国	陆地浅埋、海洋投弃、水力压裂处置、深井注入、深竖井处置	深地质处置(岩盐、凝灰岩、花岗岩)、深海床处置	陆地浅埋、废矿井处置、深竖井处置
前苏联	陆地浅埋、深井注入、海洋投弃,高放废液的中深钻孔灌注处置	深地质处置	陆地浅埋
英 国	海洋投弃、陆地浅埋、深地质处置	深地质处置(粘土岩、岩盐、花岗岩、硬石膏岩,2030年)、深海床处置	陆地浅埋、深地质处置、废矿井处置(石膏矿)
法 国	陆地浅埋、海洋投弃、废矿井处置(铀矿)	深地质处置(花岗岩、沉积岩,2010年)、深海床处置	陆地浅埋、废矿井处置
加拿大	海洋投弃、陆地浅埋	深地质处置(花岗岩,2010年)、深海床处置	陆地浅埋、大钻孔浅处置(粘土岩)
意大利	海洋投弃、陆地浅埋	深钻孔处置(粘土岩)、深海床处置、深地质处置(粘土岩)	陆地浅埋
瑞 典	陆地浅埋、滨海底处置、海洋投弃	深地质处置(花岗岩,2020年)、滨海底处置	滨海底处置
日 本	海洋投弃	深地质处置(花岗岩、粘土岩,2030年)、深海床处置	陆地浅埋
西班牙	陆地浅埋、废矿井处置(盐矿、铁矿)	深地质处置(粘土岩,2020年)	陆地浅埋、废矿井处置(盐矿、铁矿)
荷 兰	废矿井处置(盐矿)、陆地浅埋、海洋投弃	深海床处置、深地质处置(岩盐)	废矿井处置、陆地浅埋
奥地利	废矿井处置(石膏矿)		废矿井处置、陆地浅埋
比利时	海洋投弃、陆地浅埋	深地质处置(粘土岩)、深海床处置	深地质处置(粘土岩)
前捷克斯洛伐克	陆地浅埋、废矿井处置(石灰石矿)		陆地浅埋、废矿井处置
瑞 士	废矿井处置(石膏矿等)、陆地浅埋、海洋投弃	深地质处置(花岗岩、岩盐、硬石膏岩、粘土岩,2025年)、深海床处置	废矿井处置、深地质处置(泥灰岩、结晶岩)、陆地浅埋
德 国	废矿井处置(盐矿、铁矿)、海洋投弃	深地质处置(岩盐,2008年)、废矿井处置	废矿井处置(盐矿、铁矿)
丹 麦	海洋投弃、废矿井处置(岩盐)	深钻孔处置(岩盐-盐丘)	废矿井处置(岩盐)
芬 兰	海洋投弃	深岩硐处置(2020年)	陆地浅埋、深岩硐处置
印 度	陆地浅埋	深岩硐处置(花岗岩、粘土岩)	陆地浅埋
中 国		深岩硐处置(花岗岩,2050)	陆地浅埋、水力压裂处置

注:表中以前和以后以1989年分,括号中的年份为该国第一个高放废物深地质处置库计划建成运行时间。

下面简要回顾过去常使用的核废物处置方法的原理,它们是地下渗滤法、深井注入处置法、水力压裂处置法和海洋投弃法。

(1)低、中放废液的地下渗滤处置

该法是将低、中放废液排入地表沟槽内,借助土壤和砂砾层对废液中有害物质的吸附、渗滤作用,净化废液的一种地质处置方法。地下渗滤处置低、中放废液是在渗滤池内进行的。渗滤池一般建于居民稀少、地表水和地下水均不发育、基岩埋深较大的地段,深约 15～30 m,由砂、粘土、砾石和卵石等成层相间填实而成,其顶部和两侧分别建有废液槽和监测井,放射性废液注入渗滤沟槽后,缓慢向地下渗透,其中放射性元素或核素被粘土层吸附、阻滞的次序为:Pu,REE – Sr,Ce – ^{3}H,Ru。通过监测井可跟踪检测处置效果。1960～1968 年间,美国华盛顿州汉福特核反应堆产生的低、中放废液,曾采用地下渗滤法就地处置。由于渗滤池临近哥伦比亚河,部分渗滤水最后流入该河中,日积月累,致使哥伦比亚河水和河底淤泥的放射性浓度大大地超过允许限值,给两岸居民和农作物带来一定危害。

(2)深井注入处置

低、中放废液的深井注入处置是将废液经由注入孔高压压入 1 000～1 500 m 深处相对封闭的透水岩层中,借此将放射性废液永久地与生物圈隔离的一种地质处理、处置技术。在 1960～1973 年间,前苏联曾采用该法向地下 350 m 深的砂岩中注入了 1.2×10^3 m^3 低放废液(放射性总活度达 185×10^{16} Bq),平均注入速率为 350～400 m^3/天;在美国内华达试验场曾用同一方法经由一个处置井(原是核爆炸监测井)向地下 800 m 处的岩层中注入了 94 600 L 低放废液,平均注入速率为 200～300 L/min;目前,美国建有这类压力注入井 12 口。适合于深井注入处置放射性废液的岩石为上下盘存在相对不透水岩层(页岩、岩盐等)的透水性岩石,若由互层的砂岩、页岩构成一个向斜构造,则是较理想的贮废构造。实际上,封闭的透水性岩层可能是全封闭的,更可能延伸至一定范围以外即成为开放性的(例如出现断层时),要完全查明深部地质构造十分困难,在许多情况下会造成环境的放射性污染。

该处置方法除常造成环境污染外,还存在选择核设施场址时,一般只注重地基的稳定性,而很少考虑到今后就地处置放射性废液,造成处置井不同程度远离核设施。而远距离运输体积庞大的低、中放废液,不易被多数国家接受,这是深井注入处置技术目前已很少被采用的另一个原因。

(3)水力压裂处置

水力压裂处置是将浓缩低、中放废液,与水泥、粘土混合后的灰浆,通过钻孔用高压设备将其注入 300～500 m 地下预选被压裂的不透水岩层中,使废液迅速固化成为岩层的一部分,以达到永远隔离核废物的目的。这是将放射性废液的固化处理与处置合为一体的最终处置技术,水泥固化体和岩层构成安全处置的两道屏障。

水力压裂技术由美国橡树岭国立实验室于 1959 年首先从石油开采部门应用到低、中放废物地质处置领域中来。在实际处置时,是在预先选定的地点通过钻孔下钢套管,建成

500～1 000 m深的注射井,利用石油工业中的压裂技术,对地下深处预定处置岩层采用高压(大于岩石静压力)水力喷砂法或炸药射孔法压裂,使在该岩层中形成大量平行于层面的水平裂隙,然后将灰浆高压注入压裂岩层中。灰浆沿水平压裂面和层面流动、扩展至一定范围(直径可达200 m),经一昼夜后,岩层中的灰浆固结,成为岩石的一部分(图7－4)。废液灰浆应分期、多次注入,每次注浆的时间间隔应在三个月以上;注浆一般从注射井下部开始,注满一批裂隙后,立即用水泥封层,接着向上部一层位注浆。在注射井周围建有若干监测井,其深度应大于灰浆可能达到的深度。为了提高灰浆吸附能力,一般需在水泥添加料中加入活性白土、伊利石、飞灰、葡萄糖内酯、沸石等(水泥:飞灰:白土:沸石 = 2.5～3.5:1.5～2.5:1:0.5,固液比为0.71)。

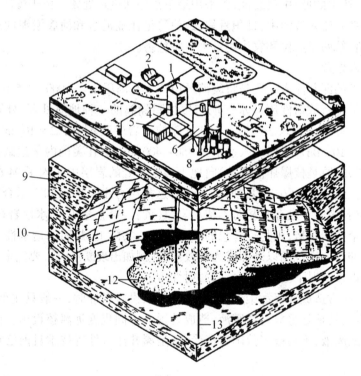

图7－4 美国橡树岭国立实验室水力压裂处置放射性废液灰浆示意图

1—钻塔;2—废液储存罐;3—固体物料供给罐;4—混合室;5—注浆高压泵;6—大储存罐;7—备用废液池;8—混合罐;9—灰色页岩;10—红色页岩;11—注射井;12—废液灰浆层;13—监测孔

在1966～1984年间,该实验室已在两个处置场用该法处置了13 800 m³废液灰浆(计5.6×10^{16} Bq);德国也曾用该法将放射性废液处置在地下岩盐中。我国也于20世纪末在西南某地的龙马溪统页岩中实施了水力压裂处置中、低放废液。

(4)海洋投弃

核废物的海洋投弃处置,又称海洋倾倒处置,这是将低、中放废物容器(一般为混凝土固化体,外加钢桶包装)投入远离陆地的预定海域,使废物容器自行沉入海底,或直接向海洋排放低放废液,借海水隔离和稀释放射性物质的一种非地质处置方法。

提出用海洋投弃法处置核废物的人认为,海洋水体具有极强稀释放射性物质的能力,当废物投弃在海洋底部后,放射性核素的垂直扩散速度极小,因而不至于污染浅部海水。例如,Fdsom 等(1957)曾试验用一个总活度为 3.7×10^{13} Bq 的放射性物质体投入海水中,经 40 天后,在其扩散范围内海水的放射性浓度仅为 5.5×10^{-6} Bq/ml。但事实上,被投弃的核废物最终将污染海水。基于此,欧洲经济合作发展组织和国际原子能机构于 1967 年提出,要控制向公海投弃核废物。1983 年伦敦倾废公约第 7 次缔约国协商会议通过了停止向海洋倾倒核废物的议案,因此,大多数国家已停止向公海投弃核废物。

7.4.2　适合核废物地质处置的岩土类型

地质处置介质是阻滞和阻止核废物向生物圈迁移的天然屏障,地质处置介质阻滞放射性核素迁移的功能主要为:①岩石中的长石、黑云母、绿泥石、高岭石、伊利石、沸石等矿物,对某些放射性核素具有较强的吸附能力和离子交换能力;②核废物处置库主岩一般致密、少裂隙,深处置库废物中的放射性核素经岩石中迂回曲折的显微裂隙、矿物粒间空隙迁移至生物圈,约需穿越数十公里甚至数百公里,若核素在岩石地下水中的平均迁移速度按 2~3 m/年计,则它们由深处置库迁移到达生物圈约需数万年时间,这期间,高放废物中的大部分放射性核素和低、中放废物中的几乎全部放射性核素,已衰变至无害水平。

较理想的核废物地质处置介质,必须具备以下特性:

(1)岩石孔隙度较小,含水量较少,水渗透率较小,这是地质处置介质应该具备的最重要的性质。地下水在岩石、土壤中的渗透,扩散乃至流动是危及核废物安全处置的最主要因素。

(2)岩石中裂隙较少。地下水主要沿岩石裂隙流动,岩石中的节理、裂隙会随应力和温度的变化而张合,影响地下水流速。

(3)岩石应具有良好的导热性、抗辐射性,随时传导、散失废物的衰变热。

(4)岩石应具有一定的机械强度,便于构筑地下工程。

(5)岩石应具有较强的离子交换能力和吸附能力。

(6)岩石的体积应足够大,这样即使废物中的放射性核素泄漏出来(少量的泄漏是不可避免的),由于迁移距离较大,当其到达生物圈时,已衰变成无害状态。因此,高放废物地质处置深度一般为 500~1 000 m。

具备以上特性,可用于处置核废物的地质介质主要有岩盐、花岗岩、凝灰岩、粘土岩、玄武岩、流纹岩、辉长岩等,表 7－8 列出各国家或地区拟采用的废物处置围岩类型。

表7-8　各国家或地区核废物处置围岩类型

国家或地区	高放废物处置库围岩类型	低中放废物处置库围岩类型	国家或地区	高放废物处置库围岩类型	低中放废物处置库围岩类型
白俄罗斯	粘土、岩盐	粘土、岩盐	日本	(1)	
比利时	粘土	粘土	韩国		安山岩
保加利亚	花岗岩、泥灰岩		荷兰	岩盐	
加拿大	花岗岩		波兰	(1)	(1)
中国	花岗岩		斯洛伐克	(1)	(1)
克罗地亚		(1)	斯洛文尼亚	泥灰岩	
捷克	花岗岩		西班牙	(1)	(2)
芬兰	花岗岩		瑞典	花岗岩	
法国	(1)	(2)	瑞士	粘土、花岗岩	泥灰岩
德国	岩盐	铁矿、岩盐	中国台湾省		(1)
匈牙利	粘土岩		乌克兰	花岗岩、岩盐	
印度	花岗岩		英国	火山岩	
印度尼西亚	玄武岩		美国	凝灰岩	

注:(1)尚未决定;(2)仅有地面设施

7.4.3　低中放废物的地质处置

低、中放废物的地质处置始于20世纪40年代,至今已研究出了一套相对成熟的处置方法。目前普遍采用的低、中放固体废物的地质处置方法主要有:陆地浅埋法、废矿井处置法、深地质处置法等,此外还有滨海底处置法及海岛处置法等。

1.陆地浅埋处置

低、中放废物的陆地浅埋处置是指核废物在地表或地下,具有防护覆盖层、有工程屏障或没有工程屏障的浅埋处置,其埋深一般不超过50 m。低、中放废物的陆地浅埋技术,在美国从1944年开始采用,这是全世界最早被采用的一种处置方法。该技术现已较为成熟,并被世界各国普遍采用。陆地浅埋处置单元的型式不一,各国均根据本国具体情况设计处置工程。

(1)按处置单元和采用工程材料不同,陆地浅埋处置的几种型式

①简易沟坑浅埋:简易沟坑浅埋是在地表挖取1~5 m深的处置沟、坑,将核废物容器或无容器核废物固化体堆置其中,或将核废物直接固化其中,然后用土层回填、夯实。该法的处置效果较差,放射性物质易于泄漏,目前已较少采用。

②混凝土壕沟浅埋:混凝土壕沟浅埋是在地表挖取2~10 m深的壕沟,用混凝土或钢筋混

凝土加固其底、壁,然后将废物容器堆置其中(图 7-5)。各国采用的处置壕沟规格不一,一般为长约 30~300 m,宽约 8~30 m,深约 2~10 m;每条处置沟槽被分成若干个小处置室,在其中由上至下逐层堆置核废物容器,再在核废物容器之间回填入粘土、沥青、砂土、混凝土等,最后用混凝土或土封顶,并设置集水、排水体系(图 7-6)。处置沟底板应具有一定的透水性,以免处置室中积水,为此,可在底板由下至上分别铺设砾石层、砂层和粘土层来增强其透水性能。该处置型式的安全性

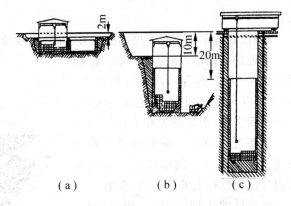

（a） （b） （c）

图 7-5 低、中放废物陆地浅埋处置的某些型式

(a),(b)混凝土壕沟潜埋;(c)竖井处置

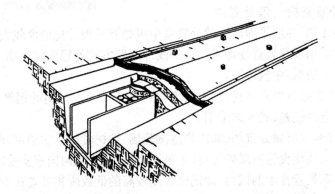

图 7-6 美国低放废物拱顶混凝土壕沟潜埋处置示意图

较好,因而已被各国广泛采用。

③工程加固竖井、平巷、浅钻孔处置:该类处置型式是将核废物处置在埋深小于 50 m 的用混凝土和钢筋混凝土加固的竖井、平巷中或大口径浅钻孔中。该类处置工程适宜于处置放射性比活度较高的低、中放废物,其处置安全性较好,但处置容量较小,处置成本也明显高于其他两类处置型式。

加拿大还开发了适合低、中放废物处置的大口径浅钻孔处置技术,该类处置孔深约 15~30 m,孔径为 1 m,废物容器被堆置在地下水位以下的处置孔中。据试验结果推算,处置 10 000 年后,废物中放射性核素的迁移距离约为 18 m,表明其处置效果较好。该实验处置场建于加拿大安大略省东南部近地表冰碛物和粘土岩中,该粘土岩的渗透系数为 5×10^{-8} cm/s,地下水在岩石中的流速异常小(10~100 cm/1 000 年)。大口径浅钻孔处置的优点是处置技术较简单,处置成本低廉;其局限性在于,仅能在地下水流速接近零值、岩石渗透性极差的地段采

用。

(2)按处置工程相对于地面的位置不同,陆地浅埋处置的型式

①近地表浅埋:该类处置型式是指埋深小于 50 m 的各种浅埋处置技术。例如,简易沟坑浅埋、混凝土壕沟浅埋、工程加固竖井、平巷处置和大口径浅钻孔处置等处置方式。该类处置工程全部建于地面以下。该型式适合于处置放射性比活度较大的低、中放废物。

②墓堆式浅埋:这是一种半地面、半地下浅埋处置方式,处置室大部分高于地平面,顶部用土、钢筋混凝土封盖。在地平面以上的处置室内一般处置放

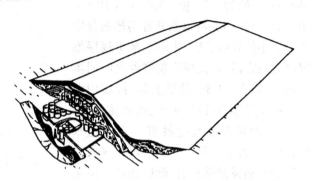

图 7 - 7　低、中放废物的墓堆潜埋处置示意图
据美国能源部,1987

射性比活度较小的废物,在地平面以下的处置室中可处置放射性比活度较大的废物(图7 - 7)。法国芒什处置场和美国部分处置场即采用这一浅埋处置方式处置低放废物。该型式适合于处置放射性比活度较小的低、中放废物。

③地面处置:该类处置型式是将低、中放废物处置于地面上封闭的钢筋混凝土建筑物内,该类处置型式的安全性较差,较少被采用。

此外,在美国能源部所属处置场(如内华达试验场,橡树岭国立实验室,萨凡纳河工厂的处置场),以及加拿大某些核设施所属处置场(布鲁斯核工厂,查克河国家实验室的处置场等),开展了低放废物的中深处置技术的试验,即把比活度较高的低放废物处置在 60~90 m 深的竖井中,其处置深度较大,安全性较好,但是处置成本较高,且只宜在地下水位较低、土层较厚的地区采用。由于中深竖井处置深度超过陆地浅埋处置深度(> 50 m),有人将它单独列为一种低、中放废物的竖井处置法。

陆地浅埋壕沟一般应构筑在地下水位之上,否则将产生澡盆效应。若不得已必须构筑在地下水位以下时,则应选择建在不透水的粘土层中,在废物处置后用粘土、沥青、混凝土封顶以及在底板上设置完善的排水系统等。陆地浅埋处置介质可为粘土、冰碛土、砂、粉砂、风化凝灰岩、风化页岩、黄土等(表 7 - 9)。

我国环境保护部门(1988)规定,符合下列条件之一的核废物才被允许作浅埋处置:①半衰期大于 5 年、小于或等于 30 年,比活度不大于 3.7×10^{10} Bq/Kg 的核废物;②半衰期小于或等于 5 年 a 的任何比活度的核废物;③在 300~500 年内,比活度能降到非放射性固体废物水平的其他废物。对含有下列物质的核废物不宜作浅埋处置:①腐烂物质;②生物的、致病的、传染性细菌或病毒的物质;③自燃或易爆物质;④燃点或闪点接近环境温度的有机易燃物质。同时,我国环保部门还规定作浅埋处置的低、中放废物必须具有以下性质:①废物应是固体形态,其中

的游离液体体积不得超过废物体积的 1%；②废物应具有足够的化学、生物、热和辐射稳定性；③比表面积小,弥散性差,且放射性核素的浸出率低；④废物不得产生有毒气体。

表 7-9　美国主要低放废物陆地浅埋处置场地理位置及其相关资料

地点(启用时间)		已处置低放废物体积/(m^3)	处置沟规格(长×宽×高)/($m × m × m$)	含钚金属量/(kg)	处置介质种类	地下水位离地面距离/(m)	核素迁移情况
西部干燥气候区	1. 汉福特(Hanford, 1944)	$>2.1 × 10^5$	$137 × 24 × 7.5$	30	冰川沉积物	$60 ~ 115$	部分迁移
	2. 爱达荷(Idaho, 1952)	$>1.6 × 10^5$	$200 × 12 × 6$	370	砂、粘土、粉沙	175	部分迁至 80 m 深处
	3. 贝蒂(Beatty, 1962; 1976 年曾关闭, 1978 年再启用)	$>5.4 × 10^4$		>40	冲积砂、砾石和粘土	90	未迁移
	4. 洛斯阿拉莫斯(Los Alamos, 1952)	$>2.3 × 10^5$		15	风化凝灰岩	$270 ~ 310$	^3H 有迁移
东部潮湿气候区	1. 西谷(West Vally, 1963 ~ 1975)	$6.7 × 10^4$	$214 × 10.5 × 6$	4	冰积物	$0 ~ 7$, 有澡盆效应	部分迁移
	2. 谢菲尔德(Sheffield, 1967 ~ 1978)	$6.9 × 10^4$	$150 × 12 × 6$	17	冰川沉积物	$1 ~ 15$	部分迁移
	3. 迈克赛洼地(Maxed Flats, 1963 ~ 1977)	$1.3 × 10^5$	$90 × 15 × 6$	65	风化页岩、泥砂岩	很浅 $10 ~ 15$, 水文条件复杂	迁移
	4. 橡树岭(Oak Ridge, 1944)	$>2.3 × 10^5$		15	冲积粘土	$1 ~ 12$, 有澡盆效应	迁移
	5. 巴威尔(Barnwell, 1971)	$>8.5 × 10^4$	$150 × 15 × 6$	>1		11	未迁移

2. 废矿井处置

将低、中放废物处置在地下废矿井中,是一种较安全的处置方法。可供处置低、中放废物的废矿井有:盐矿、铁矿、铀矿、石灰石矿等矿井。废矿井处置可以利用矿山原有的采矿巷道、采空区堆置废物容器。德国阿什废盐矿井低、中放废物处置库,以及康拉德废铁矿井低、、中放废物处置库,就是利用废矿井处置低、中放废物的典型实例。阿什处置库在 1967 ~ 1978 年间已处置低放废物40 000 m^3,中放废物 260 m^3。

废矿井处置法的优点是:①不占用大片土地;②可充分利用矿山原有的竖井、地下采空区等,处置成本较低;③处置空间大,据统计,按目前美国每年开采盐矿的数量,只要利用其中 1%的采空矿山,便可供处置全美国当年产生的所有核废物;④处置深度较大,安全性较好。该法的局限性在于,废矿井一般离核设施较远,需长途运输废物,而低、中放废物数量多,一般宜于就地处置。

3. 深地质处置

低、中放废物的深地质处置是将该类核废物处置在埋深大于 300～500 m 的地下人工岩硐中。深地质处置法也称矿山地质处置法。低、中放废物的深地质处置方法,处置库构式等与高放废物深地质处置法的相似(见本章 7.4.4 介绍)。除英国、比利时、瑞士和芬兰等少数国家外,其他国家较少采用该法处置低、中放废物,这主要是由于深地质处置耗资巨大;而采用相对廉价的陆地浅埋等处置技术,同样可较安全地处置该类核废物。

4.滨海底处置

低、中放废物的滨海底处置,是瑞典根据本国临海的特点,通过与陆地相连的斜井(两个斜井各长 1 km),将废物处置在波罗的海水下约 60 m 的结晶岩中(图 7－8)。该滨海底处置库距离产生废物的核设施(福斯马克核电厂)约 2～3 km,有半岛与陆地相连,待处置废物可由公路运至海滨处置场,再用海底运输车辆,经斜井运抵海底处置库。

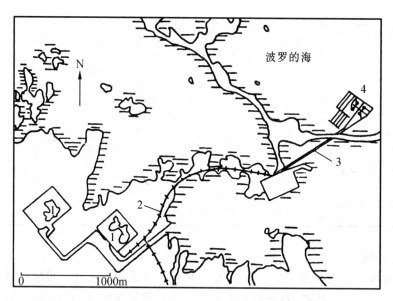

图 7－8　瑞典低、中放废物滨海底处置平面图(Chapman,1987)

1—核电厂;2—公路;3—海底斜井;4—海底处置库

滨海底处置法的优点是:①不占用陆地土地,且远离居民点;②核电厂大多建于沿海地区,在滨海就地处置核废物,可避免长途运输;③海底岩石中的地下水与海水处于压力平衡状态,海底废物库附近地下水的水力坡度极小,地下水运动速度极小。该处置方法的缺点是处置成本较高,海底工程的施工技术较复杂。由于该方法处置深度小,处置库又靠近沿海人口聚居区,国际上对该处置方法的安全性有争议。

5.海岛处置

低、中放废物的海岛处置,是选择几乎无人居住和活动的荒芜海岛,或者沿大陆架的岛屿和大洋孤岛作为处置场,将低、中放废物(甚至有人设想包括高放废物,)作陆地浅埋或废矿井处置等。实质上,海岛处置并非一种独立处置技术,而是相对于陆地处置、海洋处置而言的,强调处置地点。一方面,与各种陆地处置方法相比,海岛处置增加了海水这一天然屏障,而且许多海岛的地下水不发育,地下水与海水的交换、渗透极差,这增大了核废物处置的安全性。因而有人建议可在地理位置适中的海岛上建立国际核废物处置场(库)。但另一方面,1989 年联合国伦敦倾废公约规定,在沿海岛屿和开阔海域岛屿上禁止处置核废物。此外,海岛处置的运输费用将比在陆地处置高一倍以上。因此,海岛处置法很难成为低、中放废物的重要处置方法。

我国台湾省已在该岛东南 75 km 的兰屿岛上建造低、中放废物处置库,在二期工程完成后,该处置场可供处置约 100 年之久。

芬兰在哈斯索尔门岛 Lovisa 奥长环斑花岗岩中建造低、中放核废物深地质处置库,已于 1992 年投入运行。

巴西也已在本国沿海选择了两个荒芜海岛(马丁塔斯岛和特林达德岛),拟建造低、中放废物处置场。

7.4.4　高放废物的地质处置

高放废物的数量仅为低、中放废物的 1/10 ~ 1/100。但因为高放废物含有较多长寿命 α 辐射体,并具有较大的放射性比活度和较多的衰变热,所以,对高放废物的处置要求与处置低、中放废物的不同。具体表现在以下几方面:①隔离时间需超过 10^4 ~ 10^5 年(低、中放废物仅为 300 ~ 500 年);②处置介质一般选用透水性较差的岩石;③处置深度一般为 500 ~ 1 000 m(低、中放废物处置深度大多不超过 100 m)。

高放废物的处置方法可分为地质处置法和非地质处置法两类。地质处置法有深地质处置法、废矿井处置法、深钻孔处置法、岩石熔融处置法和深海床处置法;非地质处置法有冰层处置法、太空处置法和核嬗变处理法等。其中只有深地质处置法已进入实施阶段,其他处置方法尚处于研究开发阶段,或仅是一种设想。就总体而言,高放废物处置技术现仍处于探索阶段。

1.深地质处置

高放废物的深地质处置是将固化高放废物处置于地下(> 500 m)人工深岩硐中。深地质处置库通常分为地面设施和地下处置库两部分。地面设施包括办公大楼、废物容器包装工厂、废物贮存库、车库、其他废物处理设施、竖井升降机操纵室、通风系统、污水处理系统、供水供电系统和电视检测控制中心等(图 7 - 9)。地下处置库主要由以下部分组成:①中央竖井大厅,位于中央主竖井地下终端,是地面器材、设备和工作人员进入地下库后的集散场所,也兼作货物的暂存室;②巷道,即地下处置库各处置室的通道,有时兼作处置平巷;③处置室,即处置废物的主要场所,处置室宽约 3 ~ 5 m,高约 3 ~ 7.5 m(岩盐易蠕动,其中的处置室高度较在其他岩石中的高 0.5 m),长约 23 ~ 200 m,地下处置库总面积约 0.1 ~ 1 km²,地面设施及场地约占地

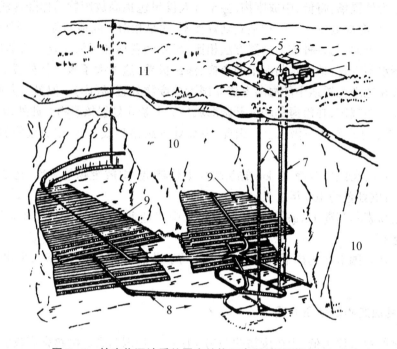

图7-9   核废物深地质处置库结构示意图(据闵茂中,1998)

1—管理控制中心;2—车库、废物库;3—废物包装工厂;4—通风室;5—升降机控制室;
6—运输竖井;7—通风竖井;8—地下巷道;9—废物处置室;10—岩石;11—地面

$2\sim12$ km^2;④竖井,深处置库一般建有$2\sim5$个竖井,分别供工作人员进出地下库,运输设备、器材,处置废物及地下通风之用,竖井是联接地面和地下库的通道,在处置库建造期间,竖井也是向地面运输掘进碎石的通道。开凿一个地下深地质处置库将会产生上亿吨的碎石。

废物容器在地下处置室中的处置方式有3种:①将废物容器堆置在处置室、巷道中,废物容器之间的空隙填以粘土、沥青、混凝土等(图7-10(a));②将废物容器堆置在处置室、处置平巷底板的钻孔(处置孔)中,钻孔一般垂直于底板,或与底板有一定夹角(图7-10(b)),处置孔直径约$40\sim150$ cm,深约$5\sim30$ m(有时达$100\sim600$ m);每个处置孔中堆置的废物容器数量,视废物种类、废物容器种类而定,例如,孔深小于20 m的处置孔仅能安置一个乏燃料处置容器,或3个其他高放废物处置容器;③将废物容器堆置在处置室之间支撑岩墙的水平处置孔内(图7-10(b))。将废物容器放入处置孔之前,预先向孔内放置一个抗侵蚀能力较强的金属套筒,在套筒与孔壁间回填入粘土、膨润土等,压实,然后置入废物容器。在废物容器与金属套筒之间留有宽约10 mm的缝隙(图7-10(c))。因此,由处置孔中心向外分别为废物体—废物容器—空隙—金属套筒—回填材料—岩石,对放射性核素构成了一个严密的阻滞体系和屏障体系。置入废物容器后,用回填材料封孔。处置库堆置满核废物后,用混凝土、粘土、沥青、岩石碎块等,填实地下处置库所有残留空间、竖井等,最后用混凝土封闭竖井口,即处置库被关闭。全部地下处置工作由地面操纵的机械完成。

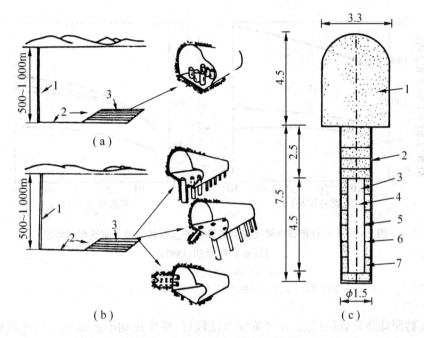

图7-10 核废物深岩硐处置方式示意图(Chapman,1987)

(a)将废物容器直接堆置在处置室或处置平巷中:1—竖井;2—巷道;3—处置室或处置平巷;
(b)将废物容器堆置在处置室垂直、水平或倾斜处置孔中:1—竖井;2—巷道;3—处置室或处置平巷;(c)处置孔纵剖面示意图:1—处置平巷或处置室,内为压实的回填材料;2—垂直底板的处置孔;3—废物容器外包装及套筒;4—废物体;5,6—缝隙;7—回填材料(图中数字为长度,单位 m)

深地质处置库的埋深取决于岩石性质、岩石裂隙发育程度和地质构造等,一般为 500 ~ 1 000 m。

深地质处置库的结构是多层的,在不同中段建有若干处置层,在每一处置层建有一套完整的处置室、处置巷道、处置孔体系,其工程构式颇似矗立在地下深处的一幢大楼。

深地质处置库的容量不仅取决于待处置废物的数量、种类等,而且还取决于废物的年龄。对于一个给定容量的地质处置库,其高放废物处置量随待处置高放废物的年龄增大而增多(图7-11)。年龄越大的废物,衰变热越少,废物容器在库中堆置密度可越大;反之,堆置密度小。处置库的最大处置量,应以被处置废物体的表面温度和近场岩石的最高温度低于极限温度为限,否则将造成废物固化体崩解(例如硼硅酸盐玻璃的析晶、裂隙化等)及近场岩石的裂隙化。岩盐在高温下将发生塑性蠕变。因此,一个给定容量的岩盐中的处置库,其废物最大允许处置量,仅为一个容量相同的花岗岩或玄武岩中的处置库废物最大允许处置量的 42%(指乏燃料)。

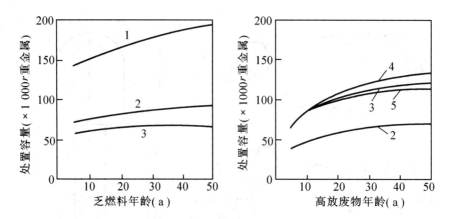

图 7-11 不同岩石中深处置库的废物处置容量与待处置乏燃料年龄
(据美国能源部,1980)
(a)、(b)高放废物年龄之关系
1—花岗岩和玄武岩;2—粘土岩;3—岩盐;4—花岗岩;5—玄武岩

高放废物深地质处置的优点:①处置安全性较好,库中废物不受地表自然环境的影响;②处置深度大,对生物圈的环境影响极小;③不占用大面积土地,这对工业发达、人口稠密的国家是一种具有吸引力的处置方法;④处置容量大,处置库服役期长。该法的缺点是耗资巨大,处置技术复杂。

2.废矿井处置

高放废物的废矿井处置原理与低、中放废物的废矿井处置原理相同,所不同的是处置高放废物时对废矿井的工程质量要求,明显高于处置低、中放废物时对废矿井的工程质量要求。绝大多数处置低、中放废物的废矿井,都不具备处置高放废物的条件。这是由于高放废物的比活度较大,放射毒性较大,安全处置期长,处置库必须具有较好的水文地质、工程地质等条件。对于某些处置条件较好的废矿井,也需经周密的改建后,方可成为高放废物处置库,例如,德国戈勒本废盐矿井正被改建成低、中、高放废物处置库。但由于废矿井固有的不良处置条件,迄今拟采用废矿井处置高放废物的国家很少。

3.深钻孔处置

高放废物的深钻孔处置是将高放废物容器处置在深为数千米乃至上万米、孔径为 0.75 ~ 1 m 的深钻孔或超深钻孔中,然后用粘土、岩石碎块、混凝土等回填材料封孔,使高放废物永久与生物圈隔离。这一处置技术目前还处于开发研究阶段。

作为该处置技术的开发研究实例,丹麦拟在利姆乔顿海湾莫尔斯岛地下的莫尔斯盐丘中建造一个由 8 个深处置孔组成的高放废物深钻孔处置库。莫尔斯盐丘直径约为 8 km,埋深约为 800 m,向地下延伸达 5.5 km。该盐丘的岩盐较纯,含石盐约 97% ~ 99%,另含少量硬石膏,岩盐含水量少(仅为 0.01%)。对取自 1 800 ~ 2 000 m 深处的岩芯测得该岩盐含极少量卤水包裹体,由测试结果推断,这些卤水气液包裹体移动速度约为 30 m/Ma(液体包裹体向温度增高处移动,气体包裹体则向相反方向移动)。

(1)高放废物深钻孔处置法的优点

①处置深度极大,因而具有极好的安全性。研究表明,在数千米至 1 万米深处的岩石中,已极少存在相互沟通的裂隙,岩石的渗透性极差,地下水活动极其微弱,对安全处置核废物是十分有利的。根据现有技术水平,直径为 1 m 的大口径钻可下钻 5 km;直径为 30 cm 的小口径钻可下钻 10 km 以上,因此,高放废物深钻孔处置在现代技术上是可行的。

②钻进过程对岩石的扰动较小,而在开凿处置库时,由于采用爆破技术,使岩石中裂隙增多,促进地下水流动。

③钻孔易严密封堵,其密封性远较深地质处置库为好。

④钻孔中核废物衰变热的扩散空间大,散热速度快。

⑤废物处置后,无需进行工程回填。若在岩盐深钻孔中处置高放废物,由于岩盐具有缓慢蠕动和自溶解—自沉淀特性,岩盐最终将自行严密地包覆高放废物容器。

⑥处置技术较简单。与深地质处置相比,深钻孔处置的成本较低。

(2)高放废物深钻孔处置法的缺点

①对该方案的安全分析所需的深部地质特征认识不足。

②在处置过程中若出现故障,几乎无法排除和弥补,因而各国在选择高放废物处置方案时,首先考虑采用深地质处置法。

③一个深钻孔中处置废物的数量,远较一个深地质处置库的小。例如:一个深钻孔一般仅可供 80 个装机容量各为 1 GW 核电厂处置 1 年内产生的全部高放废物。

④在 2 ~ 10 km 深处的岩石温度约为 60 ℃ ~ 300 ℃,硼硅酸盐玻璃固化体在温度超过 200 ℃的环境中很不稳定,与地下热水作用后可发生析晶和分解,因而在这种情况下宜采用废物陶瓷固化体。此外,钻孔深部地温较高,不利于废物散热。

4.岩石熔融处置

高放废物、超铀废物的岩石熔融处置,亦称地下熔融处置。该方法是将高放废液注入钻孔或深部(> 2 000 ~ 3 000 m)岩硐中,在此后较长时间内,借助高放废液产生的衰变热,将岩石与废液熔为一体(温度超过 1 000 ℃),经冷却后成为岩石固化体,从而达到永久隔离高放废物的目的。但目前这还只是一种设想。

根据处置原理设想,首先在页岩或花岗岩地区选取适当地段,通过深竖井在 2 000 ~ 3 000 m 地下岩石中开凿一个容积约为 5 000 ~ 6 000 m³ 的岩硐,然后将高放废液或其灰浆注入该岩硐中,同时不断地向地面抽汲从废液中析出的放射性水;待岩硐注满废液后(约需 25 年),

封闭竖井、钻孔。此后,在衰变热影响下,注满废液的岩硐中将发生以下变化:注液后 1 个月至 25 年间,岩硐中废液将发生自沸腾;封闭后 35 ~ 45 年,岩硐周围岩石开始熔融,废液和岩石融为一体,随后逐渐冷凝固化;在注液后约 1 000 年,高放废液完全岩石固化,熔融固化的废液 – 岩石固化体的直径约为 80 ~ 100 m(废物:岩石 ≈ 1 : 1000),固化范围取决于处置废液的岩硐大小、主岩的热导率、矿物成分、化学成分和含水量及高放废液的释热量等。这类处置库应建在核设施附近,有时可利用地下核爆炸坑作为处置库。处置库主岩的厚度不应小于 300 ~ 400 m。

岩石熔融处置法的优点是,对废液无需进行固化处理,处置技术较简单,处置成本较低。其缺点是,①对地下 2 000 ~ 3 000 m 深处岩石中地下水的运动规律尚不清楚;②高放废液能否与岩石一起被完全熔融,未经实践证明;③从地下抽汲放射性析出水,是一项复杂的技术,抽出的放射性水是二次废物;④在 2 000 ~ 3 000 m 深处开凿岩硐,耗资甚巨。

5.深海床处置

高放废物的深海床处置,是选择底部沉积物为粘土的深海区,将高放废物容器置入深海(4 000 ~ 6 000 m)底部粘土沉积物深处(> 20 ~ 30 m),借海底未固结粘土和海水永久隔离核废物。该方法与低、中放废物海洋投弃的区别是,后者是将废物容器投弃在海底沉积物表面,一般得不到海底沉积物屏障的保护。自开发研究以来,该方法是美国和欧洲一些临海国家计划将其作为今后处置高放废物的方法之一。1972 年伦敦倾废公约明文规定,禁止向海洋投弃或向海底植入中、高放废物,但是世界上大部分国家仍希望在共同协商和保证安全的前提下,有控制地将高放废物处置于海底沉积物中。因此国际上对该处置方法尚有争议。

将高放废物植入海底沉积物中的方法多达 19 种(Arup,1985),其中最常用的方法有以下 4 种。

(1)自由落入法

将高放废物容器装入特制的金属穿透器中,用处置船将其运至处置海域后,投入海中,藉穿透器自重穿越海水,自由落入海底未固结粘土层中(图 7 – 12)。穿透器的外形颇似穿甲弹,

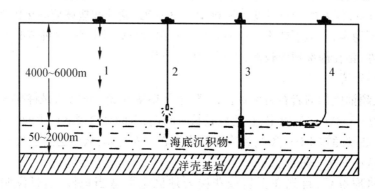

图 7 – 12 高放废物深海床处置示意图

1—自由落入法;2—绞车沉降法;3—钻孔法;4—沟埋法

其头部较尖,尾部带有尾翼,以使其在海水中能垂直地自由落入海底沉积物中。各国使用的钢质穿透器规格不一,例如美国使用的穿透器规格为:全长 1.5~30.0 m,外径 0.3~0.98 m,质量 0.5~153.2 吨。每个穿透器内装高放废物容器 1~20 个不等。穿透器穿入海底沉积物中的速度为 21~77 m/s,穿入深度约 10~90 m 不等。装有废物容器的穿透器植入海底沉积物的深度,可通过计算预测,主要取决于穿透器的长度、重量和横断面形态等。

(2)钻孔法

采用船用钻探设备在海底钻取钻孔,然后将废物容器处置在海底钻孔中(处置介质为粘土和岩石),最后用岩石碎块、粘土、水泥等回填材料封孔。该类处置孔直径为 0.5~1.0 m,深度为数百米至 1 500 m。将废物容器植入海底处置孔中的技术较复杂,整个处置工作是在水面处置舰上进行的。目前对该处置方法有一种设想是,将废物容器置于一个长约 15 m 的金属筒中(一个金属筒约可容纳 10 个废物容器),将许多装有废物容器的金属筒焊接在一起,然后将它们作为一个整体插入海底处置孔中,整个操作过程可通过海底电视摄像机监测。

(3)铰车沉降法

将废物容器进行坚固的包装后,在舰上通过船用铰车将废物容器定向放至海水中一定深度后,藉重力作用自由落入海底沉积物中。

(4)沟埋法

用船载水平钻探设备在海底 50~200 m 深处钻取水平沟槽,然后将高放废物容器堆置于这些水平沟槽的粘土沉积物中。

在以上各种方法中,最具有实际应用价值的是自由落入法。废物容器在海底的处置密度以 250 m 间距为宜,即在 100 km² 海底可处置 10 万只装有高放废物的穿透器,密度过大不利于废物衰变热的充分散发。

适于作深海床处置的高放废物体一般为玻璃固化体,废物包装容器材料为对海水具有较强抗侵蚀能力的钛基合金(在海水中的侵蚀率约为 1 μm/a)及软钢(厚约 75 mm),它们均可经受 500 年的海水侵蚀。在深海条件下,废物容器承受的压强可达 6×10^5 Pa。

深海底为强侵蚀性氧化环境。在海底埋深 30 m 处的高放废物容器表面温度约为 100 ℃。废物体、废物容器、粘土层和海水,构成了高放废物深海床处置的 4 重屏障。海底沉积物的压实、致密化,以及由核废物衰变热引起的水对流,是促使放射性核素随海底沉积物粒隙水运动而发生迁移的主要机制。与陆地的废物处置体系相比,深海床处置体系增加了海水这一重天然屏障,该屏障对放射性核素具有巨大的稀释能力。据实验结果推算,废物体中的放射性核素在 10 万年间于深海底粘土沉积物中的活化迁移距离不超过数米,其中 Rb,Sr,Ba,Cs 易被粘土吸附,Co,REE,Pd,Ru,Tc,Ag,Cd,Sb,Te,Th,In,Sn,Mo,Zr,Y 等易被锰质结核吸附,铀和超铀元素部分被粘土吸附,部分被锰氧化物、氢氧化物吸附。

高放废物深海床处置的优点是:①浩瀚的海洋占地球表面 70%,绝大部分海底无矿产资源,可供选作废物处置库址的海域多(约占海洋总面积 75%);②不受陨石撞击的威胁;③处置安全性好,对陆上居民影响小;④自由落入处置技术较简单,处置成本低廉。一艘处置舰只可载上万吨废物容器出海作一次性处置。海底钻孔法处置的成本稍高,处置技术较复杂。

6.核嬗变处理

高放废物的核嬗变处理,也称"核灰化"处理,这是利用核反应装置(加速器、核反应堆、受控热核反应等)使核废物中的长寿命超铀核素(主要为锕系元素),受中子诱发活化、裂变生成短寿命同位素或稳定同位素,藉此将高毒性废物转变为低毒性或无毒性核废物。实际上,这是一种核处理技术。

由于高放废物(包括乏燃料)处理、处置技术的复杂性、不确定性,近年来,国外对核废物核嬗变处理技术的研究热情再度高涨。我国清华大学的科研小组也正在开展同类探索性研究。

高放废液的核嬗变处理步骤大致如下。

(1)锕系元素的分离

①将待处理的高放废液浓缩若干倍(例如 4~5 倍,使其放射性浓度大于或等于 148×10^{12} Bq/L);

②将浓缩废液暂存 4~5 年,使其冷却及降低放射性活度(例如使其放射性比活度降至 148×10^{14} Bq/t 重金属),但若高放废液在被分离前已经较长时间暂存,则可省略该步骤;

③对经过暂存的浓缩废液再度浓缩,部分脱硝,继而化学沉淀,分离出部分裂变产物;

④从残留液中化学萃取 U,Np,Pu;对萃取液进行脱硝处理和裂变产物选择性化学沉淀;

⑤从上一步处理的残留液中采用二乙基己基磷酸等化学试剂分离出 Am,Cm 和裂变产物;

⑥对分离出的裂变产物实施玻璃固化,陶瓷固化等处理;将分离出来的锕系元素(Np,Am,Cm 等)作核嬗变处理。

(2)锕系元素的核嬗变处理

在理论上,采用热中子堆、快中子增殖堆、加速器、热核反应堆中的任一种核反应装置,均可达到消除锕系元素的目的,其中快中子增殖堆在产生的高能快中子作用下具有更大的裂变/俘获比值,因而更具有实用价值。

在核嬗变处理前,首先将锕系元素制成专用的燃料元件。经初步计算,若反应堆锕系元素燃料元件的最大燃耗为 12×10^{4} MW·d/t,活性区中锕系元素金属量为 30 kg,反应堆热功率为 3 000 MW,比功率为 80 MW/t,则在反应堆中放置约 30 年后,Am,Cm 的原始量有 90% 经核嬗变而被消除。由此可见,半滞留时间约为 9 年,亦即大约经过 7 次辐照循环,才能使核废物中的 Am,Cm 减少 90%。

核嬗变处理法对消除长寿命核素的危害性是十分直接而有效的,但其处理过程十分复杂,处理周期冗长,处理成本昂贵,在处理过程中又将产生新的裂变产物和二次废物。若在今后的可行性实验研究中,能找到克服这些缺点的有效技术或途径,则该方法将可进入实际应用阶段。

核废物的非地质处置方法还包括设想在太空和地球极地冰层中处置高放废物。

近年来对高放废物的处置方法还提出了监控储存和最终移去两种方法。

监控储存的优点是：①从物质与安全角度能很好控制；②对于将来管理或处理有可行性。但缺点也是非常明显的：①该方法将处置责任推给了下一代，首先不符合可持续发展原则；②该方法不是长期的处置方法，长期来说，剂量不满足安全与辐射防护的要求；③该方法还对于战争、动乱、经济衰退等社会问题很敏感。

最终移去方法的优点是：①废物全部消失，没有危害；②不需要深地质处置。缺点是：①目前技术上尚不可行；②有不可修复的失败危险。

表 7 – 10 列出了世界某些主要核电生产国的高放废物处置方针与进展计划，由此可见，世界各国对高放废物处置事业的高度重视及严谨的科学态度。

表 7 – 10　世界一些主要核电生产国的高放废物处置方针与计划

国家	废物形态	候补主岩	处置深度(m)	处置方针与现状	处置计划
美国	乏燃料玻璃固化体	凝灰岩	350	1991 年开始尤卡山场址特征调查；1998 年场址特性调查	2002 年申请许可证获批准；2010 年开始处置场运行
法国	乏燃料玻璃固化体	花岗岩粘土层	400～1000	1995 年选定 3 个地下研究设施候补场址；1996 年申请地下研究设施的建造许可证，并举行听证会；1998 年开始建造	2001 年地下研究设施进入运行；2006 年提出关于废物研究的综合评价报告书
德国	乏燃料玻璃固化体	岩盐层	660～900	1979 年开始开发研究；1984 年提出处置安全研究报告书；1986 年开始钻孔、挖掘；1991 年提出安全评价书，但目前进展缓慢	2004 年结束地下调查；2008 年完成计划确定手续；2012 年开始处置场运行
比利时	回收废物玻璃固化体	粘土层	220	1974～1989 年在摩尔研究所开始处置的安全评价研究；1989 年提出安全评价书；1994 年开始制定深地层研究计划	2000～2015 年开始废物处置论证实验；2025 年经王室批准取得处置场许可证；2035 年处置场开始运行
日本	乏燃料玻璃固化体	花岗岩堆积岩	数百	1994 年成立了高放事业推进准备会，提出了第一个技术报告书由国家评审，进行了设施主体、地层处置的安全技术可行性研究；1995 年进行了社会和经济方面的调查与审议	2000 年设立设施主体，提出第二个技术报告书，提交国家审查；2030～2040 年在经过处置场址确定、地方认可和论证实验后投入运行

7.4.5　铀矿山尾矿和废石的处理

铀尾矿是铀矿石经破碎、水冶后残留的无用物料，铀尾矿是一种特殊的低放固体废物：①

其中 Ra,Se,Mo,Rn 含量较高;②体积和数量十分庞大,据统计,制得 1 吨黄饼(含铀 - 308 = 75% ~ 90%的中间产品)约产生 250 ~ 1 000 m^3 铀尾矿,这是核燃料循环过程中产生的数量最大的一种低放固体废物;表 7 - 11 列出了我国部分退役铀矿冶企业尾矿、废石量,可见铀生产过程中尾矿及废石量是十分巨大的;③其中含有多量酸、碱等化学物质,例如 H_2SO_4,$FeSO_4$,H_3PO_4,$NaClO_3$,Na_2CO_3,$NaOH$,$NaHCO_3$,$CaSO_4$,$NaCl$ 等,具有较强的侵蚀性;④具有松散性、流动性、强导热性、反光性和透水性等。因此,对铀尾矿需采用特殊的方法处置。在国际上,铀尾矿被列为一种特殊类型的低放固体废物。

目前,世界各国主要采用尾矿库地面贮存方法处置铀尾矿,其技术较成热,安全性较好。此外,还包括仍处于探索中的废矿井回填处置技术等。

表 7 - 11　我国部分退役铀矿冶企业尾矿、废石量(t)

项　目	江西×矿(露天开采)	湖南×矿	云南×矿	江西×矿	湖南×矿	广东×矿	广东×矿
尾矿量	40.3×10^4	327.0×10^4	16.9×10^4	124.4×10^4	16.9×10^4	281.7×10^4	63.8×10^4
废石量	204.8×10^4	285.0×10^4	14.8×10^4	116.0×10^4	8.6×10^4	236.6×10^4	121.0×10^4

1. 铀尾矿的特征

铀尾矿的主要成分是:①矿砂(> 75 μm),约占 50% ~ 65%,矿砂的主要矿物成分为石英、长石、方解石、粘土、有机质和岩石碎屑等;矿砂的化学成分较复杂,这主要取决于原矿石类型和铀的提取工艺,主要有 SiO_2,$CaCO_3$,Al_2O_3,Fe_2O_3,MgO,K_2O,Na_2O,P_2O_5,C,MoO_3,CuO,ZnO,SO_4^{2-} 等;②尾矿浆,约占 35%,其矿物成分与矿砂相似,只是矿物粒度较细小(< 75 μm),尾矿浆的化学成分与矿砂大致相似,但其 Ra,SO_4^{2-},CaO,Al_2O_3 的含量及比活度明显高于矿砂,铀尾矿中约 85%的放射性活度来自尾矿浆;③尾矿液,约占 10% ~ 15%,其化学成分取决于水冶铀矿石时加入的水、酸、碱,以及从矿石中浸取的化学成分。铀尾矿的 pH 值约为 1 ~ 2(酸法)或 10 ~ 10.5(碱法)。

2. 铀尾矿的处置

铀矿石经水冶后,约有占总铀量的 6%的铀残留在铀尾矿中,因此,体积和数量庞大的铀尾矿是潜在的辐射源和放射性污染源。

处置铀尾矿的目的,是最大限度地减少氡射气的逸散量(我国采用的氡析出率防护标准为 0.74 $Bq/(m^2 \cdot s)$),避免尾砂粉尘污染周围环境,减少有害组分进入地下水和地表水源,确保铀尾矿的长期稳定(不流失、不吹扬等)。为此,在作最后处置前,一般应对铀尾矿作如下处理:①用稀酸(例如硝酸等)淋洗尾矿,以降低其中有害组分的含量;②采用氯化钡或离子交换技术分离尾矿浆和尾矿液中的镭(^{226}Ra);③对尾矿液作中性化处理,以降低其酸碱度;④通过自然蒸发减少铀尾矿中的水含量;⑤对某些毒性特别大的尾矿砂,作水泥固化、沥青固化等。

处理铀尾矿最常用的方法是不回取的尾矿库地面贮存,与环境作暂时隔离;此外,还可将其回填入废矿井或其他地下岩硐中,以使其与生物圈隔离。

铀尾矿的地面不回取贮存是在居民稀少地段,选择四周地势稍高、中央稍低洼的封闭干涸湖、塘或低地,将铀尾矿堆放其中(尾矿库),最后在其表面覆盖一定厚度的土、碎石,种树植草。

按我国规定,仅对比活度大于 7×10^4 Bq/kg 的铀尾矿采用建尾矿库方法处置,而对比活度较小的铀尾矿($2 \times 10^4 \sim 7 \times 10^4$ Bq/kg),只需建坝存放,无需用尾矿库处置(GB8703 – 88)。

(1)铀尾矿地面处置系统的构式

铀尾矿地面处置系统主要由 4 部分组成。①尾矿库和尾矿坝。尾矿坝用土、石堆砌而成,内有粘土,泥炭夹层(以吸附尾矿渗出液中的放射性核素),其表层砌以石块和混凝土(加固)(图 7 – 13)。②尾矿库底部的天然或人工防渗漏衬层及污水排泄系统。为了避免尾矿中的污水渗漏进入地下水或地表水源,除应设置完善的污水排泄系统外,在尾矿库底部应有不透水岩石,或铺设聚氯乙烯薄膜、混凝土或沥青 – 混凝土层、人造橡胶、压实粘土等,以使底部防渗漏衬层的渗透系数小于 $10^{-7} \sim 10^{-10}$ cm/s。③尾矿砂覆盖层,为了减少和防止尾矿砂粉尘、放射性气体(氡气为主)飞扬和散逸,防止雨水冲淋尾矿砂,在处置完毕的尾矿库区段,应在被处置的尾矿砂表面覆盖一定厚度的土壤、碎石,再在其上植草种树。④尾矿管理系统,包括尾矿浆输入泵污水处理系统,澄清水回收再循环系统,尾矿预处理系统(氯化钡分离镭,离子交换分离有害组成等)。尾矿浆在尾矿库内沉淀、分离后,澄清水大部分由再循环水泵压送回水冶厂重复使用,少部分澄清水经污水处理后排入环境中。

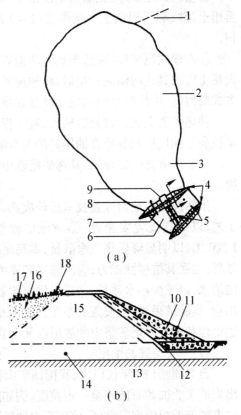

图 7 – 13 尾矿库(a)和尾矿坝(b)构式示意图
1—铀尾矿浆泵入管;2—尾矿库;3—澄清水回收池;4—污水处理设施;5—捧泄口;6—放射性核素共沉淀和滞留池;7—氧化钡处理装置;8—吸水塔;9—再循环水泵房;10—碎石、混凝土护坡;11—防渗漏填料;12—排水系统;13—不透水(粘土或岩石)层;14—捧水口,四周为不透水粘土;15—夯实的不透水质堤坝;16—尾矿库;17—尾矿库的土,石盖层;18—植被

除了以上尾矿库构式外,美国核管理委员会于 1979 年还推荐以下 3 种构式的尾矿库。

①墓堆式尾矿库:在地面上铺设厚层防渗漏粘土衬垫层后,再在其四周垒起土墙(其表面砌以石块,混凝土),将尾矿砂堆置其中,上覆厚层粘土、碎石,种植草木。

②墓穴式尾矿库：在适当地段挖取的大土坑中,或在露天采矿坑中,铺设厚层防渗漏衬层,再用土、砂、砾等回填至一定厚度(1～2 m),将铀尾矿堆置其中,上覆粘土层、碎石层,植草种树。

③沟槽式尾矿库：在适当地段的地表挖取一定长度、深度的沟槽,继而在这些沟槽底、壁铺设粘土层或其他防渗漏衬层后,将铀尾矿堆置其中,上覆粘土层、碎石等,种树植草。这一处置方式颇似低、中放废物的陆地浅埋处置技术。

铀尾矿的上述三种处置构式,其工程规模小,无需占用大片低地;但处置容量较小,处置成本较高。铀尾矿和其他含铀尾矿的安全隔离时间需 1 000 年以上。

磷矿中常含一定量铀,其选矿尾砂中铀含量较高,也成为类似于铀尾矿那样的低放固体废物。

虽然铀尾矿地面处置技术已较成熟,世界各国仍从以下方面改进铀尾矿处置技术和处理工艺,以提高处置安全性:①对尾矿砂作适当的热稳定预处理,例如,将其焙烧至 1 100～1 200 ℃,以明显降低氡气逸散量,提高尾矿的化学稳定性;②对尾矿进行水泥固化、沥青固化处理,增强其抗侵蚀能力;③改善尾矿库的排水系统效能;④最大限度地循环使用尾矿库中的澄清水,以减少污水数量;⑤适当增厚覆盖层,以增强覆盖层的抗侵蚀、抗渗透性能,减少氡逸出量,实验结果表明,覆盖层厚度宜大于 0.5～0.7 m;⑥分离尾矿中的粗矿砂和尾矿浆,以便分别处理和处置。尾矿浆中的放射性元素含量远高于矿砂。

(2)一类特殊的铀尾矿

自 20 世纪 80 年代以来,我国铀矿山普遍推广就地堆浸提取铀矿石中铀的方法,即把开采出来的工业铀矿石破碎至一定粒度(例如 3～5 mm),或不予破碎,就地堆放在铀矿山,用一定浓度酸或碱溶液定时淋洒,使矿石中的铀浸出。该法的优点是可省去运输体积庞大的铀矿石的费用(水冶厂与铀矿山距离少则数十公里,多则数百公里,需动用载重汽车或火车),但矿石中铀的提取率远低于铀水冶厂的提取工艺流程(铀提取率＜50%)。这样,原工业矿石中的50%以上的铀被残留在就地堆浸尾渣中,铀矿石就地堆浸尾渣便成为特殊类型的铀尾矿。对于这类堆浸尾矿,可按一般铀水冶尾矿(粒度＜1 cm 者)或铀废矿石(粒度＞1 cm 者)处置。

3.铀废石的处置

铀废石是指铀矿床中,品位低于工业可利用品位、比活度高于豁免量的含铀岩石。该类废石既不能被工业利用,又不能任意丢弃,构成了一类低放固体废物。各国对铀废石的比活度豁免量规定不一,我国(1988)规定为＜2×10^4 Bq/kg。

对铀废石的处置方法主要有两种。①地面堆存处置,其处置原理和方法与铀尾矿的地面处置十分相似。按我国规定(GB8703－88),对于比活度为 2×10^4～7×10^4 Bq/kg 的铀废石,采用建坝堆放,即选定一相对低洼的封闭地段,建坝圈围,将铀废石集中露天堆存其中。坝的构式与尾矿坝相似。对于比活度大于 7×10^4 Bq/kg 的铀废石,需建库堆放,即构筑与尾矿库基本相似的处置体系,将废石集中堆置库中,上覆砾、石、砂、土,植草种树。②地下采空区回填。对于实施地下开采的铀矿山,可将铀废石回填入地下采空区,这样,既实施采空区回填,又消除了铀废石对环境的污染,一举两得。我国某些铀矿山,即采用该法处置铀废石。

4.铀尾矿和废石及其堆放对环境的危害

铀尾矿、废石对环境的危害与其放射性毒性及放射性浓度呈正比关系。堆场对环境可能造成的危害有如下几方面。

(1)吸入氡所致内照射危害

铀尾矿、废石内的 ^{226}Ra,衰变成惰性气体 ^{222}Rn,经堆场表面进入环境大气。尾矿场的氡析出率大多介于 $2 \sim 16$ Bq·m^{-2}·s^{-1},废石场的氡析出率介于 $0.8 \sim 2.8$ Bq·m^{-2}·s^{-1}。铀矿冶企业,铀尾矿、废石场表面每年释放氡量大多为 $1\,013$ Bq 数量级。根据中国铀矿山 30 年辐射环境评价以及铀矿冶退役环评报告书,铀矿冶生产期、退役期、退役治理后的三个时期,尾矿、废石堆场表面自然析出的氡都是最主要的辐射源,吸入含氡的空气是公众所受内照射危害的主要途径。

(2)贯穿辐射危害

铀尾矿、废石的 γ 贯穿辐射剂量率为 $(30 \sim 10^3) \times 10^{-8}$ Gy/h,为天然辐射本底的 $4 \sim 400$ 倍,由此造成的辐射危害的危险度国际上估计为 $0.003\% \sim 0.03\%$。

(3)污染水环境

雨水淋经的尾矿、废石场出水,有可能呈中性,也有可能呈酸性。呈中性的流出水内常含有放射性核素如 ^{238}U,^{234}U,^{230}Th,^{226}Ra,^{210}Po 和 ^{210}Pb。若尾矿、废石内含有硫化物和或磷化物,雨水淋经尾矿、废石场的出水呈酸性,其 pH 值有可能达到 $2 \sim 3$。呈酸性的流出水内常含有较多的放射性核素,此外还有可能含有铁、镉、铅、锌、铜等有害物。含有有害物的堆场出水,将污染水环境。受污染的地面水、地下水若用于农田灌溉,还将污染农田。

(4)其他危害

粒径较小的尾矿、废石,通过水和气载的长期弥散作用,会使周围的放射性本底升高。含碳量较高的铀尾矿、废石,还有可能自燃,在其自燃过程常常会产生大量二氧化硫、一氧化碳等有害气体。铀尾矿、废石堆一旦发生自燃,常常难以扑灭,其燃烧时间有可能长达一年以上。

7.5　中国核废物处置研究进展与展望

7.5.1　中国中、低放废物处置现状

中国是一个地域辽阔的国家,核设施分布广泛,如果将低、中放废物集中处置,无论从运输的安全性考虑,还是从经济方面考虑都不适合。中国的废物管理专家们于 1983 年首次提出了中国低、中放废物处置宜采取"区域处置"的方针。所谓区域处置场就是在国家统一规划下,全面考虑安全、经济、技术,及社会诸因素和地理、交通等条件,尽可能靠近现有或计划的大型核

设施,在全国选择少数几个有利地点建立起面向核工业、核电站,和核技术应用的大型低、中放废物处置场。根据"区域处置"的原则,中国从 1988 年起开始区域性的低中放废物处置场的选址调查,调查范围集中在甘肃、广东、浙江、四川等省。位于甘肃省的西北处置场已于 1999 年 9 月开始试运行,位于广东省的北龙处置场正处于建造阶段。

中国还建有 24 个城市放射性废物库,北京城市放射性废物库是我国建成的第一个收储城市放射性废物的暂存库。北京城市放射性废物库位于北京市平谷县城东南夏各庄乡南太务村南山,距北京市中心直线距离 80 km,距平谷县城 7 km,库区占地面积 85 000 m²,废物库区为三面环山的小盆地。经过 30 多年运行,该暂存库目前已经停止收贮工作,准备退役。在该库退役之前有关方面对该库的的源项进行了详细的调查工作。结果表明:①北京城市放射性废物库共收贮了 570 m³ 的放射性废物和 2 582 个放射源,总活度为 8.39×10^{12} Bq,其中,固体废物的总活度为 6.04×10^{12} Bq,废放射源总活度为 2.35×10^{12} Bq;②北京市的放射性废物来源于高等院校、科研院所、中国医学科学院系统、医疗系统和军队系统等 50 余个单位;③北京市城市放射性废物的年产生量为 15~20 m³;④库区环境监测数据表明,库区内库房门前 10 m 范围内的土壤表层已受到轻度污染。

除开展了上述直接与处置有关的工作外,中国辐射防护研究院(CIRP)在榆次的黄土台塬上建立了中、低放放射性废物处置实验场,开展了大量的现场试验。并与日本原子力研究所(JAERI)进行了一项长期的合作研究项目(CJ1 和 CJ2),CJ1 为期 5 年(1988 年 1 月~1993 年 1 月),完成了"低中水平放射性废物浅地层处置安全评价方法研究"。研究内容由八部分组成:①试验场址区域环境特征调查;②试验场区土壤和地下水水质分析;③人工屏障性能研究;④实验室有关参数测定;⑤包气带水分运移规律研究;⑥水分与核素迁移实验室模拟研究;⑦野外包气带中核素迁移示踪试验研究;⑧评价模式与计算机程序开发应用研究。其主要目的,是为低、中放废物浅地层处置安全评价提供一套技术和方法,包括参数、模式和计算机程序。CJ2 合作研究项目也已结束,其中一个重要的研究内容就是了解示踪核素镎、钚及锶在地下水中和黄土相互作用时的地球化学行为。

7.5.2 中国的高放废物地质处置研究框架

中国的核工业初建于中华人民共和国建国后的第六年,即 1955 年。随核设施的发展,已积累了越来越多的放射性废物。到目前为止,积累的高水平放射性废液大部分储存于不锈钢大罐之中,等待玻璃固化处理。随着秦山和大亚湾两座核电站的相继并网发电及我国已制订的发展核能的庞大计划,预计到 2010 年,核电站的年总发电量将达到 20 000 MW。在不远的将来,中国同样面临如何处置核电站乏燃料的问题。我国的高放废物处置政策是乏燃料在最终处置之前须进行后处理。

中国与放射性废物处置有关的工作皆由中国核工业集团公司(原中国核工业总公司)负责。高放废物处置工作的组织机构见图 7-14。中国国家环境保护局负责制订有关法规、终评环境影响评价报告和颁发处置库建造和运行许可证。中国国家核安全局负责评审与高放废物处置有关的安全事项。中国核工业集团公司负责高放废物和乏燃料的运输、乏燃料的后处理、

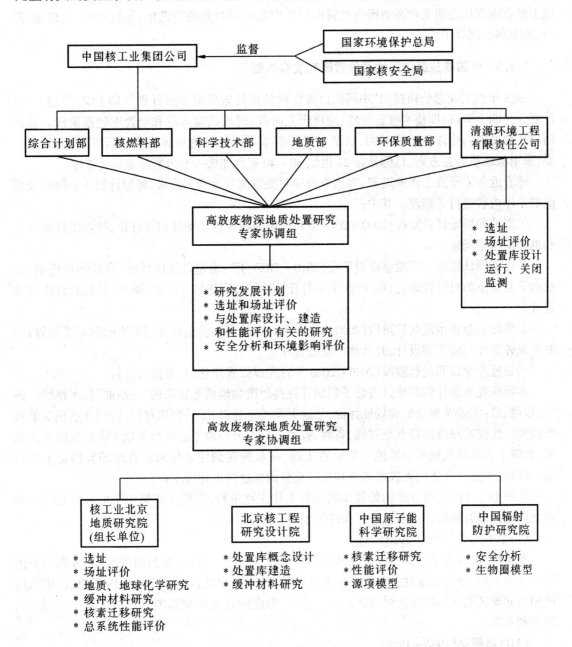

图7-14 中国高放废物地质处置组织机构图

高放废液的玻璃固化以及高放废物的最终地质处置。其下属的综合计划部、科技部、核燃料部、地质部和安全环保质量部负责有关具体工作。隶属于中国核工业集团公司的中核清原环境工程有限责任公司负责高放废物处置库和低中放废物处置场的选址,场址的评价、建造、运行、关闭和监测等工作。

7.5.3 中国高放废物深地质处置研究发展计划

1985年核工业总公司提出"中国高放废物深地质处置研究发展计划"(即DGD计划)。该计划分为四个阶段:即技术准备阶段、地质研究阶段、现场试验阶段和处置库建造阶段。该计划以高放玻璃固化体和超铀废物,以及少量的重水堆乏燃料为处置对象,以花岗岩为处置介质,采用深地质处置方案,目标是在21世纪30~40年代建成一座国家深地质处置库。

随着近年来研究工作的进展,为适应我国对处置高放废物的需求,将原计划4个阶段及相应的工作内容进行了修改。其中:

①选址和场址评价阶段(2000~2010年):完成地段预选和场址初步评价,推荐出处置库址和地下实验室场址;

②场址确认和地下实验室建设阶段(2010~2020年):确定处置库场址,完成场址评价,完成地下实验室的可行性研究;在2015年左右开始建设特定场址实验室;同时,开展处置库初步设计;

③现场实验和示范处置阶段(2020~2030年):在地下实验室开展现场实验和示范处置;同时完成处置库的施工图设计,并开始建设处置库。

④处置库建设和运行阶段(2030~2040年):完成处置库建设,并投入运行。

本项研究发展计划的修订考虑了我国开发高放废物地质处置库的"三步曲"技术路线。该"三步曲"是:①处置库选址和场址评价;②地下实验室建设;③处置库建设,同时开展相应的基础研究。此技术路线的特点是省钱、省时、省力。它充分吸取了国外有关地下实验室的研究成果,省略了非地质处置库场址地下实验室工程,一步跨越到建造针对处置库场址的地下实验室;关键在于选择合适的处置库场址和做好充分的场址特性评价工作。

按照DGD计划,高放废物处置库的选址工作正在进行,主要工作集中于中国西北的甘肃省北山地区旧井地段。现将选址工作总结如下。

(1)全国筛选(1985~1986)

在本阶段,首先是调研其他国家开展选址工作的情况。然后,根据国外经验,考虑到中国核工业的布局、地壳稳定性及有关社会经济条件,选出西南地区、广东地区、内蒙地区、华东地区和西北地区五大区域作为候选区。在本阶段,考虑的处置库候选围岩包括花岗岩、凝灰岩、泥岩和页岩。

(2)区域筛选(1986~1988)

在第一阶段的基础上,在前述五大区域中又进一步选出21个地段供进一步工作。

①西南地区:选择三个地段,即汉王山、中坝和汉南地区,岩性依次为页岩、黑云母花岗岩和斜长花岗岩。

②广东地区:因为大亚湾核电站位于这一地区,并且还将建设更多核电站,所以考虑本区作为处置库场址的候选地区。候选地质体为佛岗花岗岩体和九峰山花岗岩体。

③内蒙地区:预选地段包括帕尔江海子和大宝力兔地段,均位于内蒙中部,岩性为海西期花岗岩。

④华东地区:在华东的浙江和安徽省选择六个地段,即临安、高禹、嵊泗、江山、广德和黟旦,岩性为凝灰岩和花岗岩。其中的嵊泗地区为一由花岗岩构成的小海岛。

⑤西北地区:预选区位于西北地区的甘肃省。在该区最有可能建造高放废物处置库。该区为一干旱的戈壁地区,人口稀少,无经济前景。在该区选择6个地段供进一步工作:头道河－下天津卫地段,岩性为黑云母二长花岗岩;矿区地段,岩性为泥岩;白圆头山地段,岩性为石英闪长岩;前红泉地段,岩性为钾长花岗岩和斜长花岗岩;旧井地段,岩性为斜长花岗岩;新场和饮马场北山地段,岩性为花岗岩和泥岩。后来,又选出野马泉和向阳山地段。

(3)地区筛选(1989～)

自1989年以来,工作集中到西北地区,并考虑把花岗岩作为候选围岩。对该区进行下述研究:地震、构造骨架、活动断层、地壳稳定性、岩性、水文地质和工程地质等研究。根据地壳稳定性、构造框架、地震地质特征、水文地质条件及工程地质条件等方面的综合研究结果,认为甘肃北山地区是一个具有极佳前景的处置高放废物地区。从1999年开始,对北山地区3个重点地段(旧井、野马泉和向阳山)开展了实质性的地段筛选工作。目前已开展了北山地区的遥感地质解译、概略的地表地质、水文地质、地球物理和地球化学调查和钻探工作。

7.5.4 中国高放废物处置工作进展

自1985年开始进行高放废物地质处置研究工作以来,至今已走过了17年的历程,归纳起来主要完成以下几方面的工作:

(1)进行国内外文献资料调研;

(2)为处置库选址,进行全国性区域地质调查,在此基础上筛选出甘肃北山地区作为今后工作重点;

(3)对北山地区进行遥感地质解译、概略的地表地质、水文地质、地球物理和地球化学调查,并在旧井地段和野马泉地段完成4个钻孔(孔深分别为 700 m,500 m,500 m 和 500 m)和1:50 000的地质填图;

(4)进行地下实验室选址调查,作为冷实验,初步选定了北京附近的阳坊和石湖峪两个场地(围岩皆为花岗岩);根据确定的技术路线,今后将不在北京建地下实验室,最可能建在北山;

(5)进行了处置库围岩选择,经过对比研究,认为花岗岩作为处置库围岩较为合适;

(6)进行了回填/缓冲材料膨润土矿床的全国调查,筛选出内蒙古兴和县高庙子矿床作为

我国高放废物处置库缓冲/回填材料的首选矿床;

(7)对高庙子矿床膨润土进行基本特性和岩土力学性质测定;

(8)对高庙子膨润土和北山花岗岩、阳坊花岗岩、石湖峪花岗岩进行模拟放射性核素的吸附和扩散实验;

(9)对锕系元素在溶液中的存在形式以及与腐殖酸和胶体的关系进行研究;

(10)将铀矿床和花岗岩岩体内外接触带中的核素迁移及古代铜的腐蚀作为天然类似物进行研究;

(11)对膨润土和花岗岩进行了热学性质研究;

(12)对处置库场地的性能评价模式进行初步探索;

(13)初步建立了计算机的地学信息系统。

7.5.5 中国高放废物地质处置远景规划设想

从我国有关研究机构获得的信息表明,我国高放废液的玻璃固化冷试验已在 2003 年完成,而热试验厂亦在此时开始建造,到 2010 年投入运行,所产出的高放废物固化体一般在冷却 30～50 年后将面临永久处置问题。据此推算,处置库开始运行时间大约为 2040 年,因此,徐国庆(2002)认为我国高放废物地质处置计划拟按以下时段(表 7－12)进行安排。而这一计划较 DGD 计划的时间提前了 10 年。

表 7－12　高放废物处置研究各阶段时间的大致安排

阶　　段			时间(年)	备　　注
处置库	选址	区域预选	1985～1989	已完成
		地区预选	1990～2005	提交两个预选地区的可行性研究报告,推荐一个可作为场地预选区的地段
		场地预选	2006～2010	提交两个预选场地的可行性报告,推荐一个作为场地特性评价的场地
		场地特性评价	2011～2016	在一个推荐的场地上进行特性评价工作,并提交相应报告
		场地确认	2017～2019	提交场地最终安全分析、环评报告和处置库设计报告,场地被最后确认
	设　　计		2020～2022	完成处置库地面和地下设施以及运行设计,申请建造处置库许可证
	建　　造		2034～2039	完成运输巷道、通风巷道及处置工程建造,申请处置库运行许可证
	运　　行		2040～	接受废物、处置废物

表 7 – 12(续)

阶　段		时间(年)	备　注
地下实验室	场地预选	1990 ~ 2010	与处置库选址同时进行,所选场地经国家主管部门批准后领取下一步工作许可证
	场地特性评价	2011 ~ 2016	与处置库场地特性评价同时进行,完成收集处置库设计所需的各类数据和资料
	场地确认	2017 ~ 2019	提交场地可行性报告,完成安全分析和环评报告
	设计	2020 ~ 2022	与处置库设计同时进行,领取建造地下实验室许可证
	建造	2023 ~ 2027	完成地下实验室的地面和地下设施建造,属处置库的先导工程,工程完成后申请和领取地下实验室运行许可证
	运行	2028 ~ 2033	完成各种实验,进行处置演示,随后进入处置库主体工程建造阶段

在这项计划中要说明的是,地下实验室的选址将与处置库场地的选址工作同时进行,今后地下实验室的场地即为处置库场地的一部分,地下实验室的开发与研究是处置库场地特性评价的重要组成部分,又是处置库建造的前期工程,它向下可以扩展成处置库,这与美国的 Yucca Mountain 场地的情况相似。

思　考　题

1. 核废物的定义是什么?
2. 叙述核废物分类的一般原则及常用的核废物分类。
3. 简述核废物的主要来源。
4. 什么是核废物处置的多重屏障体系?并简述各屏障所起的作用。
5. 简述中、低放废物的处置方法。
6. 简述高放废物的处置方法及其优缺点。
7. 简述核废物地质处置的目的。
8. 简述铀尾矿的处理和处置方法。
9. 简述不同放射性水平核废物处置方法的差异。
10. 简述中国核废物的产生及研究现状。

第8章　辐射防护与辐射环境监测

核辐射和放射性核素的应用已有百余年的历史。虽然它能给人类带来巨大的利益,但也会对人体健康造成一定程度的影响和危害。这一百多年来,人们对核辐射的安全不断给予重视,尤其是近半个世纪以来,更是给予特别关注。为了既保障人们的健康与安全,又使辐射的应用工作得以顺利开展,就要了解辐射的计量,辐射对人体危害,辐射环境的监测与评价等知识,使人们对核辐射的危害有一个正确的认识,既要消除不必要的恐惧,又要引起十分重视。确立辐射防护的基本原则,并制定必要的辐射防护标准,采取有效的措施,以减少或避免不必要的照射。本章仅介绍有关这方面的基本内容。

8.1　辐射剂量学基本知识

为了定量地描述辐射对人体作用的生物效应,在辐射剂量与辐射防护领域中引入关于剂量的若干必要的物理量。

8.1.1　吸收剂量 D

吸收剂量在剂量学的实际应用中是一个非常重要的量。下面介绍与之相对应的随机量——授予能,然后,讨论吸收剂量与其他辐射量的关系。

1.授予能 ε

授予能 ε 是电离辐射以电离、激发的方式授予某一体积中物质的能量。其定义为

$$\varepsilon = R_{in} - R_{out} + \sum Q \tag{8.1.1}$$

式中　R_{in}——进入该体积的辐射能,即进入该体积的所有带电和不带电粒子的能量(不包括静止质量能)的总和;

　　　R_{out}——从该体积逸出的辐射能,即离开该体积的所有带电和不带电粒子的能量(不包括静止质量能)的总和;

　　　$\sum Q$——该体积中发生的任何核变化时,所有原子核和基本粒子静止质量能变化的总和(" + "表示减少," – "表示增加)。

授予能 ε 的单位是焦耳(J)。

由于辐射源发射的带电粒子以及它们与物质的相互作用都是随机的,在某一体积内发生的每一个过程,无论其发生的时间、位置,还是能量传递的多少,都具有统计涨落的性质。因

此,授予能量 ε 是一个随机量。但是,它的数学期望值,即平均授予能 $\bar{\varepsilon}$ 是非随机量。

2.吸收剂量 D

吸收剂量 D 是单位质量受照射物质中所吸收的平均辐射能量。其定义为 $\mathrm{d}\bar{\varepsilon}$ 除以 $\mathrm{d}m$ 所得的商,即

$$D = \mathrm{d}\bar{\varepsilon}/\mathrm{d}m \tag{8-1-2}$$

式中,$\mathrm{d}\bar{\varepsilon}$ 是电离辐射授予质量为 $\mathrm{d}m$ 的物质的平均能量。

吸收剂量 D 的单位是 $\mathrm{J \cdot kg^{-1}}$,专门名称是戈瑞(Gray),符号 Gy,$1\ \mathrm{Gy} = 1\ \mathrm{J \cdot kg^{-1}}$。过去,吸收剂量的专用单位是拉德,$1\ \mathrm{Gy} = 100\ \mathrm{rad}$。

3.吸收剂量率 $\dot{D}$

吸收剂量率 $\dot{D}$ 是单位时间内的吸收剂量,定义为 $\mathrm{d}D$ 除以 $\mathrm{d}t$ 所得的商,即

$$\dot{D} = \mathrm{d}D/\mathrm{d}t \tag{8-1-3}$$

式中,$\mathrm{d}D$ 是时间间隔 $\mathrm{d}t$ 内吸收剂量的增量。

吸收剂量率的单位是 $\mathrm{J \cdot Kg^{-1} \cdot s^{-1}}$,亦即 $\mathrm{Gy \cdot s^{-1}}$。

8.1.2　与个体相关的辐射量

1.当量剂量 H

相同的吸收剂量未必产生同等程度的生物效应,因为生物效应受到辐射类型与能量、剂量与剂量率大小、照射条件及个体差异等因素的影响。为了用同一尺度表示不同类型和能量的辐射照射对人体造成的生物效应的严重程度或发生几率的大小,辐射防护上采用了当量剂量这个辐射量。

在组织或器官 T 中的当量剂量可表示为

$$H_{\mathrm{T}} = \sum_{\mathrm{R}} W_{\mathrm{R}} \cdot D_{\mathrm{TR}} \tag{8.1.4}$$

式中　W_{R}——与辐射品质相对应的加权因子,称为辐射权重因子,无量纲;

　　　　D_{TR}——按组织或器官 T 平均计算的来自辐射 R 的吸收剂量。

辐射权重因子 W_{R} 是根据射到身体上(或当源在体内时由源发射)的辐射的种类与能量来选定的。W_{R} 值大致与辐射品质因子 Q 值相一致。所谓辐射品质,指的是电离辐射授予物质的能量在微观空间分布上的特征,传能线密度 L_{Δ} 即为描述辐射品质的一个量。传能线密度 L_{Δ} 是特定能量的带电粒子在物质中穿过单位长度路程中,由能量转移小于某一特定值 Δ 的历次碰撞所造成的能量损失,Δ 称为能量截止值(eV)。L_{Δ} 的单位是 $\mathrm{J \cdot m^{-1}}$,也可用 $\mathrm{keV \cdot \mu m^{-1}}$ 为单位。根据上述定义,L_{∞} 就是带电粒子在物质中穿过单位长度路程上,能量转移取一切可能值时,由历次碰撞所造成的能量总损失。

品质因子 Q,是辐射防护领域中为了以同一的尺度衡量各种辐射引起的有害效应程度而引进的一个系数,它的数值是根据辐射在水中的传能线密度 L_{∞} 的大小确定的。

由于 W_R 是无量纲的,因此,当量剂量与吸收剂量的单位都是 $J \cdot kg^{-1}$。为了同吸收剂量单位的专门名称相区别,给予当量剂量单位一个专门名称叫希沃特(SieVert),简称"希",符号为 Sv。过去,当量剂量的专用单位是雷姆(rem),1 Sv = 100 rem。

2.有效剂量 E

随机性效应概率与当量剂量的关系还与受照组织或器官有关,人体受到的任何照射,几乎总是不只涉及一个器官或组织,为了计算给受到照射的有关器官和组织带来的总的危险,相对随机性效应而言,在辐射防护中引进了有效剂量 E

$$E = \sum_T W_T \cdot H_T \tag{8.1.5}$$

式中　　H_T——器官或组织 T 的当量剂量;

　　　　W_T——器官或组织 T 的组织权重因子。

有效剂量表示了在非均匀照射下,随机效应发生率与均匀照射下发生率相同时所对应的全身均匀照射的当量剂量。有效剂量也可表示为身体各器官或组织的双重加权的吸收剂量之和,将(8.1.4)式代入(8.1.5)式,即可得

$$E = \sum_T \sum_R W_T \cdot W_R \cdot D_{TR} \tag{8.1.6}$$

因为组织权重因子无量纲,所以有效剂量的单位名称及符号与当量剂量相同。

3.待积当量剂量 $H_{50,T}$ 与待积有效剂量 $H_{50,E}$

在内照射情况下,为了定量计算放射性核素进入人体内所造成的危害,辐射防护中引进一个叫待积当量剂量的辐射量。

放射性物质进入人体后,一方面由于衰变和排泄而减少,同时会浓集于某些器官或组织中形成内照射。待积当量剂量是人体一次摄入放射性物质后,某一器官或组织在 50 年内(对人来说是足够长的时间)将要受到的累积的当量剂量,即

$$H_{50,T} = \int_{t_0}^{+50} \dot{H}_T(t) \mathrm{d}t \tag{8.1.7}$$

式中　　t_0——摄入放射性物质的时刻;

　　　　$\dot{H}_T(t)$——在 t 时刻器官或组织 T 受到的当量剂量率。

受到辐射危害的各器官或组织的待积当量剂量 $H_{50,T}$,经 W_T 加权处理后的总和称待积有效剂量 $H_{50,E}$,即

$$H_{50,E} = \sum_T W_T H_{50,T} \tag{8.1.8}$$

它可用来预计个人因摄入放射性核素后将发生随机性效应的平均几率。

$H_{50,T}$ 与 $H_{50,E}$ 单位的名称都是希,符号为 Sv。

8.1.3　与群体相关的辐射量

1.集体剂量 S_H

以上的剂量学量均指个人照射。一次大的放射性实践或放射性事故,会涉及许多人,因此采用集体剂量来定量地表示这一次放射性实践对社会总的危害,它是群体所受的总辐射剂量的一种表示。集体剂量的定义是某一辐射源照射的群体成员数与他们所受的平均辐射剂量之和,即

$$S_H = \sum_i \bar{H}_i \cdot N_i \tag{8.1.9}$$

式中　　$\bar{H}_i$ —— 所考虑的群体中,第 i 组的人群组中每个人平均所受到的当量剂量;

　　　　N_i —— 第 i 人群组的人数。

2.集体有效剂量 $\bar{S}$

对于一给定的辐射源受照群体所受的总有效剂量 S,定义为

$$S = \sum_i \bar{E}_i \cdot N_i \tag{8.1.10}$$

式中　　$\bar{E}_i$ —— 群体分组 i 中成员的平均有效剂量;

　　　　N_i —— 该分组的成员数。

集体剂量与集体有效剂量都用人 – 希(人·Sv)表示。

在辅助的剂量学量中,还有周围剂量当量、定向剂量当量、深部个人剂量当量、浅表个人剂量当量等。

8.2　辐射对人体的危害

各种辐射照射对人类的健康危害是在人类不断利用各种电离辐射源的过程中被认识的。人类应该在最大限度利用电离辐射源和核能的同时加强辐射防护,尽量避免和减少电离辐射可能引起的健康危害。

8.2.1　辐射对人体健康的影响

辐射与人体相互作用会导致某些特有生物效应。效应的性质和程度主要决定于人体组织吸收的辐射能量。从生物体吸收辐射能量到生物效应的发生,乃至机体损伤或死亡,要经历许多性质不同的变化,以及机体组织、器官、系统及其相互关系的变化,过程十分复杂,其演变过程如图 8 – 1 所示。

人类接受辐射照射后出现的健康危害,来源于各种射线通过电离作用引起组织细胞中原子及由原子构成的分子的变化,这些变化也是原子电离与激发的结果。电离和激发主要通过对 DNA 分子的作用使细胞受到损伤,导致各种健康危害。

8.2.2　影响辐射生物学作用的因素

影响辐射生物学作用的因素很多,基本上可归纳为两个方面:一是与辐射有关的,称为物

理因素;二是与机体有关的,称为生物因素。

1.物理因素

物理因素主要是指:辐射类型、辐射能量、吸收剂量、剂量率以及照射方式等。这里首先讨论辐射类型、剂量率、照射部位和照射的几何条件等对辐射生物学作用的影响。

(1)辐射类型

不同类型的辐射对机体引起的生物效应不同,这种不同主要取决于辐射的电离密度和穿透能力。例如 α 射线的电离密度大,但穿透能力很弱,因此,在外照射时,α 射线对机体的损伤作用很小,然而在内照射情况下,它对机体的损伤作用则很大。在其他条件相同的情况下,就 α,β,γ 射线引起的辐射危害程度来说,外照射时,$\gamma > \beta > \alpha$;而内照射时,则 $\alpha > \beta > \gamma$。

(2)剂量率及分次照射

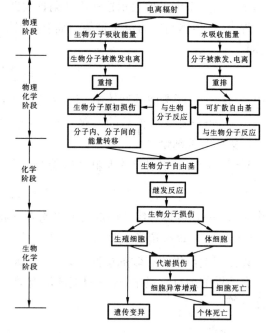

图 8-1 辐射生物效应的演变过程

通常,在吸收剂量相同的情况下,剂量率越大,生物效应越显著。同时,生物效应还与给予剂量的分次情况有关。一次大剂量急性照射与相同剂量下分次慢性照射产生的生物效应是迥然不同的。分次越多,各次照射间隔时间越长,生物效应就越小。

(3)照射部位和面积

辐射损伤与受照部位及受照面积密切相关。这是因为与各部位对应的器官对辐射的敏感性不同;另一方面,不同器官受损伤后对整个人体带来的影响也不尽相同。例如,全身受到 γ 射线照射 5 Gy 时可能发生重度的骨髓型急性放射病;而若以同样剂量照射人体的某些局部部位,则可能不会出现明显的临床症状。照射剂量相同,受照面积愈大,产生的效应也愈大。

(4)照射的几何条件

外照射情况下,人体内的剂量分布受到入射辐射的角分布、空间分布以及辐射能谱的影响,还与人体受照射时的姿势及其在辐射场内的取向有关。因此,不同的照射条件所造成的生物效应往往会有很大的差别。

除以上所述,内照射情况下的生物效应还取决于进入体内的放射性核素的种类、数量,它们的理化性质,在体内沉积的部位以及在相关部位滞留的时间,有关这方面的内容请参考相关书刊。

2.生物因素

影响辐射生物学作用的生物因素主要是指生物体对辐射的敏感性。辐射生物学研究表明,当辐射照射的各种物理因素相同时,不同的细胞、组织、器官或个体对辐射的反应有着很大的差异,这是因为不同的细胞、组织、器官或个体对辐射的敏感程度是不同的。这里,把在照射条件完全一致的情况下,细胞、组织、器官或个体对辐射作用反应的强弱或其迅速程度,称为所论细胞、组织、器官或个体的辐射敏感性。在辐射生物学的研究中,辐射敏感性的判断指标多用研究对象的死亡率来表示,有时也用所研究的生物对象在形态、功能或遗传学方面的改变程度来表示。

(1)不同生物种系的辐射敏感性

表 8 – 1 列出了使受到 X,γ 射线照射的不同种系的生物死亡 50% 所需的吸收剂量值。由表可见,种系的演化程度越高,机体结构越复杂,对辐射的敏感性越高。

表 8 – 1　使不同种系的生物死亡 50% 所需的 X,γ 射线的吸收剂量值 LD_{50}

生物种系	人	猴	大鼠	鸡	龟	大肠杆菌	病毒
LD_{50}(Gy)	4.0	6.0	7.0	7.15	15.00	56.00	2×10^4

(2)个体不同发育阶段的辐射敏感性

一般而言,随着个体发育过程的推进,其对辐射的敏感性会逐渐降低。图 8 – 2 示出了人类胚胎发育的不同阶段,个体对辐射敏感性的变化。由图可见,在胚胎发育的不同阶段,其辐射敏感性表现的特点也有所不同。

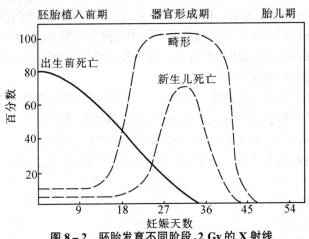

图 8 – 2　胚胎发育不同阶段,2 Gy 的 X 射线
造成死胎和畸形的发生率

个体出生后,幼年的辐射敏感性要比成年时高,但是,老年时由于机体各种功能的衰退,其对辐射的耐受力则又明显低于成年期。

(3)不同细胞、组织或器官的辐射敏感性

一般,人体内繁殖能力越强,代谢越活跃,分化程度越低的细胞对辐射越敏感。因为细胞具有不同的辐射敏感性,所以,不同组织也具有不同的敏感性。若以照射后组织的形态变化作为敏感程度的指标,则人体的组织按辐射敏感性的高低大致可分为:

①高度敏感:淋巴组织(淋巴细胞和幼稚淋巴细胞),胸腺(胸腺细胞),骨髓(幼稚红、粒和巨核细胞),胃肠上皮(特别是小肠隐窝上皮细胞),性腺(睾丸和卵巢的生殖细胞),胚胎组织;

②中度敏感:感觉器官(角膜、晶状体、结膜),内皮细胞(主要是血管、血窦和淋巴管内皮细胞),皮肤上皮(包括囊上皮细胞),唾液腺,肾、肝、肺组织的上皮细胞;

③轻度敏感:中枢神经系统,内分泌腺(包括性腺的内分泌细胞),心脏;

④不敏感:肌肉组织,软骨和骨组织,结缔组织。

8.2.3 剂量与效应的关系

1.随机性效应和确定性效应

根据辐射效应的发生与剂量之间的关系,可以把辐射对人体的危害分为随机性效应和确定性效应两类。随机性效应是指效应的发生几率(而非其严重程度)与剂量大小有关的那些效应。由于发生随机性效应的几率非常低,一般从事放射工作的人员在日常所受的小剂量情况下,随机性效应极少发生,资料也极其缺乏。到目前为止,在一般辐射防护所遇到的剂量水平下,随机性效应发生的几率与剂量之间究竟是什么关系,尚未完全肯定。为了慎重起见,辐射防护中把随机性效应与剂量的关系简化地假设为"线性"、"无阈"。线性是指随机性效应的发生几率与所受剂量之间呈线性关系。这一假设是从大剂量和高剂量率情况下的结果外推得到的。已有资料表明,这样假定对一般小剂量水平下的危险估计偏高,是偏安全的做法。无阈意味着任何微小的剂量都可能诱发随机性效应。这种假定势必导致应尽可能降低剂量水平的结论。这是一种安全的慎重的做法。

辐射的确定性效应是一种有"阈值"的效应。若人体接受到的剂量大于阈值,这种效应就会发生,而且其严重程度与所受的剂量大小有关,剂量越大后果越严重。换句话说,引起这种效应的概率在小剂量时为零,但在某一剂量水平(阈值)以上时则陡然上升到100%,在阈值以上,效应的严重程度也将随剂量增加而变得严重。但是具体的阈值大小与每一个个体情况有关。

2.躯体效应和遗传效应

(1)急性躯体效应

由辐射引起的显现在受照射者本人身上的有害效应叫躯体效应。急性的躯体效应发生在短时间内受到大剂量照射的事故情况下,属于确定性效应。

辐射可以杀死人体组织的癌细胞。辐射同样能杀死人体组织内的正常细胞。人体组织中的细胞能不断分裂生长出新细胞,毛发和指甲不断生长是由于其根部细胞不断分裂的结果,血液细胞在不断地死亡并由分裂生成的新细胞取代。辐射可以损伤细胞的分裂结构,使细胞不能分裂。当被直接杀死和被损坏了分裂机构的细胞不太多的情况下,其他正常细胞分裂生成的新细胞可以取代它们,这种情况表现为辐射损伤轻而且能被完全修复。

如果直接被杀死和分裂机构被破坏了的细胞数目太大,超过了某个阈值,损伤的机体无法用其他正常细胞分裂生成的新细胞来修复,整个机体组织就被破坏和严重损伤,产生足以观察到的损害,表现为急性的躯体效应。

(2)遗传效应和远期效应

在辐射防护通常遇到的剂量范围内,遗传效应是一种随机性效应,表现为受照射者后代的身体缺陷。

人体由细胞组成,每个成年人身体中大约有 5×10^{12} 个细胞,都是由一个受精卵细胞分裂生成的。细胞中有细胞核,外面是细胞质。细胞核内有 23 对染色体,每一条染色体由许多基因串联而成。细胞质中 70% 是水,其中有各种大分子——酶,这些酶的结构组成决定了细胞的生长和发育,而每一种酶的具体结构组成取决于基因。当细胞分裂时,细胞核内的染色体和染色体上的基因全部复制两份传给两个子细胞。细胞分裂是有高度规则性和方向性的,所以人类的一个受精卵不至于发育成其他什么动物。细胞的分裂的规则性和方向性也取决于染色体和基因。所以染色体和基因不论对细胞的生长发育还是对细胞分裂的规则性和方向性都起着决定性作用。如果因某种原因,基因的结构发生了改变,必将在生物体上产生某种全新的特征,这就是突变。在自然环境下发生的突变叫自然突变,自然突变的存在是物种进化的根据。

动物实验结果表明,辐射也可以引起细胞基因突变。如果这种突变发生在母体的生殖细胞上,而且刚好由这个发生了突变的生殖细胞形成了受精卵,那么就会在后代个体上产生某种特殊的变化,这就是辐射的遗传效应。

遗传效应可以被利用,例如辐射育种就是利用辐射引起细胞基因突变,配合其他的育种手段得到优良品种的。

人类在长期的历史发展过程中,经过自然选择,有益的、适于生存的自然突变结果被保存下来了,逐渐淘汰了有害的突变结果。从慎重的观点出发,一般认为在已有的人体细胞中,基因的自然性的突变基本上是有害的。所以必须避免人工辐射引起人体细胞内的基因突变。

辐射的远期效应是一种需要经过很长时间潜伏期才显现在受照者身上的效应,是一种随机性效应。主要表现为白血病和癌症。辐射能够诱发癌症和白血病已为实际调查材料证实。其具体机制不甚明了,一般看法是,由于辐射使体细胞发生某种突变所致。

辐射效应的分类概括于表 8-2。

表 8－2 辐射效应的分类

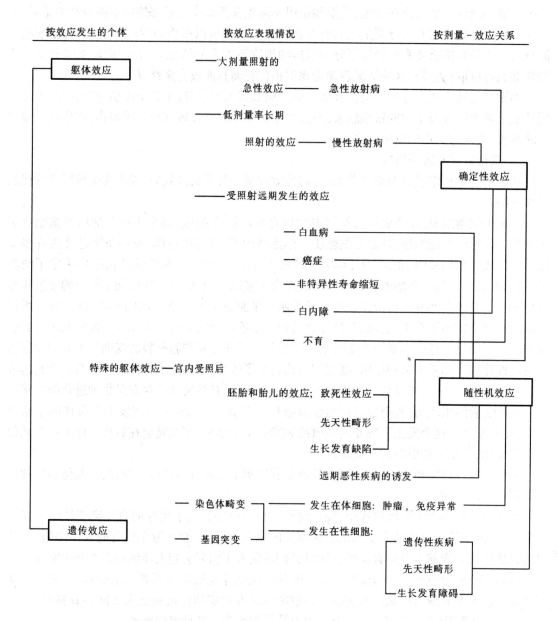

8.2.4 危险度分析

危险度分析是建立辐射防护基本原则的基础。危险度分析在辐射防护领域中具有重要的地位。危险度分析可以用来评价辐射防护最优化,而且对各种效应的危害程度给出定量估计值,还可以将辐射作用与其他有害因素彼此间危害程度进行横向比较。

1.危害和危险

为使辐射的有害效应定量化,引入危害和危险两个概念。

"危害"是指受照群体中危害大小的数学期望值。这里既要考虑各种可能的有害效应的发生几率,又要考虑其严重程度。有害效应包括随机性效应和确定性效应,即客观健康危害;也包括受到危险的个人所产生的挂念和忧虑,以及由于辐射照射而施加的限制对个人安全所产生的不利影响。

"危险"是指受到辐射照射的个人产生某种特定辐射效应的几率。二者都是用以量度核能应用为人类带来损害的概念。简单地说,危险是危害中最重要的一部分。但二者间又有明确的区别:危害是对群体的量度;危险是对单个体的量度。危害是几率加程度,而危险仅考虑几率;危害是与正当化和最优化相关联的量度,危险仅与当量剂量相关联。

2.危险度

危险度是单位当量剂量的危险,是健康危险正比于当量剂量的比例系数。

考虑危险时,严格说来,应该考虑效应的发生率。仅考虑致死性的效应,则危险度就是单位剂量辐射诱发某种效应的死亡率。此时,认为死亡率等于发生率。

危险度是放射医学和辐射防护中的重要概念。它的作用是:①实现了对群众(乃至个体)辐射效应的定量评价;②可以对不同种类照射引起的器官的危险度相加;③可以将辐射危险与其他职业危险进行比较。

国际放射防护委员会提出了危险度的概念,这是近年来辐射防护领域中的一个重要成就,它将使辐射标准建立在更为科学的基础上。我国的辐射防护标准也采用了这个概念。

8.2.5　人类生活环境中的辐射源及其水平

人体受到照射的辐射源有两类,即天然辐射源和人工辐射源。在地球上生命体的形成和人类诞生及生命整个历史的各个阶段中,每时每刻都受到宇宙射线和地球环境中原始存在的放射性物质发射出射线的照射,这种天然放射性是客观存在的,通常称之为天然本底照射。天然本底照射是迄今人类受到电离辐射照射的最主要来源。另一方面,近半个世纪以来,由于核试验、核动力生产、医疗照射及核能核技术的开发与应用,产生了不少新的放射性物质和辐射照射。这类辐射照射称之为人工辐射源照射。

1.天然本底照射

天然辐射源按其起因可分为三类:①宇宙射线,即来自宇宙空间的高能粒子流,其中有质子、α粒子、其他重粒子、中子、电子、光子、介子等;②宇生核素,它们主要是由宇宙射线与大气中的原子核相互作用产生的;③原生核素,即存在于地壳中的天然放射性核素。正常本底地区由天然辐射源对人类造成的照射水平的估计值见表 8 - 3 所列。在正常本底地区,天然辐射源对成年人造成的平均年有效剂量约为 2.4 mSv,其中内照射所致的有效剂量约比外照射高一倍,在引起内照射的各种辐射源中,^{222}Rn 的短寿命子体最为重要,由它们造成的有效剂量约为所有内照射辐射源贡献的 60%。外照射中宇宙射线的贡献略低于原生核素。在年有效剂量中,^{238}U 系起着重要作用,约占全部天然本底照射水平的 52.4%。

表 8 - 3　来自天然辐射源的成人年有效剂量

辐射源	年有效剂量/(mSv)	
	典型值	高值
宇宙射线	0.39	2.0
陆地射线	0.46	2.3
体内放射性核素(氡除外)	0.23	0.6
氡及其衰变产物	1.30	10.0
合计(含食入值)	2.4	

世界上个别地区,由于地表放射性物质的含量较高,因此,这些地区的本底辐射水平明显地高于正常本底地区,这类地区通常称为高本底地区。从剂量学观点而言,最有名的高本底地区位于印度的喀拉拉邦和巴西的大西洋沿岸。在喀拉拉邦沿海岸宽约 55 km 的地带,由地表辐射引起的空气吸收剂量率平均达 1.3 μGy·h^{-1};而在巴西大西洋沿岸空气中的吸收剂量率最高可达 28 μGy·h^{-1}。在我国广东省阳江县的部分地区,由于地表土壤中铀、钍、镭的含量较高,因此,地表空气中的吸收剂量率平均也高达 0.34 μGy·h^{-1}。

生活在高海拔地区或上述高本底地区的居民会受到较高的外照射剂量。居住在通风不良的室内居民也会受到较高的内照射剂量。

食品中也含有相当数量的天然放射性核素,我国曾进行过全国性调查。

天然辐射源所引起的全球居民的年集体有效剂量的近似值为 10^7 人·Sv。

天然本底照射的特点是它涉及到世界的全部居民,并以比较恒定的剂量率为人类所接受。因此,可将天然辐射源的照射水平作为基准,用以与各种人工辐射源的照射水平相比较。

2.人工辐射

当今世界使人类受到照射的主要人工辐射源是:医疗照射,核动力生产和核爆炸。

(1)医疗照射

当今,世界人口受到的人工辐射源的照射中,医疗照射居于首位。医疗照射来源于 X 射线诊断检查,体内引入放射性核素的核医学诊断以及放射治疗过程。

随着医疗保健事业的发展,接受医疗照射的人数愈来愈多。据统计,在发达国家接受 X 射线检查的频率每年每 1 000 居民约为 300～900 人次,在发展中国家接受 X 射线检查的频率约为发达国家的 10%。医疗照射造成的剂量小者每次在 μGy 量级,大者可达 mGy 以上。

全世界由于医疗照射所致的年集体有效剂量约为天然辐射源产生的年集体有效剂量的

1/5。与此相应的世界居民的年人均有效剂量约为 0.4 mSv。

（2）核爆炸

核爆炸在大气中形成的人工放射性物质是环境广泛受到污染的原因。核爆炸在大气中形成的人工放射性物质最初大多进入大气层的上部，然后从大气层上部缓慢地向大气层下部转移，最终降落到地面，称之为落下灰。当落下灰的各种放射性核素存在于地面空气时，可通过吸入而引起内照射，当其沉降于植物上或土壤中时，则可通过外照射和食入引起内照射。

核爆炸始于 1945 年，1954～l958 年及 1961～1962 年间曾在大气中进行过大量的核试验，最后一次是在 1980 年 10 月。地下核试验所造成的环境的污染较小。

虽然核爆炸可以产生几百种放射性核素，但其中多数不是产量很少就是在很短时间内已全部衰变完，对世界居民的有效剂量贡献大于 1% 的只有 7 种，按对人体照射水平的递减顺序，它们是：^{14}C，^{137}Cs，^{95}Zr，^{90}Sr，^{106}Ru，^{144}Ce，^{3}H，落下灰对居民的照射水平，因居住地所处的纬度而异，一般，南半球居民受到的照射要比北半球低。

（3）核动力生产

到 2001 年世界核电站的数目为 438 座，装机容量为 353 411 百万瓦，发电量为 24 470 亿千瓦小时，占总发电量的 16%；2001 年在建核电站 35 座，装机容量为 28 911 百万瓦。

用核反应堆生产电能是以核燃料循环为先决条件的，核燃料循环包括：铀矿石的开采和水冶，转变成不同的化学形态；^{235}U 同位素含量的富集；燃料元件的制造；在核反应堆内的功率生产；受照燃料的后处理；核燃料循环不同阶段、不同装置的核材料运输；最后，对放射性废物进行处置。

据粗略估算，目前，核燃料循环运行时，放射性排出物（不包括废物处置）对附近居民造成的集体有效剂量负担为 5.7 人·Sv，其中 98% 是在排放后 5 年内给出的；对全球居民造成的集体有效剂量负担为 670 人·Sv，其中 90% 是在排放后的 10^4～10^8 年间授予的。表 8－4 给出按现有的技术水平，核电生产持续到 2500 年时由核燃料循环所致的年集体有效剂量和人均有效剂量的预计值。可见 1980 年由于核能生产所致的人均当量剂量只及天然辐射源照射水平的 0.005%，即使到 2500 年也不过是天然辐射源照射水平的 1%。

此外，从事核动力生产的职业人员接受的人工辐射的年有效剂量，大概与来自天然辐射源照射的平均值处于同一数量级。

人类除了受到上述三种主要人工辐射源的照射外，还受到由于工业技术发展造成的增大了的天然辐射源的照射（例如，燃煤发电、磷肥生产造成的环境放射性污染，空中旅行、宇宙航行导致额外的宇宙射线照射等）以及各种消费品（例如夜光钟、表，含铀、钍的制品，某些电子、电气器件等）的人工辐射源的照射。不过，这些人工辐射源所致的世界居民的集体有效剂量负担与天然辐射源所致的相比，一般都很小，总计不超过天然辐射源的 1%。

表8-4　核电生产持续到2500年时年人均当量剂量预计值

项　目	年　份			
	1980	2000	2100	2500
年核发电量预计值[GW(e)a]	80	1 000	10 000	10 000
年集体有效剂量(人·Sv)	500	1 000	200 000	250 000
世界人口(10^9人)	4	10	10	10
年人均当量剂量(μSv)	0.1	1	20	25
占天然辐射源平均暴露的百分数(%)	0.005	0.05	1	1

8.3　辐射防护的基本原则与防护标准

当今,人们对辐射有了比较深刻的认识,只要思想重视、认真对待、利用高科技手段、采取适当措施,就一定能够减少或避免辐射的危害。

8.3.1　辐射防护的目的

辐射防护的任务在于既要保护从事放射工作的人、他们的后代以及公众乃至全人类的安全,保护环境,又要允许进行那些可能会产生辐射的必要实践以造福于人类。辐射防护的目的是防止有害的确定性效应,并限制随机性效应的发生率,使它们达到被认为可以接受的水平。

8.3.2　辐射防护基本原则(辐射防护体系)

为了达到辐射防护目的,辐射防护必须遵循辐射实践正当化、防护与安全最优化和限制个人剂量三项基本原则。

1.辐射实践的正当化

在施行伴有辐射照射的任何实践之前都要经过充分论证,权衡利弊。只有当该项实践所带来的利益大于为其所付出的代价时,才能认为该项辐射实践是正当的。需要注意的是,这里所说的利益是包括对于社会的总利益,不仅仅是某些团体或个人得到的好处。同样,代价也是指由于引进该项实践后的所有消极方面的总和,它不仅包括经济上的代价,而且还包括对人体健康及环境的任何损害,同时也还包括在社会心理上带来一切消极因素。由于利益和代价在群体中的分布往往不相一致,付出代价的一方并不一定就是直接获得利益的一方。所以,这种广泛的利害权衡过程只有在保证每一个体所受的危害不超过可以接受的水平这一条件下才是合理的。在判断辐射实践正当化时,需要综合考虑政治、经济、社会等许多方面的因素,而需考虑的危害常常只是全部危害中的一小部分,所以实践的正当化远远超越辐射防护的范围,要在所有可以得到的方案中选出最佳方案,通常已超出辐射防护部门的职责范围。

2.防护与安全的最优化

防护与安全的最优化在实际的辐射防护中占有重要的地位。在实施某些项目辐射实践的过程中,可能有几个方案可供选择,在对这几个方案进行选择时,应当运用最优化程序,也就是在考虑了经济和社会的因素之后,个人剂量的大小、受照的人数以及发生照射的可能性均需保持在可合理达到的尽可能低的水平(As Low As Reasonably Achievable,ALARA),因此,防护与安全的最优化原则也称 ALARA 原则。在考虑辐射防护时,并不是要求当量剂量越低越好,而是在考虑到社会和经济因素的条件下,使照射水平低到可以合理达到的程度。

ICRP 推荐用代价 - 利益分析方法来确定辐射防护的最优化,其目的在于确定某一个防护水平,达到此防护水平后,若再继续降低照射水平,则从经济和社会方面考虑就不适宜了,也就是说不合理了。

在实际工作中,防护与安全最优化主要在防护措施的选择、设备的设计和确定各种管理限值时使用。当然,最优化不是惟一的因素,但它是确定这些措施、设计和限值的重要因素。

3.限制个人剂量

由于利益和代价在群体中分布的不一致性,虽然辐射实践满足了正当化要求,防护与安全亦做到了最优化,但还不一定能对每个个人提供足够的防护。因此,对于给定的某项辐射实践,不论代价与利益的分析结果如何,必须用剂量限值对个人所受照射加以限制。

剂量限制体系的三项基本原则是一个有机的统一体,必须综合应用与考虑。

8.3.3　辐射防护标准简述

1895 年伦琴发现 X 射线,1896 年贝克勒尔发现天然放射性现象,1898 年居里夫妇先后发现钋和镭,并得到应用。但由于人们缺乏对辐射危害的认识,不断发生放射性损伤,这极大地引起人们的重视,不少科学工作者进行辐射损伤机理的研究,提出制定剂量标准,研究有效的防护方法及监测手段等。其中辐射防护标准的制定,是保护职业人员避免遭受辐射损伤的关键措施,是人们进行辐射防护的基本依据,是人们在掌握和发展核能的过程中,战胜自然,保护自己的重要手段之一。随着原子能科技的不断发展,对辐射效应的认识不断加深,辐射防护标准也在不断改进。最初人们提出"红斑剂量"概念,后来推算,一个红斑剂量约为6 Gy;在 1925 年的第一届国际放射学大会上,提出"耐受剂量"的剂量标准;在 1950 年的 ICRP 会议上,提出"最大容许剂量";直至 1977 年 ICRP 发表第 26 号建议书,提出一系列新的概念、术语,建立了近代辐射防护的标准体系。

我国目前正在执行的标准是《电离辐射防护与辐射源安全基本标准》(GB18871 - 2002),该标准取代了 GB4792 - 1984《放射卫生防护基本标准》和 GB8703 - 1988《辐射防护规定》这二个标准。GB18871 - 2002 是参考了国际上六大组织(联合国粮油农组织、国际原子能机构、国际劳工组织、经济合作与发展组织核能机构、泛美卫生组织和世界卫生组织等)于 1994 年底联合制定的《国际电离辐射与辐射源安全基本安全标准》,是以 ICRP60(1991)建议书所阐明的防护与安全原则为基础而制定的。新标准的若干重要概念及术语本章前几节已作了简述,这里将介绍剂量限值。新标准剂量限值的照射分为职业照射、医疗照射、公众照射。本书以介绍职业照射为主,公众照射仅作一简介,对于医疗照射不作介绍。

8.3.4 剂量限值

这里规定的剂量限值不包括医疗照射及天然本底照射。

1. 职业照射

为了将随机性效应的发生率限制到可以接受的水平,应对任何工作人员的职业照射水平进行控制,按 5 年平均,每年为20 mSv的平均有效剂量限值,见表 8 - 5。

表 8 - 5　基本剂量限值

人员	剂量限值	
	职业	公众
有效剂量	20 mSv·a^{-1}	1 mSv·a^{-1}
－	在规定的 5 年内平均2	－
当量剂量	－	－
眼晶体	150 mSv·a^{-1}	15 mSv·a^{-1}
皮肤	500 mSv·a^{-1}	50 mSv·a^{-1}
手和足	500 mSv·a^{-1}	－

注:个人剂量当量是指人体某一指定点下面适当深度 d 处的软组织内的剂量当量 $H_p(d)$。这一剂量学量既适用于强贯穿辐射,也适用于弱贯穿辐射。对强贯穿辐射,推荐深度 $d = 10$ mm,对弱贯穿辐射,推荐深度 $d = 0.7$ mm。
①限值用于规定期间有关的外照射剂量与该期间摄入量的 50 年(对儿童算到 70 岁)的待积剂量之和。
②另有在任一年内有效剂量不得超过 50 mSv 的附加条件,对孕妇职业照射施加进一步限制。
③在特殊情况下,假如每 5 年内平均不超过1 mSv·a^{-1},在单独 1 年内有效剂量可达5 mSv·a^{-1}。
④对有效剂量的限制足以防止皮肤的随机性效应,对局部照射需设附加限值以防止确定性效应。

(1)内、外照射

上述所规定的基本剂量限值适用于在规定期间里,外照射引起的剂量和在同一期间里摄入所致的待积剂量之和;计算待积剂量的期限对成年人的摄入一般应为 50 年,对儿童的摄入则应算至 70 岁。为确认是否遵守剂量限值,应利用规定期间里贯穿辐射所致外照射个人剂量当量与同一期间里摄入的放射性物质所致的待积当量剂量或待积有效剂量(视具体情况而定)之和,应采用下列方法之一来确定是否符合有效剂量的剂量限值要求。

将总有效剂量与相应的剂量限值进行比较,这里总有效剂量 E_y 按下式计算

$$E_\gamma = H_P(d) + \sum_j e(g)_{j,ing} I_{j,ing} + \sum_j e(g)_{j,inh} I_{j,inh} \qquad (8.3.1)$$

式中　$H_P(d)$——该年内贯穿辐射照射所致个人剂量当量；

$e(g)_{j,ing}$、$e(g)_{j,inh}$——同一期间年龄为 g 的人群组每食入或吸入单位摄入量的放射性核素 j 后的待积有效剂量；

$I_{j,ing}$、$I_{j,inh}$——同一期间里食入或吸入放射性核素 j 的摄入量。

检验是否满足下列条件

$$\frac{H_P}{DL} + \sum_j \frac{I_{j,ing}}{I_{j,ing,L}} + \sum_j \frac{I_{j,inh}}{I_{j,inh,L}} \leq 1 \qquad (8.3.2)$$

式中，DL 是相应的有效剂量的剂量限值，$I_{j,ing,L}$ 和 $I_{j,inh,L}$ 分别是食入或吸入放射性核素 j 的年摄入量限值（ALI）（即通过有关途径摄入的放射性核素 j 的量所导致的待积有效剂量等于有效剂量的剂量限值）。

（2）徒工与学生

对于年龄为 16 岁～18 岁，接受涉及辐射照射就业培训的徒工和在其学习过程中需要使用放射源的学生，应控制其职业照射，使之不超过下述限值：

年有效剂量，6 mSv；

眼晶体当量剂量，50 mSv/a；

四肢（手和脚）或皮肤的当量剂量，150 mSv/a。

（3）孕妇的工作条件

女性工作人员发觉自己怀孕后要及时通知用人单位，以便必要时改善其工作条件。孕妇和授乳妇女应避免受到内照射。用人单位有责任改善怀孕女性工作人员的工作条件，以保证为胚胎和胎儿提供与公众成员相同的防护水平。

（4）特殊情况

在特殊情况下，可依据标准所规定的要求对剂量限值进行如下临时变更。

依照审管部门的规定，可将上述规定"连续 5 年内的年平均有效剂量不超过20 mSv"中的剂量平均期破例延长到 10 个连续年；并且，在此期间里，任何工作人员所接受的年平均有效剂量不应超过20 mSv。任何单一年份不应超过50 mSv，此外，当任何一个工作人员自延长平均期开始以来所接受的剂量累计达到100 mSv时，应对这种情况进行审查。

剂量限制的临时变更应遵循审管部门的规定，但任何一年内不得超过50 mSv，临时变更的期限不得超过 5 年。

2.公众照射

实践使公众中有关关键人群组的成员所受到的平均剂量估计值不应超过表 8－5 所列限值。

特殊情况下，如果 5 个连续年的平均剂量不超过1 mSv/a，则某一单一年份的有效剂量可提高到5 mSv。

8.3.5 剂量限值的安全评价

没有危险的社会是空想社会。所有人类活动都伴有某种危险,尽管很多危险可以被保持在很低的水平。虽然一些危险并未被减少到"合理达到的最低值",某些活动却可以被大多数人所接受,然而,相应的危险,例如交通危险,并不是非接受不可的,但是人们愈益认为只要能够合理做到,无需接受的危险就应予以减少。

在辐射防护领域要区分四个术语:变化、损伤、损害和危害。变化可能有害,也可能无害;损伤表示某种程度的有害变化,例如对于细胞,但未必是对受照射的人有害;损害指临床上可观察到的有害效应,表现于个体(躯体效应)或其后代(遗传效应);危害是一个复杂的概念,结合了损害的概率、严重程度与显现时间,它不易用单一变量表示,理应把其他形式的危害也考虑在内,但本书在使用这个术语时只指健康危害。用危害一词来表达有害健康的效应的发生概率与对该效应严重程度的判断的结合。危害有许多方面,选用单个的量来表示危险是不合适的,所以要采用一个多维的概念。危险的主要分量为以下的随机量:可归因致死癌的概率,非致死癌的加权概率,严重遗传效应的加权概率以及如果发生伤害所损失的寿命。关于随机性效应概率与剂量学量间的关系,可用概率系数,例如死亡概率系数为剂量增量引起的死亡数与该剂量增量大小之商,这里所讲的剂量为当量剂量或有效剂量。这种系数必然是指一特定的人群。

根据统计,职业性放射工作人员每年所接受的平均当量剂量不超过年限值的1/10。因为年当量剂量的分布通常遵从对数正态函数分布,即大多数工作人员受照剂量是很低的。接近或超过限值的人数很少,其算术平均值为2 mSv。与此相应的职业照射时致死癌症的平均死亡率为

$$2 \times 10^{-3}(\text{Sv}) \times 4 \times 10^{-2}(\text{Sv}^{-1}) = 80 \times 10^{-6}$$

即每百万人平均死亡80人。为判断辐射工作所致危险的可接受水平,一种正确的分析方法是把这种危险同其他认为安全程度较高的职业的危险度相比较,表8-6列出了人类在各种情形下的危险度。从表可见,安全性较高的其他职业(如服务行业、制造业、公务员等)的平均死亡率(一般指平均每年因职业危害造成的死亡率)不超过1×10^{-4}。事实上,在大多数非辐射职业中,除事故死亡外,还有为数不止如此的职业伤残。如果职业性辐射工作人员所受照射限制在当量剂量限值以下,则很少会引起其他类型的损伤或疾病。所以,可以相信辐射工作的安全程度,无论如何不会低于安全标准较高的那些行业。

表 8-6　各种类型危险的比较

自然性		疾病性		交通事故		我国不同产业(1980)	
类别	危险度	类别	危险度	类别	危险度	类别	危险度
天然辐射	10^{-5}	癌死亡率	5×10^{-1}	大城市车	10^{-4}	农业	10^{-5}
洪水	2×10^{-6}	(我国)		祸(我国)		商业	10^{-5}
旋风	10^{-5}					机械	3×10^{-5}
		癌死亡率	10^{-3}	路面事故	10^{-3}	纺织	2×10^{-5}
		(世界)		重大伤害		林业	5×10^{-5}
						水利	10^{-4}
地震	10^{-6}	自然死亡		航运事故	10^{-5}	冶金	3×10^{-4}
雷击	10^{-6}	率(英国 20~				电力	3×10^{-4}
		50 岁)				石油	5×10^{-4}
		流感死亡率	10^{-4}			化工	3×10^{-4}
						建材	2×10^{-4}
						煤炭	10^{-3}

　　公众中的个人在日常生活中总会受到各种环境危害,例如交通事故,1996 年我国公安机关交通管理部门共受理道路交通事故案件287 685起,其中73 655人死亡,174 447人受伤,直接经济损失 17.2 亿元,可见辐射危险只占总危害中极小的一部分。

8.4　环境辐射监测

　　环境辐射监测是对辐射环境质量现状进行的监督性测量,目的是监测、评价各种环境物质和生物体内辐射水平及放射性核素浓度的变化。监测结果将为制定环境管理方案和措施提供依据,也可为生态学及有关学科研究提供帮助。

8.4.1　概述

　　1.辐射监测的目的与特点

　　(1)监测的目的

　　根据中华人民共和国国家标准 GB12379-90 环境核辐射监测规定,环境监测的目的是:

　　①评价核设施对放射性物质的包容和流出物控制的有效性;

　　②测定环境物质中放射性核素浓度或照射率的变化;

　　③评价公众受到的实际照射及潜在照射剂量,或估算可能的剂量上限值;

④发现未知的照射途径和为确定放射性核素在环境中的运输模式提供依据；

⑤出现事故排放时,保持能快速估计环境污染状态的能力；

⑥鉴别由其他来源引起的放射性污染；

⑦对环境辐射本底水平实施调查；

⑧验证是否满足限制向环境排放放射性物质的规定和要求；

⑨改善核设施劳动单位与公众关系。

(2)环境辐射监测的特点

环境辐射监测具有以下几个特点：

①监测对象是无味、无形、无声的放射性,而且无所不在,无时不在；

②辐射源(包括样品源)的放射性活度会随时间推移而衰减,因此,样品分析测试要及时；

③环境样品的辐射值或放射性核素含量水平很低,需要专门的低水平测量技术和高灵敏度仪器进行测量；

④样品成分复杂,外来干扰因素多,被污染的可能性大,要求分析方法及仪器具有良好的选择性和分辨率；

⑤样品需要量足够大,方可满足测量方法的探测限和准确度要求；

⑥样品放射性活度具有低水平和涨落性的特点,通常要求长时间测量,因此,对测量仪器稳定性要求高。

2.环境辐射监测方案的制定

(1)制定监测方案应考虑的因素

制定一个全面、有效、合理的环境辐射监测方案,应考虑以下几项因素：

①源项单位(从事伴有核辐射或放射性物质向环境释放,并且其辐射源活度或放射性物质的操作量大于国家规定的豁免限值的一切单位)流出物中放射性核素的含量,排放方式、途径和排放量,排放物质的相对毒性和潜在危险；在环境中的迁移规律、随季节的变化,及受地质、水文、气象、植物影响的大小；

②源项单位的性质和运行规模,可能发生事故的类型、概率及其环境后果；

③流出物的监测现状,对实施环境辐射监测要求的迫切程度；

④受照公众人数的分布,生活及文化娱乐习惯；

⑤源项单位周围土地利用和物产情况；

⑥监测代价和效果；

⑦实用监测仪器的可获得性；

⑧监测中可能出现的各种干扰因素,如影响放射性核素迁移的化学污染物等；

⑨对放射性污染物具有浓集作用的生物和其他指示体。

(2)环境监测方案的设计

大型的核设施(包括铀矿开采、水冶、核燃料元件制造、核电生产、乏燃料后处理、放射性废物管理过程中必须考虑核安全和辐射安全的核工程设施和高能加速器)一般都要进行运行前的本底调查、运行中常规监测和事故应急监测。

①运行前本底调查。运行前本底调查的目的是查清核设施向环境排放的关键核素、关键途径和关键人群组;确定环境辐射本底及其变化;对运行中常规监测准备采用的监测方法和程序进行检验和模拟训练。本底调查资料是评价解释常规结果的重要基准和制定常规监测计划的重要依据。本底调查的基本内容如下:

a.环境物质(空气、土壤、地面和地下水、植物和农牧产品)中放射性核素的种类、浓度,γ 辐射水平及其随时间的变化,一般要取得运行前连续 2 年的资料,了解 1 年内本底变化和年度间的可能变化范围,见表 8 – 7。调查范围视源项单位的规模和性质而定,对大型核设施(如核电站)一般为30～40 km;

b.调查鉴别关键核素及关键途径,关键人群组的分布、习俗、饮食资料及有关"指示体"的资料,这些资料不仅可用于运行中监测和应急监测结果的解释评价,也有助于检验常规和应急监测的方法和步骤。

表 8 – 7　核电站运行前环境辐射本底监测项目及监测频度

电站名称	样品种类	分析项目	分析频度
SALEM	水	总 α,总 β,^{3}H,^{40}K,^{90}Sr,γ 核素	每月 1 次
	空气微粒	总 β,^{131}I,γ 核素	每周 1 次
	土壤	^{90}Sr,γ 核素	每年 3 次
	水生生物	^{3}H,^{90}Sr,γ 核素	每年 2～3 次
	牛奶	^{131}I	每月 2 次
	饲料	γ 核素	每年 2 次
	牛甲状腺	^{131}I	每年 1 次
North Anna	空气	γ 辐射	每季 1 次
		总 α,总 β	2 周 1 次
	土壤	γ 核素	
	水	总 β,^{3}H	每月 1 次
	蔬菜、谷物、饲料	γ 核素	每年 1 次
	沉降物	总放射性活度	每月 1 次
	鱼	总放射性活度、γ 核素	
	底泥	总放射性活度、γ 核素	

本底调查监测持续时间主要取决于调查目的,在最优化原则的基础上,应考虑技术水平、

财力、厂址条件和历史因素,一般为2~3年。

②核设施运行中的常规监测。在核设施正常运行期间,对其周围环境进行的定期例行监测称为常规监测。其目的是对正常排放的放射性物质所致周围环境的污染状况作出评价;检验废物管理系统的有效性;控制放射性物质排放量,评价营运单位执行环境标准、规程和运行控制限值的实施情况;估计核设施运行对环境的影响及其变化趋势;为应急监测提供预测情报;为研究核素迁移、环境地质和放射生态学提供资料。

任何源项单位都应在本底调查的基础上,制定切实可行的常规监测计划,内容包括排放核素种类、性质、排放量、排放方式及核素在环境中的迁移途径;采样对象及数量、点位;采样时间(周期)和方法;样品处理和测量方法;测量结果的评价。制订计划时,要注意采样点的点位分布、采样周期、数量、方法应尽量与非放射性污染物常规监测要求相一致,以便对环境作综合评价。也应注意与本底调查监测对象、测量方法、点位的一致,所确定的关键核素、关键途径、关键人群相应与本底调查衔接。

核电站环境监测对象应包括放射性物质与非放射性化学物质,重点是对放射性物质与辐射水平的监测。其常规监测分析项目、内容与本底调查相似,主要有总α及总β活度、γ能谱分析测定和单个核素的浓度。由于核电站常规运行时核素排放量较少,从一般环境样品中难于检出,因此,常采用某些具有浓集(或选择性吸收浓集)能力的生物体(水藻、蛤蜊等)、生物组织(如牛、羊的甲状腺)或环境物质(如底泥等)作为环境"批示体"列入监测对象。

应合理确定采样点和监测点、监测范围、采样频度。采样点分布应按"近密远疏"的原则安排,为对照污染情况,应在不可能再现污染的地区布设必要的对照采样点和监测点。监测范围应依据电站运行规模而定,我国一般取半径30 km范围。

采样周期(或频度)的确定与多种因素有关。原则上,气溶胶、沉降物、环境γ辐射应采用较高的采样测量频度(周期为1周至1个月);水样采样周期控制在1个月至1个季度;土壤、沉积物、水生物、农作物为1个季度至1年。短寿命核素监测周期不超过半衰期的2~3倍,长寿命核素可按季或年监测。

监测周期与频度应随流出物排放率的变化及时同步调整,或采用连续采样、监测方法,以便及时、客观地反映环境污染状况的变化。

地面水应按丰水、枯水期分别采样测量,谷类作物在收获季节采样,叶类作物在生长期内间断取样若干次。

制定核设施常规环境监测计划应考虑当地的自然地理、周围环境、居民习俗与分布等条件。我国已建和在建的核电站地处海边,人口密度高,农村人口比例大,膳食以蔬菜、粮食为主,动物蛋白与奶制品食用量少,使用露天水源多,因此,对水的监测周期应适当缩短,对牛奶中^{131}I的监测则可适当放宽。表8-8列出我国核电站常规环境监测的建议方案。

表 8-8 我国核电站常规环境监测建议方案

监测对象	取样点位置和数量	分析项目	频度
空气 微粒	厂区外空气最大污染区 1 个取样点；8~30 km 范围内主导下风向居民区 1~2 个取样点；主 导上风向不受排放影响区域 1 个取样点	总 β,γ 谱分析	连续或每天积累,每周累积小体 积样品,偶尔抽取大体积样品
^{131}I	取样点	^{131}I	同上
外照射	同上	积分照射量	每季 1 次
地表水	同上	总 β,γ 谱分析	每月 1 次
饮用水	排放口下游 1~2 个点,上游 1 个点	总 β,γ 谱分析	每 6 个月 1 次
地下水	下游第一个饮水源	总 β,γ 谱分析	每 6 个月 1 次
牛奶和阔叶植物	下游 8 km 范围内 1 个点	^{131}I,放射性锶	每季 1 次
蔬菜、谷物	主导下风向供奶区 1 个点	总 β,γ 谱分析	每年 1 次
水生生物(指示生物)	爱排放影响最大地区 1 个点	特定核素分析	每年 1 次
土壤	排放口下游 1 个点 受排放影响最大地区 1 个点		

监测方案应依据实际情况的变化随时作相应的修改或补充,发现新的污染应及时追踪,出现异常情况时,应增加监测点,增大采样频度。

③核事故应急监测。在核设施运行前的本底调查阶段,就应制定事故应急监测的初步方案,应急监测方案必须灵活,方法简单、快速,应保持常备不懈,随时应付事故的发生。

核事故应急监测的目的是迅速测定事故造成的环境辐射水平、污染范围和程度以及对公众的危害程度;迅速摸清释放核素的种类、性质及其在环境中的迁移行为,测定食物与饮水的污染程度、范围;及时向决策机构和公众通报污染情况,以便采取必要的应急干预措施。

应急监测分为早期和中后期监测,早期监测应迅速测定放射性烟羽的走向、弥散范围和特征,测定空气污染和剂量水平,同时尽快测量土壤和水的污染。大气污染监测重点是下风向近地大气中放射性气体和气溶胶浓度、地面辐射剂量和核素沉积量,监测范围为沿烟羽走向夹角 30°左右的扇形区内。对于水污染,主要监测排放地点下游水域中水和食用水生物,测量项目以总 α、总 β 活度为主,辅以 1~2 种关键核素浓度测量。采样顺序则由轻污染区到重污染区。

中后期监测主要测量水和食物的放射性污染,包括河流和水源的污染及其对鱼和其他水生物的影响;农作物和牧草污染及其对家畜、奶牛的影响。中后期监测的目的是重新评价早期监测数据的可靠性;评价早期应急措施的合理性,确定这些措施是否需要继续、扩展或收缩;估计公众受照剂量;追踪污染物在环境中的迁移趋向、途径及生物效应。

中后期监测持续时间长,范围广,方法要更精确灵敏,监测项目除总 α、总 β 活度及 γ 辐射剂量外,还应进行一些重要核素的含量分析。表 8-9 为核事故应急环境监测内容实例。

表8-9 核事故应急环境监测实例

反应堆名称	事故性质	估计排放量(Bq)	监测内容
英国温茨凯尔1号堆	元件熔化石墨着火,事故发生于1957年10月7日	^{131}I:7.3×10^{14} ^{132}Te:4.4×10^{13} ^{137}Cs:2.22×10^{13} ^{89}Sr:2.96×10^{11} ^{90}Sr:3.33×10^{11} 惰性气体:1×10^{17}	①15辆监测车在事故发生后立即测量环境γ辐射和空气中总β活度 ②测定牛奶中的^{89}Sr,^{90}Sr和^{131}I ③分析蔬菜、鸡蛋、肉、饮水等食物中的^{89}Sr,^{90}Sr
美国三里岛核电站Ⅱ号堆	燃料元件破损,回路冷却水泄漏,事故发生于1979年3月28日	^{131}I:5.55×10^{11} ^{137}Cs:微量	①直升飞机在事故发生后立即在90～450 m高度跟踪放射性烟云,测量γ剂量率:每日2～9次 ②监测车立即在地面上监测γ剂量率,在31个监测点用热释光剂量仪测量 ③3月29日在半径32 km范围内对牛、羊奶中的^{131}I,对牧草、土壤、蔬菜以及食品中的放射性核素进行测定

④核设施退设的环境监测。核设施服役期满,或因计划改变、发生事故等原因而关闭后,应采取一些必要的措施,确保其安全、永久性地退役。为此,需相应地制定退役后设施监管及环境辐射监测计划。监测内容包括流出物中放射性核素种类、浓度及其随时间的变化,环境γ辐射水平,各种环境物质中放射性核素的浓度,沉积物和气载放射性核素的成分、浓度及其变化。

8.4.2 流出物监测

流出物监测是在废物管理系统或控制设施末端,即核设施排放口处对气载和液态放射性流出物进行的监测,是与环境监测和工作场所监测并行的一项监测工作。

1.流出物监测的目的

核设施流出物监测的目的在于:

(1)检验设施流出物排放是否符合管理标准和运行限值;

(2)提供核设施、废物管理和控制系统运行是否正常的信息;

(3)及时发现和鉴别计划外排放的性质和规模,必要时能迅速触发应急报警系统;

(4)为环境评价提供源项资料和与放射性核素迁移行为有关的资料;

(5)提供必要的信息,使公众确信核设施放射性流出物排放确实受到严格控制;

(6)为核设施环境辐射监测计划和方案的制订提供依据。

将流出物监测和环境辐射监测相结合,还可获得涉及环境中不同扇形区内流出物的行为和放射性核素弥散迁移的资料,质量控制及监测系统、方法和结果分析对比资料,各种类型核设施所释放的放射性水平的对比评价资料。

2．流出物监测的设计

(1)流出物监测的一般原则

按规定必须进行流出物监测的设施,都需按辐射防护最优化的原则制订流出物监测方案,监测方案的设计应满足如下基本原则的要求：

①流出物监测必须独立于工艺监测,形成单独的监测系统,在放射性流出物最终排放口处进行专门的常规监测；

②应根据核设施的性质、流出物中放射性核素成分及浓度的变化,确定相应的采样方法、测量项目、测量范围和测量方法；

③应确保采样和监测的代表性,所采样品的物理、化学性质应与流出物一致,数量应正比于流出物中核素的含量,监测点应设在核设施、废物管理系统或控制装置的末端；

④根据流出物所含核素种类、含量完全稳定不变时,确定合适的采样测量频度和监测项目,并应妥善考虑对计划外排放的监测；

⑤流出物中放射性核素种类、含量完全确定不变时,不必进行常规的流出物监测；核素排放量极少时,则难以进行核素成分与浓度的分析测量,在这些情况下,可不进行流出物监测,但仍需对惰性气体、总 α、总 β 及总 γ 活度进行监测；

⑥对经烟囱排放的气载流出物和连续排放的液体流出物,可采用连续测量装置进行监测,以便于发现事故排放,迅速报警并采取措施,为此,应经常检查测量装置的有效性,定期进行放射性核素成分的全分析；

⑦应编制流出物监测系统流程图,标明采样点和监测位置、作用,采样和测量方法。

(2)气载流出物监测设计

设计气载流出物监测方案时,首先要分析通风、排气系统流程图,图中应标明流量、压差、温度、湿度、流速等系统参数,以便选择具有代表性的监测点,并应考虑采样方便。

应充分考虑气载流出物中所含放射性物质的特性及其随时间的变化,以确定最佳的采样测量方法和频度。

许多情况下,应同时连续或定期测量某些有关的物理、化学参数,如烟囱和取样管线中的空气流量、温度和湿度,流出物中污染物的化学组成和粒度分布等。

当计划外释放的可能性较大时,应考虑安排对风速、风向和温度梯度等气象参数的测量。

气载流出物监测还应针对各类设施的特点,采取相应的如下方案设计。

①核电厂。核电厂气载流出物监测系统主要是对惰性气体的连续测量,以及对 ^{131}I 及放射性气溶胶的连续取样及实验室定期测量。一般情况下,只需测量流出物样品的总放射性活度

及某些特殊的核素含量,并定期进行核素成分全分析。对^{3}H和^{14}C等特殊核素,可能需作附加的监测。

②乏燃料后处理设施。除对惰性气体的连续监测之外,还应对碘同位素、^{3}H和放射性气溶胶进行连续采样。正常情况下,乏燃料后处理设施只需连续测量烟囱中的^{85}Kr和^{131}I,对于连续取样获得的样品,还应在实验室中定期测量^{3}H,^{14}C,^{129}I,^{131}I,锕系元素和其他$\beta-\gamma$放射性气溶胶。监测系统必须满足报警的要求。

③铀、钚操作设施。着重对流出物中α放射性气溶胶的连续取样和监测,监测系统应能满足对正常工况及事故排放的监测要求。

④研究性反应堆。对流出物监测系统的要求与动力堆基本相同,但研究堆事故释放的可能性变化较大,为了及时迅速地探测放射性核素的泄漏,应预先确定对放射性气溶胶进行测量可能需要的特殊、灵敏和连续的测量装置和方法。

⑤放射化学实验室。流出物监测计划和方案应根据实验室操作的特定放射性核素而定。对操作辐射后燃料元件的大热室应监测流出物中的惰性气体。对某些产生^{14}C或氚化水蒸气的实验室,应设置连续取样装置,有的实验室则要求对气载流出物进行连续测量。

⑥加速器。对于可能产生放射性气溶胶的加速器,应对其产生的气溶胶进行连续取样和测量。使用氚靶时应对氚进行取样和测量。

(3)液体流出物监测设计

设计液体流出物监测方案时,首先要分析液体流出物的流程图。图中应标明废水池、罐的容量,各种流出物的物理、化学性质,流出物产生量和排放率等系统参数,在废水罐、池及排放管网中确定相应的监测点。

核设施产生的液体流出物,必须遵循"槽式排放"的原则要求,按其所含放射性核素的化学特性和浓度分别收集于不同的池、罐中,根据情况进行必要的处理,经监测合格后排入环境,排放方式一般是间歇式的。因此,每一罐(池)废水排放前均应采取代表性样品并进行测量。为防止严重的误排,可能要对排放率进行连续测量,并设置能自动终止排放的控制设施。

液体流出物控制限值一般是按流出物中所含核素种类设定的,监测中应针对其中主要的核素成分进行测量。若流出物中核素种类和组成固定不变或核素浓度极低时,亦可预先确定总放射性活度控制限值,对流出物只测量总活度。某些情况下,由于技术原因不能及时进行核素分析时,每一罐(池)废水排放前至少应作总活度测量,同时应留取样品,以便随后进行核素分析。

混合液体流出物的化学性质可能发生变化,流出物中悬浮物可能引起浓缩和沉积效应,因此,采样时必须确保样品的均匀性和代表性。

当大量的液体流出物连续排入受纳水体时,应在每一排放管线上设置取样监测点,并在总排放口处设置最终监测点。在各监测点应按流量正比原则连续或定期采集一定体积的样品,定期进行核素分析。

连续测量的主要目的在于及时发现计划外事故排放,以便迅速报警和及时采取应急措施。因此,连续监测装置应有较高的可靠性,测量结果的不确定度要求可适当放宽。连续测量装置一般不能准确分析测量流出物中核素的含量,因此,核素的排放率仍应通过连续取样和实验室分析测量确定。

总放射性活度(总 α、总 β 或总 γ 活度)测量主要用于筛选和控制(如用作连续测量、报警装置的控制),不能直接用作液体流出物排放的控制和评价,必须定期进行样品的核素分析。

8.4.3　环境辐射就地监测技术

环境辐射监测可采取就地监测和实验室分析两种方式进行。就地监测是在待测对象所在地进行监测,一般不需采集样品,因而不会改变待测对象在环境中的分布状态。就地监测的目的在于快速测定环境辐射场的特征和分布,鉴别环境中某些放射性核素的种类、浓度和分布。实验室分析则应从环境中采集待测环境物质样品,使用室内物理仪器或化学方法分析测量样品中所含核素的种类和浓度,进而分析评价环境质量状况。一般地说,实验室分析结果更为精确,但不如就地监测的代表性强和快捷,许多情况下,这两种方式常结合使用。

按所测环境辐射类型,就地监测可分为 γ,β,α 和中子剂量监测。其中以 γ 监测最为常见,γ 监测又可分为照射量率(或剂量率)监测和放射性核素监测(就地 γ 能谱测量)。

1.就地监测前的准备

就地监测前的准备应考虑的因素有:

(1)欲测核素的种类,其在环境物质中的浓度或活度水平及范围,核素的理化性质;

(2)监测地点的地形、气象、水文等自然地理环境及其对监测工作可能产生的影响;

(3)选择的仪器,其量程、能量响应、最小可探测限应满足监测要求;

(4)人员的培训,受训人应熟悉仪器性能,具备排除简单故障及判断测量结果可靠性的能力;

(5)资金保证和组织落实;

(6)仪器准备,仪器、设备、用具齐全,仪器工作状态正常,应急监测仪器更应随时保持正常工作状态。

2.监测网点的布设

监测网点应根据污染源的性质、规模、公众照射途径、人群分布、人群活动情况合理布设。全国或一定区域范围内的环境 γ 辐射本底调查,一般按适当大小的网络均匀布点;对核电站等大型核设施的环境辐射监测,通常以反应堆所在处为中心,按风向方位划分若干个扇形区,每一区内由距反应堆最近的厂区边界或盛行风向上的厂区边界开始,按不同的距离(近密远疏)布点,同时应注意在关键人群组所在地、人群经常停留处以及地表平均 γ 剂量率最高的地点布点。此外,还应在不易受核设施污染影响的公园、城市草坪,或人迹罕至的岛屿、山脉、森林地区适当布设监测点,以便对比评价核设施对环境造成的影响及环境辐射水平的变化。

环境地表-γ 辐射剂量测量分为源相关及个人相关两种测量方式。其中源相关测量是针对单个源(如核电站)进行的,一般按上述布点原则在固定点处进行连续、按季度或即时测量,以确定特定源或实践对环境辐射剂量可能的贡献,测量方式按源的性质而异。个人相关测量则要对多个源,或广泛散布的源对公众产生的累积影响进行测量和评价。

根据不同的监测目的、要求和当地的条件,就地监测可采用步行监测、汽车监测和航空 γ 测量等方式。在发生重大核事故和交通不便的地方,航空 γ 测量更为方便有效。

3.地表 γ 辐射剂量的测量

地表 γ 辐射剂量监测是在田野、道路、森林、草地、广场和建筑物内等环境中,在距地表上方一定高度(通常为1 m)处,用 γ 剂量率仪测量周围环境中天然和人工放射性核素所产生的 γ 辐射所致空气吸收剂量。其目的是测量和评价核设施或其他人类活动所产生的环境照射。

一般情况下,核设施造成环境 γ 辐射剂量远比天然 γ 辐射为低,因此,测量的关键在于对这两种来源的辐射加以区分;辐射剂量仪使用之前,必须经过刻度和仪器自然底数测定。

对有限区域内环境辐射状况进行初步巡测时,可采用轻便型可携式闪烁辐射仪,先在一定比例尺的地图上预先确定测量路线,然后按此路线步行测量地面上方10 cm处的 γ 照射量率,一旦发现仪器读数异常,则应加大测点分布密度(每隔10 cm取一测点)以查明污染范围、强度及分布特征,并在其中心点处分别测量地面上方10 cm处 γ 照射量率及1 m高处的空气吸收剂量率,在污染严重的情况下,应采用大量程仪器进行测量。采用这一方法,可初步查清核设施周围环境中地表 γ 辐射水平的分布状况,也可寻找失落的 γ 辐射源。

一般情况下,γ 照射量测量只能用于环境污染的快速、初步调查,环境 γ 辐射剂量评价调查应采用 X – γ 剂量率仪器测量空气吸收剂量,并可按下式估算公众成员受照剂量

$$\dot{E}_\gamma = \dot{D}_{\gamma,a} \times K \tag{8.4.1}$$

式中　$\dot{E}_\gamma$——环境 γ 辐射所致公众成员的有效剂量率,Sv·h^{-1};

　　　$\dot{D}_{\gamma,a}$——空气 γ 吸收剂量率,Gy·h^{-1};

　　　K——空气吸收剂量与有效剂量换算比,$K = 0.7$Sv·Gy^{-1}。

测得空气照射量率时,则可按下式初步估计空气吸收剂量

$$\dot{D}_{\gamma,a} = f\dot{X} \tag{8.4.2}$$

式中　$\dot{X}$——空气的 γ 照射量率,R.h^{-1};

　　　f——空气照射量与 γ 吸收剂量换算比,$f = 8.69 \times 10^{-3}$Gy.R^{-1}。

4.γ 能谱测量

使用 γ 谱仪测量 γ 辐射的能谱,可以确定土壤或岩石中所含 γ 放射性核素的成分及相对浓度分布。

(1)航空 γ 能谱测量

核设施发生严重事故而导致大范围的严重环境污染时,航空 γ 能谱测量可快速有效地查明污染区域范围、污染程度及其分布特征;也可用于全国或大区域范围内环境辐射水平的普

查。

一般情况下,飞机飞行高度控制为 50 ~ 100 m,飞行速度不得超过 140 km·h^{-1};航测范围应包括预计污染范围周边以外 3 ~ 5 km 的相邻地区,应特别注意对居民点及其他建筑物密集地区的监测;飞行路线应垂直于可能的烟羽输出方向,并与输电线路方向平行。一旦发现异常污染,应确定其范围,尽早进行地表 γ 辐射剂量测量,加以检验。

(2)汽车 γ 能谱测量

在交通条件许可的情况下,汽车 γ 能谱测量能快速有效地测量土壤中铀、钍、钾的浓度,γ 辐射剂量和铯、钴等人工放射性核素所造成的地面污染情况,确定环境核辐射污染的范围和水平,寻找失落的 γ 辐射源。

测量时汽车沿道路两侧行进,巡视路线根据道路、街道、住宅通道分布布设,车速不大于 20 km·h^{-1}。每天测量开始前,应沿 1.5 ~ 2.0 km 长的校订线进行试测,以检查仪器工作性能,正常区域内测量结果绝对误差不应大于 2 μR·h^{-1},相对误差不大于 15%。

(3)步行 γ 能谱测量

使用便携式 γ 能谱仪,在测区内定点定时测量地表各测量道的计数率,测量路线布设和方法与步行 γ 剂量率测量相似。一般情况下,测量仪器可直接显示土壤中有关核素的浓度值。

5. 氡及其子体与析出率的测量

在正常本底辐射水平地区,吸入氡及其短寿命子体所致内照射剂量占成年公众年有效剂量的一半以上,在高本底地区,其剂量贡献份额更大,因此,环境辐射监测(特别是环境辐射本底水平调查)中,必须进行氡及其子体的测量。

(1)环境空气中氡浓度的测量

室内外空气中氡浓度的测量目的在于,估计公众因吸入其子体而受到的个人剂量和集体剂量,提供有关天然辐射源所致当地公众受照剂量的基础资料,作为核设施辐射环境影响评价的对照依据。此外,在发现空气中氡浓度异常时,可进一步查明来源,为是否需要采取干预措施提供决策的依据。

环境空气中氡浓度测量的标准方法有径迹蚀刻法、活性炭盒法、双滤膜法和气球法等。

①径迹蚀刻法。该方法采用被动式采样方法,可测量采样期间空气中氡的累积浓度。采用聚碳酸酯或 CR – 39 薄片作为探测器,置于一定形状的采样盒内,组成采样器(图 8 – 3)。探测器在空气中暴露 20 d,其探测下限可达 2.1 × 10^3 Bq·h·m^{-3}。

氡及其子体发射的 α 粒子轰击探测器,使其产生亚微观型损伤径迹后,将其在一定条件下进行化学或电化学蚀刻,扩大损伤径迹,即可用显微镜或自动计数装置进行计数。单位面积上的径迹数与氡浓度和暴露时间的乘积成正比,故可用刻度系数将径迹密度换算成氡浓度

$$x_{\mathrm{a,Rn}} = \frac{nR}{T 8 F_{\mathrm{R}}} \qquad (8.4.3)$$

式中　$x_{\mathrm{a,Rn}}$——空气中 ^{222}Rn 的浓度,Bq·m^{-3};

nR——净径迹密度,cm^{-2}；

T——采样时间,h；

F_R——刻度系数,$cm^{-2}/(Bq \cdot m^{-3})$。

②活性炭盒法。该方法亦采用被动采样方法,测量采样期间空气中氡的平均浓度。

采样盒以塑料或金属制成,直径6～10 cm,高3～5 cm,内装 25～100 g活性炭。盒的敞开面用滤膜封住,固定活性炭且允许氡进入采样器(图8－4)。采样器在空气中暴露3 d,探测下限可达 6 $Bq \cdot m^{-3}$。

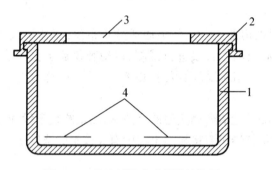

图 8－3 径迹刻蚀法采样器结构图

1—采样盒；2—压盖；3—滤膜；4—探测器

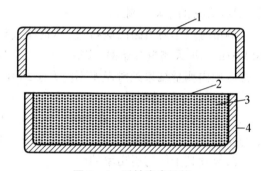

图 8－4 活性炭盒结构

1—密封盖；2—滤膜；3—活性炭；4—装炭盒

氡随空气扩散到活性炭盒内,即被活性炭吸附,其衰变而新产生的子体亦沉积在活性炭盒内。采样停止后 3 h,盒内氡与其子体达到放射性暂平衡,即用 γ 谱仪测量活性炭盒内氡子体特征 γ 射线峰(或峰群)面积,据此可求得空气中氡的平均浓度,即

$$x_{a,Rn} = \frac{an_r}{t_{b1} \cdot e^{-\lambda_{Rn} t_2}} \qquad (8.4.4)$$

式中 $x_{a,Rn}$——空气中^{222}Rn 的浓度,$Bq \cdot m^{-3}$；

a——采样 1 h 的响应系数,$Bq \cdot m^{-3} \cdot s$；

n_r——特征峰(峰群)对应的净计数率,s^{-1}；

t_1——采样时间,h；

b——累积指数,为 0.49；

λ_{Rn}——^{222}Rn 的衰变常数,$7.55 \times 10^{-3} h^{-1}$；

t_2——采样时间中点时刻至测量开始之间的时间间隔,h。

③双滤膜法。该方法采用主动采样方法,测量采样瞬间空气中氡的浓度。采样装置如图8－5所示,抽气泵开动后,含氡空气经入口滤膜进入衰变筒,被滤去了子体后的纯氡在流过衰变筒的过程中又产生新的子体,其中一定份额的新生子体被出口滤膜截留,在采样结束后 T_1

$\sim T_2$ 时段内测量出口滤膜上氡子体的 α 计数,即可换算求得空气中氡的浓度,其探测下限为 3.3 Bq·m^{-3}。

$$x_{a,Rn} = K_t \cdot N_a = \frac{16.65}{VE\eta\beta ZF_f}N_a \qquad (8.4.5)$$

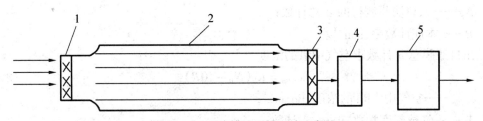

图 8 – 5 双滤膜法采样系统示意图

1—入口滤膜;2—衰变筒;3—出口滤膜;4—流量计;5—抽气泵

式中　$x_{a,Rn}$——空气中^{222}Rn 的浓度,Bq·m^{-3};

　　　K_t——总刻度系数,Bq·m^{-3}/计数;

　　　N_a——$T_1 \sim T_2$ 时段内的净 α 计数;

　　　V——衰变筒容积,L;

　　　E——计数效率,%;

　　　η——滤膜过滤效率,%;

　　　β——滤膜对氡子体 α 粒子的自吸收因子,%;

　　　Z——与采样持续时间 $t(T_1 \sim T_2)$有关的常数;

　　　F_f——新产生的子体到达出口滤膜的份额,%。

④气球法。该方法采用主动采样方法,其工作原理与双滤膜法相同,只是用气球取代了衰变筒。将气球法与马尔柯夫法结合使用,可在 26 min 内同时测得空气中氡及其子体的浓度。该方法对氡的探测下限为2.2 Bq·m^{-3},对氡子体的探测下限为5.7×10^{-7} J·m^{-3}。

气球法采样系统如图 8 – 6 所示,装好出、入口滤膜,将系统设备连接起来;在0~5 min 内以40 L·min^{-1}流速向气球充气;取下入口滤膜,置入计数装置内;在 10~14 min 内以流速 50 L·min^{-1}抽出气球内空气;在12~15 min 内对

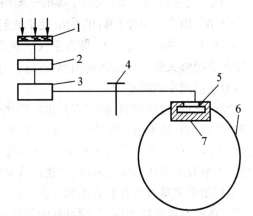

图 8 – 6 气球法采样系统示意图

1—入口滤膜;2—流量计;3—抽气泵;4—调节阀;

5—套环;6—气球;7—出口滤膜

入口滤膜作 α 计数测量;16 ~ 26 min内对出口滤膜作 α 计数测量;按入口滤膜总 α 计数求空气中氡子体 α 潜能浓度,即

$$x_{a,p} = K_m(N_E - 3R) \tag{8.4.6}$$

式中　$x_{a,P}$——空气中 ^{222}Rn 子体的 α 潜能浓度,$J \cdot m^{-3}$;

　　　K_m——马尔柯夫法系数,$J \cdot m^{-3}$/计数;

　　　N_E——入口滤膜测得的 α 总计数;

　　　R——本底计数率,min^{-1}。

按出口滤膜总 α 计数求空气中氡的浓度

$$x_{a,Rn} = K_b(N_R - 10R) \tag{8.4.7}$$

式中　$x_{a,Rn}$——空气中 ^{222}Rn 的浓度,$Bq \cdot m^{-3}$;

　　　K_b——气球刻度常数,$Bq \cdot m^{-3}$/计数;

　　　N_R——出口滤膜测得的 α 总计数。

(2)环境空气中氡子体 α 潜能浓度的测量和估计

氡子体所致吸入内照射剂量远比 ^{222}Rn 的剂量贡献大,因此,对空气中氡子体 α 潜能浓度的测量和估计具有更为重要的意义。

空气中氡子体 α 潜能浓度可采用上述的气球或三次计数法测量。许多情况下,也可按空气中氡的实测浓度估计相应的氡子体 α 潜能浓度,即

$$x_{a,p} = 5.6 \times 10^{-9} \cdot x_{a,R_n} \cdot F_{Rn} \tag{8.4.8}$$

式中　$x_{a,p}$——空气中 ^{222}Rn 子体 α 潜能浓度,$J \cdot m^{-3}$;

　　　$x_{a,Rn}$——空气中 ^{222}Rn 的实测浓度,$Bq \cdot m^{-3}$;

　　　F_{Rn}——空气中 ^{222}Rn 及其子体的平衡因子值,对室外取 0.8,室内取 0.4;

　　　5.6×10^{-9}——与 1 Bq 的 ^{222}Rn 处于放射性平衡时氡子体的总 α 潜能浓度,$J \cdot Bq^{-1}$。

式(8.4.8)中的 $x_{a,Rn} \times F_{Rn}$ 即为空气中氡子体的平衡当量氡浓度,乘以相应的剂量转换因子,即可求得吸入氡子体所致的内照射(待积)剂量率。

(3)氡析出率的测量

岩石、土壤、建筑材料、铀矿石及水冶厂尾矿中都含有氡,其向空气中散发(析出)速率的大小与这些含氡物质本身的性质(铀、镭含量,射气系数,孔隙度,结构特征、含水率)及气象条件(温度、湿度、气压)等多种因素有关,对环境空气中氡及其子体的浓度有直接的影响。因此,发现空气中氡及其子体浓度异常时,应通过含氡物质表面氡析出率的测量寻找其来源。

氡析出率测量方法有静态法和动态法两种,静态法是在含氡物质表面设置一个封闭的积累空间,在没有通风的条件下,测量其中氡浓度随时间的积累增长,以计算其析出率。这种方法灵敏度高,适用范围广,但代表性较差。

将以不透气材料制成的一个无盖箱子反扣在被测物质表面上,周边用不透气材料密封,构

成一个氡积累空间(图 8-7)。设积累箱容积为 $V(\mathrm{m}^3)$,其包围的射气面积为 $S(\mathrm{m}^2)$,则箱内氡浓度随时间的积累增长规律为

$$C(t) = \frac{\delta_e S}{\lambda_e V}\left[1 - \mathrm{e}^{-\lambda_e t}\right] + C(0)\mathrm{e}^{-\lambda_e t} \tag{8.4.9}$$

式中　$C(0)$——积累箱内 $^{222}\mathrm{Rn}$ 的初始浓度,$\mathrm{Bq\cdot m^{-3}}$;

　　　$C(t)$——积累箱密封后 t 时刻箱内 $^{222}\mathrm{Rn}$ 的浓度,$\mathrm{Bq\cdot m^{-3}}$;

　　　δ_e——含氡表面的氡析出率,$\mathrm{Bq\cdot s^{-1}\cdot m^{-2}}$;

　　　S——积累箱所包围的含氡物质表面积,m^2;

　　　V——积累箱容积,m^3;

　　　λ_e——箱内 $^{222}\mathrm{Rn}$ 的有效衰减常数,与含氡物质表面性质、积累箱尺寸等因素有关,s^{-1}。

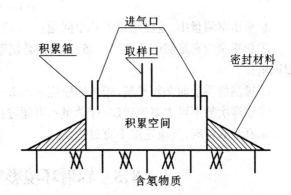

图 8-7　测量氡析出的积累箱示意图

一般情况下,$C(0)$ 比含氡物质孔隙中氡的浓度低得多,可认为 $C(0) = 0$ 则有

$$C(t) = \frac{\delta_e S}{\lambda_e V}\left[1 - \mathrm{e}^{-\lambda_e t}\right] \tag{8.4.10}$$

当封闭积累时间相当长时,箱内 $^{222}\mathrm{Rn}$ 浓度渐趋平衡

$$C_{\max} = \frac{\delta_e S}{\lambda_e V} \tag{8.4.11}$$

积累箱封闭后以相等的时间间隔 T,抽取一定量的箱内空气,测量其中 $^{222}\mathrm{Rn}$ 的浓度,则相邻两次测得氡浓度之间的关系为

$$C_n = \frac{\delta_e S}{\lambda_e V}\left[1 - \mathrm{e}^{-\lambda_e T}\right] + C_{n-1}\mathrm{e}^{-\lambda_e T} \tag{8.4.12}$$

式中　C_n——第 n 次测得的氡浓度,$\mathrm{Bq\cdot m^{-3}}$;

　　　C_{n-1}——前一次 $(n-1)$ 测得的氡浓度,$\mathrm{Bq\cdot m^{-3}}$;

　　　T——两次测量的间隔时间,s。

对同一装置及同一测点,$\delta_e, S, \lambda_e, V, T$ 均为常数,式(8.4.12)可改写为

$$C_n = a + bC_{n-1} \tag{8.4.13}$$

根据多次测量结果,按一元线性回归方程可求得 a, b 两系数值,且

$$a = \frac{\delta_e S}{\lambda_e V}\left[1 - \mathrm{e}^{-\lambda_e T}\right]$$

$$b = e^{-\lambda_e T} \qquad (8.4.14)$$

则
$$\lambda_e = \frac{-\ln b}{T} \qquad (8.4.15)$$

$$\delta_e = \frac{a\lambda_e V}{S(1-b)} \qquad (8.4.16)$$

氡析出率测量中,应注意以下几个问题:

①积累箱应有足够的高度(5~25 cm),务必使箱内^{222}Rn 浓度均匀,必要时,箱内可装设小型风扇;

②被测物质表面必须平整,箱体四壁应嵌入 2~5 cm 深的凹槽内,并用粘土等材料密封;

③取样次数不可太多,空气取样总量不可超过积累箱体积的 1/4;

④真空取样时,气流速度不宜过快。

8.5   辐射环境影响评价方法

对涉及辐射照射的实践实施辐射环境管理,在满足实践正当性要求的前提下,对于公众正常照射的防护,应通过代价 – 利益分析,对公众照射剂量(集体剂量和个人剂量)确定最优化的控制水平,并用源相关剂量约束值和个人相关剂量限值对个人剂量加以约束和限制;对于潜在照射的防护,则应对有关事件或事件序列的发生概率及事件一旦发生可能造成的公众照射剂量加以控制(危险控制)。因此,对拟议中的核设施项目必须进行辐射环境影响评价,估算其可能造成公众照射的集体剂量、个人剂量及个人危险,并与相应的剂量约束值或危险约束值进行对比评价。

鉴于此,对拟议中的实践只进行常规的工程分析和一般性的经济分析是远远不够的。为了更全面地阐明实践将带来的社会、经济和环境后果,应对与核设施项目有关的环境现状,工程建设、运行中的环境状况和一旦发生事故将造成的环境后果分别进行客观的质量评价和影响预测评价。这类环境评价采用"合理的"环境系统分析方法,根据符合客观实际的理性认识,阐明、理解环境系统而不受个人感情或其他政治原因的左右。事实表明,只有进行科学、合理的环境影响评价,才能真正符合实践正当性和辐射防护最优化的要求。

任何实践及工程项目建设都有自身明确的目的,但必须同时考虑自身与社会的可持续发展,因此,必须妥善解决其对资源开发利用与环境保护之间的矛盾。尽早地、全面地、经常地进行环境影响评价,有助于及时、合理地协调,平衡和解决这类矛盾,以实现全社会可持续发展的总目标。

环境预测是环境影响评价的核心,是对实践实行良好规划和科学管理的基础,环境影响评价应结合拟议中的实践和具体核设施项目,对一种或多种未来可能发生的情况进行预测。而且,由于环境条件处于不断变化之中,不同时期、不同地区的环境影响评价应考虑的因素和评价标准都可能会有所不同。

根据涉及的经济开发计划与管理的不同层次,环境影响评价也可相应地分为宏观的及针对具体设施项目的评价,必要时还可进行长期的和短期的环境影响评价。

8.5.1　环境影响评价概要

1.环境质量评价及其分类

环境质量评价是对环境素质优劣的定量评述,它按照一定的评价标准和评价方法,确定、说明和预测一定区域范围内,人类活动对人的健康、生态系统和环境的影响程度。

环境质量评价以国家规定的环境标准或污染物在环境中的本底水平为依据,将环境素质的优劣转化为定量的可比数值,并将这些定量的结果划分等级,以说明环境受污染的程度。

环境在时空上有着较大的差异,人类的社会活动又多种多样,因此,环境质量评价可分为多种类型。

按环境质量评价涉及的时间范围可分为环境质量回顾评价、环境质量现状评价和环境质量预断评价,预断评价又称为环境影响评价。

按评价涉及的环境要素(环境物质)可分为单个环境要素的质量评价和整体环境质量的综合评价,有时还可以是部分环境要素的联合评价。单个环境要素的质量评价有大气、地面水、土壤、农作物等的污染评价,部分环境要素的联合评价有地面水 – 地下水联合评价、土壤 – 农作物联合评价及地面水 – 地下水 – 土壤 – 农作物联合评价等。

按评价涉及的区域范围可分为建设项目(单个设施)环境质量评价、城市环境质量评价、区域环境质量评价和全球环境质量评价等。

按评价选择的参数可分为化学评价、物理评价(辐射评价、噪音评价等)、生物学评价、生态学评价和卫生学评价等。

对会导致增加总的辐射照射的人类活动(国际放射防护委员会(ICRP)称其为"实践")进行的环境质量评价称为辐射环境质量评价,按评价涉及的时间范围也可分为辐射环境质量回顾评价、辐射环境质量现状评价及辐射环境影响评价。

2.环境影响评价的程序和管理

(1)环境筛选

凡新建或改扩建工程,由建设单位向环境管理部门(对核工程,还包括核辐射环境管理审管机构)上报建设计划并提出申请,由审管机构组织对拟议中项目的环境影响进行初步筛选,以便按所涉及问题的性质、潜在规模和敏感程度确定需要进行何种环境分析或评价。

(2)环境影响评价工作程序

环境影响评价工作程序可大致分为三个阶段(图 8 – 8):第一阶段为准备阶段,主要工作为研究有关文件,进行初步的工程分析和环境现状调查,筛选重点评价项目,确定各单项环境影响评价的工作等级,编制评价工作大纲;第二阶段为正式工作阶段,主要工作是进一步进行工程分析和环境现状调查,并进行环境影响预测和评价;第三阶段为报告书编制阶段,主要工作是汇总、分析第二阶段工作所得到的资料数据,并作出结论,完成环境影响评价报告书的编制。

3.环境影响评价工作等级的划分

环境影响评价工作等级是指需要进行评价的各单项应达到的评价深度,工作等级划分的依据为建设项目的工程特点(工程性质与规模、能源的使用量和类型、源项等)、项目所在地区的环境特征(自然环境特点、环境敏感程度、环境质量现状及社会经济状况等)、国家或地方政府颁布的有关法规(包括环境质量标准和污染物排放标准)。

各单项环境影响评价可划分为三个工作等级,其中一级最为详细,二级次之,三级较简略。一般情况下,一个项目的环境影响评价中各单项所需的评价工作等级不一定相同,对个别工作等级低于三级的单项评价,可只作简单的叙述分析或不作分析;对各单项的评价工作等级均低于三级的项目,不需编制环境影响报告书而只填报报告表。

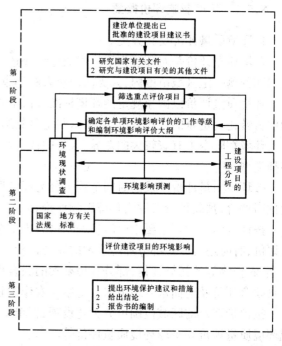

图8-8 环境影响评价工作程序图

4.环境影响评价大纲的编制

环境影响评价大纲是评价工作的指导性技术文件,也是检查报告书内容和质量的主要判据,应在开展评价之前,按工作程序在充分研究有关文件,进行初步的工程分析和环境现状调查的基础上编制。

评价大纲一般包括的内容有:①总则(评价任务的由来、编制依据、控制污染保护环境的目标、采用的评价标准、评价项目及其工作等级和重点等);②建设项目概况;③地区环境简况;④建设项目工程分析的内容与方法;⑤环境现状调查(调查参数、范围、方法、时期、地点和次数等);⑥环境影响的预测和评价(预测方法、内容、范围、时段及有关参数的估值方法);⑦评价工作成果清单,拟提出的结论和建议的内容;⑧评价工作的组织和计划安排;⑨经费概算。

8.5.2 辐射环境影响评价概要

1.评价范围与评价子区

（1）评价范围

核燃料循环系统,陆上固定式核动力厂和核热电厂,拥有生产或操作量的实验室(或操作场所)并向环境排放放射性物质的研究与应用设施,均应进行辐射环境影响评价。

（2）评价子区

根据释放到环境中的放射性核素的输运途径(气途径及水途径),结合当地环境特征划分评价子区。一般方法是,在评价范围内按一定的半径距离划同心圆,再按 16 个方位划分扇形区,两相邻同心圆弧与两相邻方位线围成的小区域作为评价子区(图 8 – 9)。

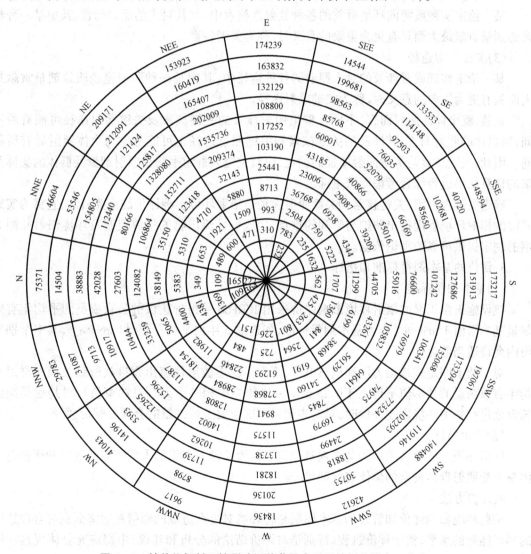

图 8 – 9 某单位辐射环境影响评价范围内子区的划分及人口分布

2.关键人群组、关键核素和关键照射途径

(1)关键人群组

每一评价子区内的公众成员可按性别和年龄进一步划分为若干人群组,在评价范围内每一人群组中,个体从一给定实践或源受到的照射在一定程度上可认为是均匀的,当某一个群组的人均受照剂量大于整个受照群体中所有其他人群组时,即称为关键人群组。关键人群组的人均剂量可用以度量该实践或源所产生的个人剂量(源相关剂量)的上限。

(2)关键核素

某一给定实践或源向环境释放的各种放射性核素中,就其对人的照射而言,其中某一种核素的剂量贡献最大而具有更为重要的意义时,称为关键核素。

(3)关键照射途径

某一给定实践或源涉及的对人照射的各种途径中,其中某一种照射途径所致剂量贡献最大而具有更为重要的意义时,称为关键照射途径。

显然,就个体的照射而言,不同人群组照射涉及的关键核素及关键照射途径可能有所不同;就群体的照射而言,其涉及的关键核素和关键照射途径也可能考虑与个体照射时有所不同。因此,关键核素与关键照射途径的确定,应对关键人群组平均受照射剂量及群体的集体剂量的估算结果进行综合考虑而慎重选定。

确定关键人群组、关键核素和关键照射途径是辐射环境影响评价的重要目的,它将为实践或源的辐射环境管理提出防护与管理的重点,为放射性流出物的排放控制及环境辐射监测大纲的制定提供可靠的理论依据。

3.评价的基本剂量标准和指标

(1)基本剂量标准

核设施正常工况的辐射环境影响评价采用 ICRP60 号报告建议的公众成员的平均年有效剂量基本限值 $1\ \mathrm{mSv \cdot a^{-1}}$ 作为基本剂量标准,如连续 5 年内平均不超过 $1\ \mathrm{mSv \cdot a^{-1}}$,其中个别年份内允许适当放宽。

对于陆上固定式核动力厂和核热电厂,正常工况下放射性流出物排放所致关键人群组平均年有效剂量的预示值不得大于 $0.25\ \mathrm{mSv \cdot a^{-1}}$(作为源相关个人剂量约束值),对其他类型的核设施进行辐射环境影响评价时,对基本剂量标准也要考虑剂量的合理分配份额。

(2)评价指标

辐射环境影响评价采用的基本剂量评价指标为关键人群组的人均年有效剂量和评价范围内整个受照射群体公众的集体有效剂量。

4.评价方法

辐射环境影响评价和管理的基本原则是将环境对公众造成的辐射照射降低到可合理达到的尽可能低的水平,整个评价过程(特别是对评价结论的分析和建议)中都应充分体现这一原则。

辐射环境影响评价应选用合适的模式和参数,估算正常工况与事故工况下上述两项剂量的量值。

对正常运行工况估算预示的关键人群组人均年有效剂量,必须小于个人剂量约束值$(0.25\ mSv\cdot a^{-1})$,并应对预示的个人剂量及集体剂量按防护最优化原则作进一步的评价,指出进一步降低剂量的可能性、涉及的经济代价及其合理性。

对实践或源可能发生的不同等级的事故情况进行估算所预示的个人剂量,显然不能用个人剂量约束值加以控制,它仅预示一旦发生事故公众成员可能受到的最大剂量。根据不同事故情景、分期,和区域公众受照的主要途径、可能采取的干预防护措施及相应的干预水平,预示的个人剂量值,可为干预措施选用及决策提供依据。

辐射环境质量现状评价应以模式计算为主,并结合环境辐射监测资料,估算正常工况和事故工况下的关键人群组人均年有效剂量和整个受照群体的集体有效剂量。

按核设施项目实施过程的不同阶段,应分别进行选址阶段、建设阶段、运行阶段及退役阶段的辐射环境影响评价。退役阶段的评价应包括退役过程和退役终态的辐射环境影响评价,前者按现状评价方法估算剂量,后者按预断评价方法估算剂量。

5.报告书的编制

概述包括环境影响评价报告书是环境影响评价程序和内容的书面表达形式,应全面、客观、公正、概括地反映环境影响评价的全部工作。

辐射环境影响评价报告书应根据环境特点、核设施的工程特点及评价工作等级,按以下全部或部分内容编制。

(1)概述

概述包括报告书的编制目的、依据(项目建议书,评价大纲及其审查意见,评价单位及其资质证书,评价委托书或任务书,建设项目可行性研究报告等);采用的评价标准;控制污染与保护环境目标。

(2)基础资料

①项目概况:包括项目名称、水源、职工人数、主要原料、产品及生产规模;主要设施及其位置、总平面图(含生活区);与放射性物质排放、处理、贮存有关的主要设施和工艺;

②放射性废物处理设施:指气载、液体及固体放射性废物处理系统的主要技术参数,净化处理能力,处理工艺流程图;列表给出液体、气载,和固体放射性废物的产生量、贮存量和排放量;

③放射性物质的运输:指运输放射性物质的种类、形态、总量、活度或比活度、包装方式、装运路线;放射性物质卸载后车辆的残留放射性测定数据,玷污状况,沿途公众受照射的时间和人数。

④固体废物贮存场(库)和液体废物贮存罐:指废物设计贮存场(库)的位置、建筑面积、贮存方式、与生物圈隔离的程度;固体废物的收集包装、埋藏和贮存情况;临时贮存场(库)和液体

废物贮存大罐使用寿命,周围土壤、岩石对核素的滞留能力,放射性物质可能渗漏的情况;

⑤区域自然环境:包括地形、水文条件、气象条件等;

⑥区域社会环境:包括人口分布、生态资源、土地和水资源利用等。

(3)源项

流出物正常工况和事故工况条件下气载流出物、液体流出物的流量,核素成分,释放方式,物理及化学形态,年产生量及年排放量等;固体放射性废物的种类、数量、活度或比活度等。

(4)环境监测

包括按环境影响评价要求制订的环境监测计划,监测涉及的环境物质,按"三关键"原则确定的监测点布设,监测频度,采样与监测方法,监测的质量保证,监测数据和结果的建档保存;

设施运行前2年以上的环境天然贯穿辐射水平和主要环境物质中重要核素含量的本底资料,设施运行后逐年的 γ 照射量率和主要环境物质中重要核素含量的变化,设施运行时环境监测对照点的位置;

实验室分析方法,测量装置及性能,分析样品名称、取样量、采样地点、采样频度,样品数目、核素成分及其浓度(范围、均值、标准误差);

就地监测仪表、装置及其性能,监测点分布及监测(必要时以图表形式给出);

放射性污染指示生物名称,对污染物的反应特性,对指示生物的检验结果。

(5)剂量评价

①正常工况条件下放射性物质释放的环境影响

指按照气途径、水途径以及其他途径的放射性物质释放造成的外照射和内照射。

②事故工况条件下放射性物质释放的环境影响

指可能发生的事故释放分类,事故排放方式,持续时间,释放核素成分、状态和总量,各类事故发生概率,公众照射途径,可能造成的环境损害及生态损害后果。

③剂量估算

气途径:采用的大气扩散模式及环境转移参数,估算地面沉积率和大气扩散因子。按年平均气象条件求得的正常工况条件下,气载流出物释放造成的个人有效剂量和集体剂量。

按事故时气象参数或本地区最不利气象条件求得的事故工况条件下,气载流出物释放造成的最大个人有效剂量和集体有效剂量。

水途径:采用的水体扩散模式,废水受纳水体的稀释因子及有关参数,水体中主要核素的沉积因子。

不同河段水体中核素的平均浓度,正常工况条件下废水排放造成的人群组年有效剂量。

采用适当的计算模式、生物浓集因子和有关参数求得的重要水生动物和植物体内重要核素的浓度及辐射剂量。

按事故排放时水体的水文学参数求得的不同河段水体中核素的平均浓度,事故工况条件下废水排放造成的人群组有效剂量。

其他途径:固体废物收集、贮存、运输对人造成的外照射剂量;固体废物经淋溶或其他过程可能进入环境物质和地下水而对人造成的剂量,含放射性物质的废矿石、废渣、煤灰渣再利用对人造成的剂量,含放射性物质的废料中的核素成分;最大比活度、再利用方式、剂量计算模式和剂量转换因子。

估算结果的表征:汇总列出气途径、水途径和其他途径造成的公众成员中关键人群组的平均年有效剂量。

汇总给出正常运行工况和事故工况条件下,放射性物质释放造成的公众成员中关键人群组照射的平均年有效剂量或事故有效剂量。

评价范围内正常运行工况和事故工况条件下,放射性物质释放造成的年集体有效剂量或事故集体有效剂量。

(6)评价结论和建议

按环境辐射基本剂量标准,结合核设施合理分配的剂量上界的份额,对剂量估算结果进行分析评价;分析并预测辐射环境质量的发展变化趋势,作出对核设施辐射环境质量的结论;确定关键人群组、关键核素和关键照射途径。

剂量估算结果与本地区天然本底辐射剂量的比较评价。

依据将环境辐射降低到可合理达到的尽可能低的水平的原则,提出适合本设施的剂量管理目标值(剂量上界),进行环境治理的最优化分析。

分析本设施造成环境污染的主要途径及管理上的薄弱环节,提出环境治理对策、管理措施和有关环境治理工程的建议。

提出减少和防止事故发生的预防措施及事故应急环境治理措施。

思 考 题

1.何谓吸收剂量 D、当量剂量 H 与有效剂量 E,它们的定义、物理意义、单位、适用条件及相互联系是什么?

2.待积当量剂量 $H_{50,T}$、待积有效剂量 $H_{50,E}$、集体剂量 S_H 与集全有效剂量 S 这些概念的引入目的是什么?

3.试述影响辐射损伤的因素及其与辐射防护的关系。

4.各举一例说明什么是辐射对机体组织的随机性效应和确定性效应? 说明随机性效应和确定性效应的特征。辐射防护的主要目的是什么?

5.何谓辐射权重因子与组织权重因子?

6.何谓危险度,为什么要引入这个重要的概念?

7.造成天然本底照射的主要来源是什么,正常地区天然本底的水平是多少? 日常生活中人工辐射源的主项是什么,平均每年对每个人造成多大照射?

8.辐射防护体系(剂量限制体系)主要内容是什么?

9.辐射防护标准中的限值有哪几类?并简述它们的基本规定。

10.判断如下几种说法是否全面,并加以解释:

①"辐射对人体有危害,所以不应该进行任何与辐射有关的工作";

②"在从事放射性工作时,应该使剂量愈低愈好";

③"要采取适当措施,把剂量水平降低到使工作人员所受剂量当量低于限值,就能保证绝对安全。"

11.一位辐射工作人员在非均匀照射条件下工作,肺部受到 $50\ \mathrm{mSv \cdot a^{-1}}$ 的照射,乳腺也受到 $50\ \mathrm{mSv \cdot a^{-1}}$ 的照射,问这一年中,她所受的有效剂量是多少?

12.为什么说核工业是安全程度良好的行业?

参考文献

1　石玉春,吴燕玉编.放射性物探.北京:原子能出版社,1986

2　张锦由主编.放射性方法勘查实验.北京:原子能出版社,1992

3　曹利国主编.核地球物理勘查方法.北京:原子能出版社,1991

4　复旦大学,清华大学,北京大学合编.原子核物理实验方法.北京:原子能出版社,1997

5　清华大学编.核工业概论.北京:原子能出版社,1998

6　陈茂柏编.超灵敏小型回旋加速器质谱计 SMCAMS.核技术.第 24 卷,2001

7　潘自强主编.环境 Rn/Tn 的测量与评价国际学术研讨会论文汇编.衡阳,2002

8　章晔,华荣洲,石柏慎编著.放射性方法勘查.北京:原子能出版社,1990

9　方杰主编.辐射防护导论.北京:原子能出版社,1991

10　李星洪等编.辐射防护基础.北京:原子能出版社,1982

11　李士骏编著.电离辐射剂量学.北京:原子能出版社,1981

12　潘自强等编著.中国核工业三十年辐射环境质量评价.北京:原子能出版社,1990

13　李德平等主编.辐射防护手册(五).北京:原子能出版社,1991

14　IAEA.安全丛书№115.国际电离辐射防护和辐射安全基本安全标准,ISBN920 – 50196 – 9,1993

15　古雪夫 НГ 主编.电离辐射防护.北京:原子能出版社,1988

16　路景华.模型 Ur 定值和伽玛辐射仪标定.铀矿地质,1990(3)

17　卢存恒.铀矿物探伽玛场理论的计算和应用.北京:原子能出版社,1991

18　宋妙发,强亦忠主编.核环境学基础.北京:原子能出版社,1999

19　Roxburgh I S. Geology of High – level Nuclear Wastes Disposal, An Introduction. London, Chapman and Hall, 1987

20　赵仁恺,张伟星.中国核能技术的回顾与展望.国土资源.2002(9)4 ~ 9

21　[美]格拉斯登 S,塞桑斯基 A.核反应堆工程.北京:原子能出版社,1986

22　杜圣华等编.核电站.北京:原子能出版社,1982

23　郭星渠.核能:20 世纪后的主要能源.北京:原子能出版社,1987

24　张大发主编.船用核反应堆运行与管理.北京:原子能出版社,1997

25　薛汉俊主编.核能动力装置.北京:原子能出版社,1990

26　谢仲生等编著.21 世纪核能——先进核反应堆.西安:西安交通大学出版社,1995

27　核电厂培训教材.孔昭育等译.北京:原子能出版社,1992

28　濮继龙著.压水堆核电厂安全与事故对策.北京:原子能出版社,1995

29　[美]J.REECE ROTH 著.聚变能引论.李兴中等译.北京:清华大学出版社,1993

30　李觉等主编.当代中国的核工业.北京:中国社会科学出版社,1987

31　吴桂刚著.中子弹.北京:原子能出版社,1987

32　李春海编.核武器爆炸对人的远期影响.北京:原子能出版社,1981

33　刘云波著.原子武器防护知识.北京:原子能出版社,1979

34　Milnes A G.Geology and Radwaste.New York:Academic Press INC.,1985

35　森 P J.水力压裂法地下处置放射性废物.全惟俊等译.北京:原子能出版社,1982

36 Simon R. Radioactive Waste Management and Disposal. Combridge University Press, 1986

37 Brookins D G. Geochemical Aspects of Radioactive Waste Disposal, Springer – Verlag. New York Inc, 1984

38 Berlin R E, Stannton C C. Radioactive Waste Management. New York: A Wiley – Interscience Publication, 1989

39 Chapman N A, Mckinley I G. The Geological Disposal of Nuclear Waste, John Wiley & Sons Ltd. Great Britain, 1987

40 Marsily G D. Hazardous Waste Management Handbook. New York: Academic Press INC., 1985

41 Arup O. Ocean Disposal of Radioactive Waste by Penetrator Emplacemen, Graham & Trotmon Let. For the Commission of European Communities, 1985

42 Witherspoon P A. Geological problem in radioactive waste isolation. Second worldwide review, 1996

43 徐国庆.2000—2040年我国高放废物深部地质处置研究初探.铀矿地质,2002,Vol.18,No.3,160~167

44 闵茂中.放射性废物处置原理.北京:原子能出版社,1998

45 岳维宏等.北京城市放射性废物库的源项调查.辐射防护,2002,Vol.22,No.3,163~169

46 李廷君.低中水平放射性固体废物近地表处置场工程设计中的若干问题探讨.辐射防护通讯,1997,17(2),33~56

47 罗上庚.低中放(射性)废物处置的持续改进.科技导报,1998(1),62~64

48 李书绅等.低中水平放射性废物浅地层处置安全评价方法研究.辐射防护,2002,Vol.20,No.1~2,2~20

49 孙世荃编著.人类辐射危害评价.北京:原子能出版社,1996

50 IAEA. Treatment of Low – and Intermediate – Level Liquid Radioactive Waste. Technical Reports Series No. 236, Austria, 1984

51 Parker F L. Nuclera Waste: Is There a Need for Federal Interim Storage? Report of the Nonitored Retrievable Storage Review, Commission Washington D. C. 20402, 1989

52 吴桂惠,周星火.铀矿冶尾矿.废石堆放场地的辐射防护通讯.辐射防护通讯,2001,Vol.21(6),33~36

53 孙明生.一些国家核电站放射性流出物排放情况介绍.辐射防护,2002,Vol.22(1),57~60

54 沈珍瑶.高放废物的处理处置方法.辐射防护通讯,2002,Vol.22(1),37~39

55 SKB. RD&D – Programme 98: Treatment and final disposal of nuclear waste. 1999

56 SKB. Integrated account of method, site selection and programme prior to the site investigation phase. SKB TR – 01 – 03, 2001

57 张俊哲等.无损检测技术及其应用.北京:科学出版社,1993

68 吴世法编著.近代成像技术与图像处理.北京:国防工业出版社,1997

69 高上凯编著.医学成像系统.北京:清华大学出版社,2000

60 Wang Yan, Wang Jingjin, Wang Kuilu, Liu Guozhi, Zhu Guofu, Zhang Yuanlin, Du Hongliang. Portable pulsed electronic digital X – ray imager. NDT & E International, 1999 http://www.thtf.com.cn/